职业院校校企“双元”合作电气类专业立体化教材

电器及 PLC 控制技术与实训

（西门子 S7-200 SMART）

第 2 版

主　编　崔金华

副主编　韩卫军　刘　涛

参　编　宋春利　李燕莉　相长江

陈晓蕾　崔添泰

机 械 工 业 出 版 社

本书根据教育部公布的中等职业教育自动化类专业简介，落实立德树人的根本任务，在教学思路中体现“以能力培养为核心，采用任务驱动方式推进理实一体化教学”的教学思路，力求体现“学中做、做中学”，参照有关行业的职业技能鉴定规范及全国技能大赛规程编写而成。

本书共分七个项目，主要内容包括：常用低压电器认知、三相异步电动机电气控制电路的安装与调试、PLC 认知、PLC 的基本指令及编程、PLC 的步进指令及编程、PLC 的功能指令及编程、触摸屏及其应用。

本书采用理论与实践一体化的教学方式，以西门子 S7-200 SMART 系列 PLC 和 MCGS 触摸屏为载体，注重案例教学，力求深入浅出、简明扼要、通俗易懂、图文并茂。本书可作为中等职业学校机电技术应用、电气设备运行与控制等专业的教材，也可供广大电气技术人员参考。

为方便教学，本书配有电子课件、电子教案、习题答案等资源，凡购买本书作为授课教材的教师可登录机械工业出版社教育服务网 www.cmpedu.com，注册后免费下载。

图书在版编目（CIP）数据

电器及 PLC 控制技术与实训 ：西门子 S7-200 SMART / 崔金华主编. -- 2 版. -- 北京 ：机械工业出版社，2024. 11. --（职业院校校企“双元”合作电气类专业立体化教材）. -- ISBN 978-7-111-77058-9

Ⅰ. TM571

中国国家版本馆 CIP 数据核字第 20244ZW123 号

机械工业出版社（北京市百万庄大街 22 号　邮政编码 100037）
策划编辑：赵红梅　　　　责任编辑：赵红梅　王　荣
责任校对：张　薇　陈　越　　封面设计：马精明
责任印制：任维东
北京瑞禾彩色印刷有限公司印刷
2025 年 1 月第 2 版第 1 次印刷
184mm×260mm · 20.5 印张 · 451 千字
标准书号：ISBN 978-7-111-77058-9
定价：58.00 元（含工作页）

电话服务	网络服务
客服电话：010-88361066	机　工　官　网：www.cmpbook.com
010-88379833	机　工　官　博：weibo.com/cmp1952
010-68326294	金　　书　　网：www.golden-book.com
封底无防伪标均为盗版	机工教育服务网：www.cmpedu.com

前 言

在国际制造业面临转型升级，国内经济发展进入新常态的背景下，本书根据教育部公布的中等职业教育自动化类专业简介，落实立德树人的根本任务，在教学思路中体现“以能力培养为核心，采用任务驱动方式推进理实一体化教学”的教学思路，力求体现“学中做、做中学”，参照有关行业的职业技能鉴定规范及全国技能大赛规程编写而成。

本书共分七个项目，主要内容包括：常用低压电器认知、三相异步电动机电气控制电路的安装与调试、PLC 认知、PLC 的基本指令及编程、PLC 的步进指令及编程、PLC 的功能指令及编程、触摸屏及其应用。

本书言简意赅、图文并茂、实例丰富，精选的图例由易到难，操作步骤介绍清晰，便于学生自主学习。本书配有二维码链接的原理视频，便于学生反复学习，使资源呈现立体化，符合移动互联网时代学生获取信息的特点。本书编写过程中力求体现以下特色：

（1）注重立德树人，强化素质教育，在每个项目中加入素养目标和工匠精神的内容。

（2）实训内容通用性强，突出实践技能的培养。本书实训环节从企业应用中提炼通用技能，引入企业真实案例，将实训内容与生产实际相结合，以体现工学结合要求。

（3）每个任务包括任务内容、任务分析、任务实施、知识链接、任务评价、课后思考，并配有工作页，设计思路突出中等职业教育的基础地位，对应职教高考的专业教学要求，同时注意与高等职业教育专科及本科层次相关课程的对接与区分。

（4）本书内容结合工程技术前沿，充分考虑中等职业学校的实训教学与技能大赛，通过简单的案例、系统的应用，提高学生的编程水平，想想练练环节可以拓宽学生思路，巩固所学知识，提高学生能力；实训内容与各项目内容互为补充，避免知识点重复。

本书参考学时数为 110，由于不同地区的不同条件，以及学生差异，具体的学时数可由任课教师做适当调整。具体学时安排建议如下：

项目	教学内容	参考学时数		
		理论教学	实训教学	小计
项目一	常用低压电器认知	6	4	10
项目二	三相异步电动机电气控制电路的安装与调试	8	10	18
项目三	PLC 认知	7	2	9
项目四	PLC 的基本指令及编程	21	14	35
项目五	PLC 的步进指令及编程	9	6	15
项目六	PLC 的功能指令及编程	8	4	12
项目七	触摸屏及其应用	7	4	11
合　计		66	44	110

本书由淄博市工业学校崔金华任主编，东营市垦利区职业中等专业学校韩卫军、淄博市工业学校刘涛任副主编，参加编写的还有淄博市工业学校宋春利、李燕莉、相长江，烟台第一职业中等专业学校（烟台经济学校）陈晓蕾，南京正大天晴制药有限公司崔添泰。本书具体编写分工如下：陈晓蕾编写项目一，相长江编写项目二，韩卫军编写项目三，崔金华编写项目四，宋春利编写项目五，李燕莉编写项目六，刘涛编写项目七，崔添泰提供了企业案例并编写工作页，全书由崔金华统稿。

由于编者水平有限，书中错误之处在所难免，敬请广大读者批评指正。

编　者

二维码索引

（续）

页码	名称	图形	页码	名称	图形
55	按钮、接触器控制的Y-△减压起动控制电路		130	正反转控制程序调试	
62	反接制动控制的模拟接线		133	电动机Y-△减压起动控制程序调试	
68	双速电动机控制模拟接线		144	循环起停程序调试	
89	程序的编辑及使用		153	流水灯控制要求	
116	单向连续程序调试		181	抢答器	
117	二分频程序控制电路		211	触摸屏任务一	
119	点动与连续程序调试		228	触摸屏任务二	

目 录

项目一　常用低压电器认知

项目概述

低压电器通常是指用于交流 50Hz（或 60Hz）、额定电压为 1000V 及以下，直流额定电压为 1500V 及以下的电路中，起通断、保护、控制或调节作用的电器。按其用途或所控制对象的不同，可分为低压配电电器和低压控制电器，低压配电电器主要用于配电回（电）路，对电路及设备进行保护以及通断、转换电源或负载，包括刀开关、转换开关、熔断器、断路器等；低压控制电器主要用于控制受电设备，使其达到预期要求的工作状态，包括接触器、继电器、主令电器等。低压电器是电力拖动自动控制系统的基本组成元件，掌握低压电器的正确使用、维护与检测方法，对学习典型控制电路很有帮助。

本项目将带领学生学习：开关电器、熔断器、主令电器、交流接触器及各种继电器的结构、基本原理及选用方法。图 1-0-1 所示为本项目思维导图。

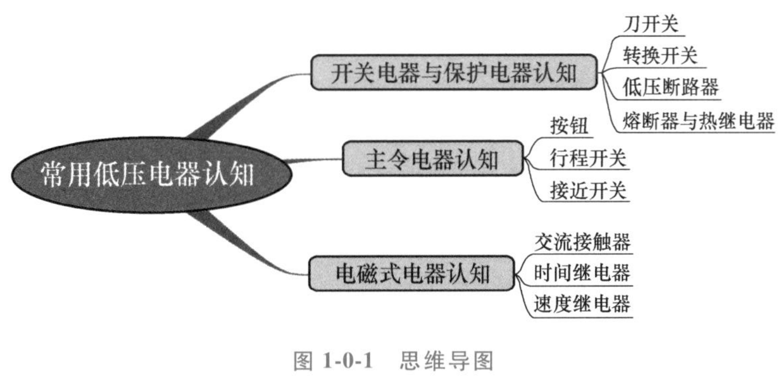

图 1-0-1　思维导图

项目目标

知识目标

1. 了解各类常用低压电器的结构与工作原理。
2. 掌握常用低压电器的用途、外形、选用与安装方法。

技能目标

1. 会正确选用低压电器。

2. 会对常用低压电器进行拆装及调整。

素养目标

1. 培养学生职业兴趣。

2. 培养学生严格遵守职业规范、行业标准的自觉意识。

任务一　开关电器与保护电器认知

【任务内容】

1）你见过图 1-1-1 所示的低压断路器吗？日常生活中，这些电器的作用是什么？C63 与 D25 系列有什么区别？

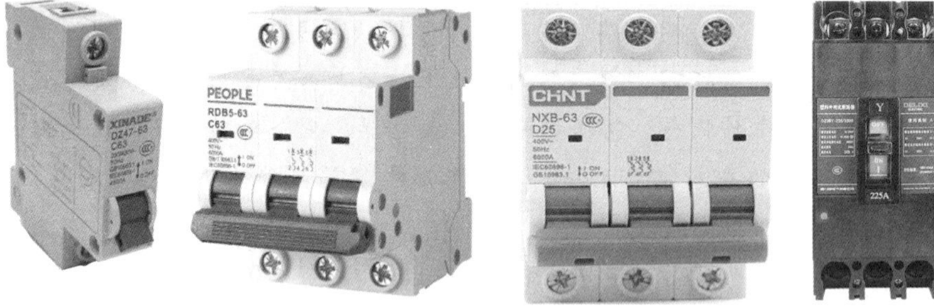

图 1-1-1　低压断路器

2）仔细看图 1-1-2 的 3 种断路器，它们有什么共同特点？测试按钮和漏电指示按钮分别是哪个？自动断开电路的电流是多少？这些断路器的作用又是什么？

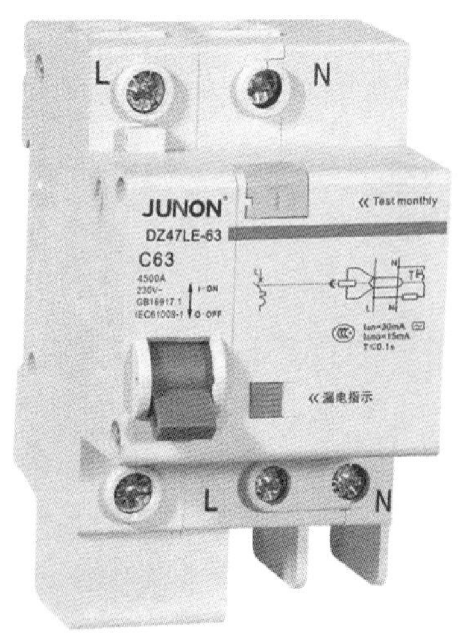

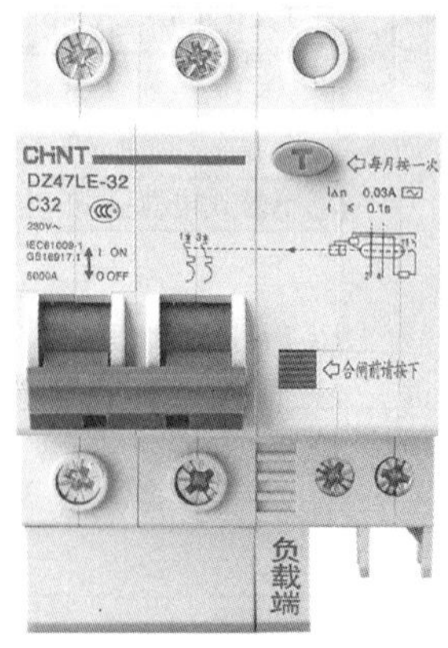

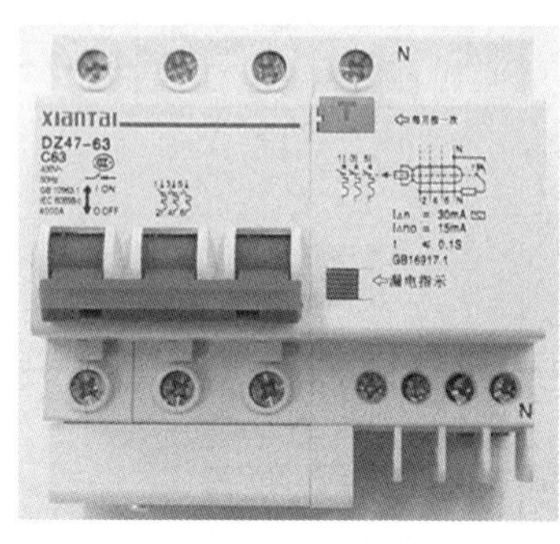

图 1-1-2　剩余电流断路器

【任务分析】

断路器是生活中经常见到的电气设备，仔细观察这些电气设备，可以明确普通低压断路器和剩余电流断路器外形上的区别。了解它们在使用场合上的不同，进一步熟悉剩余电流断路器。剩余电流断路器的额定剩余动作电流一般为30mA，测试按钮一般每月按一次，以检查剩余电流断路器是否正常工作。

【任务实施】

1）教师准备低压断路器和剩余电流断路器。

2）学生观察其外形，了解其使用方法。

3）学生分析剩余电流断路器在断开电路时是否切断了中性线。

4）探究普通低压断路器和剩余电流断路器使用场合的区别。

5）上网查询断路器 1P、1P+N、2P、3P、3P+N、4P 的区别。

【知识链接】

低压开关一般为非自动切换电器，主要用来隔离、接通和分断电路，多数用于机床电路的电源开关、局部照明电路的控制，有时也可用来直接控制小容量电动机的起动、停止和正反转。常用的低压开关主要有刀开关、组合开关和低压断路器等。熔断器在电路中主要用作短路保护，有些低压电器中开关和熔断器组合在一起使用。

一、刀开关

刀开关

1. 外形、结构和符号

刀开关是一种结构简单、应用广泛的手动电器。常用的 HK 系列瓷底胶盖刀开关如图 1-1-3 所示。

HK 系列瓷底胶盖刀开关由刀开关和熔断器组合而成，开关的瓷底座上装有进线座、静触点、熔体、出线座和带瓷质手柄的刀式动触点，上面盖有胶盖，以防止操作时触及带电体或分断时产生的电弧灼伤人手。

2. 选用

在一般的照明电路和功率小于 5.5kW 的电动机控制电路中广泛采用刀开关。HK1 系列刀开关的主要技术参数见表 1-1-1。

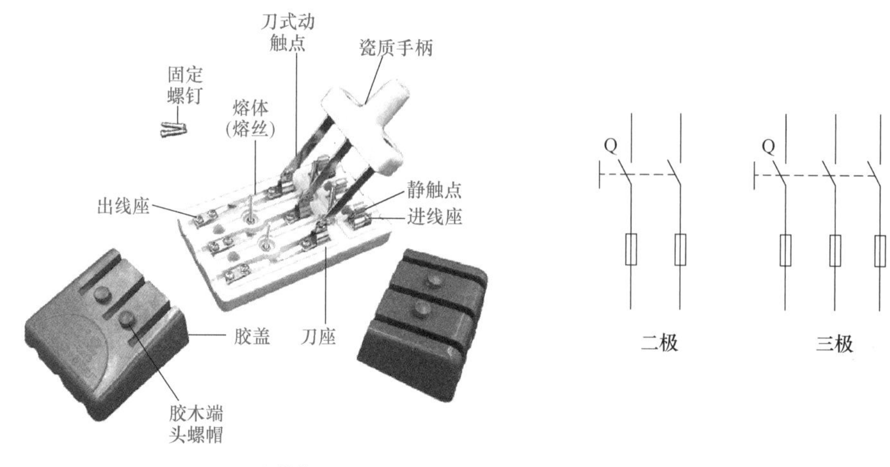

a) 结构　　b) 符号

图 1-1-3　HK 系列瓷底胶盖刀开关

表 1-1-1　HK1 系列刀开关的主要技术参数

型号	极数	额定电流/A	额定电压/V	可控制电动机最大容量/kW		熔体线径/mm
				220V	380V	
HK1-15/2	2	15	220	1.5		1.45~1.59
HK1-30/2	2	30	220	3.0		2.30~2.52
HK1-60/2	2	60	220	4.5		3.36~4.00
HK1-15/3	3	15	380		2.2	1.45~1.59
HK1-30/3	3	30	380		4.0	2.30~2.52
HK1-60/3	3	60	380		5.5	3.36~4.00

具体选用方法如下。

1）用于照明和电热负载时，选用额定电压为 220V、额定电流不小于电路所有负载额定电流之和的两极刀开关。

2）用于控制三相电动机直接起动和停止时，选用额定电压为 380V、额定电流不小于电动机 3 倍额定电流的三极刀开关。

3. 安装与使用

1）HK 系列刀开关必须垂直安装在控制屏或开关板上，合闸状态时手柄要向上，不得倒装或平装，否则在分断状态时手柄有可能松动落下引起误合闸，造成人身安全事故。

2）开关距地面的高度为 1.3~1.5m，接线时进线和出线不能接反，电源进线接在最上端，负载出线接在熔体下端，这样在开关断开后，闸刀和熔体上都不会带电，如图 1-1-4 所示。

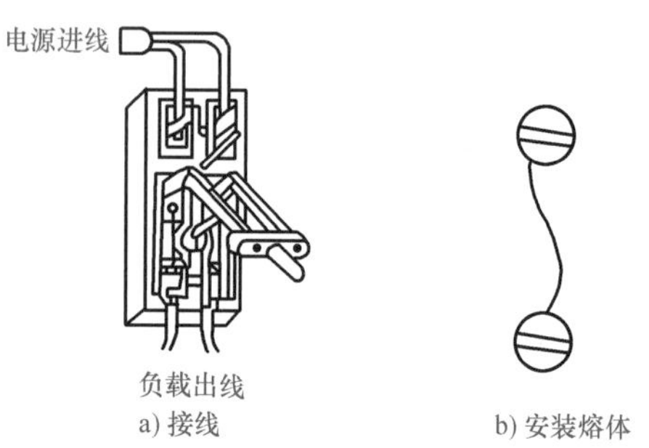

a) 接线　　b) 安装熔体

图 1-1-4　HK 系列刀开关的安装

3）更换熔体时，必须在闸刀断开的情况下按原规格更换。

4）在分闸和合闸操作时，应动作迅速，使电弧尽快熄灭。

【想想练练】

1. 刀开关为什么不能倒装和平装？
2. 使用一段时间后，刀开关的负载出线螺钉处为什么易松动？

二、转换开关

1. 外形、结构和符号

转换开关又称为组合开关，是一种可供两路或两路以上电源或负载转换用的开关电器。它具有体积小、功能多、结构紧凑、绝缘良好、转换操作灵活、安全可靠等特点。常用的 LW26 系列万能转换开关外形和层结构示意图如图 1-1-5 所示。LW26 系列万能转换开关用途广泛，可作为电路控制开关、测试设备开关、电动机控制开关和主令控制开关及电焊机用转换开关等。

a) LW26-20万能转换开关外形

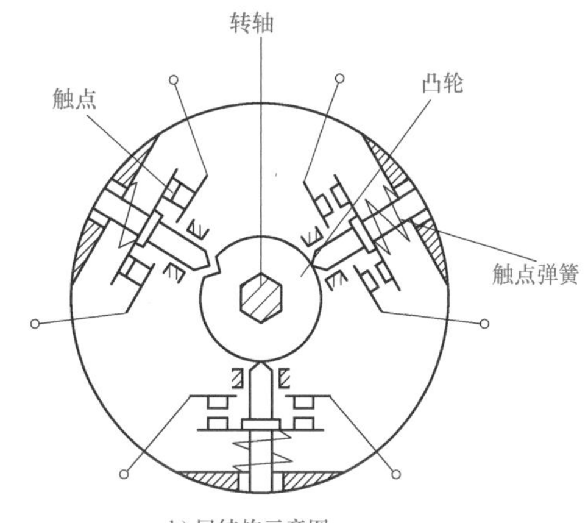

b) 层结构示意图

图 1-1-5　LW26 系列万能转换开关

转换开关由操作机构、定位装置和触点系统三部分组成。其触点系统是由数个装嵌在绝缘壳体内的静触点座和可动支架中的动触点构成，动触点是双断点对接式的触桥，在附有手柄的转轴上，随转轴旋至不同位置使电路接通或断开。定位装置采用滚轮卡棘轮结构，配置不同的限位件，可获得不同挡位的开关。转换开关由多层绝缘壳体组装而成，可立体布置，减小了安装面积，结构简单、紧凑，操作安全可靠。在每层触点底座上至多装有四对触点，并通过转轴控制静触点底座中的凸轮来实现触点的通断。由于各层凸轮可以做成不同的形状，当手柄转到不同位置时，通过凸轮的作用使各触点按所需的规律实现通断。

转换开关可以按线路的要求组成不同接法的开关，以适应不同电路的要求。在控制和测量系统中，采用转换开关可进行电路的转换。例如电工设备供电电源的倒换，电动机的正反转倒换，测量回路中电压、电流的换相等。用转换开关代替刀开关使用，不仅可使控制回路或测量回路简化，而且能避免操作上的差错，还能够减少元器件的使用数量。

2. 图形符号和文字符号

由于触点的分合状态与操作手柄的位置有关，因此在电路图中除需绘制触点符号外，还要给出触点的分合状态。图 1-1-6 所示为两种触点分合状态表示方法，文字符号一般用 SA 表示。

转换开关的图形符号如图 1-1-6a 所示，这也是画“·”标记法，在这种表示方法中，用虚线表示操作手柄的位置，在触点图形符号下方的虚线位置画“·”，表示当操作手柄处于该位置时，该触点处于闭合状态；若未画“·”，则表示当操作手柄处于该位置时，该触点处于断开状态。另一种表示方法为触点接线表，在触点图形符号上标出触点编号，然后再在触点接线表中用“×”表示操作手柄处于不同位置时的触点分合状态，如图 1-1-6b 所示。转换开关的手柄操作位置是以角度表示的。当万能转换开关打向左 45°时，触点 3-4、5-6、7-8 闭合，触点 1-2 断开；打向 0°时，只有触点 1-2 闭合；打向右 45°时，触点 3-4、5-6 闭合，其余断开。

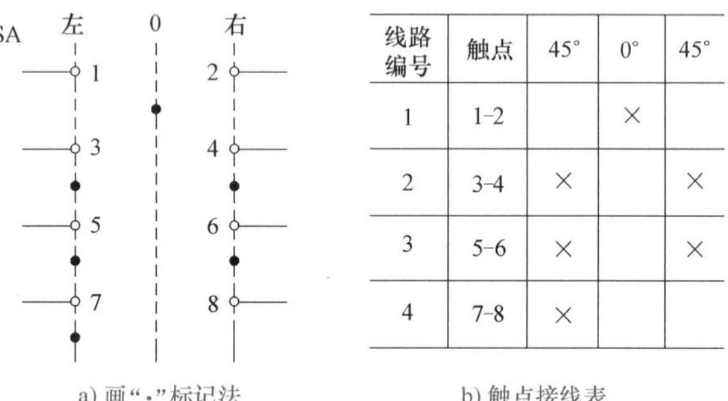

线路编号	触点	45°	0°	45°
1	1-2		×	
2	3-4	×		×
3	5-6	×		×
4	7-8	×		

b) 触点接线表

图 1-1-6 转换开关符号及触点接线表

3. 选用

转换开关因用途不同，其种类不同，选择型号也是不同，LW26 系列直接控制电动机用转换开关的主要技术参数见表 1-1-2。

表 1-1-2 LW26 系列直接控制电动机用转换开关的主要技术参数

型号	额定电流/A	额定电压/V	定位特征代号	用途代号
LW26-10	10	440、240	2. 2:2. 2kW 5. 5:5. 5kW	Q:直接起动 N:可逆转换 S:双速电动机变速 SN:双速电动机变速、可逆 M16:三速电动机变速
LW26-20	20	120、240、440		
LW26-25	25	120、240、440		
LW26-32	32	120、240、440		
LW26-63	63	440		
LW26-125	125	440		

转换开关应根据电源种类、电压等级、所需触点数、接线方式和负载容量进行选用。

4. 安装与使用

1）确保正确的安装位置。转换开关应安装在干燥、无腐蚀性气体和粉尘的环境中，避免阳光直射和高温。安装时应确保开关的操作手柄有足够的操作空间，以便于操作和维修。

2）避免过度用力操作。在操作转换开关时，应避免过度用力，以免损坏内部机构。

3）安装时一般应水平安装在屏板上，但也可倾斜或垂直安装，应尽量使手柄保持水平旋转位置。

4）注意安全操作。在安装、使用和维修转换开关时，应遵守安全操作规程，切断电源，确保人员安全。

三、低压断路器

1. 外形、结构和符号

低压断路器简称断路器。它集控制和多种保护功能于一体，在正常情况下可用于不频繁接通和断开电路以及控制电动机的运行。当电路发生短路、过载和失电压等故障时，能自动切断电路（俗称跳闸）。常见的三极低压断路器的外形如图 1-1-7 所示。

a) DZ47-63　　b) DZ5-20　　c) DZ20Y

图 1-1-7 常见的三极低压断路器的外形

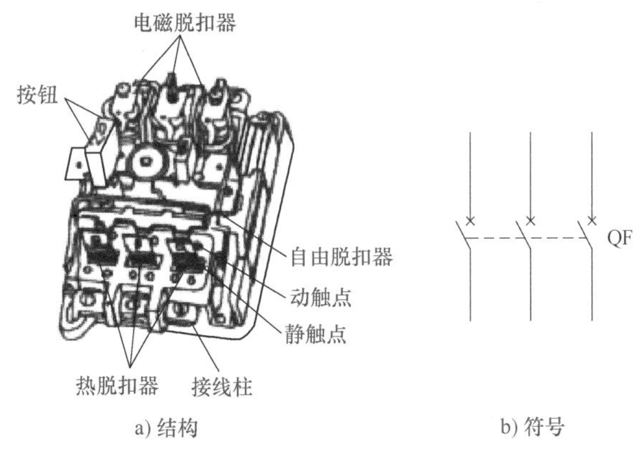

a) 结构　　b) 符号

图 1-1-8 DZ5-20 型低压断路器

DZ5-20 型低压断路器的结构和符号如图 1-1-8 所示。低压断路器的结构采用立体布置，操作机构在中间，外壳上有“分”按钮（红色，稍低）和“合”按钮（绿色，稍高）。

图 1-1-9 所示为低压断路器的工作原理图。壳内底座上部为热脱扣器，由热元件和双金属片构成，用作过载保护。上部为电磁脱扣器，由电流线圈和铁心组成，用作短路保

护。欠电压脱扣器在电路电压不足或失去电压时切断电路，起到欠电压保护作用。主触点系统在操作机构的下面，由动触点和静触点组成，用于接通和分断主电路，并采用栅片灭弧。另外，还有常开和常闭辅助触点各一个，可用作信号指示或控制电路用。主、辅触点接线柱伸出壳外，便于接线。

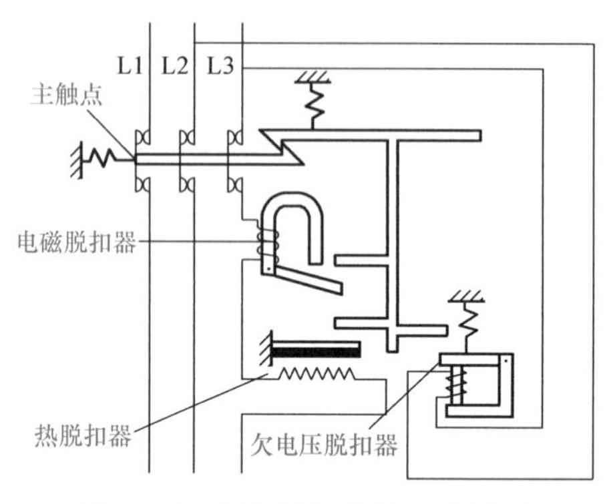

图 1-1-9　低压断路器的工作原理

断路器原理

2. 选用

常见低压断路器的主要技术参数见表 1-1-3、表 1-1-4。

表 1-1-3　DZ5-20 型低压断路器的主要技术参数

型号	额定电压/V	额定电流/A	极数	脱扣器形式	热脱扣器额定电流/A	电磁脱扣器瞬时动作整定值/A
DZ5-20/330 DZ5-20/230	AC 380 DC 220	20	3 2	复式	0.15、0.2、0.3、0.45、0.65、1、1.5、2、3、4.5、6.5、10、15、20	热脱扣器额定电流的 8、12 倍
DZ5-20/320 DZ5-20/220	AC 380 DC 220	20	3 2	电磁式		
DZ5-20/310 DZ5-20/210	AC 380 DC 220	20	3 2	热脱扣器式		

表 1-1-4　DZ20Y 型低压断路器的主要技术参数

型号	额定电压/V	额定电流/A	极数	脱扣器形式	热脱扣器额定电流/A	额定运动行短路分断能力/kA
DZ20Y-100	AC 380	100	3	复式	16、20、25、32、40、50、63、80、100	14
DZ20Y-225	AC 380	225	3	复式	100、125、160、180、200、225	19
DZ20Y-400	AC 380	400	3	复式	200、250、315、350、400	23

低压断路器的选用原则如下。

1）低压断路器的额定电压和额定电流应不小于线路的正常工作电压和负载电流。

2）热脱扣器的脱扣整定电流应等于所控制负载的额定电流。

3）电磁脱扣器的脱扣整定电流应大于负载正常工作时可能出现的峰值电流。用于控制电动机的断路器，其值应为 1.5~1.7 倍电动机起动电流。

4）在要求带漏电保护的场合，则需要使用剩余电流断路器。

5）C 系列断路器和 D 系列断路器比较：从抗冲击电流方面看，C 系列比 D 系列断路器弱，C 系列的瞬时脱扣电流值一般为额定电流的 5~10 倍，而 D 系列的瞬时脱扣电流值一般为额定电流的 10~14 倍。因此从用途上比较，C 系列多用于家庭电路和二次控制电路，D 系列多用于动力电路。

3. 安装与使用

1）低压断路器应垂直于配电板安装，电源进线接到上端，负载出线接到下端。

2）低压断路器各脱扣器动作值一经调整好，就不允许随意变动，以免影响其动作值。

3）断路器上的灰尘应定期清除，并定期检查各脱扣器动作值，给动作机构添加润滑剂。

4）断路器用作电源总开关或电动机的控制开关时，在电源进线侧必须加装刀开关或熔断器，以形成明显的断点。

【想想练练】

低压断路器跳闸后，应如何操作合闸？

熔断器的结构

四、熔断器

1. 常见熔断器的外形结构和符号

熔断器在线路中用作短路保护。使用时，熔断器应串联在所保护的电路中。正常情况下，熔断器的熔体相当于一段导线；当线路或设备发生短路时，熔体迅速熔断，从而分断电路，起到保护作用；有时，熔体还可以起到使电路与电源隔离的作用。

熔断器主要由熔体、安装熔体的熔管和熔座三部分组成。常见的熔断器有 RC 系列瓷插式熔断器、RS 系列快速熔断器、RT 系列圆筒帽形熔断器、RM 系列无填料封闭管式熔断器、RL 系列螺旋式熔断器和 RZ 系列自恢复式熔断器，其外形结构和符号如图 1-1-10 所示。

2. 熔断器的选用

熔断器有不同的类型和规格。但对熔断器共同的要求是：在电气设备正常运行时，熔断器应不熔断；在发生短路时，熔断器应立即熔断；在电路电流正常变化时，熔断器应不熔断；在电气设备持续过载时，熔断器应延时熔断。

（1）熔断器类型的选用

根据使用场合选用熔断器的类型。对于照明电路，一般选用 RT 系列圆筒帽形熔断器或 RC 系列瓷插式熔断器；对于电动机控制电路，一般选用 RL 系列螺旋式熔断器；对于

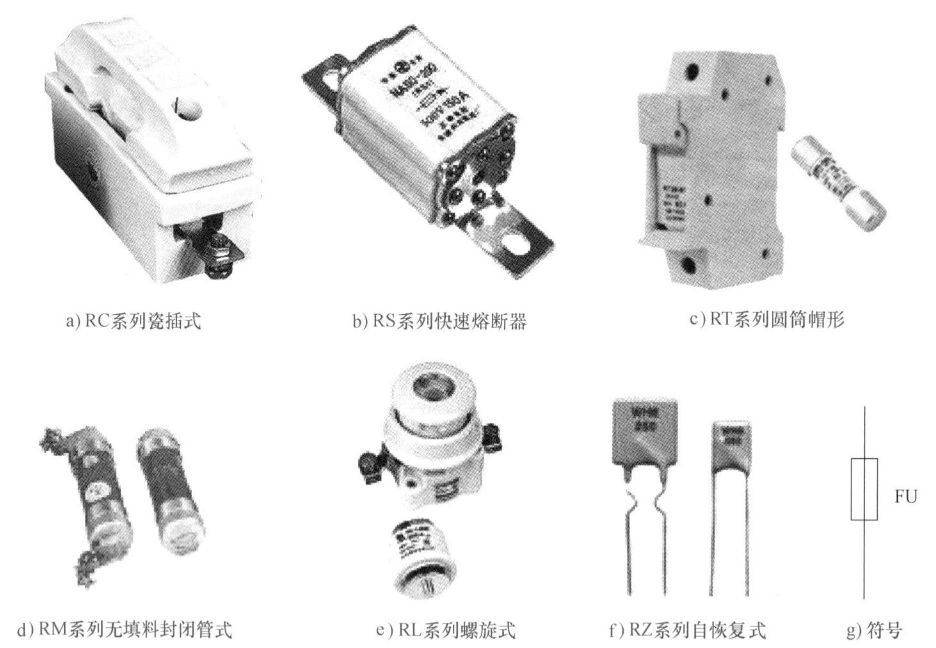

a) RC系列瓷插式　b) RS系列快速熔断器　c) RT系列圆筒帽形

d) RM系列无填料封闭管式　e) RL系列螺旋式　f) RZ系列自恢复式　g) 符号

图 1-1-10　熔断器的外形结构和符号

半导体元器件保护，一般选用 RS 系列快速熔断器。

（2）熔断器规格的选用

1）熔断器的额定电压必须大于或等于电路的额定电压；熔断器的额定电流必须大于或等于所装熔体的额定电流；熔断器的分断能力应大于电路中可能出现的最大短路电流。

2）对于变压器、电炉和照明等负载，熔体的额定电流应稍大于或等于负载电流；对于输配电线路，熔体的额定电流应稍大于或等于线路的安全电流；对于控制电路中电动机的短路保护，要根据电动机的起动条件和时间长短来选用熔体的额定电流。对于一台电动机的短路保护，熔体的额定电流应等于电动机额定电流的 1.5~2.5 倍；对于多台电动机的短路保护，熔体的额定电流应等于其中最大容量电动机的额定电流的 1.5~2.5 倍加上其余电动机额定电流的总和。

常见熔断器的主要技术参数见表 1-1-5。

表 1-1-5　常见熔断器的技术参数

型号	额定电压/V	额定电流/A	熔体额定电流/A	极限分断能力/kA	功率因数
RC1A	380	5	2、5	0.25	0.8
		10 15	2、4、6、10 6、10、15	0.5	
		30	20、25、30	1.5	0.7
		60 100 200	40、50、60 80、100 120、150、200	3	0.6

（续）

型号	额定电压 /V	额定电流 /A	熔体额定电流 /A	极限分断能力 /kA	功率因数
RL1	500	15 60	2、4、6、10、15 20、25、30、35、40、50、60、	2 3.5	≥0.3
		100 200	60、80、100 100、125、150、200	20 50	
RM10	380	15	6、10、15	1.2	0.8
		60	15、20、25、35、45、60	3.5	0.7
		100 200 350	60、80、100 100、125、160、200 200、225、260、300、350	10	0.35
		600	350、430、500、600	12	0.35
RT0	380	100 200 400 600	30、40、50、60、100 120、150、200、250 300、350、400、450 500、550、600	50	>0.3

3. 熔断器的安装与使用

1）熔断器兼作隔离器件使用时，应安装在控制开关的电源进线端；若仅用作短路保护时，应安装在控制开关的出线端。

2）瓷插式熔断器应垂直安装。

3）螺旋式熔断器的电源进线应接在瓷底座的下接线端上，负载出线应接在螺纹壳的上接线端上。

4）更换熔体或熔管时，必须切断电源，更不允许带负载操作。

【想想练练】

在机床电路中熔断器的作用是什么？应怎样选择？

五、热继电器

继电器是一种根据电或非电信号的变化接通或断开小电流电路，实现自动控制和保护电力拖动装置的电器。

继电器主要用来感知信号，一般不用来直接控制大电流的主电路，而用于控制电路。继电器的分断能力很小，一般在5A及以下，因此，继电器一般不设灭弧装置。

热继电器是利用电流的热效应原理来切断电路的一种自动电器，是专门用来对连续运行的电动机实现过载及断相保护，以防电动机因过热而烧毁的一种保护电器。

1. 外形、结构和符号

热继电器主要由热元件、双金属片、脱扣机构（连杆、推杆等）、触点、复位按钮和整定电流调节装置等组成。

常见热继电器的外形、结构和符号如图 1-1-11 所示。

热继电器的结构

JR20系列

JR36系列

JRS1系列

JR29(T) 系列

a) 外形

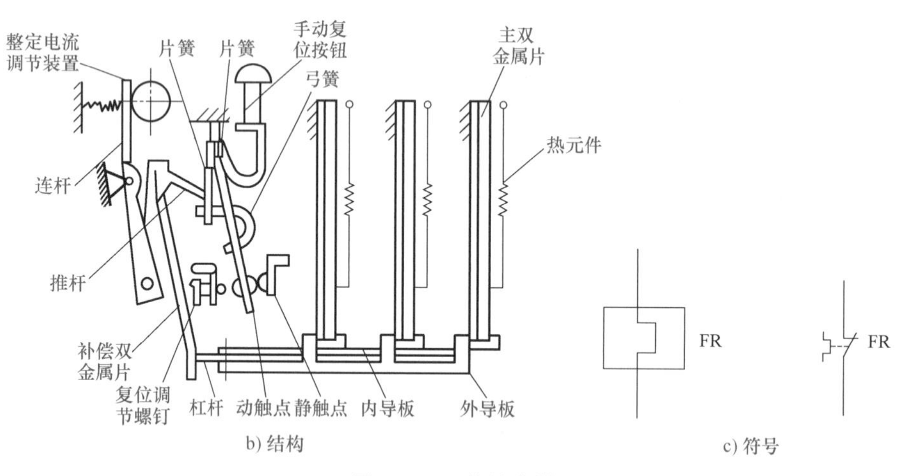

b) 结构

c) 符号

图 1-1-11 热继电器

2. 工作原理

热继电器的工作原理

热继电器的热元件串联在主电路中，常闭触点串联在控制电路中。当电动机过载时，主电路中的电流超过允许值而使双金属片受热时，它便向左弯曲，通过导板推动杠杆机构使常闭触点断开，由于常闭触点是接在电动机的控制电路中的，控制电路断开而使接触器的线圈断电，从而断开电动机主电路。

3. 选用

1）根据所保护电动机的额定电流来确定热继电器的规格，热继电器的额定电流一般略大于电动机的额定电流。

2）根据需要的整定电流值选择热元件的编号和电流等级，热元件的整定电流一般应为电动机额定电流的 95%～105%。

3）根据电动机定子绕组的联结方式选择热继电器的结构型式，电动机的定子绕组做星形（Y）联结时，一般选用普通三相结构的热继电器，做三角形（△）联结时，一般选用带断相保护三相结构的热继电器。

RJ36-20 型热继电器的技术参数见表 1-1-6。

表 1-1-6　RJ36-20 型热继电器的技术参数　　（单位：A）

型号	热继电器额定电流	热元件	
		热元件额定电流	电流调节范围
RJ36-20	20	0. 35	0. 25～0. 35
		0. 5	0. 32～0. 5
		0. 72	0. 45～0. 72
		1. 1	0. 68～1. 1
		1. 6	1～0. 6
		2. 4	1. 5～2. 4
		3. 5	2. 2～3. 5
		5	3. 2～5
		7. 2	4. 5～7. 2
		11	6. 8～11
		16	10～16
		22	14～22

4. 安装与使用

1）热继电器由于热惯性而不能用作短路保护，但热继电器由于热惯性在电动机起动或短时过载时不会动作，避免电动机不必要的停车。

2）当热继电器与其他电器安装在一起时，应将热继电器安装在其他电器的下方，以免其动作特性受到其他电器发热的影响。

3）热继电器在出厂时均调整为手动复位方式，如果需要自动复位，只要将复位调节螺钉顺时针方向旋转 3～4 圈并稍微拧紧即可。

【想想练练】

热继电器的热元件和常闭触点应如何接入电路中？

【任务评价】

请学生总结要点，填入表 1-1-7，进行自评、小组互评和教师评价，将各项得分以及总计得分填入表 1-1-7 中（评分标准由相应评价者自行掌握）。

表 1-1-7　考核评价表

序号	评价内容	配分	要点总结	自评	小组互评	教师评价
1	刀开关	10				
2	组合开关	10				
3	低压断路器	20				
4	熔断器	15				

（续）

序号	评价内容	配分	要点总结	自评	小组互评	教师评价
5	热继电器	15				
6	安全文明操作	30				
总计得分		100				

【课后思考】

一、选择题

1. 熔断器在三相笼型异步电动机电路中作用的正确叙述是（　　）。

A. 在电路中用作过载保护

B. 在电路中用作短路保护

C. 只要电路中有热继电器做保护，就不需要熔断器来保护

D. 电动机电路中不需要熔断器来保护

2. 在操作刀开关时，拉闸和合闸的动作应当是（　　）。

A. 缓慢　　B. 迅速　　C. 适中　　D. 都不对

3. DZ5-20 型低压断路器的过载保护是由断路器的（　　）完成的。

A. 欠电压脱扣器　　B. 电磁脱扣器　　C. 热脱扣器　　D. 都可以

4. 常用低压手动控制电器为（　　）。

A. 刀开关　　B. 熔断器　　C. 接触器　　D. 热继电器

5. 对于保护单台电动机的熔断器，熔体额定电流是电动机额定电流的（　　）。

A. 95%～105%　　B. 2～3 倍　　C. 1.5～2.5 倍　　D. 1.5～2 倍

6. 具有断相保护功能的低压电器是（　　）。

A. 交流接触器　　B. 熔断器　　C. 热继电器　　D. 霍尔开关

7. 热继电器中的双金属片弯曲是由于（　　）。

A. 机械强度不同　　B. 热膨胀系数不同

C. 温差效应　　D. 受到外力的作用

8. 一般情况下，热继电器热元件的整定电流是电动机额定电流的（　　）。

A. 95%～105%　　B. 0.8～1.2 倍　　C. 1.5～2.5 倍　　D. 1.8～2.4 倍

二、简答题

1. 图 1-1-12 所示为断路器接线图，请分析：

（1）中性线和保护线分别接在什么位置？应选用什么颜色的导线？

（2）单相电源所用断路器是哪一个？

2. 图 1-1-13 所示为低压断路器内部结构示意图，请问：

（1）A、B、C 三个部件分别具有什么保护功能？

（2）部件 B 由哪两部分构成？

3. 简述热继电器的组成及工作原理。

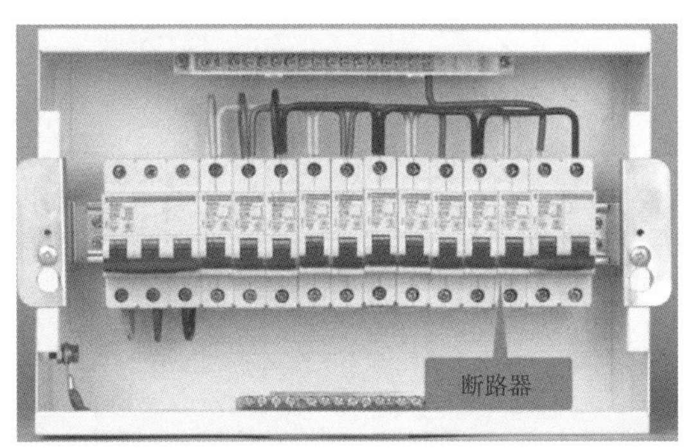

图 1-1-12　断路器接线图

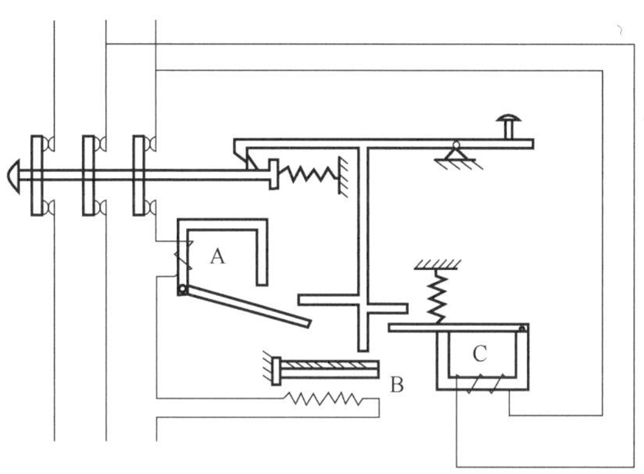

图 1-1-13　低压断路器内部结构示意图

任务二　主令电器认知

【任务内容】

生活中电梯的上下移动、快慢速自动切换与自动停层等功能，需要一些元器件来实现接通或分断控制电路，以达到发出指令的目的。这些发号施令的元器件是什么？它们有什么特点？如何正确使用？

【任务分析】

按钮在人们日常生活中经常使用，但按钮有哪些类型？按钮的内部结构又是什么样的？其工作原理如何？这些问题将通过按钮、行程开关的拆装，接近开关的测试进行一一分析。

【任务实施】

做中学

1）教师准备一定数量的按钮和行程开关，准备不同类型的接近开关。

2）学生观察其外形，了解其使用方法。

3）学生分析按钮、行程开关的常开触点和常闭触点的位置和数量。

4）探究接近开关的使用方法。

5）从互联网上查询不同的接近开关分别用于测量哪种类型的物体。

【知识链接】

做中教

主令电器属于控制电器，用来接通或断开控制电路，以达到发号施令的目的。常用的主令电器有按钮、行程开关和接近开关等。

一、按钮

按钮是一种可以手动操作接通或分断小电流控制电路，具有储能复位的控制开关。它一般不直接控制主电路的通断，而是在控制电路中通过控制接触器、继电器等实现控制主通断的目的。

1. 外形、结构和符号

按钮一般由按钮帽、复位弹簧、桥式动触点、静触点、外壳及支柱连杆等组成。按静态时触点分合状态划分，可分为常开按钮、常闭按钮和复合按钮。

常开按钮：未按下时，触点是断开的；按下时，触点闭合；当松开后，按钮自动复位。

常闭按钮：未按下时，触点是闭合的；按下时，触点断开；当松开后，按钮自动复位。

复合按钮：将常开按钮和常闭按钮组合为一体。按下复合按钮时，其常闭触点先分断，常开触点再闭合；当松开按钮时，常开触点先断开，常闭触点再闭合。

常用按钮的外形、结构和符号如图 1-2-1 所示。

2. 选用

1）根据使用场合和具体用途选用按钮的种类。嵌装在操作面板上的按钮一般选用开启式；需显示工作状态的一般选用带指示灯式；在重要场所为防止无关人员误操作一般选用钥匙式；在有腐蚀的场所一般选用防腐式。

LA10 系列　　LA18 系列

a) 外形

图 1-2-1　常用按钮的外形、结构和符号

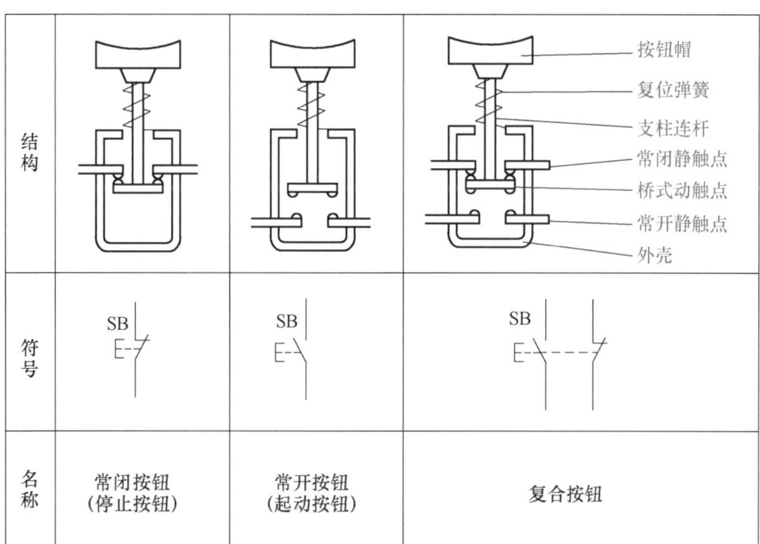

b) 结构与符号

c) LA10-3H 的内部实物结构图

图 1-2-1　常用按钮的外形、结构和符号（续）

2）根据工作状态指示和工作情况要求选用按钮或指示灯的颜色。急停选用红色；停止或分断选用黑色或白色，优先选用黑色；起动或接通选用绿色；应急或干预选用黄色。

3）根据控制电路的需要选择按钮的数量。

常用按钮的技术参数见表 1-2-1。

表 1-2-1　常用按钮的技术参数

型号	形式	触点数量		按钮	
		常开	常闭	钮数	颜色
LA10-1	元件	1	1	1	黑、绿、红
LA10-3K	开启式	3	3	3	
LA10-3H	保护式	3	3	3	
LA10-3S	防水式	3	3	3	

（续）

型号	形式	触点数量		按钮	
		常开	常闭	钮数	颜色
LA18-22 LA18-22J LA18-22X LA18-22Y	一般式 紧急式 旋钮式 钥匙式	2	2	2	红、绿、黄、白、黑 红 黑 锁心本色
LA19-11 LA19-11J LA19-11D	一般式 紧急式 带指示灯式	1	1	1	红、绿、黄、白、黑 红 红、绿、白、黑
LA20-3K LA20-3H	开启式 保护式	3	3	3	白、绿、红

3. 安装与使用

1）按钮应根据电动机起动的先后顺序，从上到下或从左到右排列在面板上。

2）同一机床运动部件有多种工作状态时，应使每一对相反状态的按钮安装在一起。

3）指示灯按钮不宜用于需要长期通电显示处。

【想想练练】

如何正确选用按钮？

二、行程开关

行程开关又称为位置开关或限位开关，其触点的动作不是靠手去操纵，而是利用机械设备某些运动部件的碰撞来完成操作。行程开关主要用来限制机械运动的位置或行程，使运动机械按一定位置或行程自动停止、反向运动、变速运动或自动往返运动等。

1. 外形、结构和符号

常见的行程开关可分为按钮式和旋转式两种，JLXK1 系列行程开关的外形、结构及符号如图 1-2-2 所示。

2. 选用

行程开关主要根据动作要求、安装位置及触点数量来选用。常用的 JLXK1 系列行程开关的技术参数见表 1-2-2。

表 1-2-2 JLXK1 系列行程开关的技术参数

型号	额定电压/V	额定电流/A	类型	触点数量		工作行程	触点转换时间/s
				常开	常闭		
JLXK1-111	500	5	单轮防护式	1	1	12°~15°	≤0.04
JLXK1-211			双轮防护式			约 45°	
JLXK1-311			按钮防护式			1~3mm	
JLXK1-411			按钮旋转防护式			1~3mm	

3. 安装与使用

1）安装行程开关时，安装位置要准确、牢固，滚轮的方向不能装反。

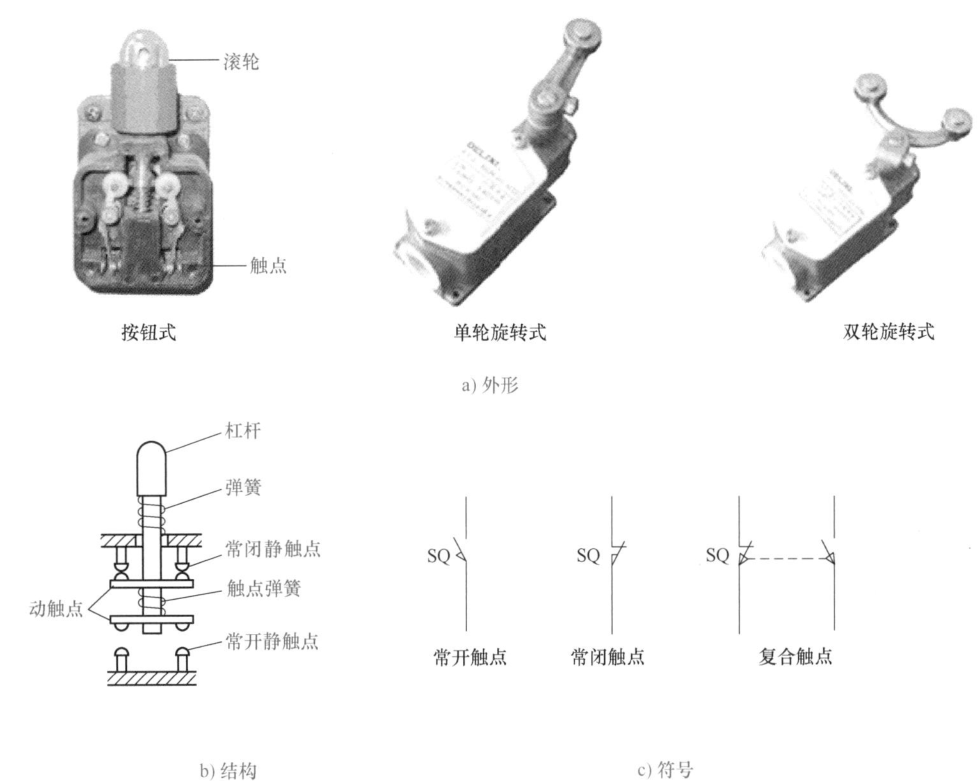

图 1-2-2　**JLXK1** 系列行程开关的外形、结构及符号

2）由于行程开关经常受到撞块的碰撞，安装螺钉容易松动造成位移，所以应经常检查。

3）行程开关在不工作时应处于不受外力的释放状态。

【想想练练】

撞块碰撞行程开关后触点不动作，可能的原因是什么？

三、接近开关

接近传感器利用所接近物体具有的敏感特性来识别物体的接近，并输出相应开关信号，所以接近传感器通常也称为接近开关。接近开关有多种检测方式，包括利用电磁感应引起检测对象的金属体中产生涡电流的方式、捕捉检测体接近引起的电气信号容量变化的方式、利用磁铁和引导开关的方式、利用光电效应和光电转换器件作为检测元件的方式等。根据其不同的检测方式，接近开关可分为磁性开关、电感式接近开关、电容式接近开关、霍尔式接近开关和光电式接近开关等。二线制接近开关的通用符号如图 1-2-3 所示。

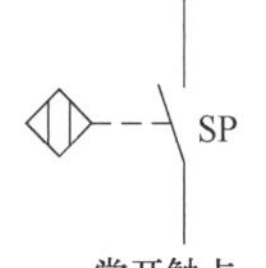

图 1-2-3　二线制接近开关的通用符号

1. 磁性开关

磁性开关是利用磁铁和引导开关完成位置检测的一种接近开关，如图 1-2-4 所示。它主要用于气缸的位置检测。这些气缸的缸筒采用导磁性弱、隔磁性强的材料，如硬铝、不锈钢等。在非磁性体的活塞上安装一个永久磁铁的磁环，这样就提供了一个反映气缸活塞位置的磁场。而安装在气缸外侧的磁性开关则用来检测气缸的活塞位置，即检测活塞的运动行程。

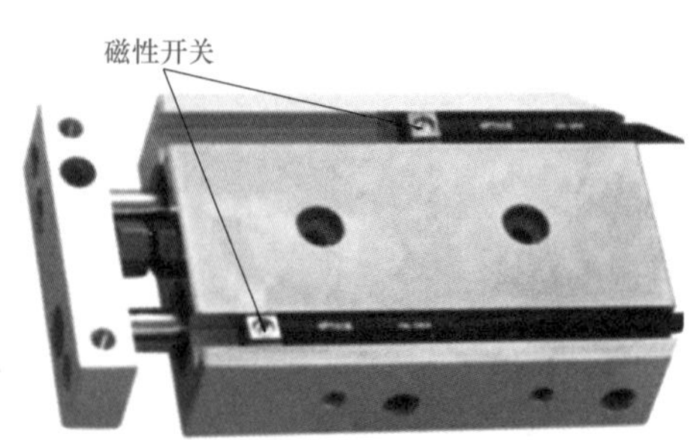

图 1-2-4 磁性开关

磁性开关用舌簧开关作为磁场检测元件。舌簧开关成型于合成树脂块内，一般还将动作指示灯、过电压保护电路也塑封在内。图 1-2-5 是带磁性开关气缸的工作原理图。当气缸中随活塞移动的磁铁靠近舌簧开关时，舌簧开关的两根簧片被磁化而相互吸引，触点闭合；当磁铁移开舌簧开关后，簧片失磁，触点断开。触点闭合或断开时发出电控信号，在可编程序控制器（PLC）的自动控制中，可以利用这个信号判断气缸的运动状态或所处的位置，以确定工件是否被推出或气缸是否返回。

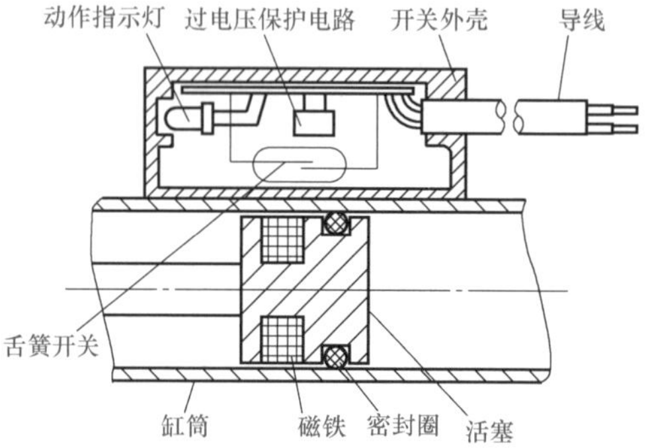

图 1-2-5 带磁性开关气缸的工作原理图

在磁性开关上设置的动作指示灯用于显示其信号状态，供调试时使用。磁性开关动作时，输出信号“1”，动作指示灯亮；磁性开关不动作时，输出信号“0”，动作指示灯不亮。磁性开关的安装位置可以调整，调整方法是松开它的固定螺栓，让磁性开关顺着气缸滑动，到达指定位置后，再旋紧固定螺栓。

二线制磁性开关有蓝色和棕色两根引出线，三线制磁性开关有蓝色、棕色、黑色 3 根引出线，其他接近开关的引出线也类似磁性开关。磁性开关的安装及符号如图 1-2-6 所示。

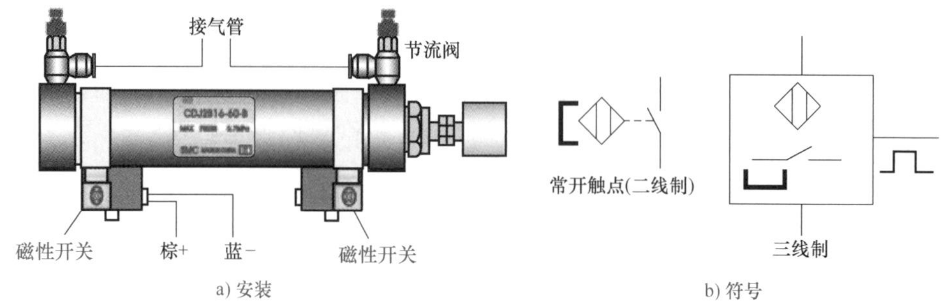

a) 安装 b) 符号

图 1-2-6 磁性开关的安装及符号

2. 电感式接近开关

电感式接近开关是利用电涡流效应制造的传感器，如图 1-2-7 所示。电涡流效应是指

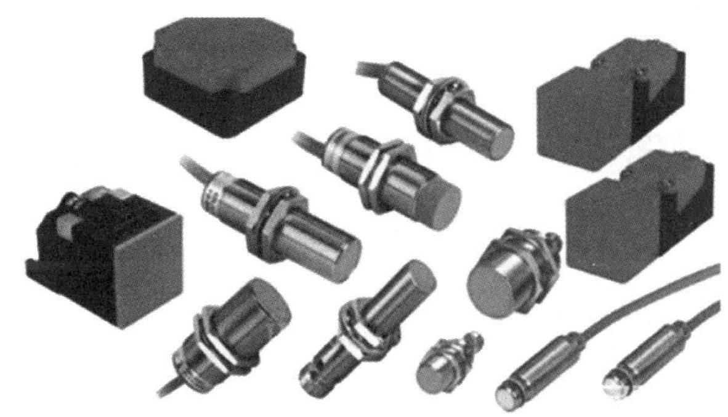
图 1-2-7　电感式接近开关

当金属物体处于一个交变的磁场中，在金属内部会产生交变的电涡流，这个电涡流又会反作用于产生它的磁场这样一种物理效应。如果这个交变的磁场是由一个电感线圈产生的，那么这个电感线圈中的电流就会发生变化，用于平衡电涡流产生的磁场。

利用这个原理，以高频振荡器（*LC* 振荡器）中的电感线圈作为检测元件，当被测金属物体接近电感线圈时，产生电涡流效应，引起振荡器振幅或频率的变化，由传感器的信号调理电路（包括检波、放大、整形、输出等电路）将这个变化转换成开关量输出，从而达到检测目的。电感式接近开关只能检测金属物体，其工作原理如图 1-2-8 所示。

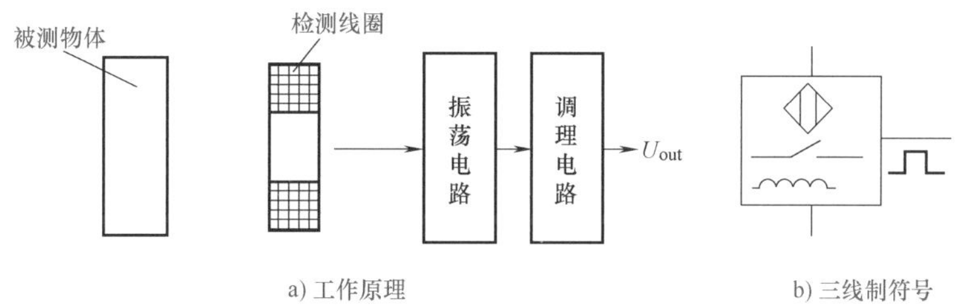

a) 工作原理　　b) 三线制符号

图 1-2-8　电感式接近开关的工作原理及符号

3. 电容式接近开关

电容式接近开关是把被测的机械量（如位移、压力等）转换为电容量变化的传感器。它的敏感部分就是具有可变参数的电容器，图 1-2-9 所示为电容式接近开关的实物及符号。

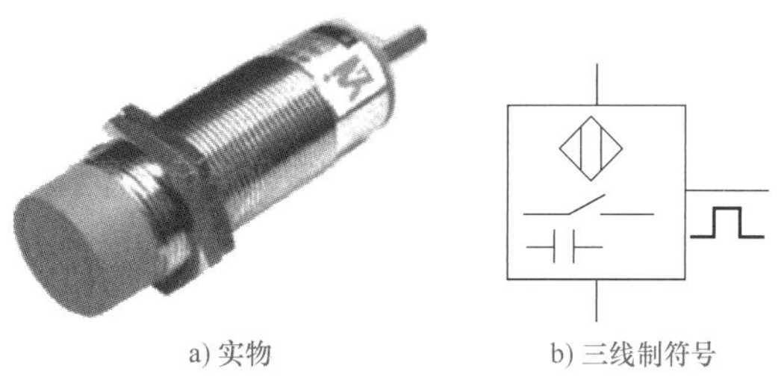
a) 实物　　b) 三线制符号

图 1-2-9　电容式接近开关实物及符号

电容式接近开关常见的形式是由两个平行电极组成，极间以空气为介质的电容器，如果忽略边缘效应，平行板电容器的电容与极间介质的介电常数和两电极互相覆盖的有效面积成正比，与两电极之间的距离成反比。任意一个电容参数的变化都将引起电容量变化，所以，电容式接近开关可分为极距变化型、面积变化型和介质变化型三类。极距变化型一般用来测量微小的线位移或因为力、压力、振动等引起的极距变化。面积变化型一般用于测量角位移或较大的线位移。介质变化型常用于物位测量和各种介质的温度、密度、湿度的测定。

4. 霍尔式接近开关

当一块通有电流的金属或半导体薄片垂直地放在磁场中时，薄片的两端就会产生电位差，这种现象就称为霍尔效应。霍尔元件就是在霍尔效应原理的基础上，利用集成封装和组装工艺制作而成，它能够方便地把磁输入信号转换成实际应用中的电信号。霍尔式接近开关的实物及符号如图 1-2-10 所示。霍尔式接近开关的输出端一般采用晶体管输出，和其他传感器类似，有 NPN 型、PNP 型、常开型、常闭型、锁存型（双极性）、双信号输出之分。

当磁性物件移近霍尔式接近开关时，开关检测面上的霍尔元件因产生霍尔效应而使开关内部电路状态发生变化，进而控制开关的通或断。这种接近开关的检测对象必须是磁性物体。

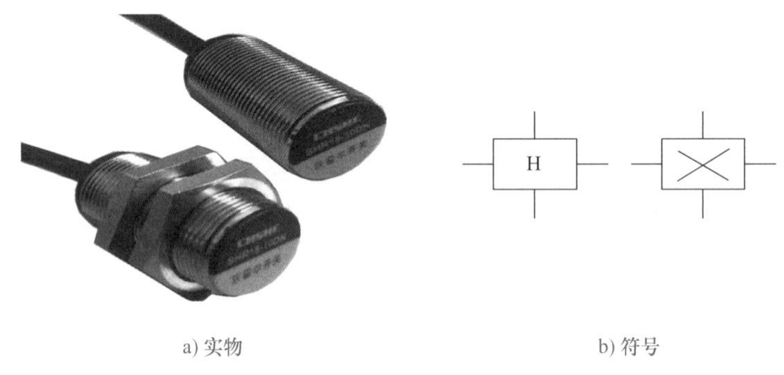

a) 实物　　b) 符号

图 1-2-10　霍尔式接近开关实物及符号

5. 光电式接近开关

光电式接近开关又称红外线光电开关或光电式传感器。它是利用被检测物体对红外光束的遮光或反射，由同步回路选通而检测物体的有无，物体不限于金属，对所有能反射光线的物体都可检测。根据检测方式的不同，光电式接近开关可分为漫射型、反射型、对射型等几种。光电式接近开关的实物及符号如图 1-2-11 所示。

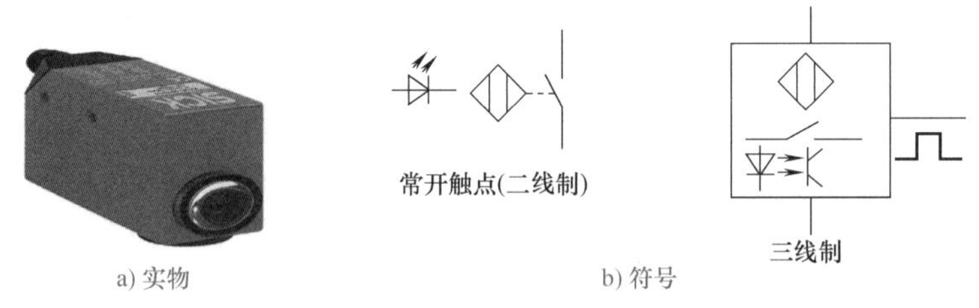

a) 实物　　b) 符号

图 1-2-11　光电式接近开关的实物及符号

1）漫射型光电式接近开关：集发射器与接收器于一体。当前方无物体时，发射器发出的光不会被接收器接收到。当前方有物体时，接收器就能接收到物体反射回来的光线，通过检测电路产生开关量的电信号输出。其工作原理如图 1-2-12 所示。

2）反射型光电式接近开关：集发射器与接收器于一体，但与漫射型光电式接近开关不同的是：其前方装有一块反射板。当反射板与发射器之间没有物体遮挡时，接收器可以接收到光线；当被测物体遮挡住反射板时，接收器无法接收到发射器发出的光线，传感器产生输出信号。其工作原理如图 1-2-13 所示。

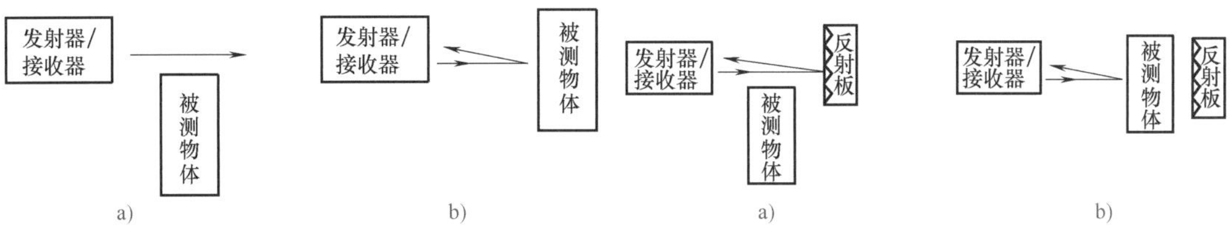

图 1-2-12　漫射型光电式接近开关工作原理图　　图 1-2-13　反射型光电式接近开关工作原理图

3）对射型光电式接近开关：其发射器和接收器是分离的。在发射器与接收器之间如果没有物体遮挡，发射器发出的光线能被接收器接收到；当有物体遮挡时，接收器接收不到发射器发出的光线，传感器产生输出信号。其工作原理如图 1-2-14 所示。

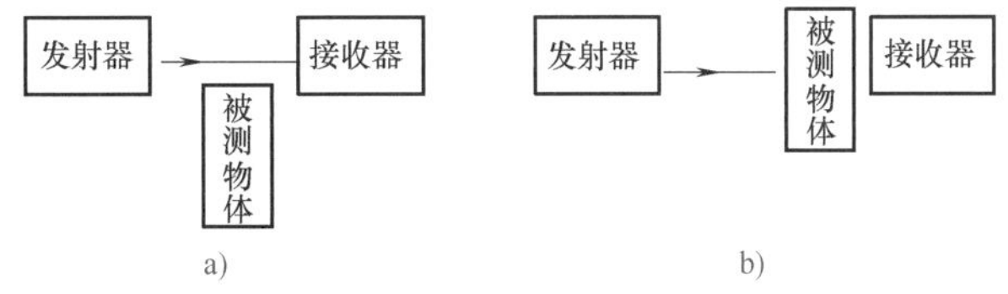

图 1-2-14　对射型光电式接近开关工作原理图

6. 接近开关与 PLC 的连接

在选择接近开关时，除了根据使用场合选择不同类型（如光电式、电感式或者电容式），在信号输出上还分为 PNP 型和 NPN 型。其中，P 表示正，N 表示负。NPN 型表示平时为高电位，信号到来时信号为低电位输出。PNP 型表示平时为低电位，信号到来时信号为高电位输出。三线制接近开关接线图如图 1-2-15 所示。

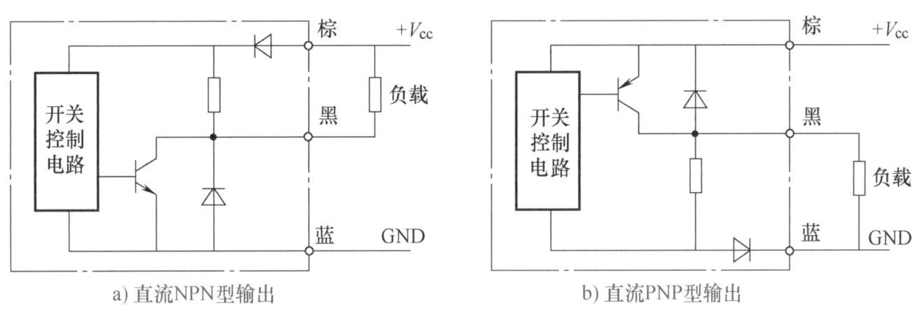

图 1-2-15　三线制接近开关接线图

当接近开关与 PLC 相连时，须根据 PLC 输入类型（漏型、源型）进行选择。西门子系列 PLC 输入端源型和漏型的定义是根据 PLC 接线端子上输入端子（I 端子）的电流流向来区分的，源型是指电流从 I 端子流出，漏型是指电流从 I 端子流入。需要注意的是，三菱系列 PLC 定义的源型和漏型是根据公共端（COM 端）电流流向来区分的。

如果 PLC 是漏型输入，即信号电流是从输入端子（I 端子）流入 PLC，那么外接接近开关需用 PNP 型；如果 PLC 是源型输入，即信号电流是从输入端子（I 端子）流出 PLC，那么外接接近开关需用 NPN 型。

选择 NPN 型接近开关作为西门子系列 PLC 输入信号时，PLC 输入接线应接成源型输入；选择 PNP 型接近开关时，PLC 输入接线应接成漏型输入，如图 1-2-16 所示。

接近开关的接线规律：“棕正、蓝负、黑信号”；NPN 型接近开关与 PLC 连接时，1M 接正，PNP 型接近开关与 PLC 连接时，1M 接负。

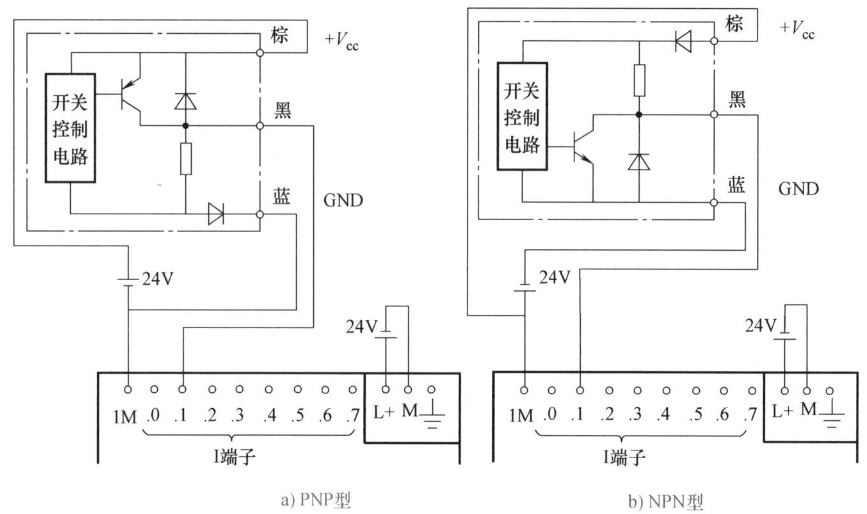

图 1-2-16 接近开关与西门子系列 PLC 的连接

【任务评价】

请学生总结要点，填入表 1-2-3，进行自评、小组互评和教师评价将各项得分以及总计得分填入表 1-2-3 中（评分标准由相应评价者自行掌握）。

表 1-2-3 考核评价表

序号	评价内容	配分	要点总结	自评	小组互评	教师评价
1	按钮	20				
2	行程开关	20				
3	接近开关	30				
4	安全文明操作	30				
总计得分		100				

【课后思考】

一、选择题

1. 按复合按钮时，（　　）。

A. 常开触点先闭合　　B. 常闭触点先断开

C. 常开、常闭触点同时动作　　D. 常闭触点动作，常开触点不动作

2. 下列低压电器中不属于主令电器的是（　　）。

A. 按钮　　B. 转换开关　　C. 行程开关　　D. 十字开关

3. 行程开关是一种主令电器，其作用叙述错误的是（　　）。

A. 控制机械运动的方向　　B. 控制行程的大小

C. 实现极限位置保护　　D. 实现速度控制

4. 停止按钮应优先选用（　　）。

A. 红色　　B. 白色　　C. 黑色　　D. 绿色

5. 下列不是应用光电式接近开关的实例是（　　）。

A. 自动门　　B. 光电鼠标　　C. 冰箱温控器　　D. 手机摄像头

二、简答题

1. 说明霍尔式、电感式、电容式接近开关适合的检测对象。

2. 说明磁性开关检测气缸活塞位置的工作原理。

任务三　电磁式电器认知

【任务内容】

如图 1-3-1 所示，仔细观察 CJX1-16 型交流接触器，借助万用表检测交流接触器在正常和按下衔铁两种情况下，各触点间的关系；拆开交流接触器后观察其内部结构，分析其工作过程，总结出使用方法。

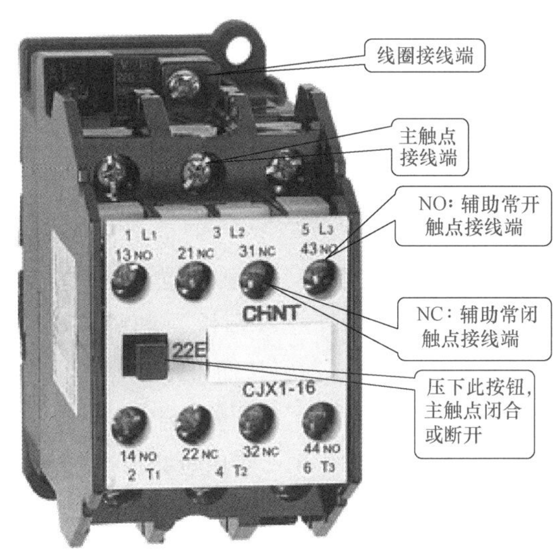

图 1-3-1　CJX1-16 型交流接触器

【任务分析】

CJX 系列接触器面板标注较多，其中线圈端子为 A1—A2；三个主触点接线端分别为 1L1—2T1、3L2—4T2、5L3—6T3，其中标志 L 表示主电路的进线端，标志 T 表示主电路的出线端；辅助常开触点（NO）接线端有 13—14、43—44，辅助常闭触点（NC）接线端有 21—22、31—32，其中标志的个位数表示功能数，1 与 2 表示常闭触点，3 与 4 表示常开触点，标志的十位数是序列数。

【任务实施】

做中学

1）教师准备一定数量和种类的交流接触器。

2）学生观察其外形，了解其面板标志及使用方法。

3）学生分组拆装交流接触器，分析常开触点和常闭触点的位置和数量。

4）探究交流接触器的工作原理。

5）从互联网上查询时间继电器、中间继电器等相关电器的工作原理及使用方法。

【知识链接】

一、交流接触器

交流接触器是一种用来可频繁地接通或断开交流主电路及大容量控制电路的自动切换电器。

1. 交流接触器的外形、结构与符号

交流接触器主要由电磁机构、触点系统、灭弧装置和辅助部件组成。

1）电磁机构。电磁机构由线圈、动铁心（衔铁）和静铁心组成。其作用是利用电磁线圈的通电或断电使静铁心吸合或释放衔铁，从而带动动触点与静触点接触或断开，实现接通或断开电路的目的。

交流接触器电磁线圈中通过的是交流电，所以铁心中产生交变的磁通。当磁通过零时，产生的电磁吸力也为零，将引起电磁铁的铁心发生振动，产生噪声，解决的办法是在铁心部分端面上嵌装短路环。

2）触点系统。按通断能力的不同，触点可分为主触点和辅助触点。主触点用于通断电流较大的主电路，通常为三个常开触点。辅助触点用于通断电流较小的控制电路，一般常开、常闭触点各两个。触点的常开和常闭，是指电磁机构未通电动作时触点的状态。常开触点与常闭触点是联动的。当线圈通电时，常闭触点先断开，常开触点再闭合；当线圈断电时，常开触点先恢复断开，常闭触点再恢复闭合。

3）灭弧装置。交流接触器在断开大电流或高电压时，在动、静触点之间会产生很强的电弧。灭弧装置的作用是熄灭触点分断时产生的电弧，容量在 10A 以上的接触器都有灭弧装置。

4）辅助部件。辅助部件包括反作用弹簧、缓冲弹簧、触点压力弹簧、传动机构及外壳。反作用弹簧安装在衔铁和线圈之间，当线圈断电后，推动衔铁释放，带动触点复位；缓冲弹簧安装在静铁心和线圈之间，用来缓冲衔铁在吸合时对静铁心和外壳的冲击力；触点压力弹簧安装在动触点上面，增大动、静触点间的压力，从而增大接触面积，减少接触电阻，防止触点过热受损；传动机构的作用是在衔铁或反作用弹簧的作用下带动动触点与静触点接通或分断。

常见交流接触器的外形、结构和符号如图 1-3-2 所示。

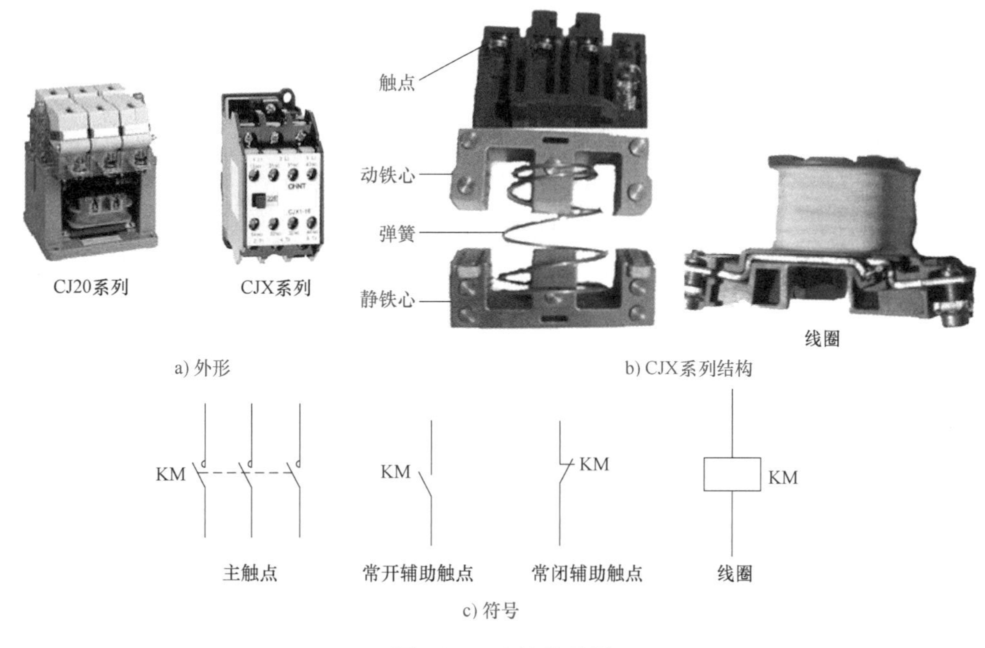

a) 外形　　b) CJX系列结构

c) 符号

图 1-3-2　交流接触器

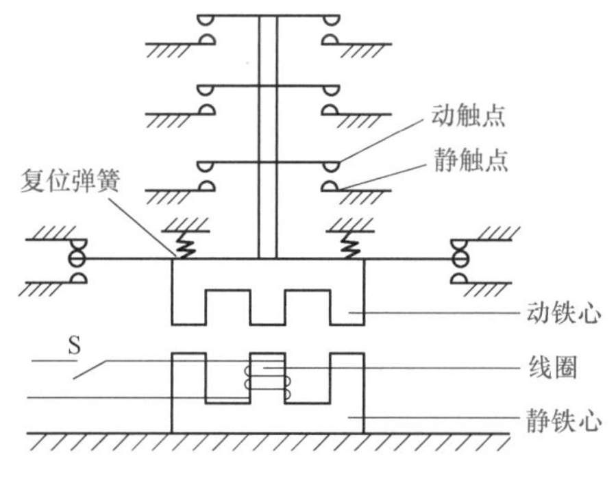

图 1-3-3　交流接触器的工作原理图

交流接触器的工作原理

2. 交流接触器的工作原理

图 1-3-3 所示是交流接触器的工作原理，当线圈通电后，线圈电流产生磁场，使静铁心产生电磁吸力，将动铁心（衔铁）吸合。衔铁带动动触点动作，使常闭触点断开，常开触点闭合。当线圈断电时，电磁吸力消失，衔铁在复位弹簧力的作用下释放，各动触点随之复位。

3. 交流接触器的选用

（1）主触点的选用

1）主触点的额定电压应不低于所控制电路的额定电压。

2）主触点的额定电流应不小于负载的额定电流，若交流接触器使用在频繁起动、制动及正反转的场合，应将主触点的额定电流降低一个等级使用。

（2）吸引线圈额定电压的选用　当控制电路简单、使用电器较少时，可直接选用 380V 或 220V 的电压线圈。若线路较复杂、使用电器的个数超过 5 时，可选用 36V 或 110V 电压线圈。

（3）触点数量的选用　触点的数量应满足控制电路的要求。

CJ20 系列交流接触器的技术参数见表 1-3-1。

表 1-3-1　CJ20 系列交流接触器的技术参数

型号	频率/Hz	辅助触点额定电流/A	吸引线圈电压/V	主触点额定电流/A	额定电压/V	可控制电动机最大功率/kW
CJ20-10	50	5	36、127 220、380	10	380/220	4/2.2
CJ20-16				16		7.5/4.5
CJ20-25				25		11/5.5
CJ20-40				40		22/11
CJ20-63				63		30/18
CJ20-100				100		50/28
CJ20-160				160		85/48
CJ20-250				250		132/80
CJ20-400				400		220/115

4. 交流接触器的安装与使用

1）交流接触器在安装前应检查铭牌与线圈的技术数据是否符合实际使用要求。

2）交流接触器一般应安装在垂直面上，倾斜度不得超过 5°；若有散热孔，则应将有孔的一面放在垂直方向上，便于散热。

3）安装孔的螺钉应装有弹簧垫圈和平垫圈。

4）交流接触器的触点应保持清洁。

5）带有灭弧罩的交流接触器不允许不带灭弧罩或带着破损的灭弧罩运行。

【想想练练】

交流接触器的电压过高或过低时，为什么都会造成线圈过热而烧毁？

二、时间继电器

时间继电器是一种根据电磁原理或机械动作原理来实现触点系统延时接通或断开的自动切换电器。它在需要按时间顺序进行控制的电气控制电路中得到了广泛应用。

1. 外形、结构和符号

时间继电器的结构

时间继电器按动作原理分为电磁式、空气阻尼式、电动式和电子式；按延时方式可分为通电延时型与断电延时型两种。常见时间继电器的外形和电路符号如图 1-3-4 所示。JS7-A 系列空气阻尼式时间继电器的外形和结构原理如图 1-3-5 所示，它是利用气囊中的空气通过小孔节流的原理来获得延时动作的。图 1-3-6 所示是 JS20 系列晶体管时间继电器的外形、底座及接线图，它具有结构简单、延时范围广、精度高、消耗功率小、调整方便及使用寿命长等优点，常用的 JS20 系列晶体管时间继电器是全国推广的统一设计产品，适用于 380V 及以下的工频交流控制电路或 110V 及以下的直流控制电路。

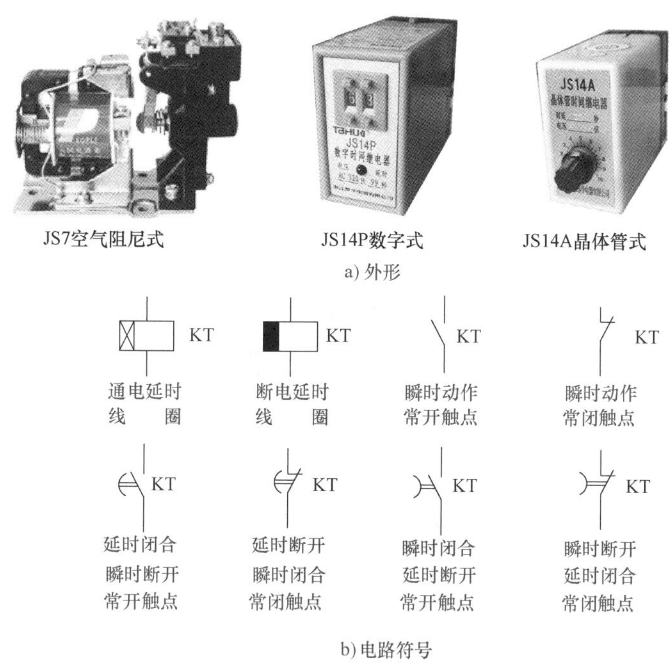

图 1-3-4　常见时间继电器的外形及电路符号

通电延时型时间继电器

断电延时型时间继电器

a) 外形

图 1-3-5　JS7-A 系列空气阻尼式时间继电器的外形和结构原理图

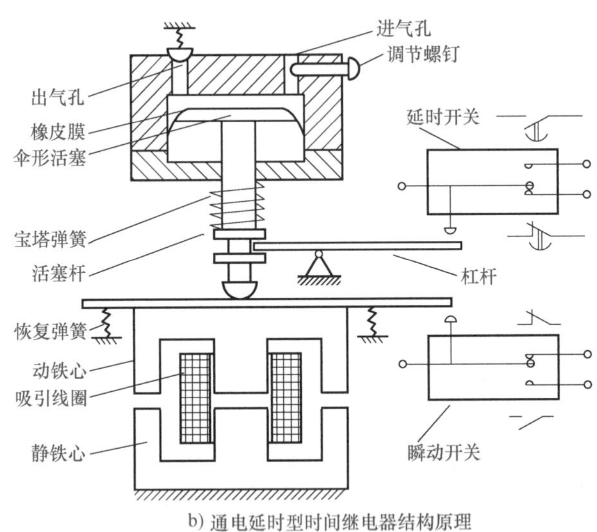

b) 通电延时型时间继电器结构原理

图 1-3-5 JS7-A 系列空气阻尼式时间继电器的外形和结构原理图（续）

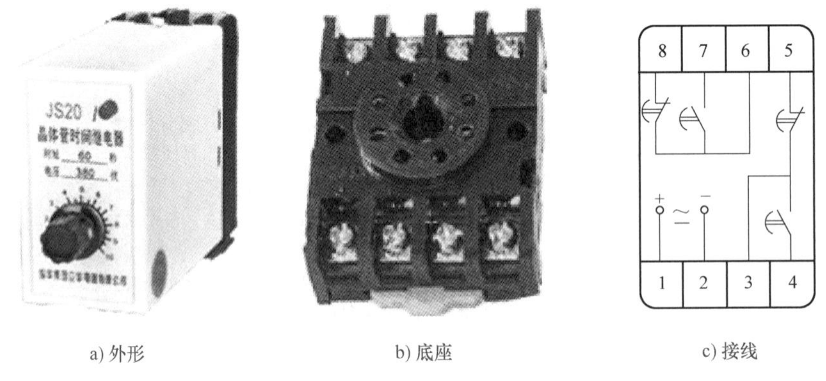

a) 外形　　b) 底座　　c) 接线

图 1-3-6 JS20 系列晶体管时间继电器的外形、底座及接线

2. 选用

1）根据系统的延时范围和精度选用时间继电器的类型。一般对于延时精度要求不高的场合，可选用空气阻尼式时间继电器，对于延时精度要求较高的场合，可选用晶体管时间继电器。

2）根据控制电路的要求选用时间继电器的延时方式。

3）根据控制电路电压选用时间继电器吸引线圈的电压。

常用的 JS7-A 系列空气阻尼式时间继电器的技术参数见表 1-3-2。

3. 安装与使用

1）在不通电的情况下整定时间继电器的整定值，并在试车时校正。

2）通电延时型和断电延时型时间继电器可在整定时间内自行调换。

3）时间继电器金属底板上的接地螺钉必须与接地线可靠连接。

表 1-3-2　常用 JS7-A 系列空气阻尼式时间继电器的技术参数

型号	触点额定电压/V	触点额定电流/A	线圈电压/V	瞬时动作触点对数		有延时的触点对数			
				常开	常闭	通电延时		断电延时	
						常开	常闭	常开	常闭
JS7-1A	380	5	24、36、110、127、220、380、420	无	无	1	1	无	无
JS7-2A				1	1	1	1	无	无
JS7-3A				无	无	无	无	1	1
JS7-4A				1	1	无	无	1	1

4）时间继电器应按说明书规定的方向安装。无论是通电延时型还是断电延时型，都必须使时间继电器在断电释放时，动铁心（衔铁）的运动方向垂直向下，其倾斜度不得超过 5°。

【想想练练】

画出时间继电器的符号。

三、速度继电器

速度继电器又称为反接制动继电器，是以旋转速度的快慢为指令信号，与接触器配合实现对电动机的反接制动控制。

1. 外形、结构和符号

速度继电器主要由定子、转子和触点三部分组成。常用的速度继电器有 JY1 型和 JFZ0 型两种。JY1 型速度继电器的外形、电路符号和结构如图 1-3-7 所示。

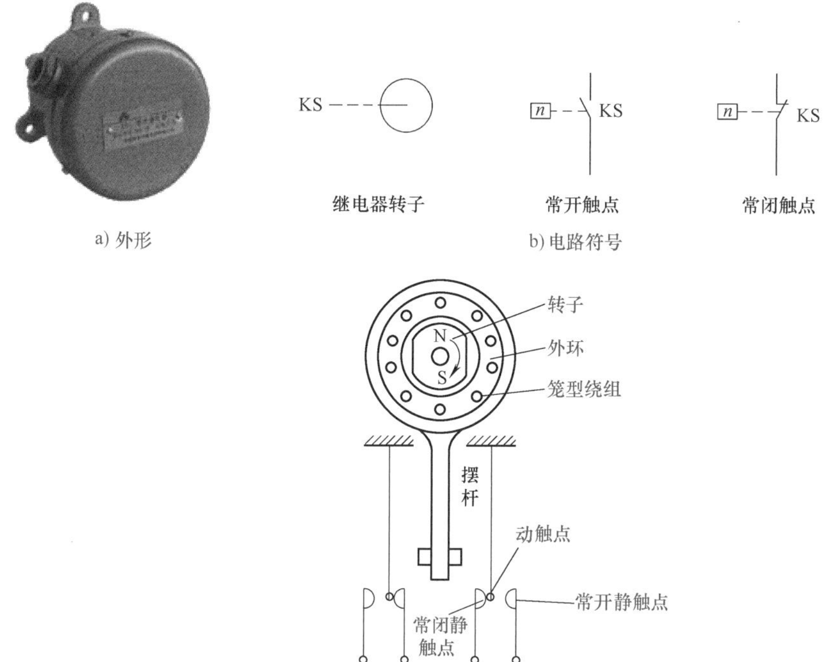

a) 外形　b) 电路符号　c) 结构

图 1-3-7　JY1 型速度继电器外形、电路符号和结构

2. 工作原理

速度继电器的转子是一块永久磁铁，与电动机或机械转轴连在一起，随轴转动。它的外边有一个可以转动一定角度的外环，其上装有笼型绕组。当转轴带动永久磁铁旋转时，定子外环中的笼型绕组因切割磁感线而产生感应电动势和感应电流。该电流在转子磁场的作用下产生电磁转矩，使定子外环跟随转动一个角度。如果永久磁铁沿逆时针方向转动，则定子外环带着摆杆向右边运动，使右边的常闭触点断开，常开触点接通；当永久磁铁沿顺时针方向旋转时，左边的触点改变状态。当电动机的转速较低（如小于 100r/min）时，触点复位。

3. 选用

速度继电器主要根据所需控制的转速大小、触点数量和电压、电流来选用。常用的 JY1 型和 JFZ0 型速度继电器的技术参数见表 1-3-3。

表 1-3-3 JY1 型和 JFZ0 型速度继电器的技术参数

型号	触点额定电压/V	触点额定电流/A	额定工作转速/(r/min)	触点数	
				正转动作	反转动作
JY1	380	2	100~3000	1 组转换触点	1 组转换触点
JFZ0-1			300~1000	1 常开,1 常闭	1 常开,1 常闭
JFZ0-2			1000~3000	1 常开,1 常闭	1 常开,1 常闭

4. 安装与使用

1）速度继电器的轴与电动机的轴相互连接，转子固定在轴上，定子与轴同心。

2）速度继电器的正反向触点不能接错，否则不能实现反接制动。

【想想练练】

若速度继电器的胶木摆杆断裂，会出现什么现象？

【任务评价】

请学生总结要点，填入表 1-3-4，进行自评、小组互评和教师评价，将各项得分以及总计得分填入表 1-3-4 中（评分标准由相应评价者自行掌握）。

表 1-3-4 考核评价表

序号	评价内容	配分	要点总结	自评	小组互评	教师评价
1	交流接触器	25				
2	时间继电器	25				
3	速度继电器	25				
4	安全文明操作	25				
总计得分		100				

【课后思考】

一、选择题

1. JS7-A 系列时间继电器将通电延时型时间继电器变为断电延时型时间继电器，只需改变（　　）。

A. 延时结构位置　　B. 触点的位置　　C. 电磁机构　　D. 阻尼铜套位置

2. 在交流接触器中，短路环的作用是（　　）。

A. 增大铁心磁通　　B. 熄灭电弧

C. 减小铁心磁通　　D. 减小铁心振动和噪声

3. 在电气原理图中用符号 KM 表示的元器件是（　　）。

A. 熔断器　　B. 接触器　　C. 中间继电器　　D. 时间继电器

4. 在机床控制电路中，时间继电器主要用于实现（　　）。

A. 时间控制　　B. 速度控制　　C. 行程控制　　D. 自锁控制

5. 接触器的结构特点是（　　）。

A. 主触点的额定电流大，辅助触点的额定电流小

B. 主触点的额定电流小，辅助触点的额定电流大

C. 主触点与辅助触点的额定电流相同

D. 辅助触点的额定电流稍大于主触点的额定电流

二、简答题

1. 简述交流接触器的主要用途。

2. 交流接触器的安装与使用应注意哪些问题?

匠心铸梦

在技术创新中践行工匠精神的刘辉

“一根头发丝的直径大致是 0.07mm。我不用标尺，不用仪器，凭手指触摸就能测出 0.01mm 的细微变化。”第十四届全国人大代表刘辉干练自信地介绍自己的“绝活儿”。

正是这一双巧手，成就了他全国劳动模范、全国五一劳动奖章、全国技术能手等 60 余项荣誉。

作为江西南昌江铃集团的一名钳工特级技师，刘辉在冲压模具设计与制造领域拥有 37 年的经验。他对工匠精神的践行也潜移默化地感染着身边的同事们。

一位同事这样评价他：“刘辉一直是我们车间的骄傲，他的工匠精神不仅是技术上的表现，更是一种为人师表的典范。”

走上“大国工匠”之路，刘辉一直遵循着这样的座右铭：“唯有热爱，方能步履不停。”

项目二 三相异步电动机电气控制电路的安装与调试

项目概述

在实际生产中，根据各种生产机械的工作性质和加工工艺的不同，电动机的电气控制电路对电动机的起动、反向、调速和制动进行控制，从而实现电力拖动系统的自我保护和生产的自动化。常见的三相异步电动机电气控制电路有单向控制电路、正反转控制电路、顺序控制电路、减压起动控制电路、调速控制电路和制动控制电路等。

本项目将带领同学们学习三相异步电动机单向控制电路、正反转控制电路、顺序控制电路、减压起动控制电路、调速控制电路和制动控制电路的原理、安装接线与调试。图 2-0-1 所示为本项目思维导图。

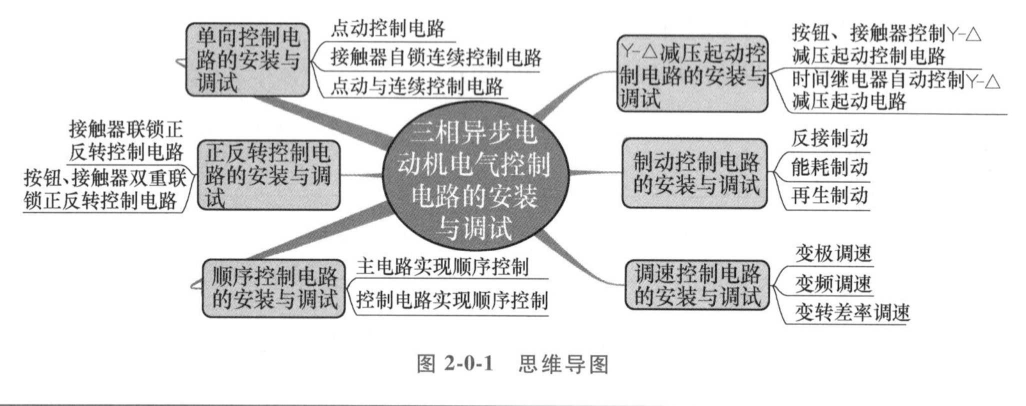

图 2-0-1 思维导图

项目目标

知识目标

1. 掌握三相异步电动机单向连续和正反转控制电路的工作原理。
2. 理解三相异步电动机顺序控制和减压起动控制电路的工作原理。
3. 理解三相异步电动机调速和制动控制电路的工作原理。

技能目标

1. 会进行常用控制电路元器件的合理布局和安装。
2. 掌握控制电路的安装工艺接线要求，会进行常用控制电路的正确接线。
3. 会正确使用各种工具及使用常用仪器、仪表进行电路的检测。

素养目标

1. 培养学生团结协作、沟通交流的能力。
2. 培养学生分析问题的能力。

任务一　单向控制电路的安装与调试

【任务内容】

某车间有一台三相笼型异步电动机，要实现以下功能：按下起动按钮，电动机起动，松开起动按钮，电动机继续运行；按下停止按钮，电动机断电停止；如果电路发生过载，电动机断电停止。请进行单向控制电路的安装与调试。

【任务分析】

要通过按钮控制电动机的起动与运行，可以使用交流接触器控制电动机的运行，选择合适的电气元器件进行电路接线来达到控制要求。

1）教师准备元器件，学生对照元器件型号（见表 2-1-1）进行检查。

表 2-1-1　元器件选用表

符号	名称	型号	规格	数量
M	三相异步电动机	Y132M-4	7.5kW,380V,15A,△联结	1
QF	低压断路器	NXB-63 3P D25	三极,额定电流为 25A	1
FU1	插入式熔断器	RT18-32/20	500V,32A,熔体:20A	3
FU2	插入式熔断器	RT18-32/2	500V,32A,熔体:2A	2
KM	交流接触器	CJX2S-2510	380V,25A	1
FR	热继电器	JR36-20	三极,整定电流为 15A	1
SB1、SB2	按钮	LA10-3H	保护式,按钮数为 3	1
XT	端子排	TD-20/15	20A,15 节	2
	网孔板	通用	650mm×500mm×50mm	1
	电工工具	通用	含万用表、螺丝刀、剥线钳等	1

2）学生分析电路布置图（见图 2-1-1），进行元器件安装，如图 2-1-2 所示。

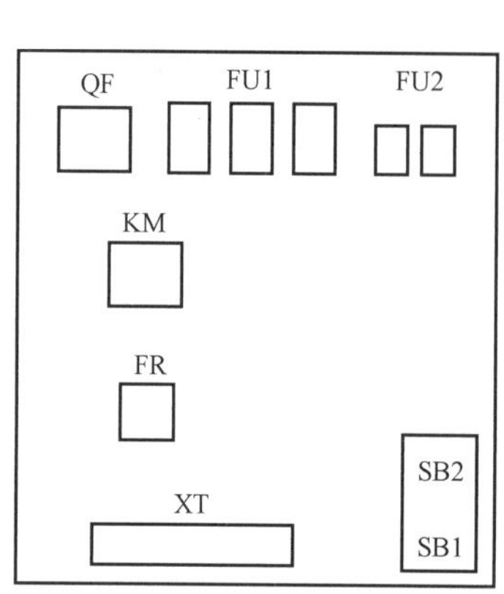

图 2-1-1 布置图

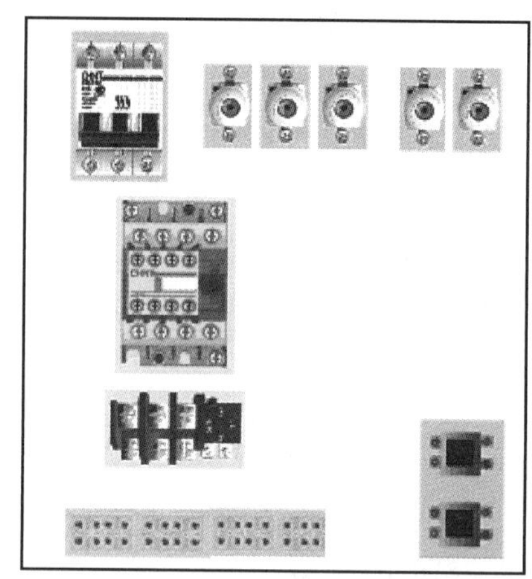

图 2-1-2 元器件安装图

3）教师指导学生根据电路布线图（见图 2-1-3）进行元器件的接线。

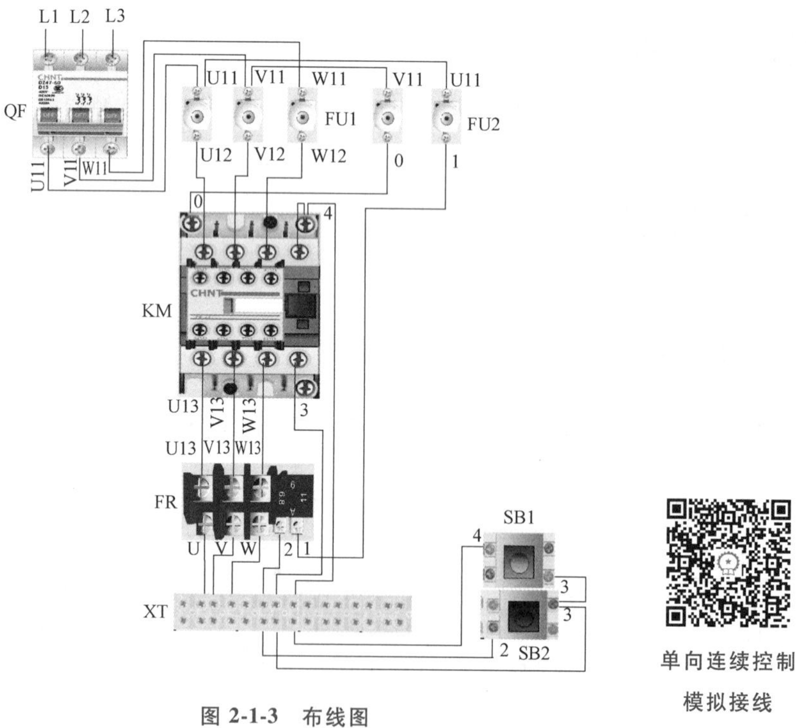

图 2-1-3 布线图

4）教师指导学生在不通电的情况下检查电路连接情况，若发现问题应及时修改。

5）学生在教师监督下进行通电试车。

【知识链接】

电动机单向控制电路是电动机其他电气控制电路的基础。因此，熟练识读其控制电路图、准确分析其工作原理，对今后的学习将起到重要作用。

一、点动控制电路

点动控制原理

点动是指按下按钮，电动机通电运转；松开按钮，电动机断电停转。这种控制方法常用于电动葫芦的起重电动机控制和车床溜板箱快速移动电动机控制。最基本的点动控制电路如图 2-1-4 所示。

电路的工作原理如下

先合上电源开关 QF。

起动：按下按钮 SB→KM 线圈得电→KM 主触点闭合→电动机 M 起动运转

停止：松开按钮 SB→KM 线圈失电→KM 主触点分断→电动机 M 失电停转

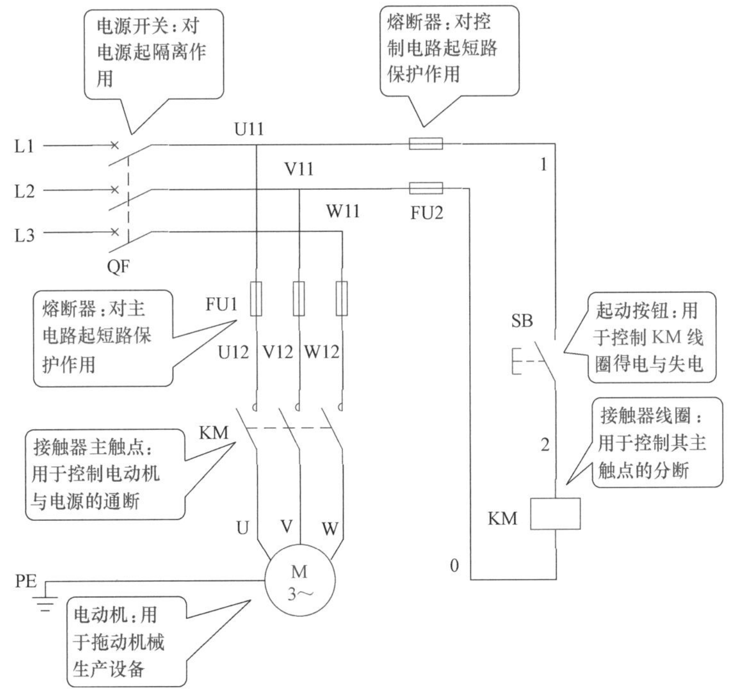

图 2-1-4　点动控制电路

点动控制电路模拟接线

二、接触器自锁连续控制电路

连续控制采用了一种具有自锁环节的控制电路，最基本的接触器自锁连续控制电路如图 2-1-5 所示。

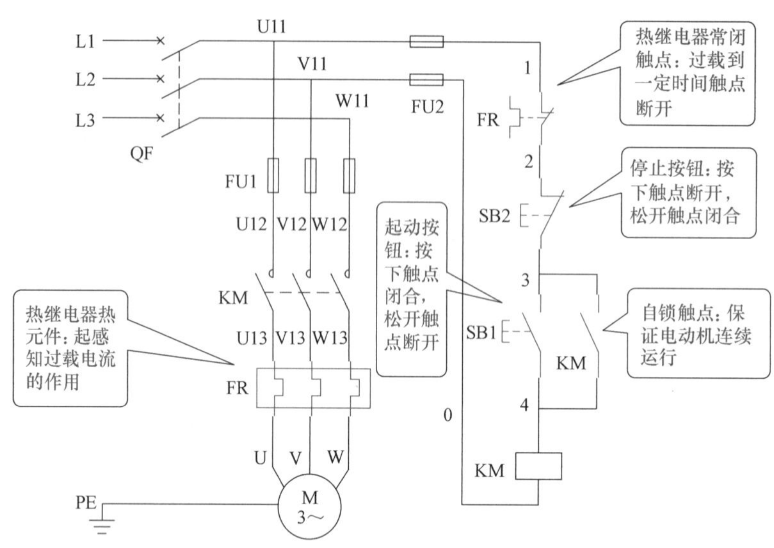

图 2-1-5 接触器自锁连续控制电路

电路的工作原理如下：

先合上电源开关 QF。

起动：

按下SB1 → KM线圈得电 → KM主触点闭合 → 电动机M起动连续运转
　　　　　　　　　　　 → KM自锁触点闭合 →

停止：

按下SB2 → KM线圈失电 → KM主触点分断 → 电动机M失电停转
　　　　　　　　　　　 → KM自锁触点分断解除自锁 →

自锁电路原理

由以上分析可知，当松开 SB1 后，由于 KM 常开辅助触点闭合，KM 线圈仍得电，电动机 M 连续运转。接触器 KM 通过自身常开辅助触点而使线圈保持得电的作用称为自锁。与起动按钮 SB1 并联起自锁作用的常开辅助触点称为自锁触点。

在按下停止按钮 SB2 后，由于 KM 自锁触点已断开，SB1 也是分断的，故松开 SB2 后，接触器线圈也不能得电，电动机断电停转。

接触器自锁控制电路不但能使电动机连续运转，还具有欠电压和失电压保护作用。欠电压、失电压保护是由接触器的工作原理决定的。欠电压是指电路电压低于电动机应加的额定电压。欠电压保护是指当电路电压下降到某一数值时，电动机能自动脱离电源而停转，避免电动机在欠电压下运行而发生过载的一种保护。失电压保护是指电动机在正常运行中，由于外界某种原因引起突然断电时，能自动切断电动机电源；当重新供电时，保证电动机不能自行起动，从而保护人身和设备的安全。

三、点动与连续控制电路

在金属切削过程中，调整刀具的位置常用到电动机的点动运行，刀具加工工件则用到电动机的连续运行，点动与连续控制是三相异步电动机的基本控制，其电气原理图如

图 2-1-6 所示。该电路的工作原理请读者自行分析。

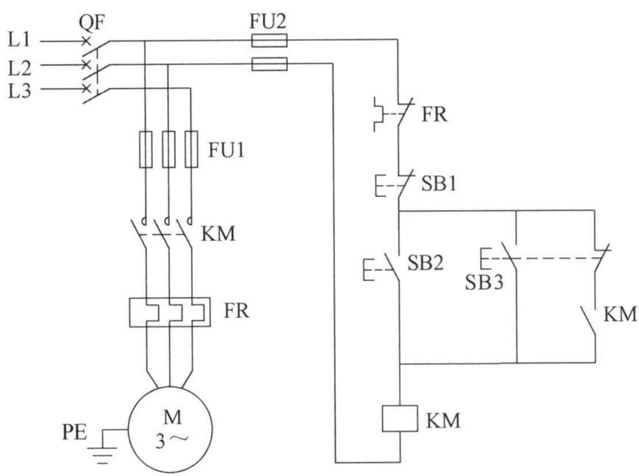

图 2-1-6　点动与连续控制电路图

【任务评价】

请学生总结要点，填入表 2-1-2，进行自评、小组互评和教师评价，将各项得分以及总评内容和得分填入表 2-1-2 中（评分标准由相应评价者自行掌握）。

表 2-1-2　考核评价表

序号	评价内容	配分	要点总结	自评	小组互评	教师评价
1	点动控制电路	20				
2	连续控制电路	20				
3	点动与连续控制电路	20				
4	电动机的保护	10				
5	安全文明操作	30				
总计得分		100				

【课后思考】

一、选择题

1. 在电动机继电器-接触器控制电路中，自锁环节的功能是（　　）。

A. 保证可靠停车　　B. 保证起动后连续运行

C. 兼有点动功能　　D. 防止主电路发生短路事故

2. 具有自锁功能的三相笼型异步电动机控制电路的特点是（　　）。

A. 起动按钮与常开辅助触点串联　　B. 起动按钮与常开辅助触点并联

C. 起动按钮与常闭辅助触点串联　　D. 起动按钮与常闭辅助触点并联

3. 在电动机控制电路中，具有欠电压、失电压保护作用的电器是（　　）。

A. 时间继电器　　B. 热继电器　　C. 熔断器　　D. 接触器

4. 在电动机继电器-接触器控制电路中，零电压保护的功能是（　　）。

A. 防止电源电压降低烧坏电动机

B. 实现短路保护

C. 防止停电后再恢复供电时，电动机自行起动

D. 实现过载保护

5. 在三相异步电动机连续运行控制电路中，按下起动按钮，接触器线圈能吸合，电动机不转，与此故障无关的是（　　）。

A. 主电路电源故障　　B. 交流接触器主触点故障

C. 主电路熔断器故障　　D. 交流接触器辅助常开触点故障

二、简答作图题

1. 某同学进行如图 2-1-7 所示的三相异步电动机的点动与连续控制电路的实训操作，请将原理图补画完整。

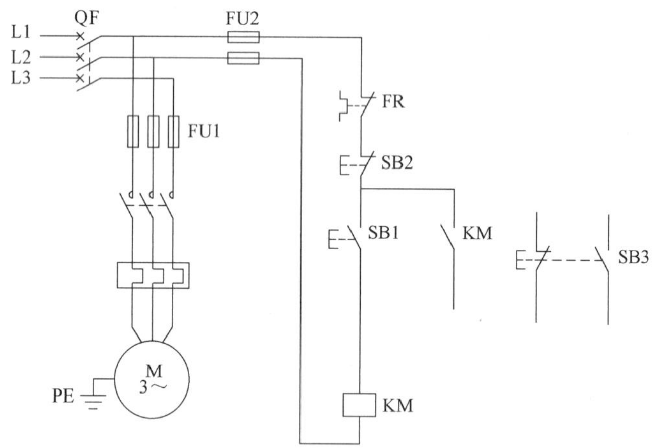

图 2-1-7　三相异步电动机的点动与连续控制电路原理图

2. 某同学设计一单向运转电路，按下起动按钮后发现下列现象，试分析并处理故障。

（1）电动机转动，但一松手就不转了。

（2）接触器明显振动，噪声较大。

（3）电动机不能起动，并发出“嗡嗡”响声。

任务二　正反转控制电路的安装与调试

【任务内容】

某制造类企业有一台三相笼型异步电动机，要实现以下功能：按下正转起动按钮，电动机正转；按下反转起动按钮，电动机反转；按下停止按钮，电动机停止；如果电路发生过载到一定时间后，电动机停止。请进行正反转控制电路的安装与调试。

【任务分析】

在实际生产设备中，经常要求三相交流异步电动机既能正转又能反转，而改变三相交

流异步电动机正反转最基本的方法是改变接入三相电源的相序，即只需对调三相电源相线中的任意两根。

1）教师准备元器件，学生对照元器件型号（见表2-2-1）进行检查。

表 2-2-1　元器件选用表

符号	名称	型号	规格	数量
M	三相异步电动机	Y132M-4	7.5kW,380V,15A,△联结	1
QF	低压断路器	NXB-63 3P D25	三极,额定电流为25A	1
FU1	插入式熔断器	RT18-32/20	500V,32A,熔体:20A	3
FU2	插入式熔断器	RT18-32/2	500V,32A,熔体:2A	2
KM1、KM2	交流接触器	CJX2S-2510	380V,25A	2
FR	热继电器	JR36-20	三极,整定电流为15A	1
SB1、SB2、SB3	按钮	LA10-3H	保护式,按钮数为3	1
XT	端子排	TD-20/15	20A,15节	2
	网孔板	通用	650mm×500mm×50mm	1
	电工工具	通用	含万用表、螺丝刀、剥线钳等	1

2）学生分析电路布置图（见图2-2-1），进行元器件安装，如图2-2-2所示。

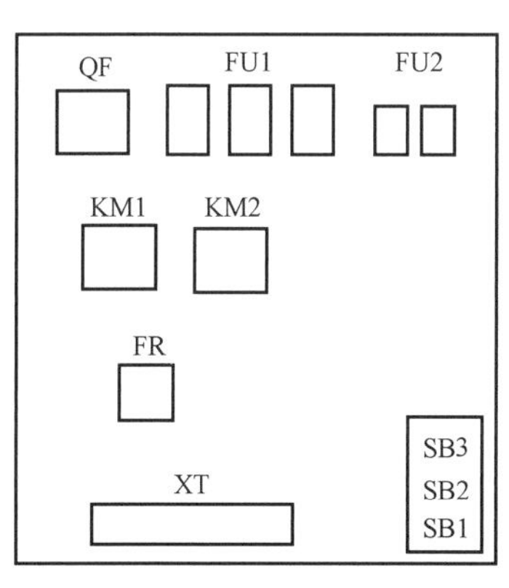

图 2-2-1　布置图

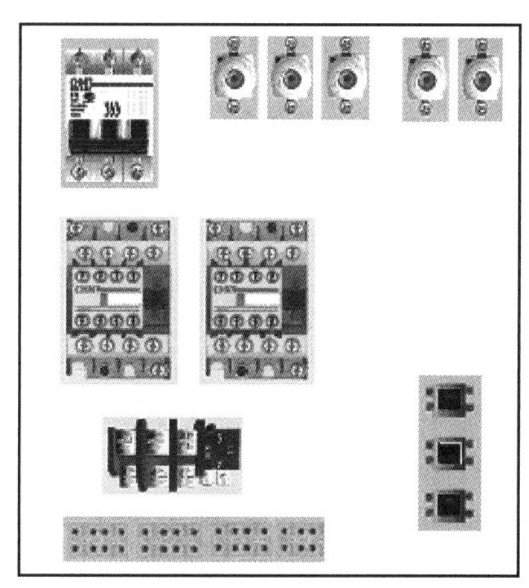

图 2-2-2　元器件安装图

3）教师指导学生根据电路布线图（见图2-2-3）进行元器件的接线。

4）教师指导学生在不通电的情况下检查电路连接情况，若发现问题应及时修改。

5）学生在教师监督下进行通电试车。

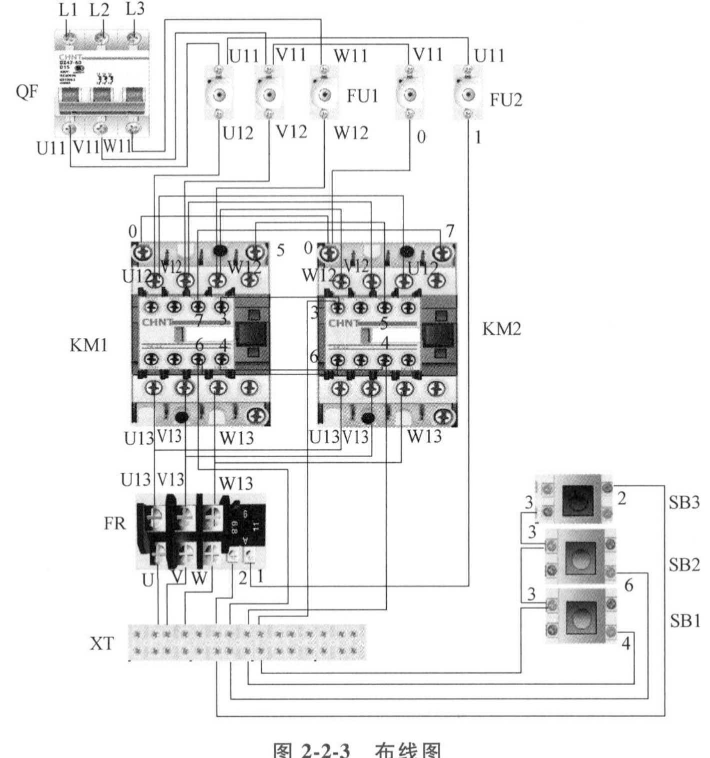

图 2-2-3 布线图

接触器联锁正反转控制模拟接线

单向控制电路只能使电动机向一个方向运转，而许多生产机械往往要求运动部件能向正、反两个方向运动，从而实现可逆运行，如万能铣床主轴的正转和反转、工作台的前进与后退、起重机吊钩的上升和下降、电梯的上行和下行等。

一、接触器联锁正反转控制电路

接触器联锁正反转控制电路如图 2-2-4 所示。电路中采用了两个接触器，即正转用接触器 KM1 和反转用接触器 KM2，它们分别由正转按钮 SB1 和反转按钮 SB2 控制。从主电路中可以看出，这两个接触器的主触点所接通的电源相序不同，KM1 按 L1→L2→L3 相序接线，KM2 按 L3→L2→L1 相序接线。相应的控制电路有两条：一条是由按钮 SB1 和 KM1 线圈等组成的正转控制电路，另一条是由按钮 SB2 和 KM2 线圈等组成的反转控制电路。

1. 接触器联锁

为了避免接触器 KM1 和 KM2 的主触点同时闭合，造成两相电源（L1 相和 L3 相）短路事故，采用接触器联锁。所谓接触器联锁，就是将接触器的一对常闭辅助触点串联在另一个接触器的线圈电路中，使得两个接触器不能同时得电动作，接触器间这种相互制约的作用称为接触器联锁（或互锁），实现联锁作用的常闭辅助触点称为联锁触点（或互锁触点）。

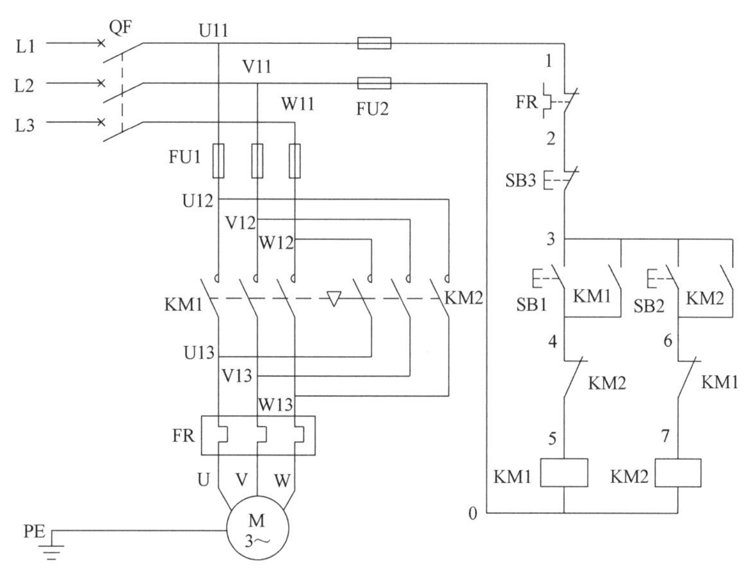

图 2-2-4　接触器联锁正反转控制电路

接触器联锁正反转原理

2. 工作原理

合上电源开关 QF。

（1）正转控制

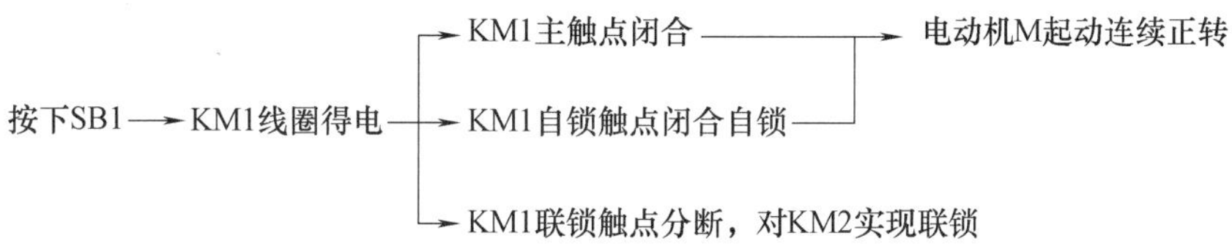

（2）反转控制

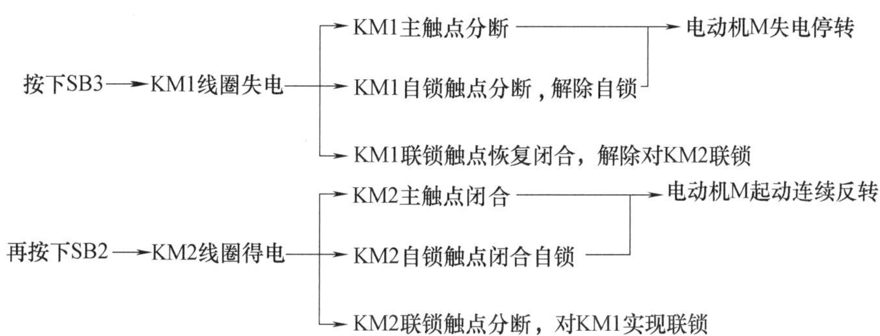

（3）停止控制　按下 SB3→KM1 或 KM2 线圈失电→KM1 或 KM2 主触点分断→电动机 M 失电停转。

接触器联锁正反转控制电路虽然工作安全、可靠，但操作不便。当电动机从正转运行转变为反转运行时，必须先按下停止按钮，使已动作的接触器释放，其联锁触点复位后，才能按反转起动按钮，否则由于接触器的联锁作用，不能实现反转。

二、按钮、接触器双重联锁正反转控制电路

双重联锁原理

为了克服接触器联锁正反转控制电路操作不便的缺点，在接触器联锁的基础上又增加了按钮联锁，构成了按钮、接触器双重联锁正反转控制电路，如图 2-2-5 所示。

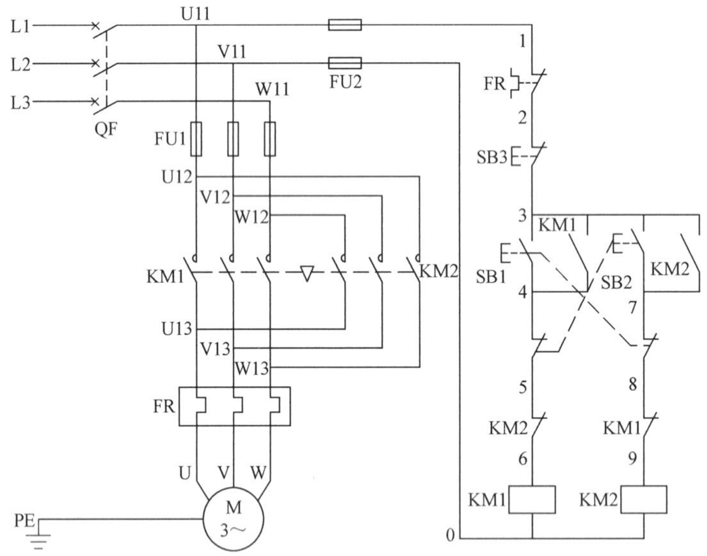

图 2-2-5 按钮、接触器双重联锁正反转控制电路

【想想练练】

分析按钮、接触器双重联锁正反转控制电路的工作原理。

【任务评价】

请学生总结要点，填入表 2-2-2，进行自评、小组互评和教师评价，将各项得分以及总计得分填入表 2-2-2 中（评分标准由相应评价者自行掌握）。

表 2-2-2 考核评价表

序号	评价内容	配分	要点总结	自评	小组互评	教师评价
1	接触器联锁正反转控制电路	25				
2	按钮、接触器双重联锁正反转控制电路	25				

（续）

序号	评价内容	配分	要点总结	自评	小组互评	教师评价
3	电路特点及联锁	10				
4	电动机的保护	10				
5	安全文明操作	30				
总计得分		100				

【课后思考】

一、选择题

1. 在操作接触器、按钮双重联锁正反转控制电路中，要使电动机从正转变为反转，正确的操作方法是（　　）。

A. 可直接按下反转起动按钮

B. 可直接按下正转起动按钮

C. 必须先按下停止按钮，再按下反转按钮

D. 都可以

2. 为避免正反转控制电路中两个接触器同时得电动作，电路采取了（　　）。

A. 自锁控制　　B. 联锁控制　　C. 位置控制　　D. 顺序控制

3. 在采用接触器联锁的控制电路中，通常串联（　　）。

A. 对方的常开触点　　B. 自己的常开触点

C. 对方的常闭触点　　D. 自己的常闭触点

4. 使三相异步电动机反转的方法是（　　）。

A. 改变定子绕组的输入电压　　B. 改变定子绕组的输入电流

C. 改变三相交流电源的相序　　D. 改变转子绕组的具体结构

5. 关于接触器联锁的正反转控制电路，正确的是（　　）。

A. 可避免电源相间短路

B. 起短路保护作用的是热继电器

C. 接触器联锁通常串联对方的常开触点

D. 无须先按下停止按钮，正反转可直接切换

二、简答作图题

1. 图 2-2-6 为三相异步电动机联锁正反转控制电气原理图，请将原理图补画完整。

2. 如图 2-2-7 所示，根据生产工艺要求，用一台电动机拖动生产设备，具体要求如下：

（1）按下 SB1 正向起动

（2）按下 SB2 反向起动

（3）按下 SB3 停止。

（4）控制电路实现双重联锁，且具有短路、过载、失电压和欠电压保护，请将电路原

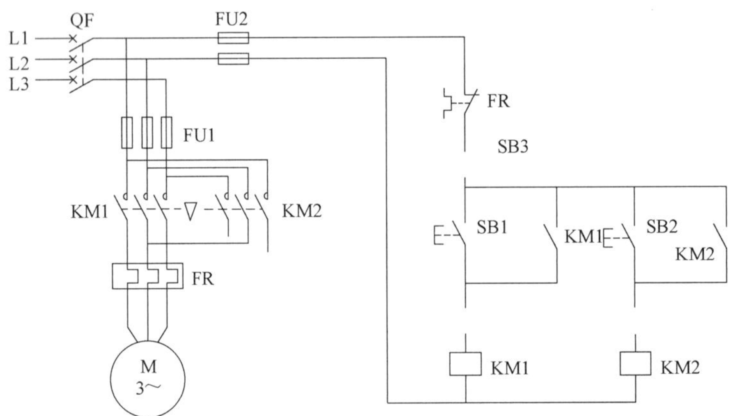

图 2-2-6 三相异步电动机联锁正反转控制电气原理图

理图绘制完整，实现上述要求。

3. 进行电动机接触器联锁正反转控制电路的实训操作，并回答下列问题：

（1）采用接触器联锁的目的是什么？

（2）怎样操作按钮实现电动机由正转转换到反转？

（3）正转起动工作正常，反转只能实现点动的原因是什么？

（4）正转起动工作正常，反转电动机也能起动，但方向与正转相同的原因是什么？

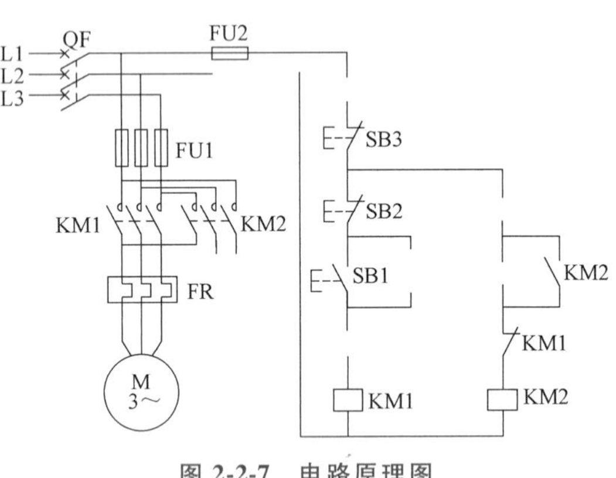

图 2-2-7 电路原理图

任务三 顺序控制电路的安装与调试

【任务内容】

如图 2-3-1 所示，某企业有两台三相笼型异步电动机 M1 和 M2 分别控制传送带，要实现以下功能：物料在传送带上不能堆积，传送带起动后料斗才能下料，汽车装满后需要停止送料，如果电路发生过载，两条传送带立即停止。请进行顺序控制电路的安装与调试。

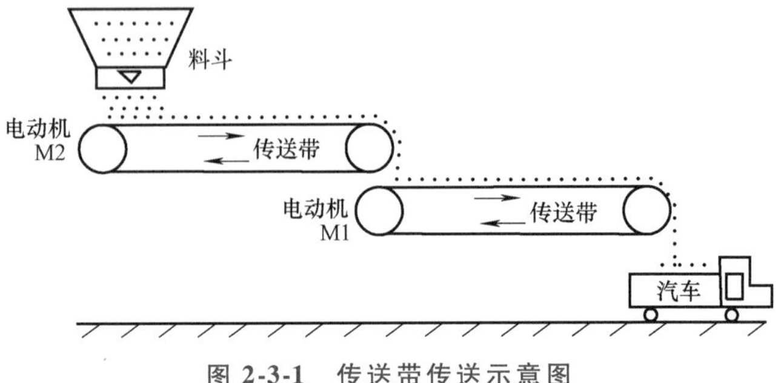

图 2-3-1 传送带传送示意图

【任务分析】

在实际生产中，为了减少能源的消耗和避免传送带上的物料堆积，经常由多台电动机控制传送带，而各台电动机的起动和停止是有顺序的，电动机的这种控制方式称为顺序控制。本任务中上段传送带由电动机 M2 控制，对应接触器 KM2，下段传送带由电动机 M1 控制，对应接触器 KM1。图 2-3-2 所示是顺序起动同时停止控制的电路原理图。

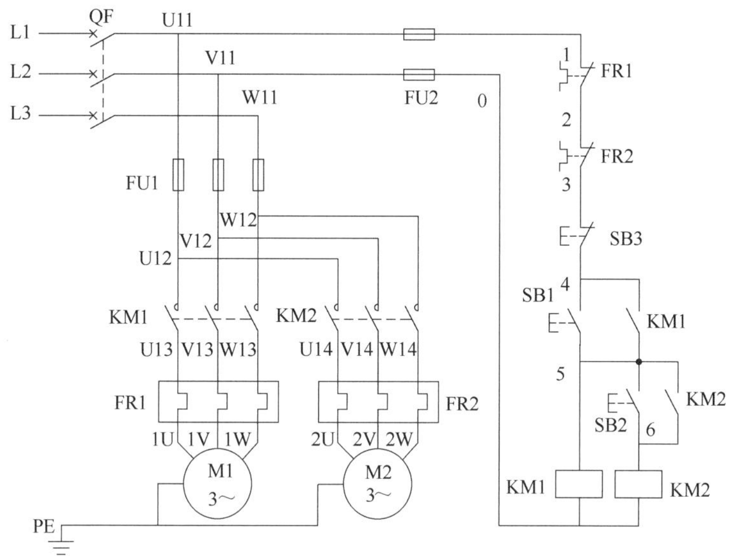

图 2-3-2　顺序起动同时停止控制的电路原理图

【任务实施】

1）教师准备元器件，学生对照元器件型号（见表 2-3-1）进行检查。

表 2-3-1　元器件选用表

符号	名称	型号	规格	数量
M1、M2	三相异步电动机	Y132M-4	7.5kW，380V，15A，△联结	2
QF	低压断路器	NXB-63 3P D25	三极，额定电流为 25A	1
FU1	插入式熔断器	RT18-32/20	500V，32A，熔体：20A	3
FU2	插入式熔断器	RT18-32/2	500V，32A，熔体：2A	2
KM1、KM2	交流接触器	CJX2S-2510	380V，25A	2
FR1、FR2	热继电器	JR36-20	三极，整定电流为 15A	2
SB1、SB2、SB3	按钮	LA10-3H	保护式，按钮数为 3	1
XT	端子排	TD-20/15	20A，15 节	2
	网孔板	通用	650mm×500mm×50mm	1
	电工工具	通用	含万用表、螺丝刀、剥线钳等	1

2）学生分析电路布置图（见图 2-3-3），进行元器件安装，如图 2-3-4 所示。

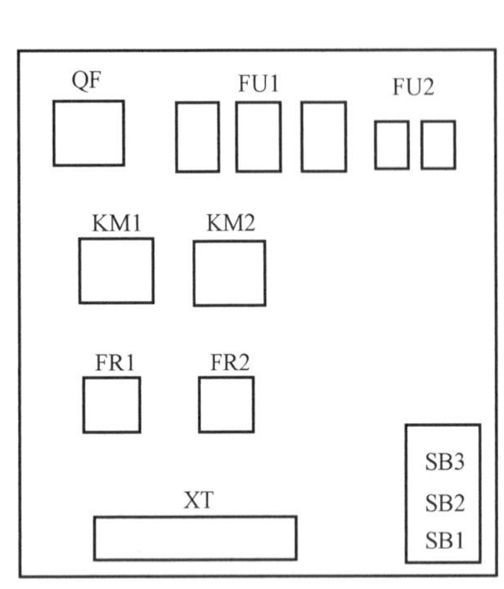

图 2-3-3 布置图

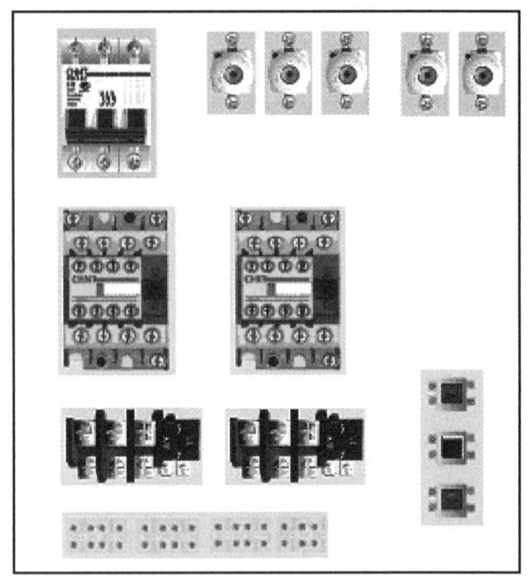
图 2-3-4 元器件安装图

3）教师指导学生根据电路布线图（见图 2-3-5）进行元器件的接线。

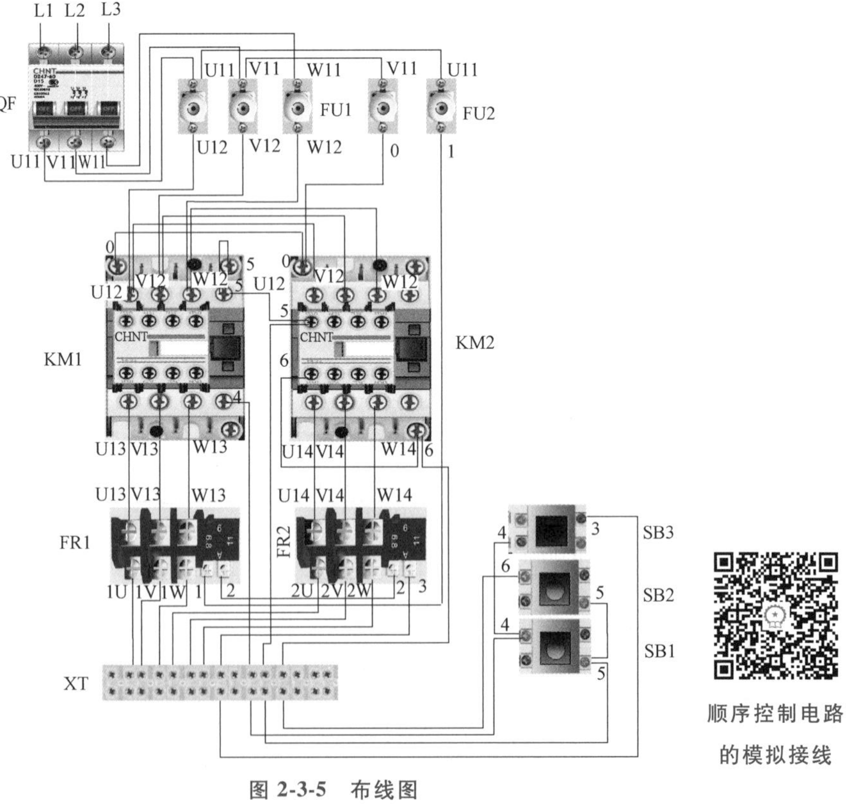

顺序控制电路的模拟接线

图 2-3-5 布线图

4）教师指导学生在不通电情况下检查电路连接情况，若发现问题应及时修改。

5）学生在教师监督下进行通电试车。

【知识链接】

做中教

在装有多台电动机的生产机械上，由于电动机所起的作用不同，往往要求它们的起动或停止按一定的先后顺序来完成。例如，XA6132 型万能铣床的主轴电动机起动后，进给电动机才能起动。

一、主电路实现顺序控制

主电路实现顺序控制的电路如图 2-3-6 所示。

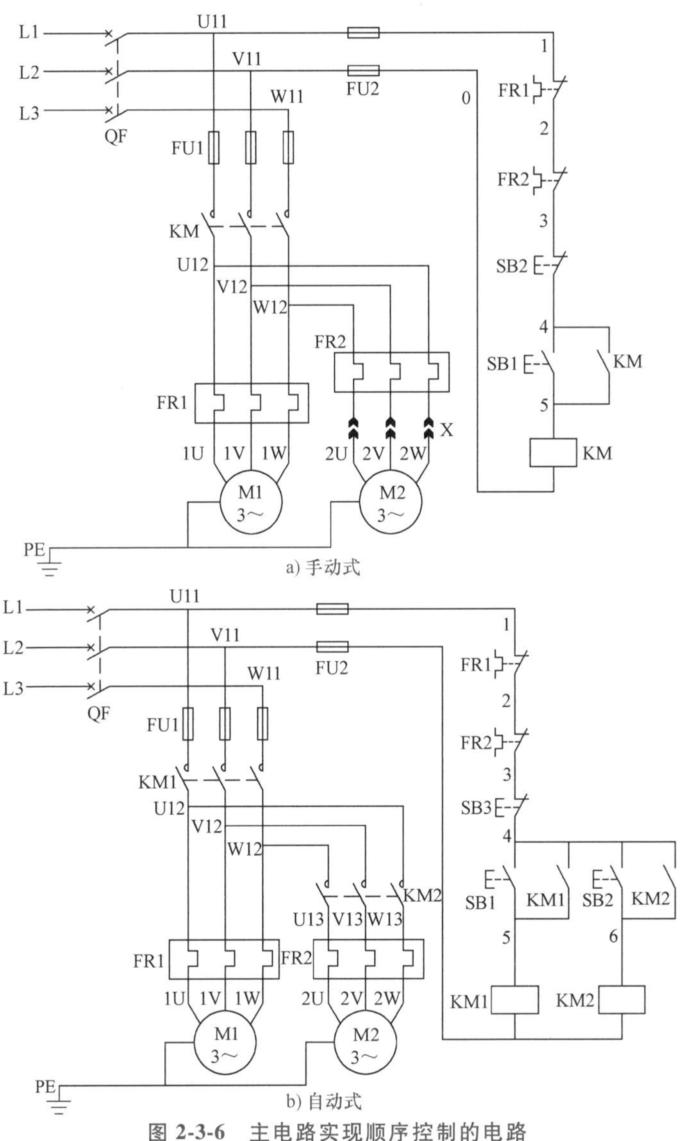

图 2-3-6　主电路实现顺序控制的电路

在图 2-3-6a 所示的控制电路中，电动机 M2 通过接插器 X 接在接触器 KM 主触点的下方。只有当 KM 主触点闭合，电动机 M1 起动运行后，电动机 M2 才能接通电源起动运行。

在图 2-3-6b 所示的控制电路中，控制电动机 M2 的接触器 KM2 主触点接在控制电动机 M1 的接触器 KM1 主触点的下方。只有当 KM1 主触点闭合，电动机 M1 起动运行后，电动机 M2 才能接通电源起动运行。电路的工作原理如下：

先合上电源开关 QF。

（1）顺序起动

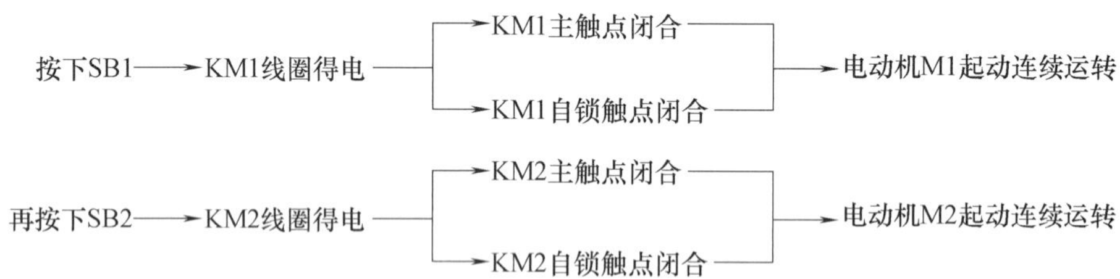

（2）同时停止

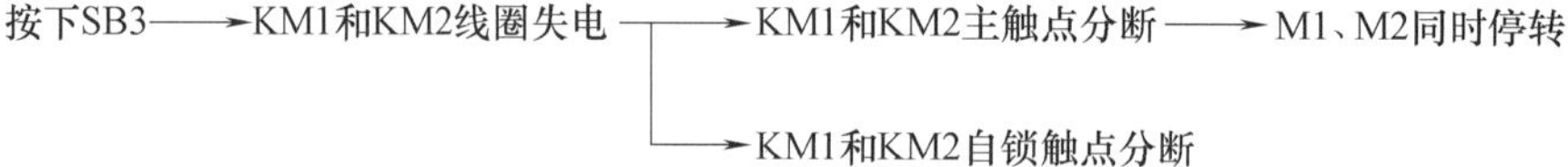

【想想练练】

试分析图 2-3-6a 所示控制电路的工作原理。

二、控制电路实现顺序控制

控制电路实现顺序控制的电路如图 2-3-7 所示。

图 2-3-2 所示的控制电路可以实现顺序起动同时停止的功能。电动机 M2 的控制电路先与接触器 KM1 的线圈并联后再与 KM1 的自锁触点串联，可实现电动机 M1 起动运行后，电动机 M2 才能起动运行，停止按钮 SB3 控制两台电动机同时停止。

图 2-3-7a 所示的控制电路可以实现顺序起动同时停止且 M2 可单独停止的功能。电动机 M2 的控制电路中串联了接触器 KM1 的常开辅助触点，只有当电动机 M1 起动运行后，电动机 M2 才能起动运行，停止按钮 SB12 控制两台电动机同时停止，停止按钮 SB22 控制电动机 M2 单独停止。

图 2-3-7b 所示的控制电路可以实现顺序起动逆序停止的功能。电动机 M2 的控制电路中串联了接触器 KM1 的常开辅助触点，只有当电动机 M1 起动运行后，电动机 M2 才能起动运行，电动机 M1 的控制电路中停止按钮 SB12 两端并联了接触器 KM2 的常开辅助触点，只有当电动机 M2 停转后，电动机 M1 才能停转。

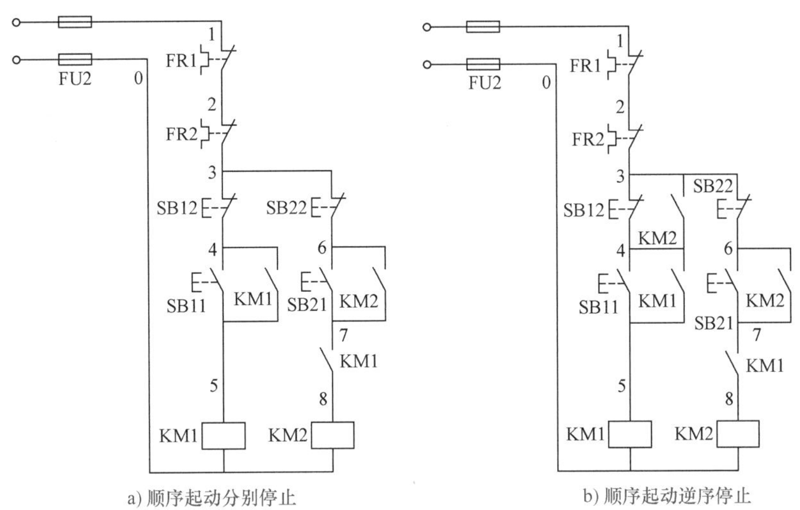

图 2-3-7　控制电路实现顺序控制的电路

【想想练练】

试分析图 2-3-7a、b 所示控制电路的工作原理。

【任务评价】

请学生总结要点，填入表 2-3-2，进行自评、小组互评和教师评价，将各项得分以及总评内容和得分填入表 2-3-2 中（评分标准由相应评价者自行掌握）。

表 2-3-2　考核评价表

序号	评价内容	配分	要点总结	自评	小组互评	教师评价
1	主电路实现顺序控制	25				
2	顺序起动同时停止	15				
3	顺序起动分别停止	15				
4	顺序起动逆序停止	15				
5	安全文明操作	30				
总计得分		100				

【课后思考】

一、选择题

1. 要实现两台电动机顺序起动，（　　）。

A. 只能通过控制电路实现　　B. 只能通过主电路实现

C. 通过控制电路和主电路均可实现　D. 只能通过联锁控制电路实现

2. 一台电动机起动后另一台电动机才能起动的控制方式称为（　　）。

A. 位置控制　　B. 自锁控制　　C. 顺序控制　　D. 联锁控制

3. 某电动机控制电路中有 M1 和 M2 两台电动机，若 M2 必须在 M1 起动后才能起动，这种控制方式属于（　　）。

A. 点动控制　　B. 联锁控制　　C. 顺序控制　　D. 行程控制

二、简答作图题

1. 图 2-3-8 所示为某车床的电气控制原理图，M1 为主轴电动机，M2 为冷却泵电动机。车床控制要求：按下按钮 SB1，M1 实现连续运转；按下按钮 SB2，M1 实现点动控制。M2 起动后 M1 才能起动，M1 和 M2 都能单独停止。请将控制电路图补画完整。

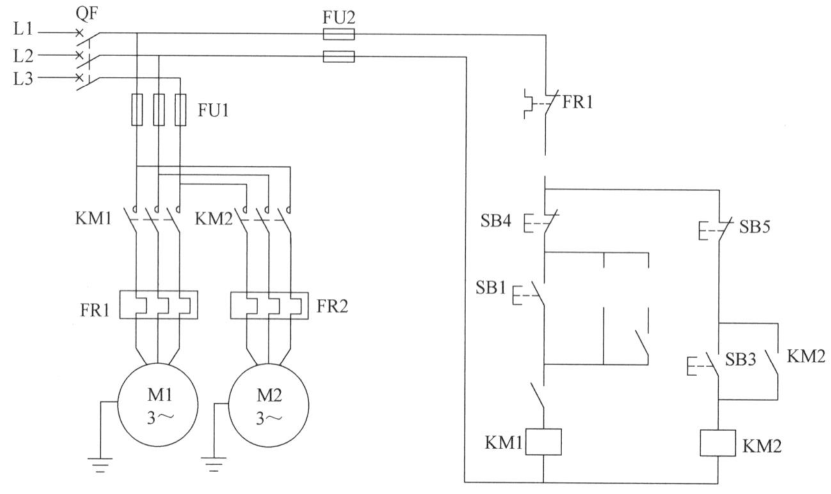

图 2-3-8　控制电路图

2. 某生产设备需要 M1、M2 两台三相异步电动机进行拖动，控制电路如图 2-3-9a 所示，M1 和 M2 分别由接触器 KM1 和 KM2 控制。请完成以下问题：

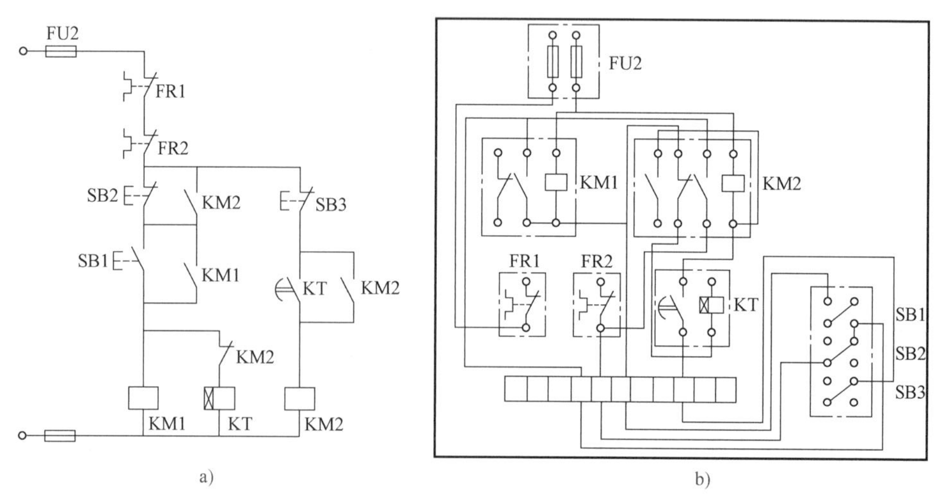

图 2-3-9　控制电路图

（1）与 KM2 自锁触点相并联的元器件文字符号是什么？因电动机 M1 过载保护停止运行，电动机 M2 是否继续运行？

（2）图中时间继电器为哪种类型？电动机 M2 起动运行后，时间继电器线圈是否得电？

（3）电动机 M1 和 M2 哪个先起动？哪个先停止？

（4）将图 2-3-9b 所示的接线图补画完整。

任务四　Y-△减压起动控制电路的安装与调试

【任务内容】

如图 2-4-1 所示，某企业的花岗岩颚式破碎机需要三相笼型异步电动机。要实现的功能：按下起动按钮，碎石机Y联结减压起动，5s 后自动转换为△联结全压运行，按下停止按钮或电路过载时，电动机无论处于何种状态都将无条件停止运行。请进行Y-△减压起动控制电路的安装与调试。

图 2-4-1　花岗岩颚式破碎机

【任务分析】

图 2-4-2 所示为时间继电器自动控制Y-△减压起动电路原理图。当按下起动按钮 SB1 时，时间继电器 KT、减压起动的接触器 KMY线圈通电，接触器 KM 线圈通电并自锁，定子绕组Y联结实现减压起动，时间继电器 5s 定时时间到，KMY线圈断电，KM△线圈通电。

时间继电器控制的Y-Δ起动

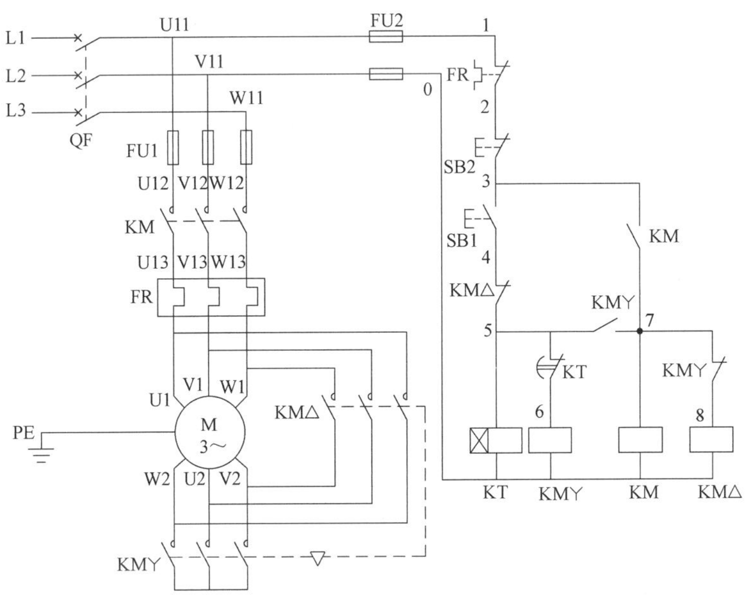

图 2-4-2　时间继电器自动控制Y-Δ减压起动电路

【任务实施】

做中学

1）教师准备元器件，学生对照元器件型号（见表 2-4-1），进行检查。

表 2-4-1 元器件选用表

符号	名称	型号	规格	数量
M	三相异步电动机	Y132M-4	7.5kW，380V，15A，△联结	1
QF	低压断路器	NXB-63 3P D25	三极，额定电流为 25A	1
FU1	插入式熔断器	RT18-32/20	500V，32A，熔体：20A	3
FU2	插入式熔断器	RT18-32/2	500V，32A，熔体：2A	2
KM、KM丫、KM△	交流接触器	CJX2S-2510	380V，25A	3
FR	热继电器	JR36-20	三极，整定电流为 15A	1
SB1、SB2	按钮	LA10-3H	保护式，按钮数为 3	1
KT	时间继电器	ST3PA-B	380V	1
XT	端子排	TD-20/15	20A，15 节	2
	网孔板	通用	650mm×500mm×50mm	1
	电工工具	通用	含万用表、螺丝刀、剥线钳等	1

2）学生分析电路布置图（见图 2-4-3），进行元器件安装，如图 2-4-4 所示。

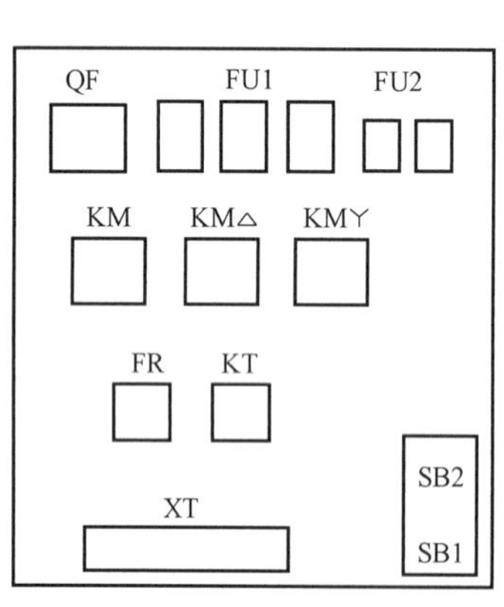

图 2-4-3 布置图

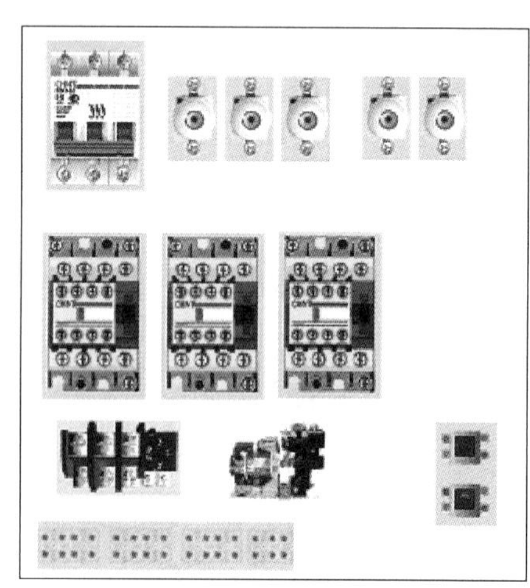

图 2-4-4 元器件安装图

3）教师指导学生根据电路布线图（见图 2-4-5）进行元器件的接线。

4）教师指导学生在不通电的情况下检查电路连接情况，若发现问题应及时修改。

5）学生在教师监督下进行通电试车。

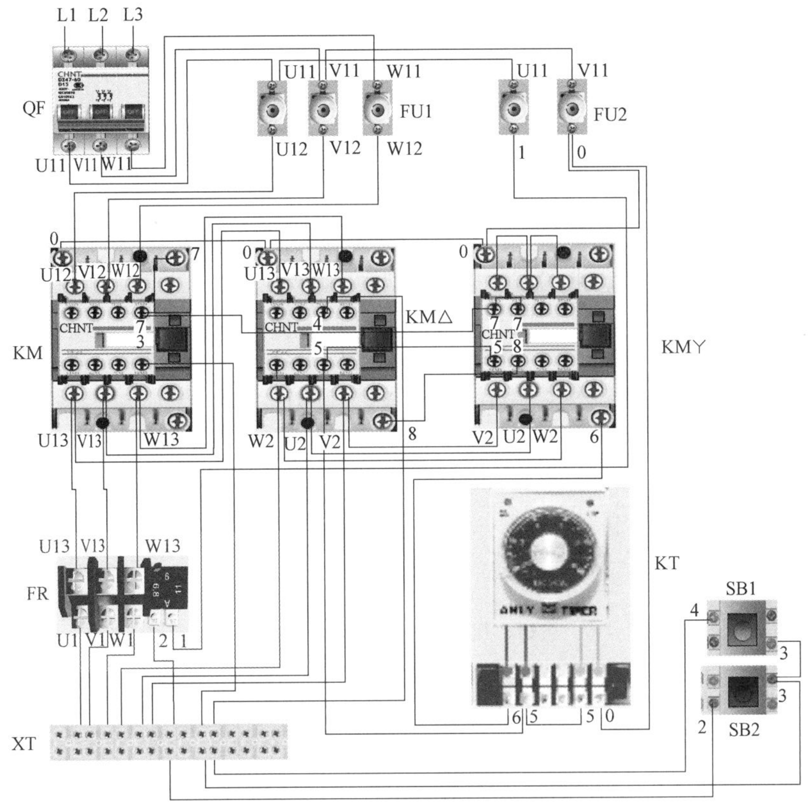

图 2-4-5　Y-Δ减压起动电路布线图

【知识链接】

做中教

三相异步电动机直接起动时，起动电流较大，一般为额定电流的 4~7 倍。为了减小异步电动机直接起动电流，在控制电路中大容量的电动机常采用减压起动的方式。常用的减压起动方式有定子绕组串联电阻减压起动、自耦变压器减压起动、Y-△减压起动和延边三角形减压起动等。本任务重点介绍Y-△减压起动的控制电路。

Y-△减压起动是指电动机起动时定子绕组接成Y联结，正常运行时接成△联结。起动时，加在定子绕组上的电压只有△联结的 $1/\sqrt{3}$，起动电流和起动转矩是△联结的 1/3，因此，Y-△减压起动只适用于轻载或空载起动的场合。

按钮、接触器控制的Y-Δ减压起动控制电路

一、按钮、接触器控制Y-△减压起动控制电路

按钮、接触器控制Y-△减压起动控制电路如图 2-4-6 所示。

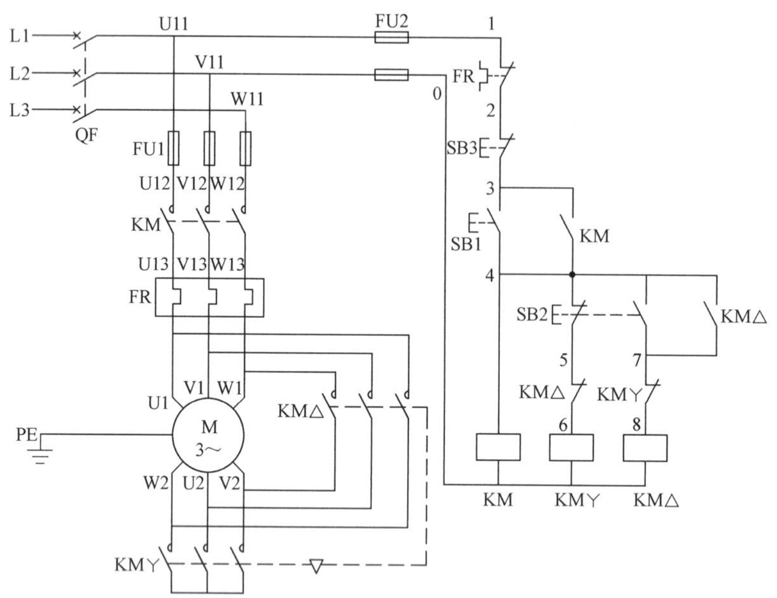

图 2-4-6 按钮、接触器控制Y-Δ减压起动控制电路

1. 电路组成

Y-△减压起动控制电路由三个接触器、一个热继电器和三个按钮组成。接触器 KM 作引入电源用，接触器 KM Y和 KM △分别用于Y联结起动和△联结运行，SB1 是起动按钮，SB2 是Y-△换接按钮，SB3 是停止按钮，FU1 用于主电路的短路保护，FU2 用于控制电路的短路保护，FR 为过载保护。

2. 工作原理

先合上电源开关 QF。

（1）电动机Y联结减压起动

（2）电动机△联结全电压运行

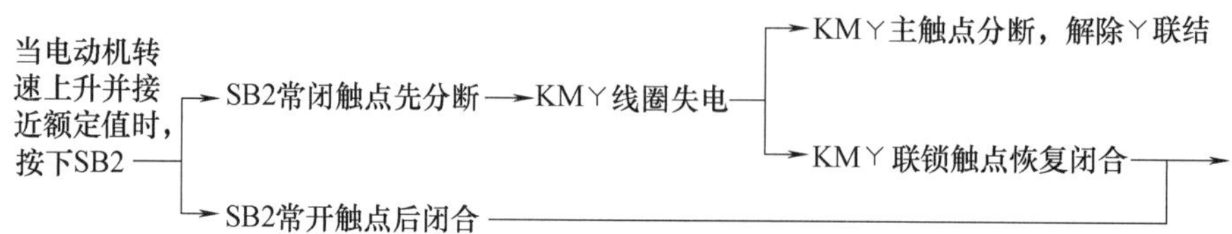

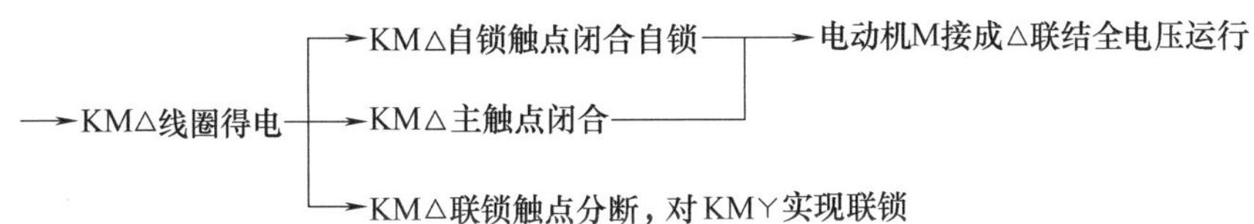

（3）停止控制

按下 SB3→控制电路接触器线圈失电→主电路中的主触点分断→电动机 M 停转

二、时间继电器自动控制Y-△减压起动电路

时间继电器自动控制Y-△减压起动电路如图 2-4-2 所示。

1. 电路组成

时间继电器自动控制Y-△减压起动电路由三个接触器、一个热继电器、一个时间继电器和两个按钮组成。接触器 KM 作引入电源用，接触器 KMY和 KM△分别用于Y联结起动和△联结运行，时间继电器 KT 用于控制Y联结减压起动时间和完成Y-△自动切换，SB1 是起动按钮，SB2 是停止按钮，FU1 用于主电路的短路保护，FU2 用于控制电路的短路保护，FR 用于过载保护。

2. 工作原理

先合上电源开关 QF。

（1）减压起动全电压运行

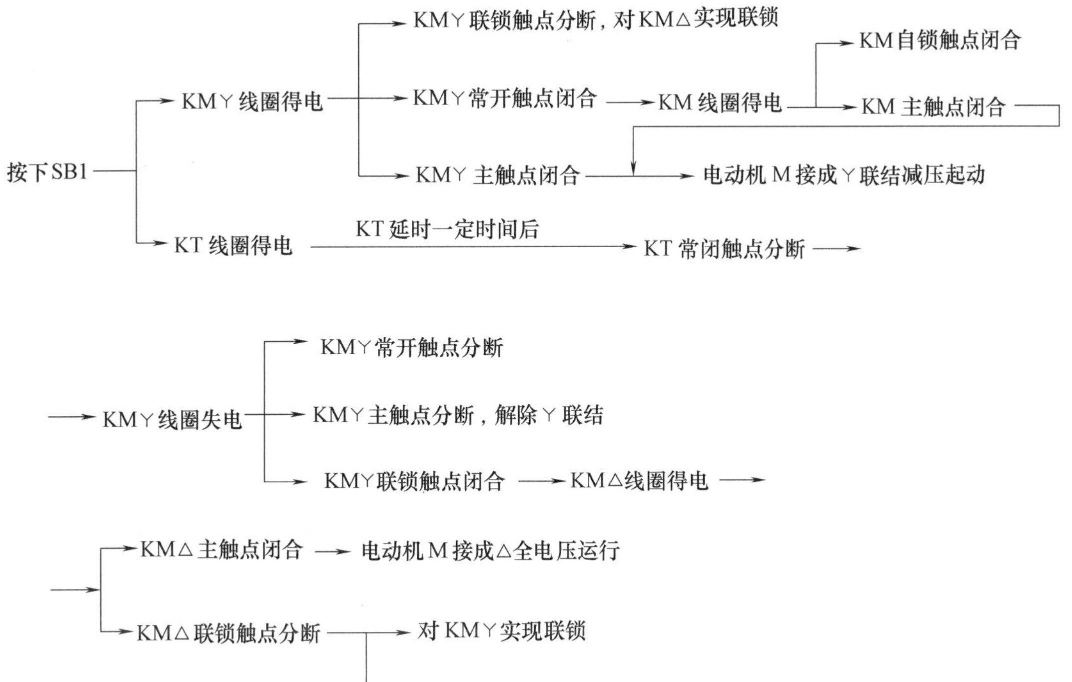

（2）停止控制

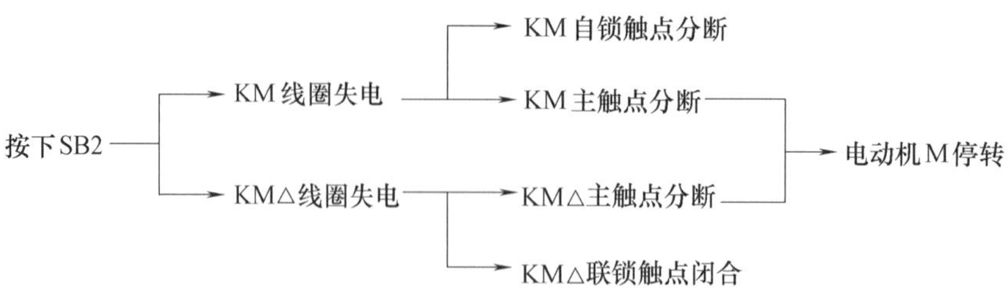

常用的时间继电器自动控制Y-△减压起动电路的定型产品有 QX3、QX4 两个系列，称为Y-△自动起动器，常见的外形结构如图 2-4-7 所示。

a) QX3-13型

b) QX4-17型

图 2-4-7 Y-△自动起动器外形结构

【想想练练】

查阅 QX3-13 型Y-△自动起动器的电路，并分析其工作原理。

【任务评价】

请学生总结要点，填入表 2-4-2，进行自评、小组互评和教师评价，将各项得分以及总计得分填入表 2-4-2 中（评分标准由相应评价者自行掌握）。

表 2-4-2 考核评价表

序号	评价内容	配分	要点总结	自评	小组互评	教师评价
1	Y-△减压起动主电路	25				
2	按钮、接触器控制Y-△减压起动电路的绘制	15				
3	时间继电器自动控制Y-△减压电路的绘制	15				
4	工作原理分析	15				
5	安全文明操作	30				
总计得分		100				

【课后思考】

一、选择题

1. 在三相异步电动机的Y-△减压起动控制电路中，下面说法错误的是（　　）。

A. Y接触器线圈先通电，△接触器线圈后通电

B. △接触器线圈通电后，Y接触器线圈才断电

C. Y接触器线圈断电后，△接触器线圈才通电

D. Y接触器与△接触器要有联锁保护

2. 对于三相异步电动机的Y-△减压起动，电动机绕组在全电压运行时的联结方式必须是（　　）。

A. 串联　　B. 并联　　C. Y联结　　D. △联结

3. 三相异步电动机Y-△减压起动过程中，按下起动按钮，电动机正常起动；按下切换按钮 KM△，主触点吸合，但无法切换到△联结运行，可能的故障原因是（　　）。

A. KMY线圈短路　B. KM△线圈短路　C. KM△线圈断路　D. KM△主触点接错

二、简答作图题

1. 图 2-4-8 所示为三相异步电动机Y-△减压起动控制电路，请根据原理图将接线图补画完整。

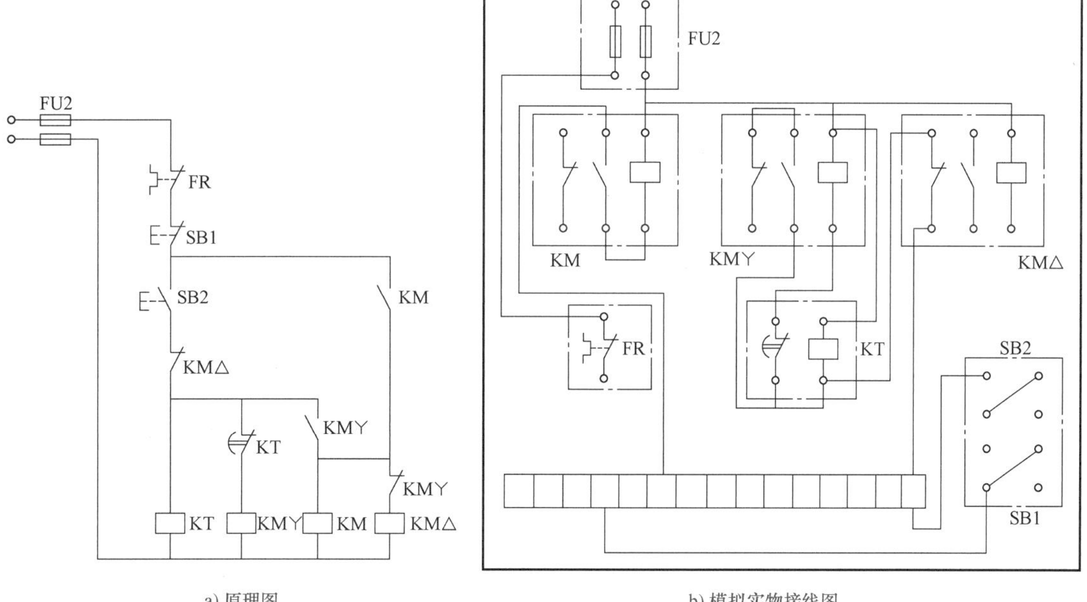

a) 原理图　　b) 模拟实物接线图

图 2-4-8　减压起动控制电路

2. 某额定电压为 380V、额定电流为 6A、△联结的三相异步电动机，采用按钮转换Y-△减压起动控制方法。现给出部分控制电路，如图 2-4-9 所示，请将控制电路图补画完整（热继电器 JR36-20，整定电流范围为 3.2~5A）。

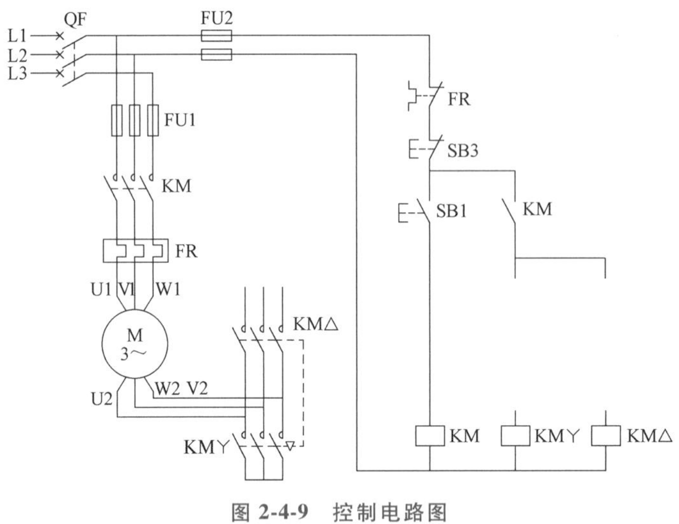

图 2-4-9 控制电路图

任务五 制动控制电路的安装与调试

【任务内容】

如图 2-5-1 所示，某企业的电动葫芦起重机需要三相笼型异步电动机驱动。为使重物停位准确及现场安全要求，必须采用快速、可靠的制动方式。请进行制动控制电路的安装与调试。

图 2-5-1 电动葫芦起重机

【任务分析】

电动葫芦起重机中采用的制动方法是机械制动和电气制动。其中电气制动可消耗机构运动的动能，减小运动速度，但不支持货物于空中保持在某一位置。机械制动利用固定摩擦，吸收运动质量的动能，具有减速、停止等功能，是起重机械必须设置的安全装置。图 2-5-2 所示是单向起动反接制动控制电路原理图。

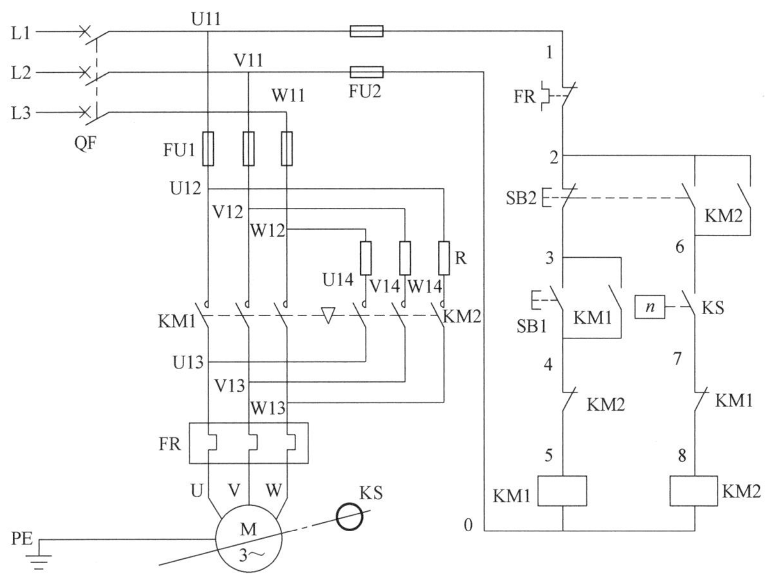

图 2-5-2　单向起动反接制动控制电路

【任务实施】

做中学

1）教师准备元器件，学生对照元器件型号（见表 2-5-1）进行检查。

表 2-5-1　元器件选用表

符号	名称	型号	规格	数量
M	三相异步电动机	Y132M-4	7.5kW,380V,15A,△联结	1
QF	低压断路器	NXB-63 3P D25	三极,额定电流为 25A	1
FU1	插入式熔断器	RT18-32/20	500V,32A,熔体:20A	3
FU2	插入式熔断器	RT18-32/2	500V,32A,熔体:2A	2
KM1、KM2	交流接触器	CJX2S-2510	380V,25A	2
FR	热继电器	JR36-20	三极,整定电流为 20A	1
SB1、SB2	按钮	LA10-3H	保护式,按钮数为 3	1
XT	端子排	TD-20/15	20A,15 节	2
KS	速度继电器	JY1	额定电压为 500V,电流为 2A	1
R	制动电阻		50Ω,1000W	3
	网孔板	通用	650mm×500mm×50mm	1
	电工工具	通用	含万用表、螺丝刀、剥线钳等	1

2）学生分析电路布置图（见图 2-5-3），进行元器件安装，如图 2-5-4 所示。

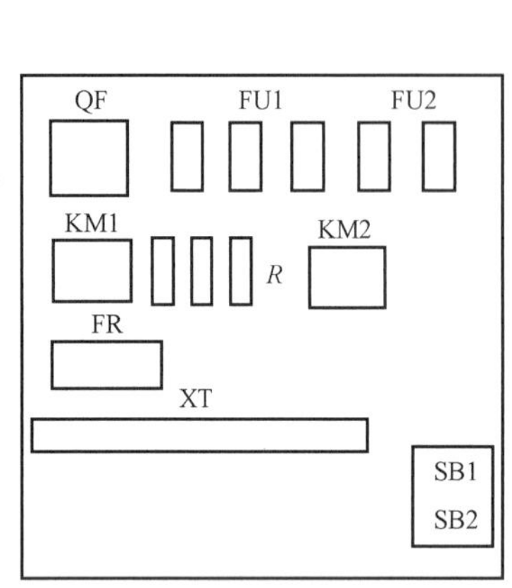

图 2-5-3　布置图

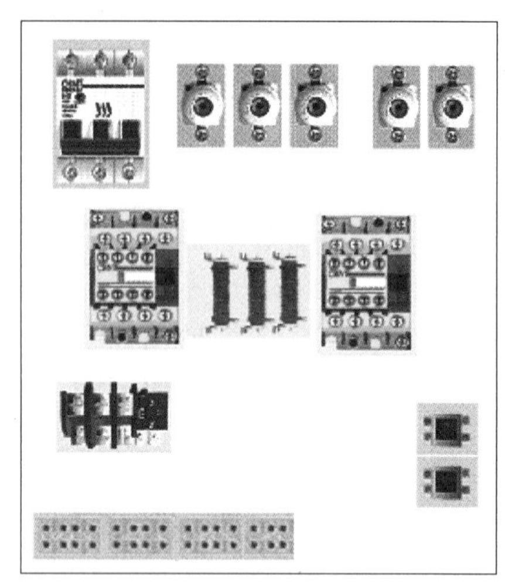

图 2-5-4　元器件安装图

3）教师指导学生根据电路布线图（见图 2-5-5）进行电器设备的接线。

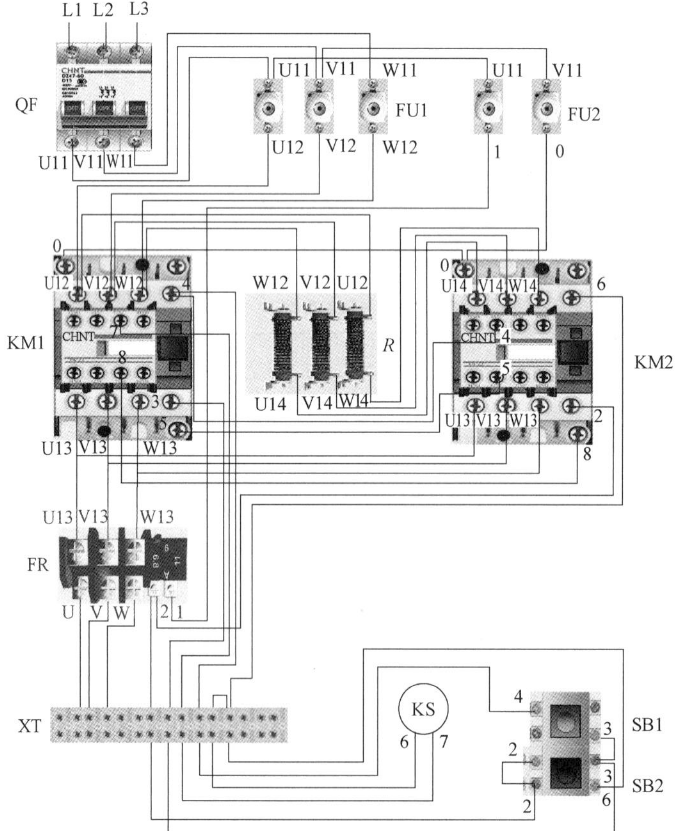

图 2-5-5　单向起动反接制动控制电路实物布线图

反接制动控制的模拟接线

4）教师指导学生在不通电的情况下检查电路连接情况，若发现问题应及时修改。

5）学生在教师监督下进行通电试车。

电动机断开电源后，由于惯性作用需要转动一段时间后才能停转。对于起重机、万能铣床等生产机械要求迅速停车的场合，必须对电动机进行制动，制动方法有机械制动和电气制动。

机械制动是利用机械摩擦力矩迫使闸轮迅速停止的方法。常用的机械制动有电磁抱闸制动器制动和电磁离合器制动两种。

电气制动是电动机产生与实际转速方向相反的电磁转矩迫使电动机迅速停转的方法。常用的电气制动有反接制动、能耗制动和再生制动。

一、反接制动

1. 制动原理

反接制动原理与电动机反转相同，是依靠调换定子绕组中任意两相的接线，使旋转磁场反转，从而在转子导体中产生与转向相反的电磁转矩，迫使电动机迅速停转，如图 2-5-6 所示。

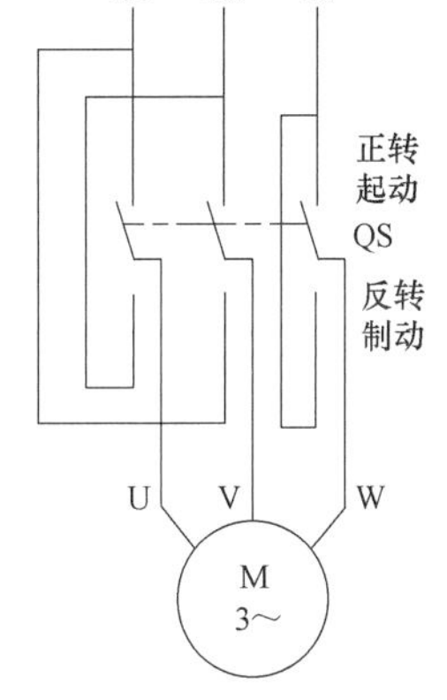

图 2-5-6　反接制动原理图

2. 单向起动反接制动控制电路

单向起动反接制动控制电路如图 2-5-2 所示。KM1 为正转运行接触器，KM2 为反接制动接触器，KS 为速度继电器，其轴与电动机轴相连接。

（1）电路组成　该电路由主电路和控制电路组成，起动按钮为 SB1、停止按钮为 SB2。

（2）工作过程　合上电源开关 QF。

起动过程：按下按钮 SB1→KM1 线圈得电并自锁→电动机起动并运行→速度继电器 KS 的常开触点闭合

停止过程：

按下按钮SB2 ⟶ SB2常闭触点断开 ⟶ KM1线圈失电 ⟶ 电动机断电，由于惯性继续转动

按下按钮SB2 ⟶ SB2常开触点闭合 ⟶ KM2线圈得电（此时速度继电器KS的常开触点仍闭合）⟶ 电动机反接电源，开始制动 ⟶ 转速小于100r/min时，KS的常开触点复位 ⟶ KM2线圈失电，电动机制动结束

反接制动中需要注意：当电动机转速接近零时，若不及时切断电源，电动机将会反向旋转。为此，必须采取相应措施保证当电动机转速被制动到接近零时，迅速切断电源防止其反转。一般的反接制动控制电路中常利用速度继电器进行自动控制。

反接制动设备简单，制动力矩较大，冲击强烈，准确度不高，通常适用于要求制动迅速，制动不频繁（如各种机床的主轴制动）的场合。

二、能耗制动

能耗制动电路如图 2-5-7 所示，工作过程如下：当电动机切断三相交流电源后，立即在电动机定子绕组中通入直流电源，使之产生一个恒定的静止磁场，转子在惯性作用下继续旋转，转子切割该磁场磁感线时，在转子绕组中产生感应电流。感应电流又受到静止磁场的作用产生电磁力矩，电磁力矩的方向正好与电动机的转向相反，从而使电动机迅速停转。该制动方式应用较多的有变压器桥式整流单向运转能耗制动。能耗制动的优点是制动准确度高，能量消耗小，冲击小；缺点是需附加直流电源，制动转矩小。

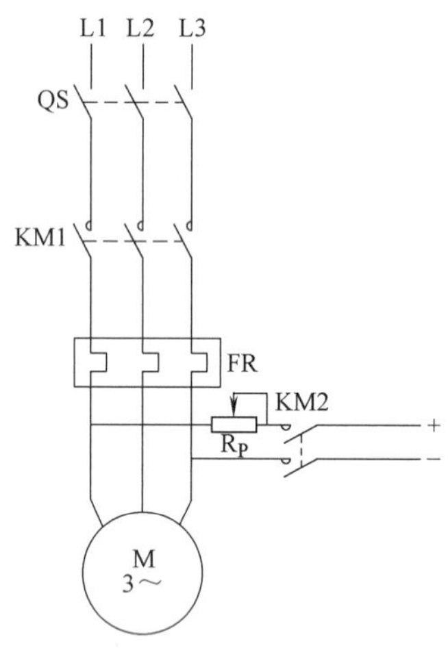

图 2-5-7 能耗制动电路

三、再生制动

再生制动又称为回馈制动、发电制动，是指由于外力的作用（一般指势能负荷，如起重机在下放重物时），电动机的转速 n 超过了同步转速 n_1（$s<0$），转子导体切割磁感线产生的电磁转矩改变了方向，由驱动力矩变为制动力矩，造成电动机在制动状态（或发电状态）下运行。再生制动可向电网回馈电能，所以经济性好，但应用范围很窄，只有在 $n > n_1$ 时才能实现。再生制动常用于起重机、电力机车和多速电动机中。再生制动只能限制电动机转速，不能制停。

【想想练练】

能耗制动和反接制动各有什么特点？

【任务评价】

请学生总结要点，填入表 2-5-2，进行自评、小组互评和教师评价，将各项得分以及总评内容和得分填入表 2-5-2 中（评分标准由相应评价者自行掌握）。

表 2-5-2　考核评价表

序号	评价内容	配分	要点总结	自评	小组互评	教师评价
1	反接制动的特点	25				
2	能耗制动的特点	15				
3	再生制动的特点	15				
4	单向起动反接制动控制电路的工作原理	15				
5	安全文明操作	30				
总计得分		100				

【课后思考】

一、选择题

1. 三相异步电动机反接制动是改变绕组的（　　）。

A. 电阻阻值　　B. 电源相序　　C. 电流大小　　D. 电压大小

2. 三相异步电动机的能耗制动是采取（　　）。

A. 将定子绕组从三相电源断开，将其中两相接入直流电源

B. 将定子绕组从三相电源断开，将其中两相接入电阻

C. 将定子绕组从三相电源断开，将其中两相接入电感

D. 改变电动机接入电源的相序

3. 异步电机要实现回馈制动，则应满足（　　）。

A. 转子转速应小于旋转磁场转速，且同向 B. 转子转速应等于旋转磁场转速，且同向

C. 转子转速应小于旋转磁场转速，且反向 D. 转子转速应大于旋转磁场转速，且同向

4. 在三相异步电动机反接制动停转控制中，当转速迅速下降时，需要利用（　　）的触点来切断交流电源，防止反转。

A. 时间继电器　　B. 电压继电器　　C. 电流继电器　　D. 速度继电器

二、简答作图题

1. 如图 2-5-8 所示，某同学进行电气控制电路实训，要求电动机只能单方向运行，通过制动电路实现快速停车。请完成以下问题：

（1）将控制电路图补画完整。

（2）该制动方式属于哪种电气制动？使用速度继电器是为了避免哪种情况的发生？

（3）该制动方式的制动转矩和制动准确度有何特点？

2. 图 2-5-9 所示是某同学设计的三相异步电动机控制电路的电气原理图。

（1）该电路电动机正常工作的起动、停止按钮是哪个？

（2）指出该电路实现的控制功能。

（3）时间继电器是通电延时还是断电延时？

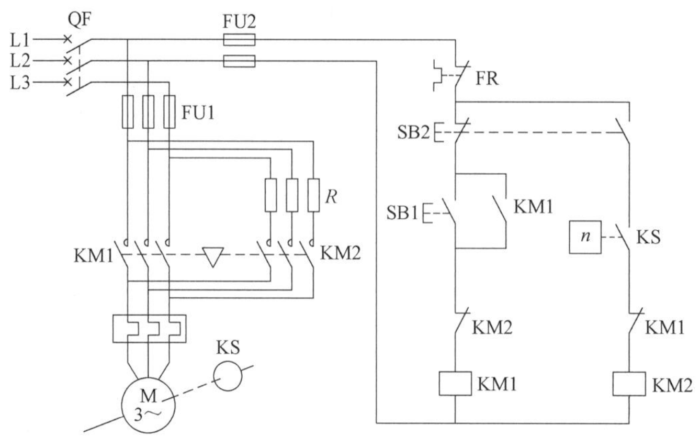

图 2-5-8 控制电路图

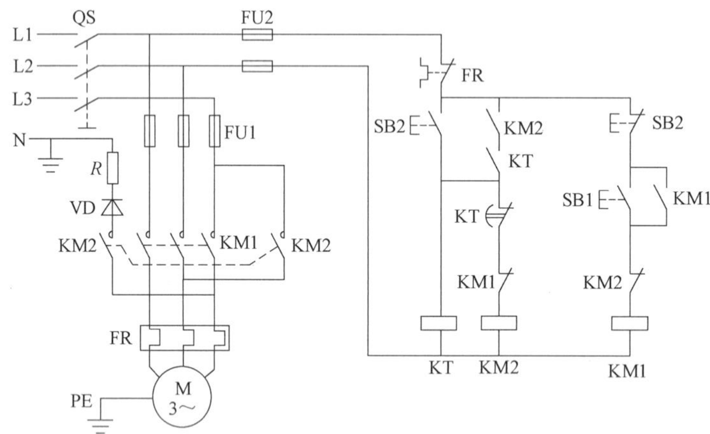

图 2-5-9 三相异步电动机控制电路

任务六 调速控制电路的安装与调试

【任务内容】

如今，地下商场、地下车库等逐渐增多，通风和火灾消防问题显得越来越突出。在较多的建筑物中，由于受地下空间的限制，在满足风量及风压等参数的条件下，通风和排烟系统的风道和风机大多可以合用，这就为双速风机的应用创造了条件。请进行双速电动机控制电路的安装与调试。

【任务分析】

平时，双速电动机作为通风机使用，风机以低速运行；一旦发生火灾，立刻切换到高速，作为消防排烟风机使用。这样一机两用，首先可以简化设备，节省投资，更重要的是大大提高了设备的使用效率和可靠性。

图 2-6-1 所示是典型的双速电动机控制电路原理图。

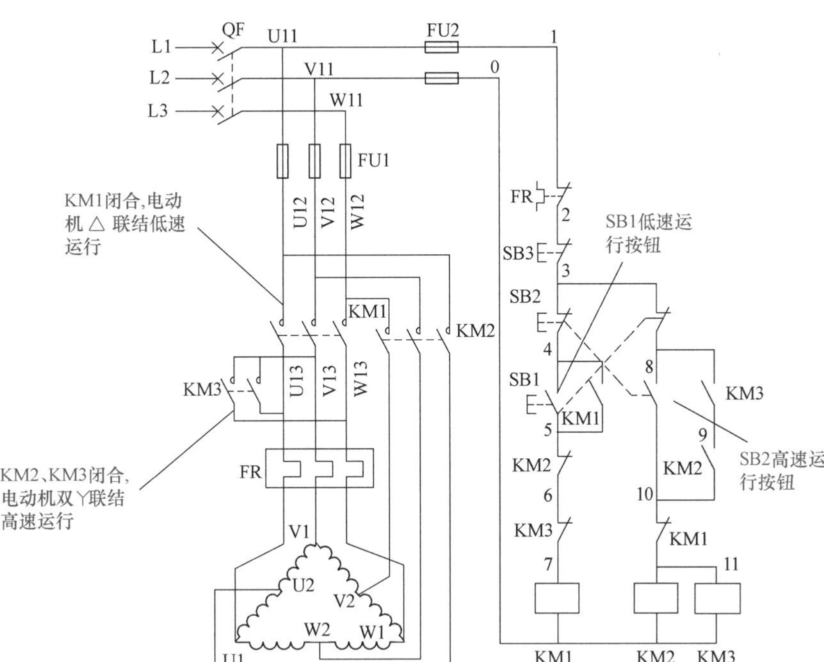

图 2-6-1　典型的双速电动机控制电路

1）教师准备元器件，学生对照元器件型号（见表 2-6-1）进行检查。

表 2-6-1　元器件选用表

符号	名称	型号	规格	数量
M	三相异步电动机	YD132M-4/2	6.5kW,380V,13A,△/YY联结	1
QF	低压断路器	NXB-63 3P D25	三极,额定电流为 25A	1
FU1	插入式熔断器	RT18-32/20	500V,32A,熔体:20A	3
FU2	插入式熔断器	RT18-32/2	500V,32A,熔体:2A	2
KM1、KM2、KM3	交流接触器	CJX2S-2510	380V,25A	3
FR	热继电器	JR36-20	三极,整定电流为 15A	1
SB1、SB2、SB3	按钮	LA10-3H	保护式,按钮数为 3	1
XT	端子排	TD-20/15	20A,15 节	2
	网孔板	通用	650mm×500mm×50mm	1
	电工工具	通用	含万用表、螺丝刀、剥线钳等	1

2）学生分析电路布置图（见图 2-6-2），进行元器件安装，如图 2-6-3 所示。

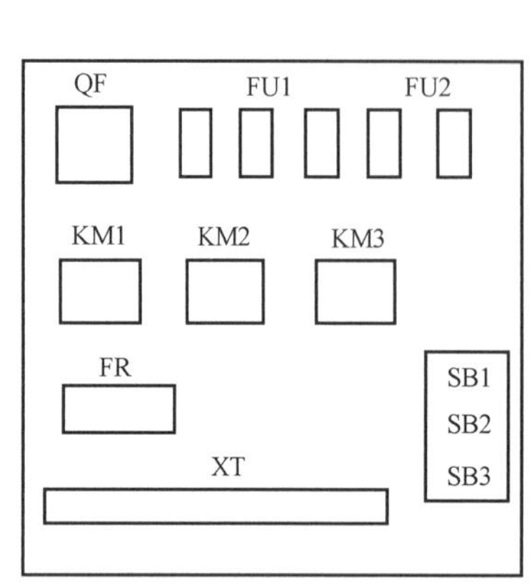

图 2-6-2 布置图

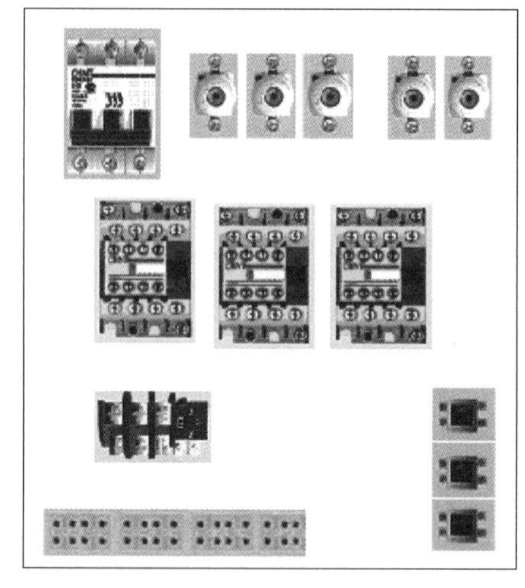

图 2-6-3 元器件安装图

3）教师指导学生根据电路布线图（见图 2-6-4）进行元器件的接线。

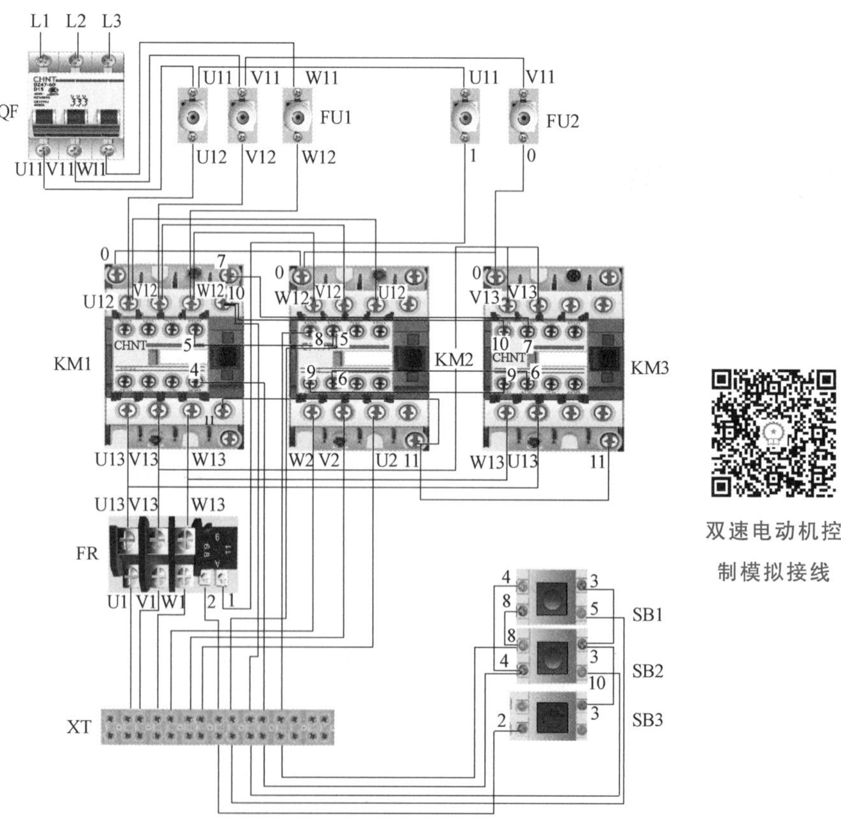

图 2-6-4 双速电动机控制电路实物布线图

4）教师指导学生在不通电的情况下检查电路连接情况，若发现问题应及时修改。

5）学生在教师监督下进行通电试车。

在实际生产中，机床、升降机、起重设备、风机、水泵等常常需要在工作过程中变换不同的运行速度，这需要对电动机实行调速控制。那么，这些机械是如何实现调速的呢？

所谓调速，就是利用某种方法改变电动机的转速，以满足不同生产机械的要求。三相异步电动机的转速为

$$n=n_1(1-s)=\frac{60f_1}{p}(1-s) \tag{2-6-1}$$

式中，n 为转子转速；n_1 为同步转速；s 为转差率；f_1 为电源频率；p 为磁极对数。

从式（2-6-1）可以看出，三相异步电动机有以下三种调速方法。

一、变极调速

变极调速是通过改变定子旋转磁场的磁极对数达到改变电动机转速的目的，将每相定子绕组的两部分由串联改接成并联（见图 2-6-5），可以使磁极对数减小一半，转子转速将随之提高一倍，从而达到调速的目的，这就是变极调速的原理。

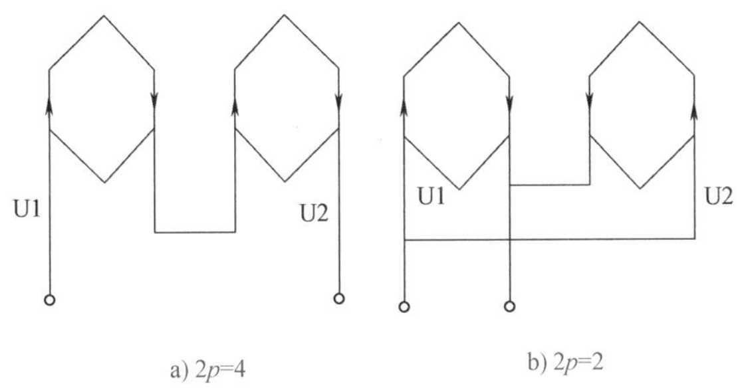

图 2-6-5　改变定子绕组的接法

某些磨床、铣床和镗床上常用的多速电动机调速就是采用变极调速方式。变极调速只适用于笼型异步电动机，其优点是设备简单、操作方便、效率高；缺点是调速级数少。国产 YD 系列双速电动机采用的变极方法是△/YY联结，属于恒功率调速方式，用于金属切削机床上；另外，也有部分电动机采用Y/YY联结，属于恒转矩调速，适用于起重、运输等生产机械。

典型的双速电动机控制电路如图 2-6-1 所示。

1. 电路组成

双速电动机控制电路由主电路和控制电路组成，低速起动按钮为 SB1、高速起动按钮

为 SB2，停止按钮为 SB3。

2. 工作过程

合上电源开关 QF。

（1）低速运行

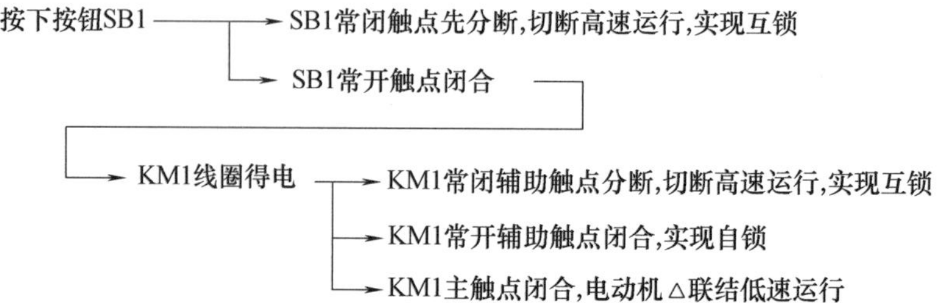

（2）高速运行

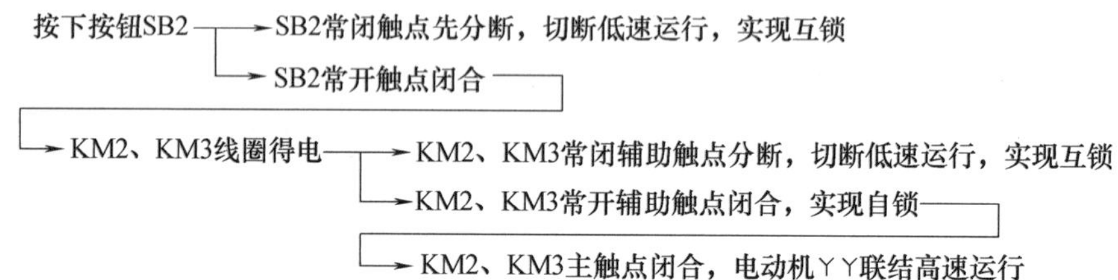

（3）停止控制　按下按钮 SB3→KM1（或 KM2、KM3）线圈失电→KM1（或 KM2、KM3）主触点分断→电动机停转

二、变频调速

由于三相异步电动机的同步转速 n_1 与电源频率 f_1 成正比，所以连续地改变电源频率，就可以平滑地调节异步电动机的转速。变频调速的机械特性如图 2-6-6 所示。

三相异步电动机定子每相电动势的有效值为

$$E_1 = 4.44K_1 f_1 N_1 \Phi_m$$

式中，K_1 为定子绕组的绕组系数；f_1 为电动机定子频率，单位为 Hz；N_1 为定子绕组有效匝数；Φ_m 为主磁通，单位为 Wb。

三相异步电动机转子上的转矩为

$$T = C_T \Phi_m I_2 \cos\varphi_2 \tag{2-6-2}$$

式中，C_T 为转矩常数；Φ_m 为主磁通，单位为 Wb；I_2 为转子中每相绕组中的电流，单位为 A；$\cos\varphi_2$ 为转子中每相绕组的功率因数。

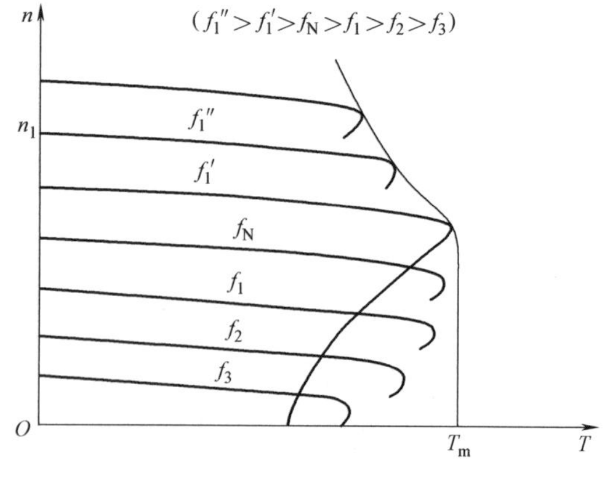

图 2-6-6　变频调速的机械特性

在额定频率以下，为了保持电动机的负载能力，应保持气隙主磁通 Φ_m 不变，这就要

求降低供电频率的同时降低感应电动势，即电压与频率成正比减小，此时，机械特性较硬，调速范围宽且稳定性好，属恒转矩调速方式。在额定频率以上，频率升高，电压由于受额定电压的限制不能再升高，这样必然会使主磁通随着频率的上升而减小，属恒功率调速方式。

变频调速为无级调速，调速范围大，平滑性好，效率高，能适应不同负载的要求。近年来，随着电力电子技术的发展，变频装置性能提高且价格降低，变频调速已在各个领域得到了广泛应用。

三、变转差率调速

常用的改变转差率调速方法有变阻调速和变压调速。

其中，变阻调速是通过改变电动机的转子电阻来实现调速的，广泛应用于需要中低速、大转矩运转的场合，如起重机、卷扬机等。同时，也可应用于其他场合，如送风机、水泵等。其电动机为绕线转子异步电动机。

特点如下：

1）转速稳定：通过改变转子电阻，可以控制电动机的转差率，使其转速稳定。

2）调速范围宽：改变转子电阻可以实现电动机的连续调速，调速范围广。

3）可靠性高：改变转子电阻是一种简单可靠的调速方式，电动机起动和运行稳定。

4）实现方法简单：改变转子电阻可以通过改变外接电阻、切换控制电路或使用智能调速器等方法实现。

【任务评价】

请学生总结要点，填入表 2-6-2，进行自评、小组互评和教师评价，将各项得分以及总计得分填入表 2-6-2 中（评分标准由相应评价者自行掌握）。

表 2-6-2　考核评价表

序号	评价内容	配分	要点总结	自评	小组互评	教师评价
1	变极调速的特点	25				
2	变极调速控制电路的特点	20				
3	变频调速的特点	15				
4	了解变转差率调速	10				
5	安全文明操作	30				
总计得分		100				

【课后思考】

一、选择题

1. 三相双速电动机为△/YY联结，此电动机的调速方式属于（　　）。

A. 变极调速　　B. 变频调速　　C. 变转差率调速　　D. 变速箱调速

2. 绕线转子三相异步电动机转子回路串联电阻调速方式属于（　　）。

A. 变频调速　　B. 变极调速　　C. 变转差率调速　　D. 变压调速

3. 当电压与频率成正比减小时，三相异步电动机的变频调速属于（　　）。

A. 恒功率调速　　B. 恒电流调速　　C. 恒电阻调速　　D. 恒转矩调速

二、简答作图题

1. 如图 2-6-7 所示双速电路，请分析：

（1）把电路图补画完整。

（2）由高速运转转到低速运转状态需要操作哪个按钮？

（3）由高速运转状态转到低速运转状态要经过哪种制动状态？

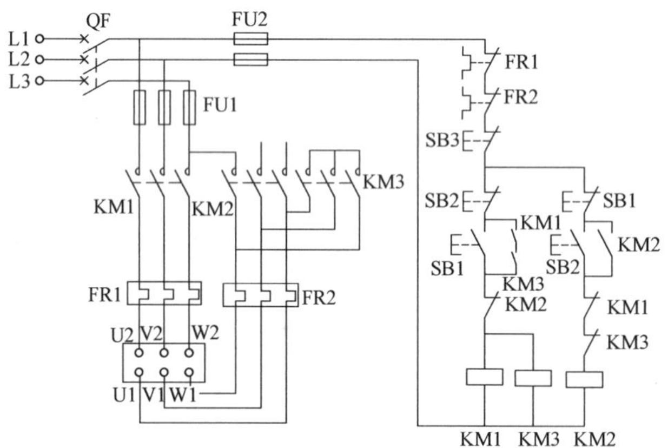

图 2-6-7　双速电路

2. 某同学进行双速电动机控制电路实训，请完成以下问题：

（1）将图 2-6-8 所示的电路原理图补画完整。

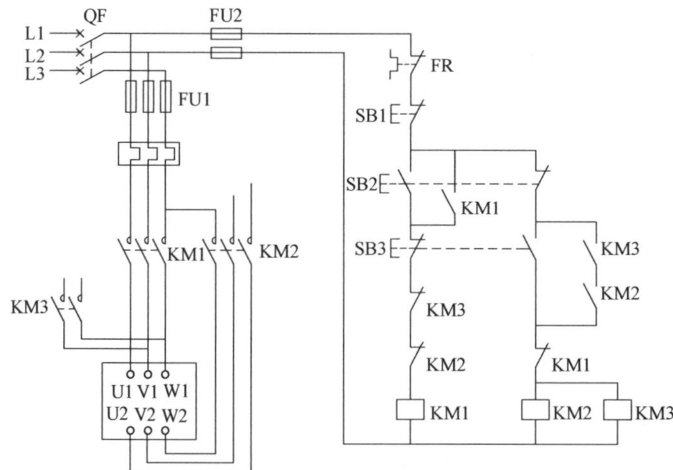

图 2-6-8　电路原理图

（2）根据图 2-6-8 所示的控制原理图将图 2-6-9 所示的实际接线图补画完整。

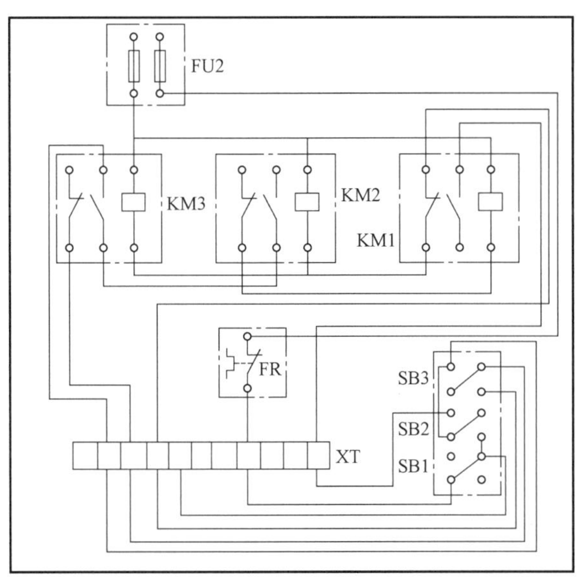

图 2-6-9　控制原理图

（3）控制电动机进入高速运行状态的按钮是哪个？电动机高速运行状态下若按下低速按钮，此时电动机会按什么方式制动？此调速方式属于恒功率调速还是恒转矩调速？

匠心铸梦

陈行行：机械行业的大国工匠

青涩年华化为多彩绽放，精益求精铸就青春信仰。大国重器的加工平台上，他用极致书写精密人生。胸有凌云志，浓浓报国情，他就是中国工程物理研究院机械制造工艺研究所工人陈行行。

陈行行从事保卫祖国的核事业，是操作着价格高昂、性能精良的数控加工设备的新一代技能人员，是国防军工行业的年轻工匠。在新型数控加工领域，以极致的精准向技艺极限冲击。

用在尖端武器装备上的薄薄壳体，通过他的手，产品合格率从难以逾越的50%提升到100%，国家重大专项分子泵项目核心零部件动叶轮叶片的高速铣削工艺得以优化。他精通多轴联动加工技术、高速高精度加工技术和参数化自动编程技术，尤其擅长薄壁类、弱刚性类零件的加工工艺与技术，是一专多能的技术技能复合型人才。陈行行最大的自豪是：这个世界不必知道他是谁，但他参与的事业却惊艳了世界。

所获荣誉：全国五一劳动奖章、全国技术能手、四川工匠。

项目三 PLC 认知

项目概述

可编程序控制器简称 PLC，是一种在传统继电器控制系统的基础上引入微电子技术、计算机技术、自动控制技术和通信技术而形成的一种新型工业自动控制装置，具有编程简单、使用方便、通用性强、可靠性高、体积小、易于维护等优点，在自动控制领域应用十分广泛。图 3-0-1 所示是 S7-200 SMART 系列 PLC 的外形。

图 3-0-1 S7-200 SMART 系列 PLC 的外形

通过本项目的理论学习和实训，学生将初步了解 PLC 的组成和原理，熟悉 PLC 的常用编程语言，了解 S7-200 SMART 系列 PLC 的编程元件及存取方式，掌握 STEP 7-Micro/WIN SMART 编程软件的基本使用。本项目思维导图如图 3-0-2 所示。

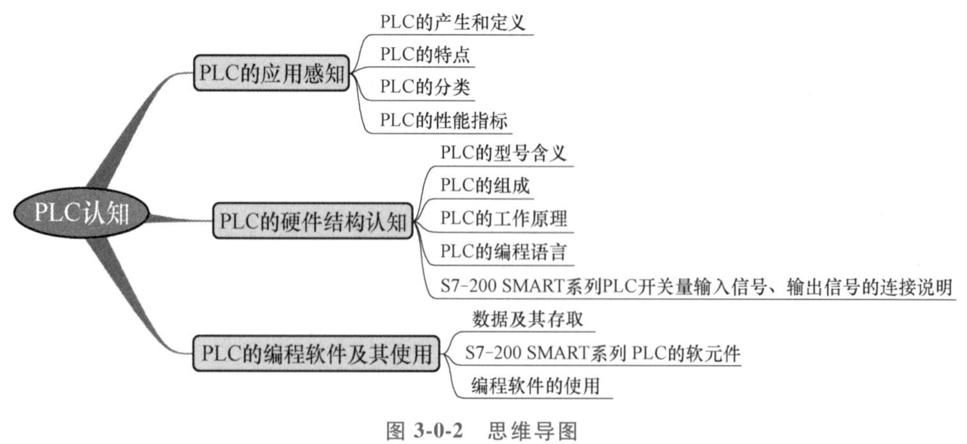

图 3-0-2 思维导图

项目目标

知识目标

1. 了解 PLC 的定义。
2. 了解 PLC 的组成与工作原理。
3. 了解 PLC 的常用编程语言。
4. 掌握 S7-200 SMART 系列 PLC 的编程元件及存取方式。

技能目标

1. 掌握 I/O 接线方法。
2. 掌握 STEP 7-Micro/WIN SMART 编程软件的基本操作。

素养目标

1. 培养学生吃苦耐劳、爱岗敬业的优秀品质。
2. 培养学生严谨细致的工作作风。

任务一　PLC 的应用感知

【任务内容】

S7-200 SMART 系列 PLC 是在 S7-200 系列 PLC 的基础上开发而成的。本任务主要了解 PLC 的基本知识，相关内容并不局限于 S7-200 SMART 系列 PLC。

【任务分析】

查阅 S7-200 SMART 系列 PLC 的书籍，了解相关的知识，明确 PLC 控制与继电器-接触器控制的区别；了解 S7-200 SMART 系列 PLC 的组成及特点、硬件与编程软件的相关知识。

【任务实施】

做中学

1）教师为学生准备相关阅读资料。

2）学生阅读资料，了解相关知识。

3）学生上网下载 S7-200 SMART 系列 PLC 的编程软件或由教师提供。

4）安装编程软件，了解其使用方法。

5）上网查询 S7-200 SMART 系列 PLC 的相关资料。

做中教

一、PLC 的产生和定义

1968 年，美国通用汽车（GM）公司对汽车生产线控制系统提出 10 项采用计算机控制的改造要求并公开招标，1969 年，美国数字设备公司（DEC）根据这一要求研制开发出世界上第一台可编程逻辑控制器（Programmable Logic Controller，PLC），并在 GM 公司汽车生产线上首次应用。

1987 年，国际电工委员会（IEC）颁布的 PLC 标准草案中对 PLC 做了如下定义：PLC 是一种数字运算操作的电子系统，专为在工业环境下应用而设计。它采用了可编程序的存储器，用来在其内部存储逻辑运算、顺序控制、定时、计数和算术运算等操作的指令，并能通过数字式或模拟式的输入和输出控制各种类型的机械或生产过程。PLC 及其有关外部设备都应按易于与工业控制系统形成一个整体、易于扩展其功能的原则而设计。

随着技术的发展，使用这种微型计算机技术的工业装置具有超过逻辑控制范围的功能，被称为可编程序控制器（PC）。但是，为了避免与个人计算机（Personal Computer）的简称混淆，因此仍将可编程序控制器简称为 PLC。

二、PLC 的特点

1. 抗干扰能力强，可靠性高

PLC 用软件代替大量的中间继电器和时间继电器，仅剩下与输入和输出有关的少量硬件。PLC 采用现代大规模集成电路技术，在硬件上采用隔离、屏蔽、滤波、接地等抗干扰措施，在软件上采用数字滤波等抗干扰和故障诊断措施，使 PLC 具有很高的可靠性和抗干扰能力。

2. 控制系统结构简单，通用性强

PLC 及外部模块品种多，可由各种组件灵活组合成各种大小和不同要求的控制系统。当需要变更控制系统的功能时，可以用编程器在线或离线修改程序，同一个 PLC 装置可用于不同的控制对象，只是输入、输出组件和应用软件不同。

3. 编程方便，易于使用

PLC 的程序设计大多采用类似继电器控制电路的梯形图语言。梯形图语言的图形符号与表达方式和继电器电路图相当接近，这种编程语言形象直观，不需要专门的计算机知识和语言，只要具有一定电工技术知识的人员都可在短时间学会。

4. 功能完善

PLC 综合应用了微电子技术、通信技术和计算机技术，除了具有逻辑、定时、计数等顺序控制功能外，还具有进行各种算术运算、PID 调节、过程监控、网络通信、远程 I/O 和高速数据处理的功能，能满足工业控制中的各种复杂功能要求。

5. 系统设计、调试的周期短

用 PLC 进行系统设计时，由于其靠软件实现控制，硬件电路非常简洁，控制柜的设计及安装接线工作量大为减少，设计和施工可同时进行，因而缩短了设计周期。同时，由于用户程序大都可以在实验室中进行模拟调试，调好后再将 PLC 控制系统在生产现场进行联机调试，因此可大大缩短设计和调试的周期。

6. 体积小，维护操作方便

PLC 体积小，质量小，便于安装。PLC 的输入和输出系统能够直观地反映现场信号的变化状态，还能通过各种方式直观地反映控制系统的运行状态，如内部工作状态、通信状态、I/O 点状态、异常状态和电源状态等，对此均有醒目的指示，非常有利于运行和维护人员对系统进行监视。

三、PLC 的分类

PLC 发展到今天，已经有多种形式，而且功能也不尽相同。

1. 按 I/O 点数及存储器的容量分类

按 I/O 点数及存储容量分，PLC 可分为大、中、小 3 个等级。

小型 PLC 的输入、输出总点数一般在 256 点以下，用户存储容量在 2K 字（1K 字 = 1024 字，存储一个 1 或 0 的二进制码称为 1 位，一个字为 16 位）以下。例如，S7-200 SMART 系列 PLC 按 I/O 点数可分为 20 点、30 点、40 点、60 点等类型。

中型 PLC 的输入、输出总点数在 256~2048 点之间，用户存储容量一般为 2K~8K 字，如 S7-300 系列 PLC。

大型 PLC 的输入、输出总点数在 2048 点以上，用户存储容量达到 8K 字以上，如 S7-400 系列 PLC。

2. 按结构型式分类

按结构型式分，PLC 可分为整体式和模块式。

整体式 PLC 的基本部件如 CPU 板、输入板、输出板、电源板等紧凑地安装在一个标准机壳内，构成一个整体，组成 PLC 的一个基本单元。基本单元上有扩展端口，通过扩展电缆与扩展单元相连，以构成 PLC 不同的配置。整体式 PLC 体积小，成本低，安装方便。图 3-0-1 所示为整体式 PLC。

模块式 PLC 由一些标准模块单元构成，这些标准模块包括 CPU 模块、输入模块、输出模块、电源模块和各种功能模块等，各模块功能独立，外形尺寸统一，使用时，将这些模块插在框架上或基板上即可，插入什么模块可根据需要灵活配置。目前，中、大型 PLC 多采用这种结构形式，图 3-1-1 所示是模块式 PLC 的外形。

图 3-1-1 模块式 PLC 外形

四、PLC 的性能指标

1. 存储容量

存储容量是指用户程序存储器的容量。存储容量大，则可以编制出复杂的程序。一般来说，小型 PLC 的存储容量为几千字，而大型 PLC 的存储容量可达数兆字。

2. I/O 点数

I/O 点数是 PLC 可以接收的输入信号和输出信号的总和，是衡量 PLC 性能的重要指标。I/O 点数越多，外部可接的输入设备和输出设备就越多，控制规模就越大。

3. 扫描速度

扫描速度是指 PLC 执行用户程序的速度，是衡量 PLC 性能的重要指标。S7-200 SMART 系列 PLC 的布尔指令执行时间为 0.15μs，实时数学运算指令执行时间为 3.6μs。

4. 指令种类

指令种类是衡量 PLC 软件功能强弱的指标，PLC 所具有的指令种类越多，则说明其软件功能越强大。

5. 内部元件的种类与数量

在编制 PLC 程序时，需要用到大量的内部元件来存放变量、中间结果、保持数据、定时/计数、模块设置和各种标志位等信息。这些元件的种类与数量越多，表示 PLC 的存储和处理各种信息的能力越强。

【任务评价】

请学生总结要点，填入表 3-1-1，进行自评、小组互评和教师评价，将各项得分及总计得分填入表 3-1-1 中（评分标准由相应评价者自行掌握）。

表 3-1-1 考核评价表

序号	评价内容	配分	要点总结	自评	小组互评	教师评价
1	PLC 的产生和定义	20				
2	PLC 的特点	20				
3	PLC 的分类	10				

（续）

序号	评价内容	配分	要点总结	自评	小组互评	教师评价
4	PLC 的性能指标	20				
5	安全文明操作	30				
总计得分		100				

【课后思考】

一、选择题

1. 第一台 PLC 在工业中的应用始于（　　）。

A. 1969 年　　B. 1970 年　　C. 1840 年　　D. 1980 年

2. 以下几个特点中，不属于 PLC 的特点的是（　　）。

A. 可靠性高，抗干扰能力强

B. 编程方便，易于使用

C. 具有各种接口，与外部设备连接方便，应用范围广

D. 能够完全代替控制电器完成对各种电器的控制

3. PLC 按其硬件的结构形式可以分为（　　）。

A. 整体式 PLC 和模块式 PLC　　B. 微型 PLC 和大型 PLC

C. 小型 PLC 和中型 PLC　　D. 机械用 PLC 和运输用 PLC

4. 存储一个二进制码称为（　　）。

A. 1 位　　B. 1 个字　　C. 1 个字节　　D. 1K

5. 下面说法中，不是 PLC 的优点的是（　　）。

A. 可靠性高，抗干扰能力强　　B. 效率高，被控制机械运动速度快

C. 编程方便，易于使用　　D. 使用简单，操作方便

二、简答题

1. 与传统的继电器-接触器控制系统相比较，PLC 控制系统有什么主要的优点？

2. PLC 是如何定义的？

任务二　PLC 的硬件结构认知

【任务内容】

本任务主要是了解 S7-200 SMART 系列 PLC 的型号含义、组成、工作原理、编程语言，这些内容将为学习 PLC 的编程内容打好基础。如果你从事 PLC 的控制工程研究，需要购置一台 PLC，应根据实际需求和预算来选择。目前市场上有许多品牌和型号的 PLC 可供选择，你知道 S7-200 SMART 系列 PLC 的型号有哪些吗？

【任务分析】

S7-200 SMART 系列 PLC 按照点数分为 20 点、30 点、40 点、60 点 4 种，CPU 模块配备标准型和紧凑型供用户选择。标准型作为可扩展 CPU 模块，可满足对输入/输出规模有较大需求、逻辑控制较为复杂的应用，有继电器输出和晶体管输出两种类型；紧凑型只有继电器输出型，其价格便宜，但只能单机使用，不能安装信号板，也不能连接扩展模块，由于只有继电器输出型，故无法实现高速脉冲输出。

1）教师为学生准备相关阅读资料。

2）学生阅读资料，了解相关知识。

3）学生上网查询 S7-200 SMART 系列 PLC 的相关知识并进行学习。

【知识链接】

一、PLC 的型号含义

CPU 型号名称及其含义如图 3-2-1 所示。

对于每个型号的 PLC，西门子都提供了 DC 24V 和 AC 120~240V 两种电源供电的 CPU。

1）DC/DC/DC：说明 CPU 是直流供电，直流数字量输入，数字量输出点是晶体管直流电路的类型。

2）AC/DC/Relay：说明 CPU 是交流供电，直流数字量输入，数字量输出点是继电器触点类型。

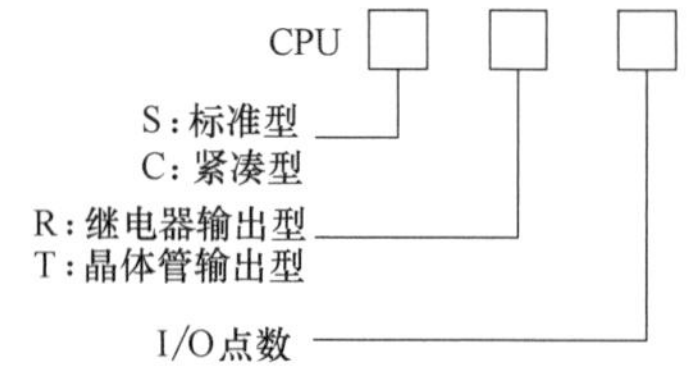

图 3-2-1 CPU 型号名称及其含义

S7-200 SMART 系列 PLC 提供了多种不同的扩展模块。通过扩展模块，可以很容易地扩展控制器的本地输入/输出，以满足不同的应用需求。S7-200 SMART 系列 PLC 分别提供了数字量/模拟量模块以提供额外的数字量/模拟量的输入/输出通道。扩展模块（EM）不能单独使用，需要通过自带的连接器插接在 CPU 模块的右侧。表 3-2-1 为数字量扩展模块。

在工业控制中，某些输入量（如温度、压力、流量）是模拟量，某些执行机构（如变频器）要求 PLC 输出模拟量信号，而 PLC 的 CPU 只能处理数字量。工业现场采集到的

表 3-2-1 数字量扩展模块

型号	输入点数	输出点数
EM DE08	8	
EM DT08		8(晶体管输出型)
EM DR08		8(继电器输出型)
EM DT16	8	8(晶体管输出型)
EM DR16	8	8(继电器输出型)
EM DT32	16	16(晶体管输出型)
EM DR32	16	16(继电器输出型)

信号经传感器和变送器转换成标准的电压或电流，再经模拟量输入模块的模/数（A/D）转换器将它们转换成数字量；PLC 输出的数字量经模拟量输出模块数/模（D/A）转换器将其转换成模拟量，再传送给执行机构。表 3-2-2 为模拟量扩展模块，其中模拟量输入模块 EM AE04 有 4 种量程，分别为 0~20mA、-10~10V、-5~5V 和-2.5~2.5V。单极性满量程输入范围对应的数字量输出为 0~27648。双极性满量程输入范围对应的数字量输出为-27648~27648。模拟量输出模块 EM AQ02 有两种量程，分别为 0~20mA 和-10~10V，对应的数字量分别为 0~27648 和-27648~27648。

表 3-2-2 模拟量扩展模块

型号	描述
EM AE04	4 点模拟量输入
EM AQ02	2 点模拟量输出
EM AM06	4 点模拟量输入/2 点模拟量输出
EM AR02	2 点热电阻输入
EM AT04	4 点热电偶输入

S7-200 SMART 系列 PLC 提供了 4 种不同的信号板。使用信号板可以在不额外占用电控柜空间的前提下，提供额外的数字量输入/输出、模拟量输入/输出和通信接口，达到精确化配置。其中，信号板 SB AQ01 是 1 点模拟量输出信号板，输出量程为-10~10V 和 0~20mA；信号板 SB DT04 是两点数字量直流输入/两点数字量直流输出信号板；信号板 SB CM01 为 RS485/RS232 信号板，可以组态为 RS485 或 RS232 通信端口；信号板 SB BA01 为电池信号板，使用 CR1025 纽扣电池，能维持实时时钟运行大约一年。

CPU 模块本体标配以太网接口，集成了强大的以太网通信功能。通过一根普通的网线即可将程序下载到 PLC 中，省去了专用编程电缆，不仅方便，还有效降低了用户的成本。通过以太网接口，CPU 模块还可与其他 CPU 模块、触摸屏、计算机进行通信，轻松组网。

二、PLC 的组成

PLC 的基本组成包括中央处理器（CPU）、存储器、输入/输出（I/O）单元、电源及编程器等外部设备，如图 3-2-2 所示。

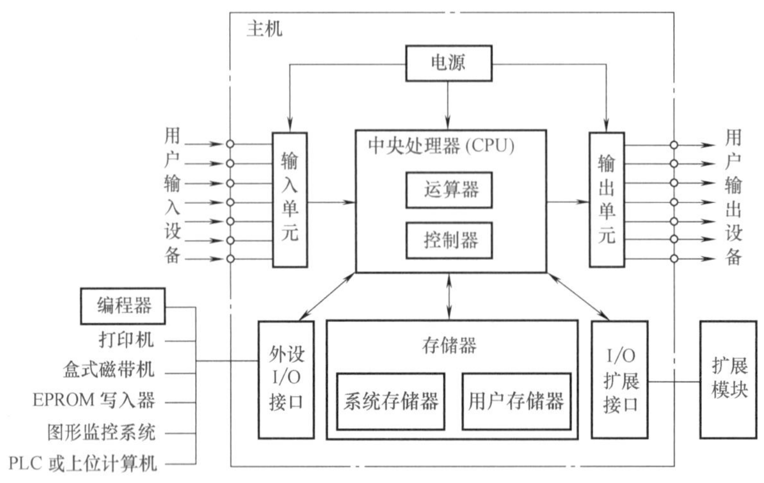

图 3-2-2 PLC 的组成示意图

1. 中央处理器（CPU）

CPU 是整个 PLC 的核心部件，由控制器、运算器和寄存器组成并集成在一个芯片内。CPU 通过数据总线、地址总线和控制总线与存储器、输入/输出单元电路相连接。

CPU 主要完成的任务：从存储器中读取指令，执行指令，处理中断和自诊断。

S7-200 SMART 系列 PLC 的 CPU 模块配备标准型（用 S 表示）和紧凑型（用 C 表示）两种不同类型。标准型具体型号有 SR20、SR30、SR40、SR60（继电器输出型）和 ST20、ST30、ST40、ST60（晶体管输出型）；紧凑型只有继电器输出型（CR40、CR60），没有晶体管输出型。

2. 存储器

PLC 的存储器包括系统存储器和用户存储器两部分。

系统存储器用于存放 PLC 的内部系统管理程序。系统程序根据 PLC 功能的不同而不同，生产厂家在 PLC 出厂前已将其固化在只读存储器（ROM）或可编程只读存储器（PROM）中，用户不能更改。

用户存储器主要用于存储用户程序及程序运行时产生的数据。用户程序指用户针对具体控制任务用规定的 PLC 编程语言编写的各种程序，用户程序存储器根据所选用存储器单元类型的不同，可以是随机读写存储器（RAM，需后备电池在断电后保持程序）、可擦可编程只读存储器（EPROM）或电擦除可编程只读存储器（E^2PROM），其内容可以由用户修改或增删。

3. 输入/输出单元

输入/输出单元是将 PLC 与现场各种输入、输出设备连接起来的部件（也称为 I/O 单元）。

1）输入单元通过 PLC 的输入端子接收现场输入设备的控制信号，并将这些信号转换成 CPU 所能接收和处理的数字信号输入主机。输入信号有两类：一类是从按钮、限位开关、光电开关等传来的开关量输入信号；另一类是电位器、热电偶等提供的连续变化的模拟信号。

2）输出单元用于把用户程序的逻辑运算结果输出到 PLC 外部，具有隔离 PLC 内部电路与外部执行元件的作用，同时兼有功率放大作用。PLC 输出一般有三种：继电器输出型、晶闸管输出型和晶体管输出型。继电器输出型为有触点输出方式，响应速度慢，适用于低频大功率直流或交流负载；晶闸管输出型为无触点输出方式，输出接口反应速度快，适用于带交流输出、通断频率高的大功率负载；晶体管输出型为无触点输出方式，输出接口反应速度快，适用于带直流输出、通断频率高的小功率负载，过电流能力差。S7-200 SMART 系列 PLC 只有继电器输出型和晶体管输出型两种。

4. 电源

电源单元是 PLC 的电源供给部分，交流电源经整流和稳压向 PLC 各模块供电，一般 PLC 采用 AC 220V，也可采用 DC 24V。

5. 编程器

编程器是 PLC 重要的外部设备，它不仅用于编程，还可用于进行程序的修改和检查，以及元器件的监控。目前，许多 PLC 都利用一条通信电缆与计算机的串行口相连，配以厂家提供的编程软件，进行用户程序的输入和调试。使用编程软件可以在计算机显示器上直接生成和编辑梯形图（LAD）、语句表（STL）、功能块图（FBD）和顺序功能图（SFC）程序，并可以实现不同编程语言的相互转换。

三、PLC 的工作原理

PLC 采用不间断循环的顺序扫描工作方式，整个过程如图 3-2-3 所示。

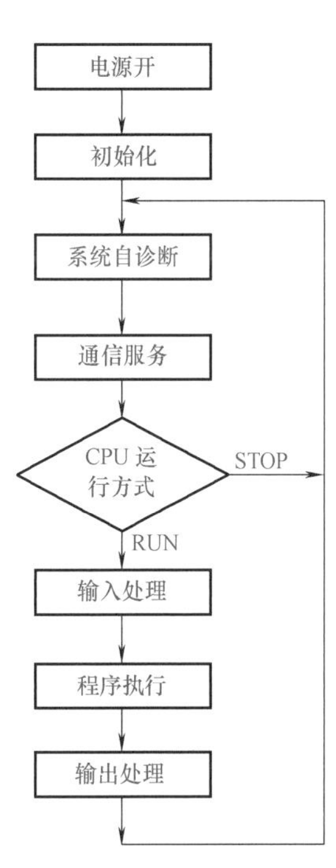

图 3-2-3　PLC 的工作过程示意图

1）初始化：PLC 上电后对系统进行一次初始化，包括硬件初始化和软件初始化，停电保持范围设定及其他初始化处理等。

2）系统自诊断：PLC 每扫描一次，执行一次自诊断检查，确定 PLC 自身的动作是否正常，如 CPU、电池电压、程序存储器、I/O 和通信等是否异常或出错，如果发现异常，则停机并显示出错。若自诊断正常，继续向下扫描。

3）通信服务：PLC 自诊断处理完成以后进入通信服务过程。CPU 自动检测并处理各通信端口接收到的任何信息，即检查是否有编程器、计算机等的通信请求，若有，则进行相应处理。

4）CPU 运行方式：PLC 在上电初始化、系统自诊断和通信服务完成以后，如果工作选择在 RUN（运行）位置，则进入程序扫描工作阶段。程序扫描工作阶段包括输入处理、程序执行、输出处理三个阶段。如果工作选择在 STOP（停止）位置，PLC 不执行任何程序。

5）输入处理：CPU 首先扫描所有输入端点，并将各输入状态存入相对应的输入暂存器中。当输入端子的信号全部进入输入暂存器后，转入程序执行阶段。进入程序执行阶段后，输入信号若发生变化，输入暂存器的内容保持不变，直到下一个扫描周期的输入采样阶段，才重新写入输入端的新内容，这种输入工作方式称为定时集中采样。

6）程序执行：在这一阶段，CPU 按从上到下、从左到右（从第一条指令直到最后一条结束指令）的顺序依次扫描用户程序，每扫描到一条指令，所需要的元件状态或其他元件的状态分别由输入暂存器和输出暂存器中读出，而将执行结果写入输出暂存器，输出暂存器中的内容随程序执行的进程动态变化。

7）输出处理：在这一阶段，CPU 将输出暂存器的内容转存到输出锁存器中，通过 PLC 的输出端子传送到外部去驱动相应的外部设备。这时输出锁存器的内容要等到下一个扫描周期的输出阶段到来才会被刷新，这种输出工作方式称为集中输出。

在 PLC 程序扫描工作阶段，只要 PLC 处在 RUN 状态，它就反复地循环工作。PLC 执行一次扫描操作所需的时间称为扫描周期，扫描周期与用户程序的长短、指令的种类和 CPU 执行指令的速度有关。图 3-2-4 所示为 PLC 程序扫描的工作过程。

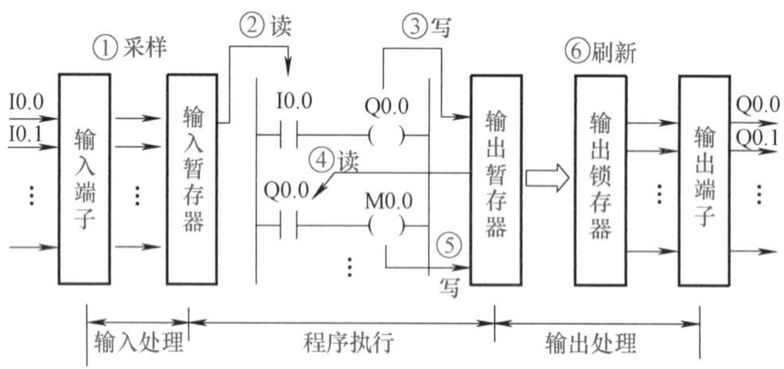

图 3-2-4 PLC 程序扫描工作过程

四、PLC 的编程语言

PLC 是一种工业控制计算机，其控制功能是通过程序来实现的，PLC 的用户程序是设计人员根据控制系统的工艺控制要求，用 PLC 编程语言设计的。PLC 的编程语言很多，各厂家的编程语言也各有不同。为便于 PLC 的应用推广，国际电工委员会（IEC）在 PLC 编程软件标准 IEC 61131-3 中推荐了 5 种编程语言，目前已有越来越多的生产厂家提供符合 IEC 61131-3 标准的产品。

1. 梯形图（LAD）

梯形图是一种以图形符号的相互关系表示控制功能的编程语言，它是从继电器-接触器控制系统原理图的基础上演变而来的。这种表达方式与传统的继电器控制电路图非常相似，不同点是它具有特定的元件和构图规则。它比较直观、形象，对于那些熟悉继电器-接触器控制系统的人来说，易被接受，是目前应用最多的一种语言。这种表达方式特别适用于比较简单的控制功能的编程。

例如，图 3-2-5a 所示的继电器控制电路，用 PLC 完成其功能的梯形图如图 3-2-5b 所示。

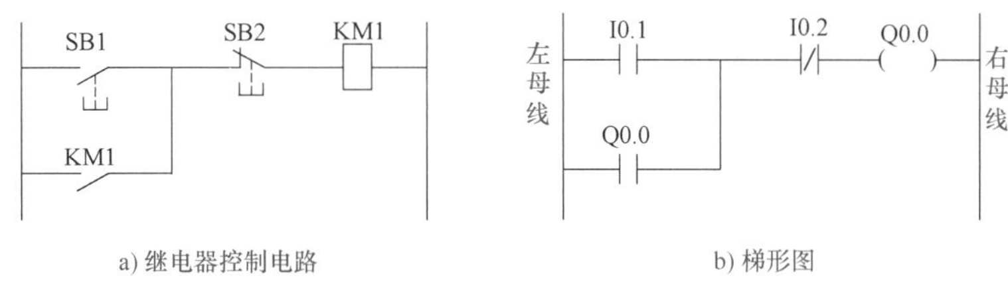

a) 继电器控制电路　　b) 梯形图

图 3-2-5　继电器控制电路的梯形图

梯形图中的元件都不是实际的物理器件，这些元件实际上是 PLC 存储器中的位，因此称之为软继电器，当存储器中的某位为“1”时，表示相应的继电器线圈“-(　)-”得电，常开触点“-| |-”闭合，常闭触点“-|/|-”断开。

梯形图是形象化的编程语言，其左右两条竖线称为母线，母线是不接任何电源的，因而梯形图中没有真实的物理电流。在分析梯形图时，常常假设有一个电流通过，使线圈得电，所带的常开触点闭合，常闭触点断开，这个电流称为“能流”，“能流”只能从左到右流动，层次的改变只能先上后下。

梯形图由多个梯级组成。每个梯级有一条或多条支路，并由一个输出元件构成。最右边的元件必须是输出元件或者执行一种功能（功能指令）。一个梯形图梯级的多少，取决于控制系统的复杂程度，但一个完整的梯形图至少应有一个梯级。

2. 语句表（STL）

语句表是一种类似于计算机汇编语言的文本语言，即用特定的助记符号来表示某种逻辑关系，指令语句的一般格式为操作码　操作数

操作码又称为编程指令，用助记符表示，它指示 CPU 要完成的操作，如西门子 PLC 中“LD”表示常开触点与母线相接。

操作数给出操作码所指定操作的对象或执行该操作所需的数据，通常由标识符和参数组成，其中标识符表示操作数的类别，参数表示操作数的地址或一个预先的设定值。如“I0. 1”中，“I”表示输入继电器，“0. 1”表示地址，其中字节地址为“0”，位地址为“1”。

将图 3-2-5b 所示电路用如下语句表达：

```
LD   I0. 1
O    Q0. 0
AN   I0. 2
=    Q0. 0
```

3. 功能块图（FBD）

S7-200 SMART 系列 PLC 专门提供了功能块图编程语言，它没有梯形图编程器中的触

点和线圈，但有与之等效的指令，这些指令是作为盒指令出现的，程序逻辑由这些盒指令的连接决定。在功能块图中，左端为输入端，右端为输出端，输入、输出端的小圆圈表示“非运算”。图 3-2-5b 所示的梯形图对应的功能块图如图 3-2-6 所示。功能块图语言目前在我国的应用相对较少。

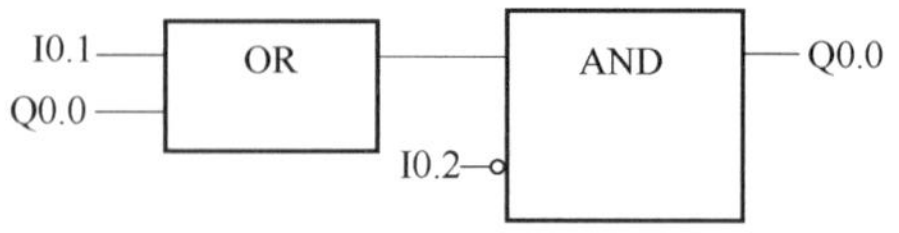

图 3-2-6 功能块图

4. 顺序功能图（SFC）

这是一种位于其他编程语言之上的图形语言，顺序功能图是为了满足顺序逻辑控制而设计的编程语言。它将一个完整的控制过程分为若干步，每一步代表一个控制功能状态，步间有一定的转换条件，转换条件满足就实现转移，上一步动作结束，下一步动作开始，这样一步一步地按照顺序动作。图 3-2-7 所示为图 3-2-5b 所对应的顺序功能图。

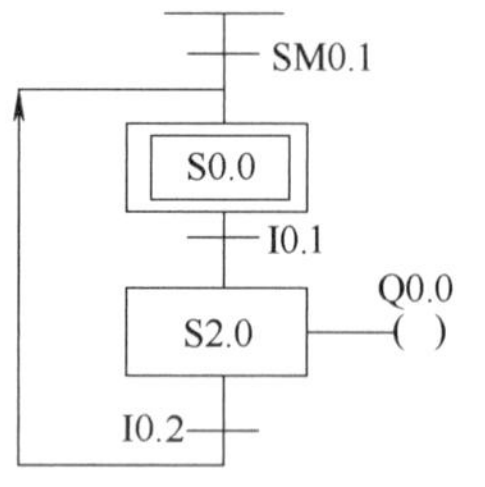

图 3-2-7 顺序功能图

5. 结构化文本（ST）

结构化文本是为 IEC 61131-3 标准创建的一种专用的高级编程语言，与 FBD 相比，它能实现复杂的数学运算，编写的程序非常简捷和紧凑。

虽然 PLC 有 5 种编程语言，但在 S7-200 SMART 系列 PLC 的编程软件中，用户只可以选用 LAD、FBD 和 STL 这三种编程语言。

五、S7-200 SMART 系列 PLC 开关量输入信号、输出信号的连接说明

S7-200 SMART PLC 系列 CPU 可以分为两大类：标准型和紧凑型。标准型 CPU 有 1 个以太网网口、支持 MicroSD 卡、最多能扩展 6 个信号模块（EM）和 1 个信号板（SB），支持实时时钟和数据日志，可以用以太网进行编程，可以连接以太网的人机界面（HMI）设备。与标准型 CPU 相比，紧凑型 CPU 仅能使用 RS485 接口进行编程，仅支持 RS485 的人机界面（HMI）。图 3-2-8 所示为 ST20 型 SMART 系列 PLC。

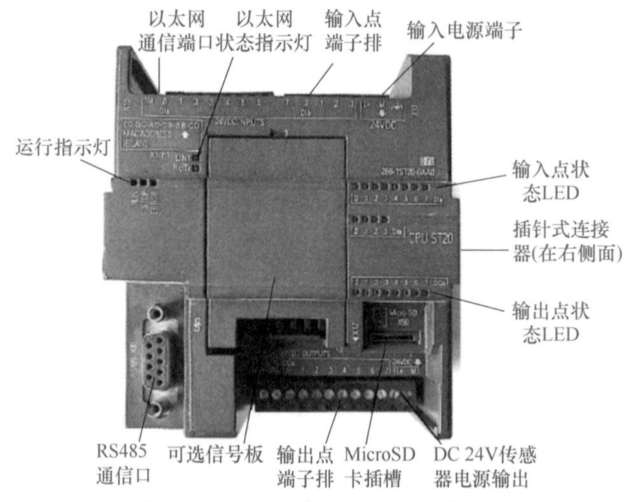

图 3-2-8 ST20 型 SMART 系列 PLC

图 3-2-9 所示为 SR20 型 SMART 系列 PLC 输入/输出信号的连接说明示意图。连接时要注意以下几点。

1）接在输出端的元件工作电流一定要小于输出端触点的允许电流。一般 S7-200 SMART 系列继电器输出型 PLC 的每个接口可以驱动电阻性负载的电流为 2A，但只能驱动交流 200W 的灯负载或直流 30W 的灯负载，而晶体管输出型 PLC 输出端的，每个接口的电流只有 0.5A，灯负载的功率为 5W。

2）对于输入电路的连接，无源开关量输入端子在接入 PLC 时，可以采用外部 24V 电源供电，也可采用内部 24V 电源供电。有源开关量连接（如光电开关等传感器开关器件），其输入部分接 24V 直流电源，输出部分接在输入端和输入公共端子两点之间。

3）输出电路的连接：为使 PLC 避免受瞬间大电流的作用而损坏，输出端外部接线必须采用保护措施，一是输出公共端接熔断器；二是采用保护电路。对交流感性负载，一般用阻容吸收回路；对直流感性负载，用续流二极管。对正反转接触器的负载，在 PLC 程序中采取软件互锁的同时，在 PLC 的外部也应采取联锁。为实现紧急停车，可在外部接入开关。

4）继电器输出型的 PLC 输出端可以接 AC 220V 以下或 DC 24V 以下的负载，但晶体管输出型的 PLC 输出端只能接工作电压 DC 24V 以下的负载，且 M 端子一定要接负载电源的负极。

5）DC/DC/DC 型 CPU（ST20 型）的接线与图 3-2-9 基本上相同，只是输入电源端子接 DC 24V 电源，其中 L+和 M 端子分别接 DC 24V 电源的正极和负极。输出回路的电源也都是直流电源。

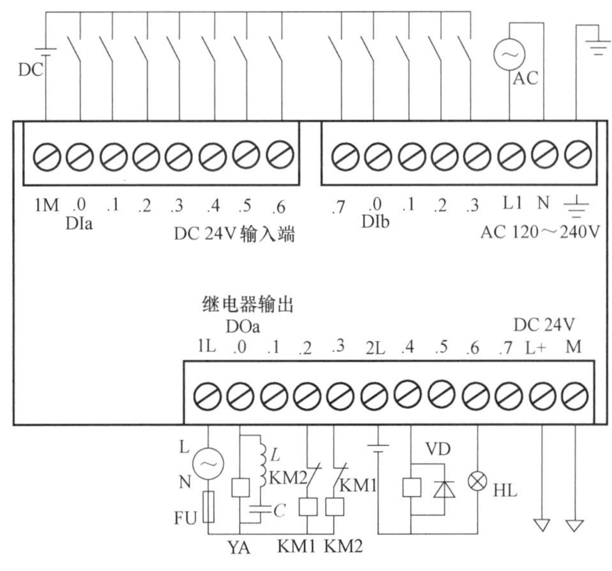

图 3-2-9 PLC 输入/输出信号的连接说明示意图

【任务评价】

请学生总结要点，填入表 3-2-3，进行自评、小组互评和教师评价，将各项得分及总计得分填入表 3-2-3 中（评分标准由相应评价者自行掌握）。

表 3-2-3 考核评价表

序号	评价内容	配分	要点总结	自评	小组互评	教师评价
1	组成及型号	20				
2	工作原理	20				
3	编程语言	10				
4	输入、输出信号连接	20				
5	安全文明操作	30				
总计得分		100				

【课后思考】

一、选择题

1. 在 PLC 组成中，其核心的部件是（　　）。

A. 存储器　　B. 中央处理器　　C. 编程器　　D. 电源

2. 下面不是 PLC 编程语言的是（　　）。

A. 梯形图语言　　B. 语句表　　C. 顺序功能图　　D. 汇编语言

3. PLC 的工作过程就是程序的执行过程，简称为循环扫描，以下 4 步不包含在循环扫描过程之内的是（　　）。

A. 上电初始化　　B. 输入处理阶段　　C. 程序执行阶段　　D. 输出处理阶段

4. 在 PLC 中，当输入端子的信号全部进入输入暂存器后，CPU 工作进入到（　　）阶段。

A. 上电初始化　　B. 输入处理　　C. 程序执行　　D. 输出处理

5.（　　）输出型是有触点输出方式，响应速度慢，适用于低频大功率直流或交流负载。

A. 继电器　　B. 晶体管　　C. 晶闸管　　D. 双向晶闸管

二、简答题

1. PLC 的输出一般分为哪 3 种？各有何特点？

2. PLC 主要由哪几部分组成？

任务三　PLC 的编程软件及其使用

【任务内容】

本任务主要学习 S7-200 SMART 系列 PLC 编程软件的使用及软元件的基本知识。

STEP 7-Micro/WIN SMART 是专门为 S7-200 SMART 系列 PLC 开发的编程软件，在沿用 STEP 7-Micro/WIN 优秀编程理念的同时，STEP 7-Micro/WIN SMART 更多的人性化设计使编程更容易上手，项目开发更加高效。该软件安装时对硬件无特别要求，常用配置即可，仅需要 350MB 硬盘空间，操作系统可以是 Windows7 SP1 或 Windows10（32 位和 64 位两种版本）。

学习使用编程软件，首先要从官网下载编程软件，并学会安装。

做中学

1）从西门子官网上下载 STEP 7-Micro/WIN SMART 软件。

2）教师为学生准备 STEP 7-Micro/WIN SMART 软件相关资料。

3）学生阅读资料，对 STEP 7-Micro/WIN SMART 软件进行安装。

4）教师指导学生安装，并帮助解决和处理相关安装问题。

5）安装编程软件，了解其使用方法。

程序的编辑及使用

S7-200 SMART 系列 PLC 根据使用的 CPU 型号不同，其相关技术指标也不同。表 3-3-1 为 S7-200 SMART CPU 模块的主要技术指标。

表 3-3-1　S7-200 SMART CPU 模块的主要技术指标

技术规范	CR40/CR60	SR20/ST20	SR30/ST30	SR40/ST40	SR60/ST60
本机数字量 I/O	CR40:24 入/16 出 CR60:36 入/24 出	12 入/8 出	18 入/12 出	24 入/16 出	36 入/24 出
用户程序区/KB	12	12	18	24	30
用户数据区/KB	8	12	16	20	24
扩展模块数	无	6			
通信端口数	2	2~3			
信号板	无	1			
高速计数器 单相高速计数器 双相高速计数器	共 4 个 单相 100kHz　4 个 A/B 相 50kHz　2 个	共 6 个 单相 200kHz　4 个 30kHz　2 个 A/B 相 100kHz　2 个 20kHz　2 个	共 6 个 单相 200kHz　5 个 30kHz　1 个 A/B 相 100kHz　3 个 20kHz　1 个	共 6 个 单相 200kHz　4 个 30kHz　2 个 A/B 相 100kHz　2 个 20kHz　2 个	

（续）

技术规范	CR40/CR60	SR20/ST20	SR30/ST30	SR40/ST40	SR60/ST60
最大脉冲输出频率		两个 100kHz（仅 ST20）	两个 100kHz（仅 ST30/ST40）		
实时时钟，保持 7 天		有			
脉冲捕捉输入点数	14	12	14		

一、数据及其存取

S7-200 SMART 系列 PLC 的编程软元件可以按位操作，也可以按字节、字和双字进行操作。

1. 位、字节、字、双字

位（bit）：存储的最小单位，二进制的 1 位只有 0 和 1 两种不同的取值，可以用来表示开关量的两种不同状态，如触点的接通和断开、线圈的失电和得电等。

字节（Byte）：8 位构成一个字节，用字母 B 表示，如 IB0 表示 I0.0~I0.7 组合。

字（Word）：16 位构成一个字，用字母 W 表示，如 IW0 表示 I0.0~I0.7 和 I1.0~I1.7 组合。

双字：32 位构成双字，用字母 D 表示，如 ID0 表示 I0.0~I3.7 连续 32 位组合在一起。

2. 数据的存取方式

如图 3-3-1 所示，黑块 I3.2 表示字节地址为 3，位地址为 2，这种存取方式称为“字节．位”寻址方式。

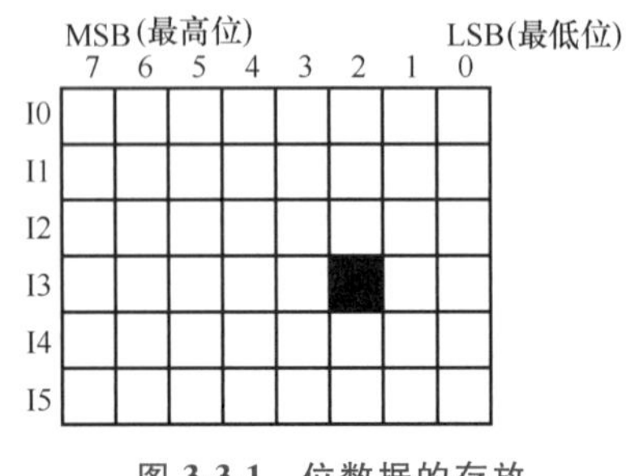

图 3-3-1 位数据的存放

如图 3-3-2a 所示，字节 VB100 是由 VB100.0 ~ VB100.7 这 8 位组成的，这种存取方式称为“字节”寻址方式。

相邻的两个字节组成一个字，图 3-3-2b 中 VW100 是由 VB100 和 VB101 组成的一个字，V 为变量存储器，W 表示字，100 为起始字节的地址。注意：VB100 是高位字节。这种存取方式称为“字”寻址方式。

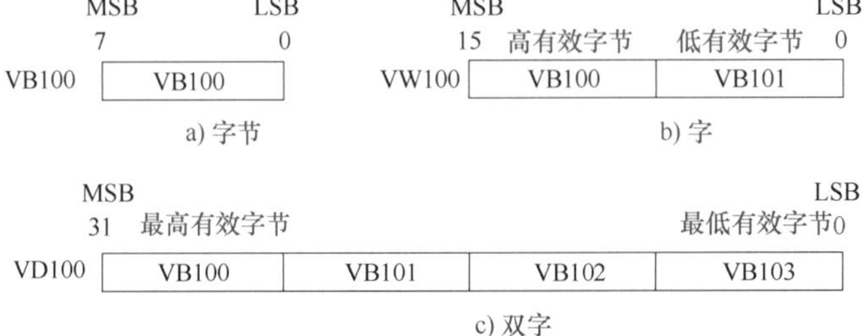

图 3-3-2 字节、字和双字对同一地址存取操作的比较

相邻的两个字组成一个双字，图 3-3-2c 中 VD100 是由 VB100～VB103 组成的双字，100 为起始字节的地址。这种存取方式称为“双字”寻址方式。

二、S7-200 SMART 系列 PLC 的软元件

PLC 是在继电器控制电路的基础上发展起来的，继电器控制电路有时间继电器、中间继电器等，而 PLC 也有类似的元件，称为编程元件，这些元件在 PLC 内部并不是真正的物理器件，故称之为软元件。PLC 编程元件主要有输入继电器、输出继电器、通用辅助继电器、特殊标志继电器、定时器、计数器、累加器和寄存器等。

1. 输入继电器（I）

输入继电器又称为输入过程映像寄存器，它与 PLC 的输入端子连接。通过输入接口将外部输入信号状态（闭合时为“1”、断开时为“0”）读入并存储在输入映像寄存器中。每个输入继电器都有一个“等效线圈”和无数对常开、常闭触点，它的“等效线圈”只受外部现场信号控制，不受 PLC 程序控制。编程时，程序中不出现输入继电器的线圈，触点可以无限次使用。

S7-200 SMART 系列 PLC 输入继电器用“I”来表示，按“字节．位”方式编址，采用八进制编号，共 256 点，32 行 8 列。输入继电器可以采用位、字节、字或双字来存取，位存取的编号范围为 I0.0～I31.7。

实际输入点数不能超过输入映像寄存器的范围，在寄存器的整个字节所有位都未占用的情况下，未用的输入映像寄存器可以作为其他编程元件使用。

2. 输出继电器（Q）

输出继电器就是 PLC 存储系统中的输出映像寄存器，通过输出端子驱动负载。每一个输出继电器都有一个线圈和无数对的常开、常闭触点，编程时，触点的使用次数不限，其状态受 PLC 程序控制。

S7-200 SMART 系列 PLC 输出继电器用“Q”来表示，按“字节．位”方式编址，采用八进制编号，共 256 点，32 行 8 列。输出继电器可以采用位、字节、字或双字来存取，位存取的编号范围为 Q0.0～Q31.7。

图 3-3-3 所示为输入/输出继电器示意图，当 I0.0 端子外接的按钮接通时，它所对应

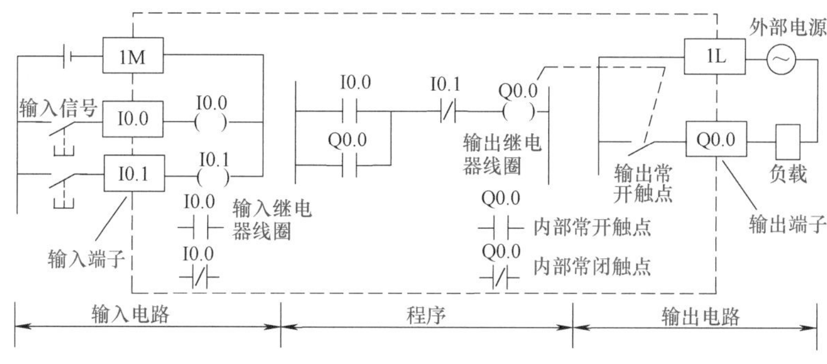

图 3-3-3　输入/输出继电器示意图

输入映像寄存器状态为“1”，梯形图中 Q0.0 的线圈“通电”，继电器型输出模块中对应的硬件继电器的常开触点闭合，驱动外部负载工作。输入继电器的状态不受程序的控制，因此梯形图中只出现输入继电器的触点，不出现其线圈。

3. 通用辅助继电器（M）

通用辅助继电器类似于继电器控制系统中的中间继电器，其线圈只受 PLC 程序控制，每个辅助继电器都有无数对常开触点和常闭触点供编程使用，但不能用来驱动负载。通用辅助继电器可以采用位、字节、字或双字来存取，位存取的编号范围为 M0.0～M31.7。

4. 特殊标志继电器（SM）

有些辅助继电器具有特殊功能或存储系统的状态变量、有关的控制参数和信息，称为特殊标志继电器。用户可以通过特殊标志来沟通 PLC 与被控对象之间的信息，也可通过直接设置某些特殊标志继电器位来使设备实现某种功能。

特殊标志继电器用“SM”表示，特殊标志继电器根据功能和性质的不同，分为位、字节、字和双字操作方式。其中，SMB0、SMB1 为系统状态字，只能读取其中的状态数据，不能改写，可以位寻址。

常用的特殊标志继电器及其功能如下。

SM0.0：运行状态监控，PLC 在运行状态时，SM0.0 总为 1。

SM0.1：初始化脉冲，PLC 由停止状态转为运行状态时，SM0.1 接通 1 个扫描周期。

SM0.4：分时钟脉冲，占空比为 50%，周期为 1min 的脉冲串。

SM0.5：秒时钟脉冲，占空比为 50%，周期为 1s 的脉冲串。

SM0.7：指示 CPU 上工作方式开关的位置，0=终端（TERM），1=运行（RUN）。

SM1.0：当执行某些命令，结果为 0 时，该位置 1。

SM1.1：当执行某些命令，结果溢出或出现非法数值时，该位置 1。

SM1.2：当执行数学运算，结果为负数时，该位置 1。

5. 定时器（T）

定时器相当于继电系统中的时间继电器，在运行过程中，当定时器的输入条件满足时，当前值从 0 开始按一定的时间单位增加，当定时器的当前值达到预设值时，定时器发生动作，此时与之对应的常开触点闭合，常闭触点断开。

S7-200 SMART 系列 PLC 定时器分为延时接通定时器（TON）、延时断开定时器（TOF）和保持型延时接通定时器（TONR）。每种定时器的定时精度分别为 1ms、10ms 与 100ms 三种。定时器编号为 T0～T255。

6. 计数器（C）

计数器用来累计输入脉冲的个数，当计数器的输入条件满足时，计数器开始累计输入端脉冲前沿的次数，当达到设定值时，计数器动作，与之相对应的触点动作。

计数器可分为普通计数器和高速计数器，普通计数器又分为加计数器（CTU）、减计数器（CTD）和加减计数器（CTUD）。计数器的编号范围为 C0～C255。

7. 状态继电器（S）

状态继电器是构成状态转移图的重要软元件，通常用在步进指令的编程当中，其编号为 S0.0~S31.7，可以按位、字节、字和双字进行存取。状态继电器的触点可以无次数任意使用，当不在步进指令中使用时，也可以和普通的辅助继电器一样使用。

8. 变量寄存器（V）

变量寄存器主要用来存储程序执行过程中控制逻辑的中间结果，或用来保存与工序或任务相关的其他数据。它可以按位、字节、字和双字操作。在进行数据处理时，变量寄存器会被经常使用。

9. 累加器（AC）

S7-200 SMART 系列 PLC 的 CPU 中提供 4 个 32 位累加器（AC0~AC3）。累加器常用作暂时存储数据的寄存器，可以存储运算数据、中间数据和结果。

10. 局部存储器（L）

局部存储器和变量寄存器很相似，主要区别是变量寄存器是全局有效的，同一个存储器可以被任何程序存取，而局部存储器是局部的，存储区和特定程序相关联，常用来作为临时数据的存储器或者为子程序传递参数。

11. 模拟量输入（AI）

S7-200 SMART 系列 PLC 将工业现场连续变化的模拟量（如温度、压力等）用 A/D 转换器转换为一个字长的数字量。用区域标识符 AI 及表示数据长度的代号 W 和字节的起始地址来表示模拟量输入的地址。因为模拟量输入是一个字长，应从偶数字节地址开始存放，如 AIW2、AIW4 等，模拟量输入值为只读数据。

12. 模拟量输出（AQ）

S7-200 SMART 系列 PLC 将一个字长的数字量用 D/A 转换器转换为现场控制所需的模拟量。用区域标识符 AQ 及表示数据长度的代号 W 和字节的起始地址来表示模拟量输出的地址。因为模拟量输出是一个字长，应从偶数字节地址开始存放，如 AQW2、AQW4 等，模拟量输出值是只写数据，用户不能读取模拟量输出值。

13. 常量

在 S7-200 SMART 系列 PLC 中，常数有二进制、十进制、十六进制、ASCII 字符 4 种，在程序应用中，默认是十进制，直接写就可以；对于二进制，加上前缀 2#，如 2#0010；对于十六进制，加上前缀 16#，如 16#7FFF；对于 ASCII 字符，用‘’括起，如‘ab’。

S7-200 SMART 系列 CPU 操作数的范围见表 3-3-2。

表 3-3-2　S7-200 SMART 系列 CPU 操作数范围

<table>
<tr><th>存取方式</th><th>CR40/CR60</th><th>SR20/ST20</th><th>SR30/ST30</th><th>SR40/ST40</th><th>SR60/ST60</th></tr>
<tr><td rowspan="2">位存取
（字节．位）</td><td colspan="5">I0.0~I31.7　Q0.0~Q31.7　M0.0~M31.7　SM0.0~SM1535.7
S0.0~S31.7　T0~T255　C0~C255　L0.0~L63.7</td></tr>
<tr><td colspan="2">V0.0~V8191.7</td><td>V0.0~V12287.7</td><td>V0.0~V16383.7</td><td>V0.0~V20479.7</td></tr>
</table>

（续）

<table>
<tr><th>存取方式</th><th>CR40/CR60</th><th>SR20/ST20</th><th>SR30/ST30</th><th>SR40/ST40</th><th>SR60/ST60</th></tr>
<tr><td rowspan="2">字节存取</td><td colspan="5">IB0~IB31　QB0~QB31　MB0~MB31　SMB0~SMB1535
SB0~SB31　LB0~LB63　AC0~AC3</td></tr>
<tr><td colspan="2">VB0~VB8191</td><td>VB0~VB12287</td><td>VB0~VB16383</td><td>VB0~VB20479</td></tr>
<tr><td rowspan="3">字存取</td><td colspan="5">IW0~IW30　QW0~QW30　MW0~MW30　SMW0~SMW1534　SW0~SW30
T0~T255　C0~C255　LW0~LW62　AC0~AC3</td></tr>
<tr><td colspan="2">VW0~VW8190</td><td>VW0~VW12286</td><td>VW0~VW16382</td><td>VW0~VW20478</td></tr>
<tr><td colspan="2">—</td><td colspan="3">AIW0~AIW110　AQW0~AQW110</td></tr>
<tr><td rowspan="2">双字存取</td><td colspan="5">ID0~ID28　QD0~QD28　MD0~MD28　SMD0~SMD1532
SD0~SD28　LD0~LD60　AC0~AC3　HC0~HC3</td></tr>
<tr><td colspan="2">VD0~VD8188</td><td>VD0~VD12284</td><td>VD0~VD16380</td><td>VD0~VD20476</td></tr>
</table>

【想想练练】

如图 3-3-3 所示，若 I0.1 端子外所接按钮用常闭触点，程序中 I0.1 用常开触点还是常闭触点？

三、编程软件的使用

STEP 7-Micro/WIN SMART 软件是 S7-200 SMART 系列 PLC 专用的编程软件，为用户提供梯形图、语句表和功能块图三种编辑器。它可以实现在离线方式下对程序的创建、编辑、编译、调试和系统组态；在线方式下通过联机通信的方式上传和下载用户程序及组态数据，编辑和修改用户程序，直接对 PLC 进行各种操作；在编辑程序过程中进行语法检查；对用户程序进行文档管理、加密处理；设置 PLC 的工作方式和运行参数，进行监控和强制操作等。

1. STEP 7-Micro/WIN SMART 软件界面

STEP 7-Micro/WIN SMART 软件界面如图 3-3-4 所示。

1）文件工具："文件"菜单的快捷按钮，单击后会出现下拉菜单，包含常用的新建、打开、另存为、打印、关闭等功能。

2）快速访问工具栏：有 4 个图标按钮，分别为"新建""打开""保存""打印"。单击右边的倒三角按钮，会弹出下拉菜单，可以定义更多的工具、更改工具栏的显示位置、最小化功能区等操作。

3）菜单栏：由"文件""编辑""视图""PLC""调试""工具""帮助"7 个菜单组成。单击某个菜单，该菜单所有选项会在下方菜单功能区显示出来。

4）程序编辑区：用于编辑 PLC 程序，单击左上方"MAIN""SBR_0""INT_0"标签可切换主程序编辑区、子程序编辑区和中断程序编辑区。默认打开主程序编辑区，编程语言为梯形图（LAD）。

5）项目指令树：用于显示所有项目对象和编程指令。编程时，先单击某个指令包前

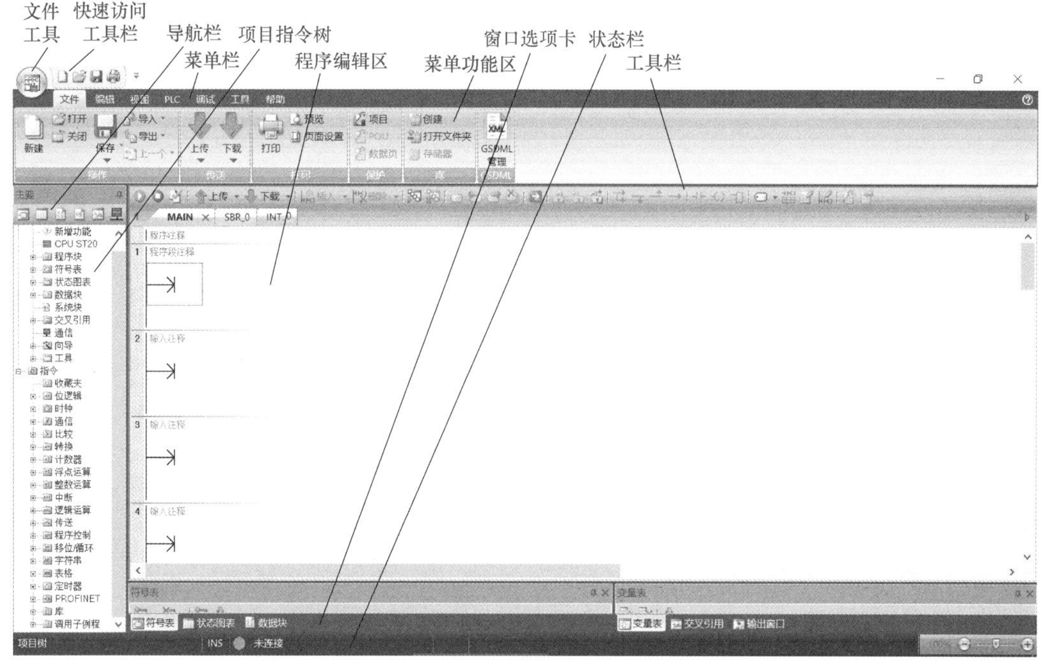

图 3-3-4 STEP 7-Micro/WIN SMART 软件界面

的“+”，可以看到该指令包内的所有指令，可以采用拖放的方式将指令移到程序编辑器中；也可以双击指令，将其插入程序编辑器当前光标所在的位置。选择操作项目对象采用双击的方式；对项目对象进行更多的操作，可采用右键快捷菜单来实现。

6）导航栏：位于项目指令树上方，由“符号表”“状态图表”“数据块”“系统块”“交叉引用”“通信”6 个图标按钮组成。单击图标按钮时，可以打开相应图表或对话框。利用导航栏可以快速访问项目指令树中的对象，单击某一个导航栏按钮，相当于展开项目指令树中的某项并双击该项中的相应内容。

2. S7-200 SMART 系列 PLC 硬件组态

PLC 可以是 CPU 模块，也可以是由 CPU 模块、信号板（SB）、扩展模块（EM）组成的系统。PLC 硬件组态又称为 PLC 配置，是指编程前先在编程软件中设置 PLC 的 CPU 模块、信号板和扩展模块的型号，使之与实际使用的 PLC 一致，以确保编写的程序能在实际硬件中运行。在 STEP 7-Micro/WIN SMART 软件中进行 PLC 硬件组态，可以双击项目指令树中的“系统块”指令，弹出“系统块”对话框，由于当前系统中使用的 CPU 不是实际用的 CPU，故在对话框的“CPU”行、“模块”列中先单击空白处出现下拉按钮，再单击下拉按钮，出现所有 CPU 模块型号，从中选择实际使用的 CPU 型号，这里选择“CPU ST20（DC/DC/DC）”；在“版本”列选择 CPU 模块的版本号（实际模块有版本号标注），如果不知道版本号，则可选择低版本号，单击“确定”按钮即可完成 PLC 硬件组态，如图 3-3-5 所示。

如果 CPU 模块安装了信号板，那么还需要设置信号板的型号，在“SB”行、“模块”

图 3-3-5 硬件组态

列的空白处单击，会出现下拉按钮，单击下拉按钮，会出现所有信号板型号，从中选择正确的型号；在“SB”行的“版本”列选择信号板的版本号，“输入”“输出”“订货号”的内容会自动生成。如果 CPU 模块还连接了多个扩展模块，则可根据连接的顺序，用同样的方法在“EM1”“EM2”等列设置各个扩展模块。

另外，在图 3-3-5 中单击“CPU ST20”指令，参考上述步骤也可以完成硬件组态。

3. 计算机与 PLC 的连接及通信设置

在计算机的 STEP 7-Micro/WIN SMART 软件中编写好程序后，如果要将程序下载到 PLC 中，则需要使用通信电缆将计算机与 PLC 连接起来，并进行通信设置。

1）计算机与 PLC 的硬件通信连接：西门子 S7-200 SMART CPU 模块上有以太网接口（俗称网线接口、RJ45 接口），该接口与计算机的网线接口相同，将普通市售网线一端插入计算机的网线接口，另一端插入 CPU 的以太网接口，即可将它们连接起来，当计算机与 PLC 通信时，需要 PLC 接通供电电源。

2）通信设置：计算机的网线接口与西门子 S7-200 SMART CPU 的以太网接口连接好后，还需要在计算机中进行通信设置，才能让两者进行通信。

在 STEP 7-Micro/WIN SMART 软件的项目指令树中双击“通信”指令，弹出“通信”对话框，如图 3-3-6 所示。

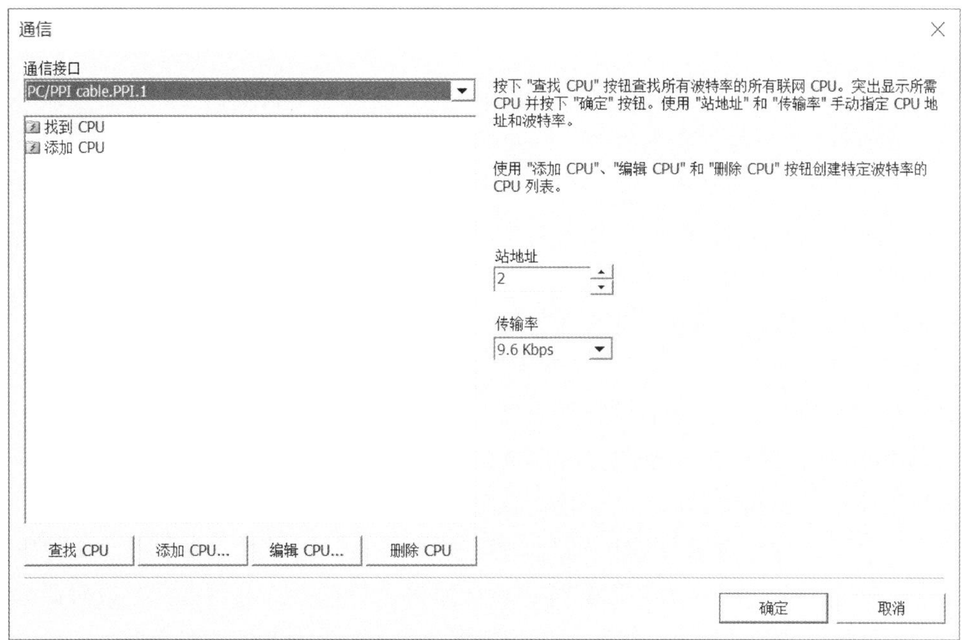

图 3-3-6　“通信”对话框

在对话框的通信接口下拉列表中选择与 PLC 连接的计算机的网线接口卡（网卡），如图 3-3-7 所示。

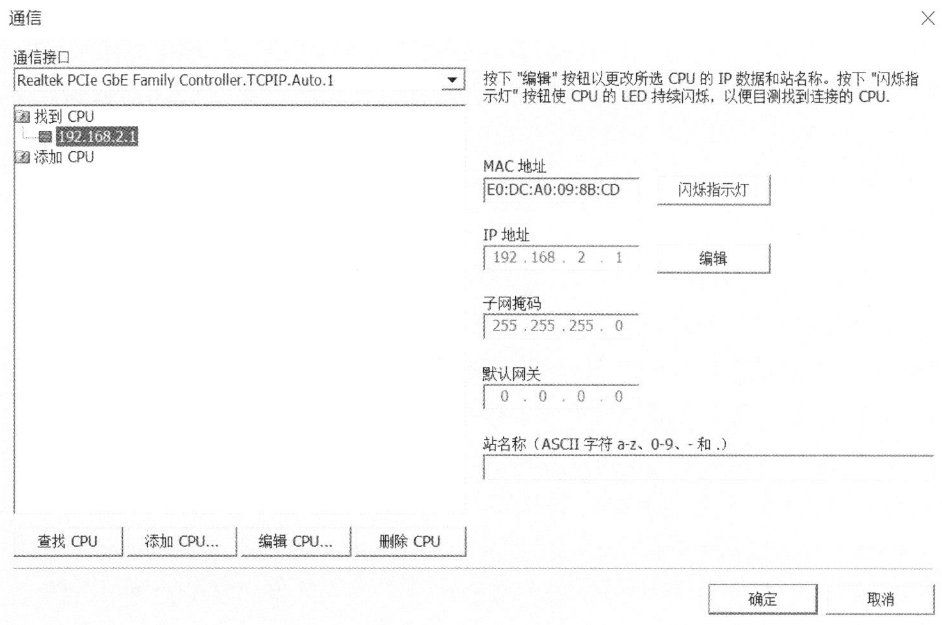

图 3-3-7　选择计算机网卡

如果不知道与 CPU 连接的网卡名称，则可以打开计算机控制面板的“网络共享中心”窗口，在其中单击“更改适配器设置”链接，就会出现一个窗口，显示当前计算机的各种网络连接。CPU 与计算机连接采用有线的本地连接，故选择其中的“本地连接”，查看并记录该图标显示的网卡名称。

在 STEP 7-Micro/WIN SMART 软件中重新打开“通信”对话框，在“通信接口”下拉列表中会看到两个与本地连接的网卡，一般选择带“Auto”的那个，选择后系统会自动搜索该网卡连接的 CPU。搜索到 CPU 后，在对话框左侧找到 CPU，会显示 CPU 模块的 IP 地址，右侧显示 CPU 模块的 MAC 地址（物理地址）、IP 地址、子网掩码和默认网关信息。如果系统为自动搜索，则可单击对话框下方的“查找 CPU”按钮搜索，搜到 CPU 后单击对话框右下方的“确定”按钮，完成通信设置。

4. 编写程序

（1）建立、保存、打开项目文件

1）建立项目文件：单击快速访问工具栏上的“新建”图标按钮或单击“文件”菜单功能区的“新建”图标按钮，即可新建一个文件名为“项目 1”的项目文件。

2）保存项目文件：单击快速访问工具栏上的“保存”图标按钮或单击“文件”菜单功能区的“保存”或“另存为”图标按钮，会弹出“另存为”对话框，在该对话框中选择项目文件的保存路径并输入文件名，单击“保存”按钮，将项目文件保存。

3）打开项目文件：单击快速访问工具栏上的“打开”图标按钮或单击“文件”菜单功能区的“打开”按钮，从弹出的对话框中选择需要打开的项目文件，然后单击“打开”按钮，文件即被打开。

（2）编写程序

1）进入主程序编辑界面。主程序编辑界面如图 3-3-4 所示，若不在主程序编辑界面，可在项目指令树区域选择“程序块”→“MAIN（OB1）”，将程序编辑区切换为主程序编辑区。

2）选择编程语言：从“视图”菜单功能区中选择 LAD（梯形图）、STL（语句表）、FBD（功能块图）语言。

3）编写过程：下面以梯形图为例介绍程序的编写过程。

① 放置编程元件：将鼠标在程序编辑区需要放置编程元件的位置处单击，会出现一个选择方框（矩形光标），可以通过以下方法输入编程元件的指令符号：在项目指令树中双击指令符号；在项目指令树中单击选择指令并按住，将指令拖拽至程序编辑区需放置指令的位置后释放鼠标；单击或按对应的快捷键，从工具栏中选择需要的触点、线圈或指令盒，从弹出的窗口下拉列表框所列出的指令中选择所需的指令，如图 3-3-8 所示。

② 输入操作数：刚放置的元件操作数以“?? .?”代表，表示参数未赋值，单击“?? .?”，键入对应的操作数（如 I0.0）。

③ 并联分支：在同一网络块中第一行下方的编程区域单击鼠标，将出现矩形光标，然后输入编程元件，如图 3-3-9 所示。将鼠标指针移至图中方框的箭头顶端，会出现一个控制块，单击选中并按住左键不放，可以看到网络块中其他控制块的位置，将其拖拽至合

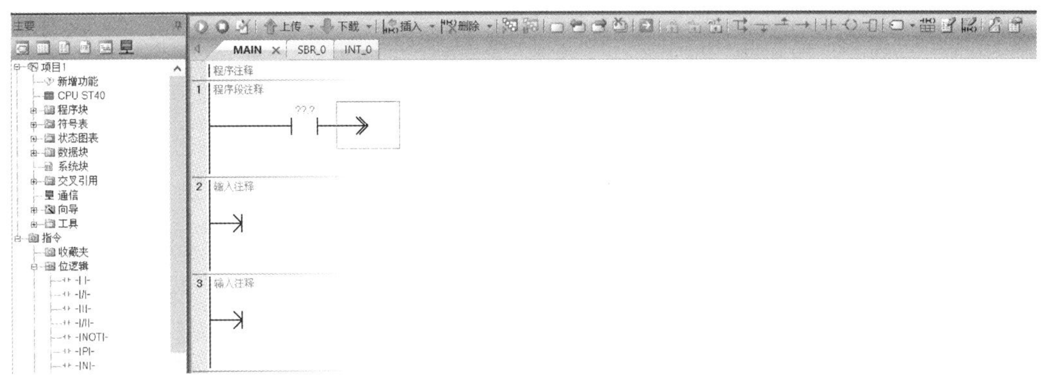

图 3-3-8　放置编程元件

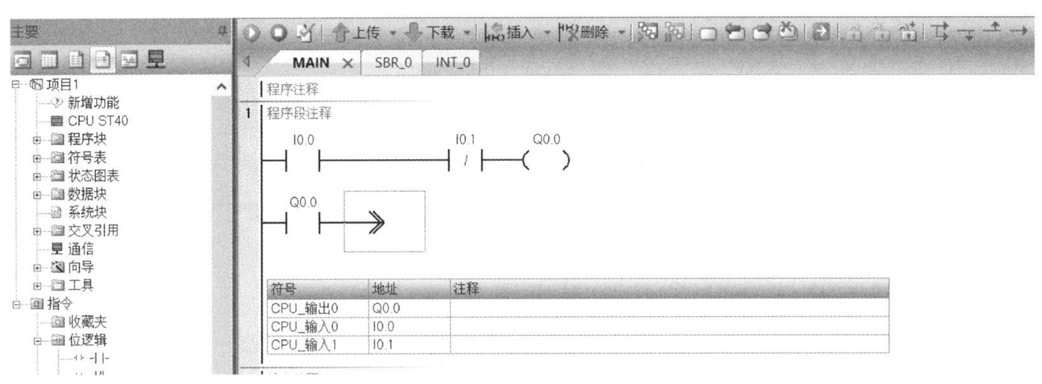

图 3-3-9　并联分支

适位置释放，即可完成连线。也可以单击工具条上的“插入向上垂直线”和“插入向下垂直线”图标按钮，连接编程元件构成网络程序。

④ 建立输入/输出符号表，并显示。在项目指令树中双击“符号表”中的“I/O 符号”指令，在弹出的符号表对话框的“符号”栏，对应地址分别输入“起动按钮 SB1”“停止按钮 SB2”“接触器 KM 线圈”，在“视图”菜单功能区中分别单击“仅绝对”“仅符号”“符号：绝对”按钮，观察梯形图显示的区别。图 3-3-10 的梯形图显示是以“仅绝对”显示。

在编辑过程中，可以采取剪切、复制、粘贴、插入、删除等操作对梯形图进行编辑，还要熟记常用的快捷键，这可以助力提高录入速度，例如，<F1>键为在线帮助；<F4>键为插入触点；<F6>键为插入线圈；<F9>键为插入框；<Ctrl+→>键为插入水平线；<Ctrl+↑>键为插入向上垂直线；<Ctrl+↓>键为插入向下垂直线。

（3）编译程序　在将编写的梯形图程序传送给 PLC 前，需要先对梯形图程序进行编译，将它转换成 PLC 能接收的代码。编译的方法：单击“PLC”菜单功能区的“编译”图标按钮，也可单击工具栏上的“编译”图标按钮，就可以编译全部程序或当前打开的程序，编译完成后，在输出窗口会出现编译信息。如果程序有错误，双击错误提示，程序编辑区的定位框会跳至程序出错位置。

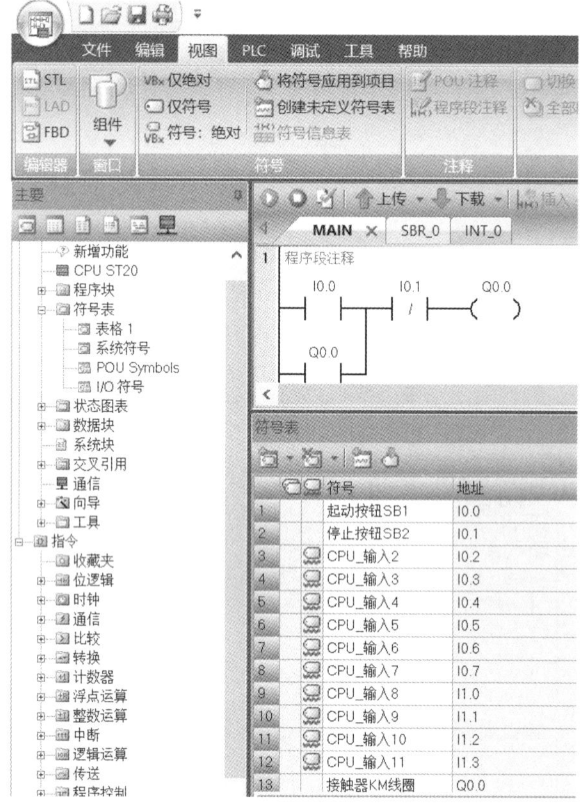

图 3-3-10 建立输入/输出符号表

5. 下载程序

将计算机中的程序送到 PLC 里的过程称为下载程序。下载程序的操作过程如下。

1）计算机与 PLC 的连接及通信设置成功完成，这一步非常重要。

2）在 STEP 7-Micro/WIN SMART 软件中，编写好程序且编译成功后，单击工具栏中的“下载”按钮，弹出“通信”对话框，单击“查找 CPU”按钮，在找到的 CPU 中选择程序要下载到的 CPU，通过 MAC 地址确认下载的 CPU（对话框显示 MAC 地址与真实 CPU 表面印刷的 MAC 地址对应一致），也可通过 MAC 地址右边的闪烁指示灯确认下载的 CPU，确认完下载的 CPU 后，单击右下角的“确定”按钮，弹出的“下载”对话框如图 3-3-11 所示，如果保持默认选择，则单击“下载”按钮。

3）如果下载时 CPU 处于 RUN 模式，则询问是否将 CPU 置于 STOP 模式，因为只有在 STOP 模式下才能下载程序，单击“下载”按钮，完成程序的下载。

如果不能下载，则从以下两方面找原因。

① 硬件连接是否正常。如果 PLC 与计算机之间硬件连接正常，则 PLC 上的 LINK 指示灯会亮。

② 通信设置是否正确。CPU 模块 IP 地址的前 3 个数与计算机 IP 地址的前 3 个数相同，最后一个数不同，这是指在同一个网段内。如果不是这样，则需要设置计算机 IP 地

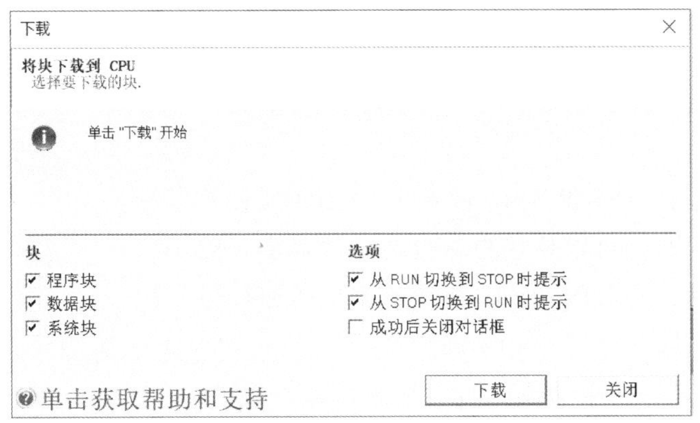

图 3-3-11 下载界面

址，打开计算机控制面板的“网络共享中心”窗口，单击“更改适配器设置”链接，就会出现一个窗口，显示当前计算机的各种网络连接。CPU 与计算机连接采用有线的本地连接，故选择其中的“本地连接”，在“本地连接”上右击，然后在弹出的快捷菜单中选择“属性”选项，设置 IP 地址，如 IP 地址可以为 192.168.2.5，子网掩码为 255.255.255.0，单击“确定”按钮，完成计算机 IP 地址的设置。

然后设置 CPU 的 IP 地址，在 STEP 7-Micro/WIN SMART 软件的项目指令树中双击“系统块”图标，弹出“系统块”对话框，如图 3-3-12 所示，选中“IP 地址数据固定为

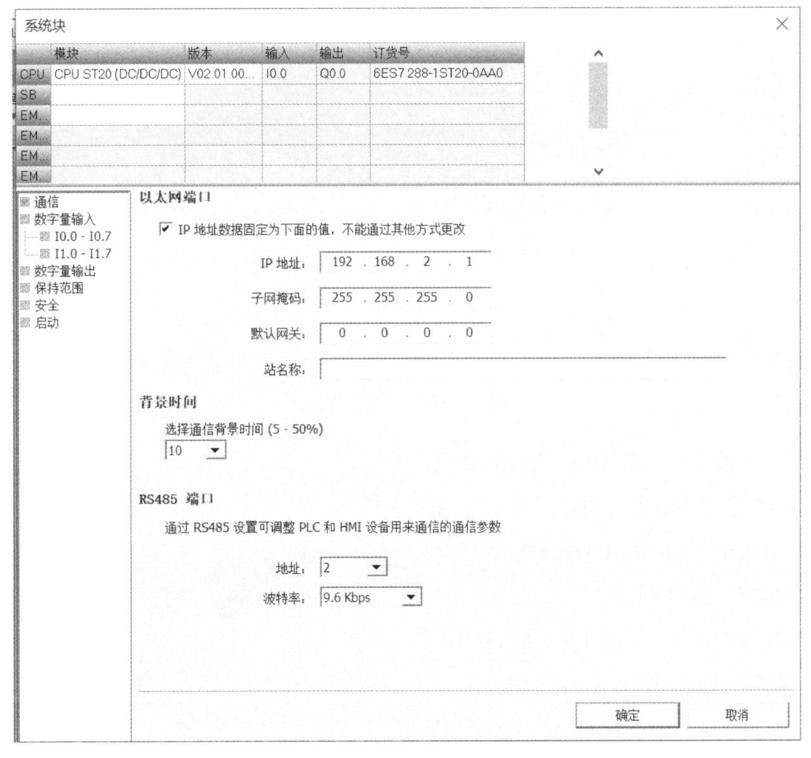

图 3-3-12 设置 CPU 的 IP 地址

下面的值，不能通过其他方式更改”复选框，将 IP 地址、子网掩码按图示设置，即 IP 地址为 192.168.2.1，子网掩码为 255.255.255.0，单击“确定”按钮完成 CPU IP 地址的设置。然后将系统块下载到 CPU 中，使 IP 地址设置生效。

6. 程序的监控

（1）梯形图监控　STEP 7-Micro/WIN SMART 编程软件提供了一系列工具，可以使用户直接在软件环境下监视用户程序的执行。现对图 3-3-13 所示的梯形图进行运行监控，操作步骤如下。

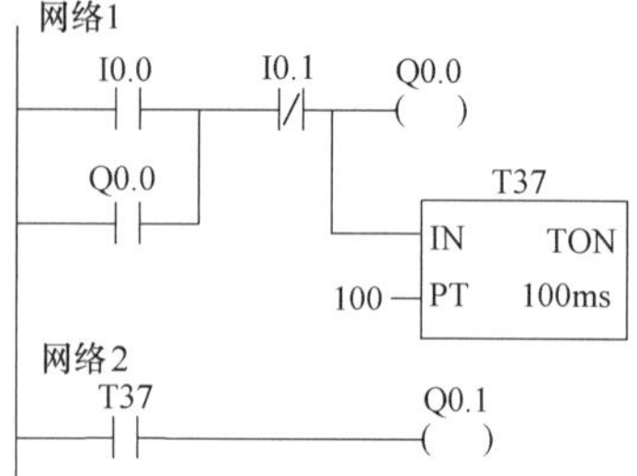

图 3-3-13　梯形图程序

1）单击“调试”菜单功能区的“程序状态”按钮，梯形图如图 3-3-14 所示。

2）将鼠标放到文字“I0.0”上右击（注意：不要点“I0.0”下方的图形符号）在弹出的快捷菜单中选择“强制”命令，弹出如图 3-3-15 所示对话框。

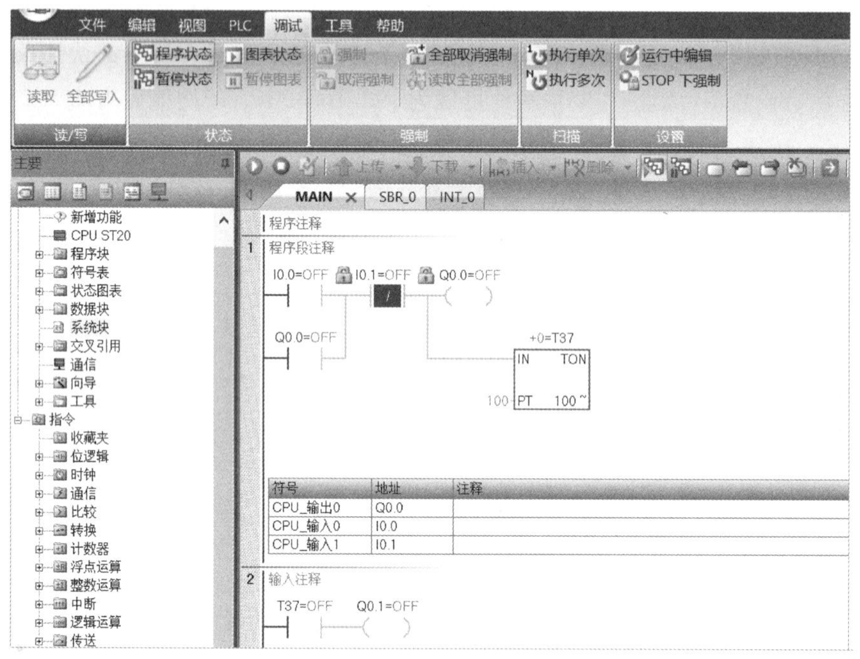

图 3-3-14　程序状态

3）单击“强制”按钮，会出现图 3-3-16 所示的监控梯形图。此时，再次用鼠标右击文字“I0.0”，在弹出的快捷菜单中选择“取消强制”命令。

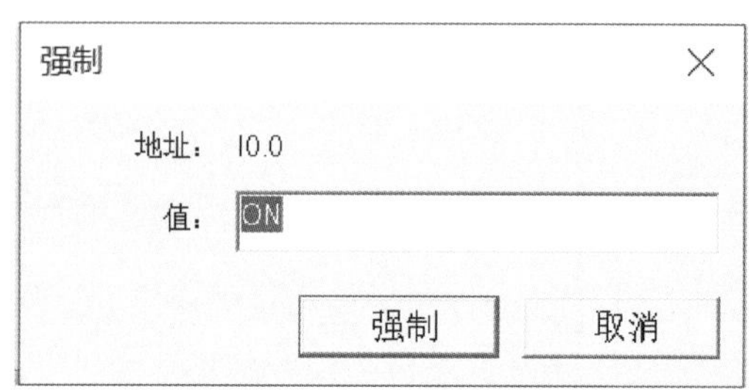

图 3-3-15　强制 I0.0 接通

4）重复步骤 2）3），对 I0.1 进行强制和取消强制操作，监控程序运行结束。

（2）状态图表监控　尽管梯形图监控直观性强，但当程序较长、梯形图监控的范围较小时，或者是对某些功能指令进行监控时，则常采用状态图表进行监控。图 3-3-17 所示为对图 3-3-13 梯形图的监控状态图表，在地址栏输入需要监控的内存或 I/O 地址，就可以看到该字节、字或双字中存储数值的“位”或者这个值的各个数制的表示。在地址 I0.0 的新值单元格中输入 1，光标放到 I0.0 当前值处右击，在弹出的快捷菜单中选择“强制”命令，此时各个量当前值的状态会发生变化。与梯形图监控类似，可进行 I0.0 与 I0.1 的强制与取消强制操作，可监控相关的程序状态。

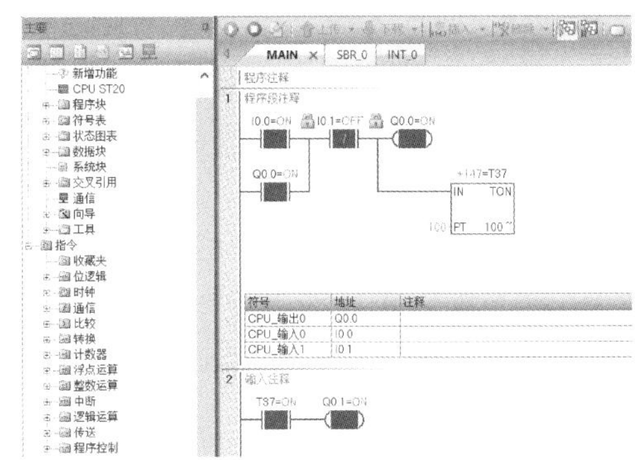

图 3-3-16　监控梯形图

状态表

	地址	格式	当前值	新值
1	I0.0	位	2#0	
2	Q0.0	位	2#0	
3	Q0.1	位	2#0	
4	I0.1	位	2#0	
5	T37	有符号	+0	

图 3-3-17　状态图表监控

如果手头没有 PLC，也可通过仿真软件完成对程序的检查，仿真软件的具体使用方法可查询相关资料或上网查询。

【任务评价】

请学生总结要点，填入表 3-3-3，进行自评、小组互评和教师评价，将各项得分及总计得分填入表 3-3-3 中（评分标准由相应评价者自行掌握）。

表 3-3-3　考核评价表

序号	评价内容	配分	要点总结	自评	小组互评	教师评价
1	数据的存取	20				
2	S7-200 SMART 软元件	20				
3	编程软件的使用	30				
4	安全文明操作	30				
总计得分		100				

【课后思考】

一、选择题

1. QB0 表示（　　）。

A. Q0.7 ~ Q0.0　　B. Q0.0　　C. Q0.3 ~ Q0.0　　D. Q0.9 ~ Q0.0

2. MW2 的含义是（　　）。

A. MB2 和 MB1 两个字节　　B. MB2 和 MB3 两个字节

C. MB0 和 MB1 两个字节　　D. MW2 和 MW3 两个字

3. MD4 中的 D 表示（　　）。

A. 字　　B. 双字　　C. 字节　　D. 位

4. 以下关于 MD4 的说法，正确的是（　　）。

A. 包括 MB4、MB5、MB6、MB7 这 4 个字节

B. MB4 是最低位字节

C. MB7 是最高位字节

D. 包括 MB4、MB5 这两个字节

5. S7-200 SMART CPU 中有三种时间基准，分别是（　　）。

A. 0ms、1ms、32767ms　　B. 1ms、10ms、100ms

C. 0ms、1ms、10ms　　D. 1ms、10ms、1000ms

二、简答题

1. 输入继电器最大编号范围为 I31.7，其输入点数最大是多少？而 CPU SR60 型号的 PLC 最大输入点数是多少？

2. MW0 的两个字节中哪个是高字节？哪个是低字节？最低位是哪一个？最高位是哪一个？

匠心铸梦

技艺精湛的航空“手艺人”：胡双钱

胡双钱是一位拥有非凡技术的匠人，至今，他都是一名工人身份的老师傅，但这并不妨碍他成为制造中国大飞机团队里必不可缺的一分子。

2006 年，中国新一代大飞机 C919 立项，对胡双钱来说，这个要做百万个零件的大工程，不仅意味着要做各种各样形状各异的零件，有时还要临时救急。一次，生产急需一个特殊零件，从原厂调配需要几天的时间。为了不耽误工期，只能用钛合金毛坯进行现场临时加工，这个任务交给了胡双钱。

该任务难度之大，令人难以想象：一个零件要 100 多万元，关键它是精锻出来的，所以成本相当高。因为有 36 个孔，大小不一样，孔的精度要求是 0.24mm。0.24mm，相当于人头发丝的直径，这个本来要靠精确编程的数控车床来完成的零部件，当时只能依靠胡双钱的一双手和一台传统的铣钻床。

仅用了一个多小时，36 个孔悉数打造完毕，一次性通过检验，这再一次证明胡双钱的“金属雕花”技能。

项目四 PLC 的基本指令及编程

项目概述

基本逻辑指令是 PLC 中最基础的编程语言，掌握了基本逻辑指令也就初步掌握了 PLC 的编程语言。PLC 生产厂家很多，其指令的表达形式大同小异，梯形图的表现形式也基本相同。本章以西门子 S7-200 SMART 系列 PLC 的基本逻辑指令为例，说明指令的含义和梯形图绘制的基本方法。

通过本项目的理论学习和实践操作，你将掌握 S7-200 系列 PLC 基本指令的使用，学会语句表和梯形图间的相互转换，学会简单程序的梯形图编程。

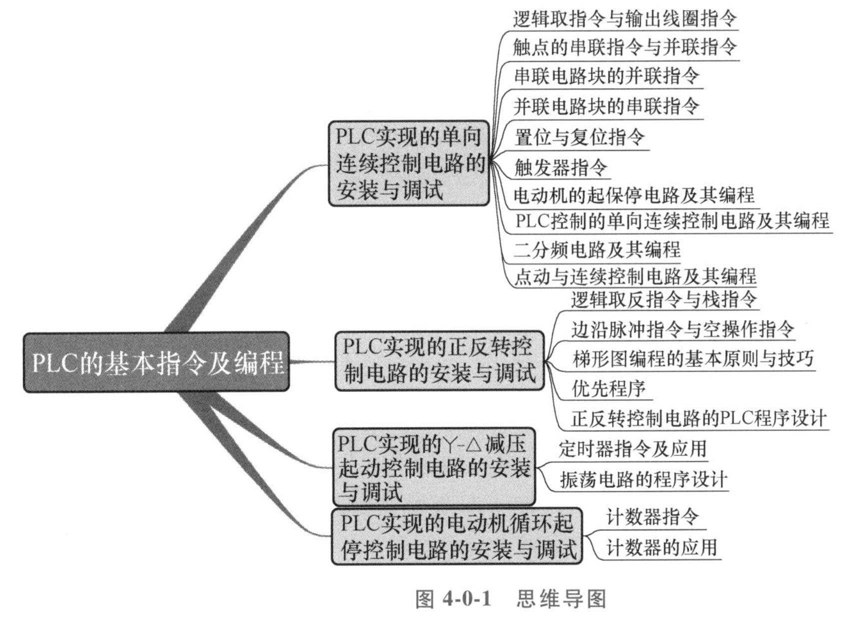

图 4-0-1 思维导图

项目目标

知识目标

1. 理解 S7-200 SMART 系列 PLC 基本逻辑指令的使用方法。

2. 了解梯形图的画法规则。
3. 掌握常用基本电路的编程。
技能目标
1. 会基本逻辑指令的语句表和梯形图的相互转换。
2. 会常用基本电路的编程及实训操作。
素养目标
1. 培养学生对工程应用进行合作交流能力。
2. 培养学生传承科技、推动可持续发展的社会责任感。

任务一 PLC 实现的单向连续控制电路的安装与调试

【任务内容】

根据控制要求，用 PLC 实现单向连续控制电路的安装调试与程序设计。

控制要求：当按下起动按钮 SB1 时，接触器 KM 线圈通电，电动机 M 起动运行；当按下停止按钮 SB2 时，接触器 KM 线圈断电，电动机 M 停止运行。当电动机发生过载时，电动机 M 立即停止。

【任务分析】

电动机连续运行是电动机控制中的典型应用，通过 PLC 实现该控制，可以使学生熟悉 PLC 控制电路的接线、安装与调试，并学会程序的设计。

【任务实施】

1）绘制 PLC 实现单向连续控制的电路图，如图 4-1-1 所示。其中，PLC 的输入、输出与电源端子按实际布置，DC 24V 输出为输入回路提供电源。

2）元器件准备见表 4-1-1。

表 4-1-1 元器件表

符号	名称	型号	规格	数量
M	三相异步电动机	Y132M-4	7.5kW,380V,15A、△联结	1
QF	低压断路器	NXB-63 3P D25	三极，额定电流为 25A	1
FU1	插入式熔断器	RT18-32/20	500V,32A,熔体:20A	3
FU2	插入式熔断器	RT18-32/2	500V,32A,熔体:2A	1

（续）

符号	名称	型号	规格	数量
KM	交流接触器	CJX2S-2510	380V,25A,线圈:220V	1
FR	热继电器	JR36-20	三极,整定电流为 15A	1
SB1、SB2	按钮	LA10-3H	保护式,按钮数为 3	1
XT	端子排	TD-20/15	20A,15 节	2
PLC	S7-200 SMART	CPU SR20	AC/DC/Relay	1
	网孔板	通用	650mm×500mm×50mm	1
	电工工具	通用	含万用表、螺丝刀、剥线钳等	1

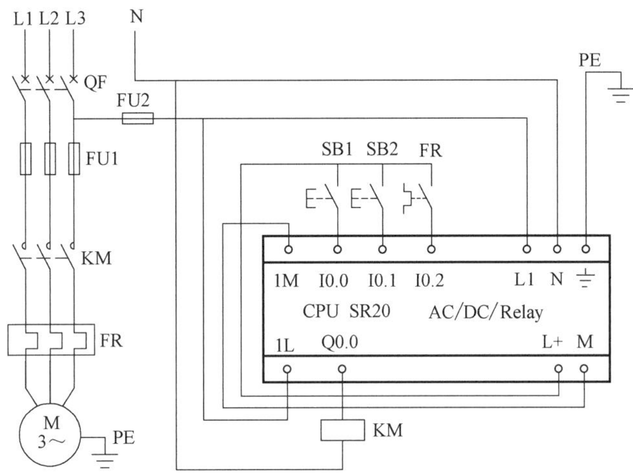

图 4-1-1　PLC 实现的单向连续控制电路

3）确定 I/O 地址分配，见表 4-1-2。

表 4-1-2　I/O 地址分配表

输入信号			输出信号		
序号	输入点	输入元件及符号	序号	输出点	输出元件及符号
1	I0. 0	起动按钮 SB1	1	Q0. 0	接触器　KM
2	I0. 1	停止按钮 SB2			
3	I0. 2	热继电器 FR			

4）元器件安装。按图 4-1-2 安装元器件。

5）完成接线。根据图 4-1-1 所示电路进行接线。接线时，要注意以下两点。

① PLC 接入电路时，由于需要 DC 24V 电源，可以采用 PLC 内的传感器电源输出端子（L+、M）。

② 交流接触器线圈的电压采用 AC 220V。

6）编写程序。根据单向连续控制电路原理图（见图 4-1-1）及 I/O 地址分配表（见表 4-1-2）编写梯形图程序，如图 4-1-3 所示。

7）硬件组态。

① 打开 STEP 7-Micro/WIN SMART 软件，单击“保存”图标按钮，命名为“电动机起动连续 PLC 控制”，选择存储路径。

② 双击项目指令树区域的“系统块”指令，在弹出的“系统块”对话框中“CPU”行、“模块”列单击下拉按钮，选择“CPU SR20（AC/DC/Relay）”，如图 4-1-4 所示。

8）编写程序，下载到 PLC。如图 4-1-5 所示，编写好程序后，进行编译处理，下载到 PLC 中。

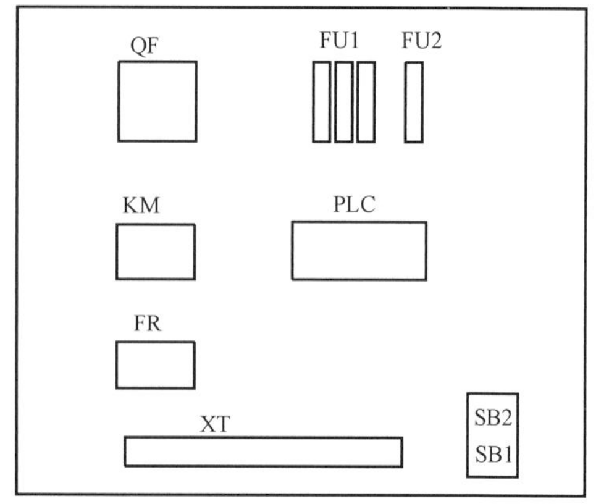

图 4-1-2 元器件布置图

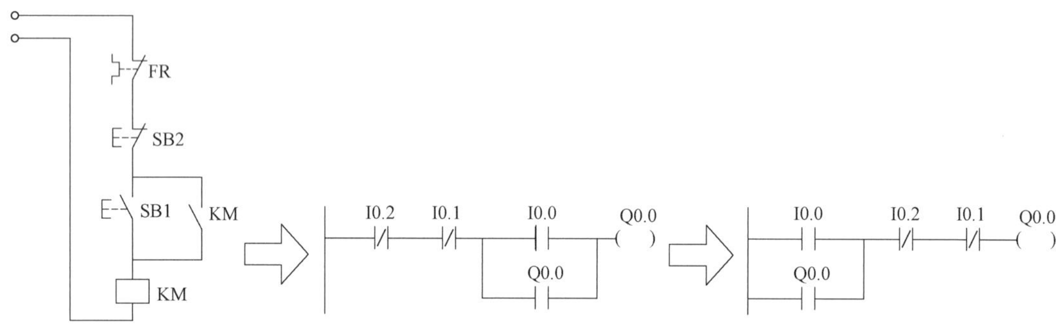

图 4-1-3 梯形图程序

系统块

	模块	版本	输入	输出	订货号
CPU	CPU SR20 (AC/DC/Relay)	V02.07.00...	I0.0	Q0.0	6ES7 288-1SR20-0AA1
SB					
EM...					
EM...					
EM...					
EM...					

图 4-1-4 硬件组态结果

9）空载调试。将熔断器 FU1 断开，不接通主电路电源，不接电动机，进行程序调试。

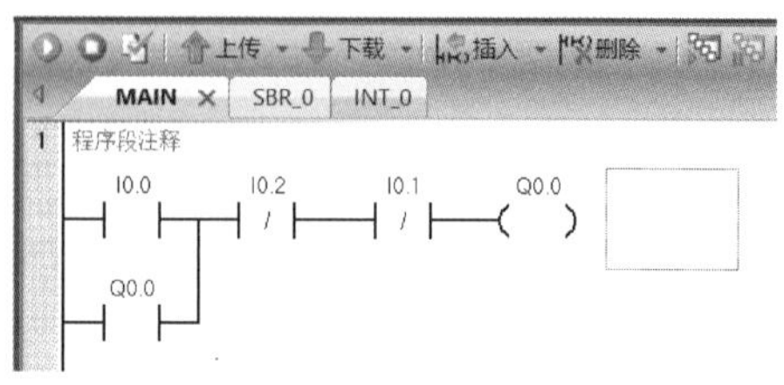

图 4-1-5 编写程序

按下起动按钮 SB1，灯 Q0.0 亮，交流接触器 KM 线圈通电，主触点吸合；按下停止按钮 SB2 或按下热继电器的常开触点 FR，灯 Q0.0 灭，交流接触器 KM 线圈断电，主触点断开。

观察灯 Q0.0 和 KM 的情况是否符合控制要求，若不符合，检查并修改程序，直至符合控制要求。

10）系统调试。将熔断器 FU1 接通，接通主电路电源，进行带负载调试，直至满足控制要求为止。

【知识链接】

一、逻辑取指令与输出线圈指令（LD、LDN、=）

1. 指令格式及梯形图表示方法

逻辑取指令与输出线圈指令见表 4-1-3。

表 4-1-3　逻辑取指令与输出线圈指令

符号(名称)	功能	梯形图表示	操作元件
LD(取)	常开触点与母线相连	I0.0	I、Q、M、SM、T、C、V、S、L
LDN(取反)	常闭触点与母线相连	I0.0	I、Q、M、SM、T、C、V、S、L
=(输出)	线圈驱动	I0.0　Q0.0	Q、M、SM、V、S、L

2. 使用说明

1）LD、LDN 指令可用于与输入左母线相连的触点。在电路块中，每块的第一个触点使用 LD、LDN 指令，可与 ALD、OLD 指令配合实现块逻辑运算。

2）= 指令可以连续使用若干次（相当于线圈并联）。

3）= 指令目标元件为 Q、M、SM、V、S、L，但不能用于 I。

4）= 指令对同一元件一般只能使用一次。

图 4-1-6 所示为逻辑取指令与输出线圈指令（LD、LDN、=）的应用示例。

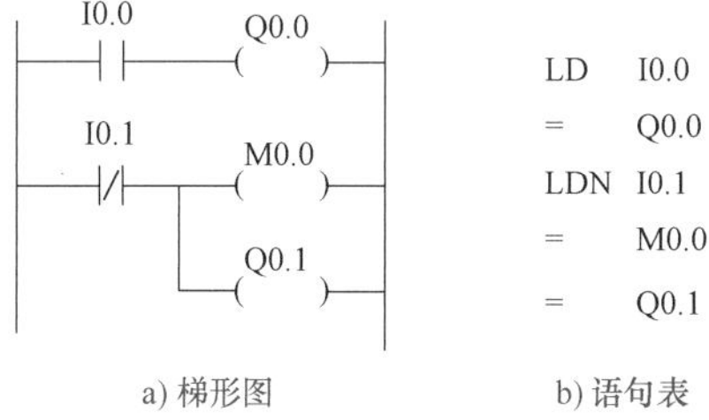

图 4-1-6　LD、LDN、=指令的应用示例

二、触点的串联指令（A、AN）

1. 指令格式及梯形图表示方法

触点的串联指令见表 4-1-4。

表 4-1-4 触点的串联指令

符号(名称)	功能	梯形图表示	操作元件
A(与)	串联一个常开触点	I0.0 I0.1	I、Q、M、SM、T、C、V、S、L
AN(与非)	串联一个常闭触点	I0.0 I0.1	I、Q、M、SM、T、C、V、S、L

2. 使用说明

1）A 指令用于串联一个常开触点，完成逻辑“与”运算；AN 指令用于串联一个常闭触点，完成逻辑“与非”运算。串联次数没有限制，可反复使用。

2）若要串联多个触点组合回路（块），须采用后面说明的 ALD 指令。

3）在=指令后面通过某一触点去驱动另一个输出线圈，称为连续输出。只要电路的次序正确，就可以重复使用连续输出。

图 4-1-7 所示为触点的串联指令（A、AN）的应用示例，其中，M0.1 线圈后面的 Q0.1 为连续输出。

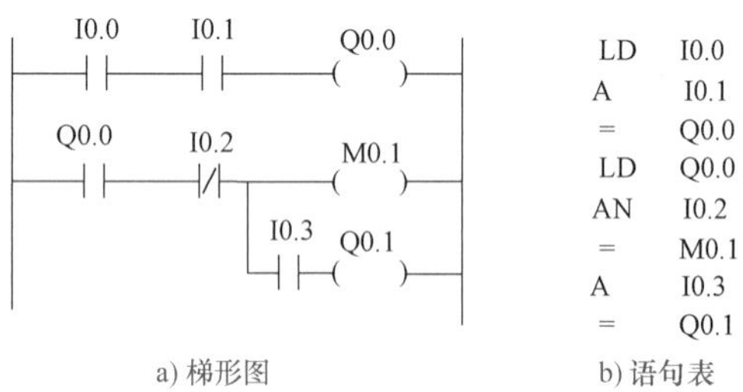

图 4-1-7 A、AN 指令的应用示例

【想想练练】

图 4-1-8a、b 所示的梯形图功能是否相同？二者的语句表相同吗？

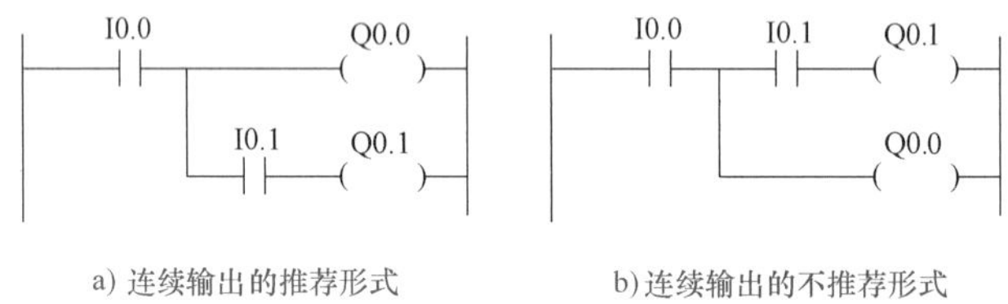

a) 连续输出的推荐形式　　b) 连续输出的不推荐形式

图 4-1-8 连续输出梯形图

三、触点的并联指令（O、ON）

1. 指令格式及梯形图表示方法

触点的并联指令见表 4-1-5。

表 4-1-5 触点的并联指令

符号(名称)	功能	梯形图表示	操作元件
O(或)	并联一个常开触点	I0.0 Q0.0	I、Q、M、SM、T、C、V、S、L

（续）

符号(名称)	功能	梯形图表示	操作元件
ON(或非)	并联一个常闭触点	I0.0 Q0.0	I、Q、M、SM、T、C、V、S、L

2. 使用说明

1）O 指令用于并联一个常开触点，完成逻辑“或”运算；ON 指令用于并联一个常闭触点，完成逻辑“或非”运算。并联次数没有限制，可反复使用。

2）O 和 ON 指令用于单个触点与前面电路的并联，并联触点的左端接到该指令所在电路块的起始点（LD 或 LDN）上，右端与前一条指令对应触点的右端相连。

3）若要并联多个触点组合回路（块），须采用后面说明的 OLD 指令。

图 4-1-9 所示为触点的并联指令（O、ON）应用示例。

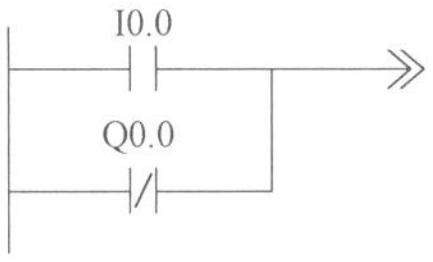

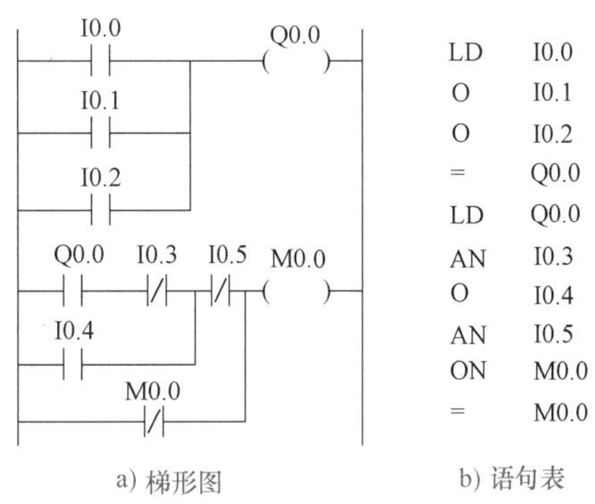
I0.0
Q0.0
I0.1
I0.2
Q0.0
I0.3
I0.5
M0.0
I0.4
M0.0
LD I0.0
O I0.1
O I0.2
= Q0.0
LD Q0.0
AN I0.3
O I0.4
AN I0.5
ON M0.0
= M0.0
a) 梯形图
b) 语句表

图 4-1-9　O、ON 指令的应用示例

四、串联电路块的并联指令（OLD）

1. 指令格式及梯形图表示方法

串联电路块的并联指令见表 4-1-6。

表 4-1-6　串联电路块的并联指令

符号(名称)	功能	梯形图表示	操作元件
OLD(块或)	串联电路块的并联	I0.0 I0.1 I0.2 I0.3	无

2. 使用说明

1）两个或两个以上触点串联的电路称为“串联电路块”，将串联电路块并联时，分支开始用 LD、LDN 指令表示，分支结束用 OLD 指令表示。

2）分散使用 OLD 指令，即在要并联的两个块电路后面加 OLD 指令，其并联电路块的个数没有限制；集中使用 OLD 指令，使用次数不允许超过 8 次。

3）OLD 指令无操作数。

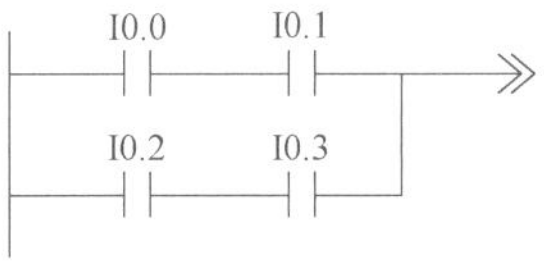

图 4-1-10 所示为 OLD 指令的应用示例。

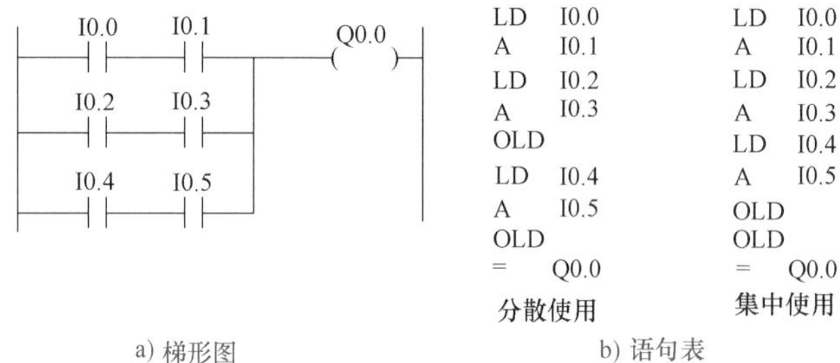

a) 梯形图　　b) 语句表

图 4-1-10　OLD 指令的应用示例

五、并联电路块的串联指令（ALD）

1. 指令格式及梯形图表示方法

并联电路块的串联指令见表 4-1-7。

表 4-1-7　并联电路块的串联指令

符号(名称)	功能	梯形图表示	操作元件
ALD(块与)	并联电路块的串联	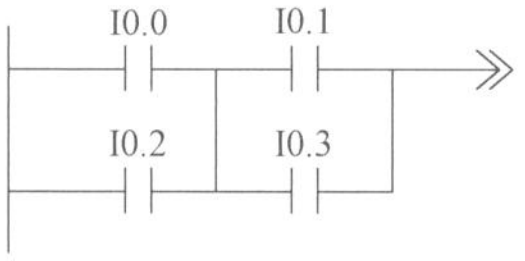 I0.0 I0.1 I0.2 I0.3	无

2. 使用说明

1）两个或两个以上触点并联的电路称为“并联电路块”，将并联电路块串联时，分支开始用 LD、LDN 指令表示，在并联电路块结束后，使用 ALD 指令与前面电路块串联。

2）分散使用 ALD 指令，其串联电路块的个数没有限制；集中使用 ALD 指令，使用次数不允许超过 8 次。

3）ALD 指令无操作数。

图 4-1-11 所示为指令的应用示例。

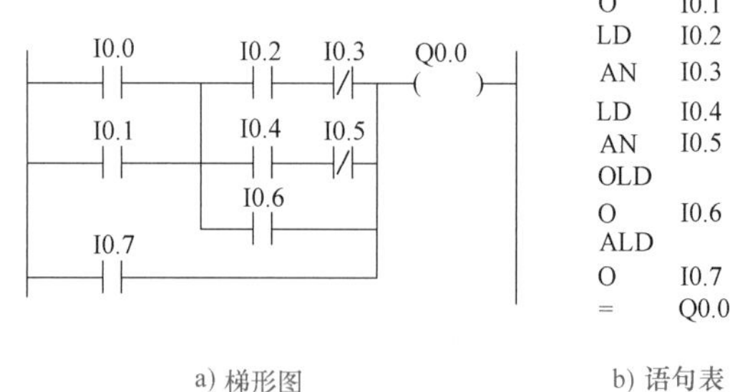

a) 梯形图　　b) 语句表

图 4-1-11　ALD 指令的应用示例

【想想练练】

1. 写出如图 4-1-12 所示梯形图的语句表。

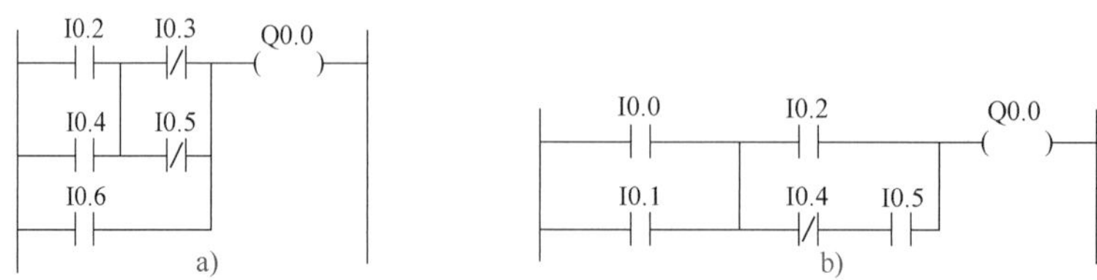

图 4-1-12　想想练练图

2. 将下列语句表转换为梯形图。

```
LD      I0. 0
LD      I0. 1
A       I0. 2
OLD
LD      I0. 3
O       I0. 4
ALD
ON      I0. 5
=       Q0. 0
```

六、置位与复位指令（S、R）

1. 指令格式及梯形图表示方法

置位与复位指令见表 4-1-8。

表 4-1-8　置位与复位指令

符号(名称)	功能	梯形图表示	操作元件
S(置位指令)	将由操作数指定的位开始的指定数目(1～255 位)的位置“1”,并保持	I0.0 —┤ ├— M0.0 —(S)— 1	Q、M、V、S 和 L
R(复位指令)	将由操作数指定的位开始的指定数目(1～255 位)的位清“0”,并保持	I0.1 —┤ ├— M0.1 —(R)— 2	Q、M、T、C、V、S 和 L

2. 使用说明

1）操作数被置“1”后，必须通过 R 指令清“0”。

2）S、R 指令可互换次序使用，但由于 PLC 采用循环扫描的工作方式，所以写在后面的指令具有优先权。

3）如果对计数器和定时器复位，则 C 和 T 的当前值被清“0”。

4）使用 S、R 指令时，需指定开始位（bit）和位的数量（N）。开始位（bit）的操作数为 Q、M、SM、T、C、V、S 和 L。N 的范围为 1～255。

图 4-1-13 所示为置位与复位指令（S、R）的应用示例。

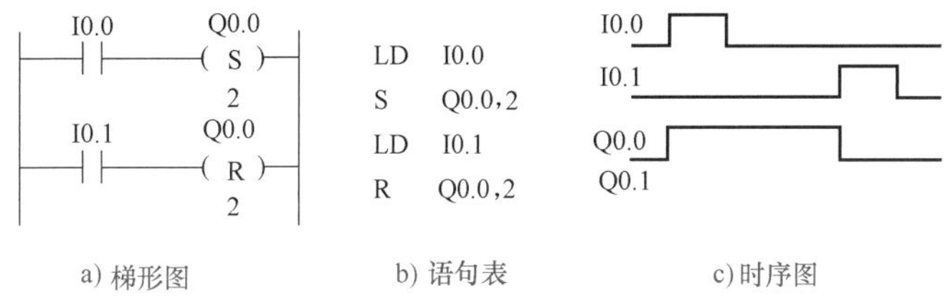

图 4-1-13　S、R 指令的应用示例

【想想练练】

画出图 4-1-14 所示梯形图的时序图，并根据时序图分析与图 4-1-13 功能是否相同。若不同，如何修改程序使二者功能相同？

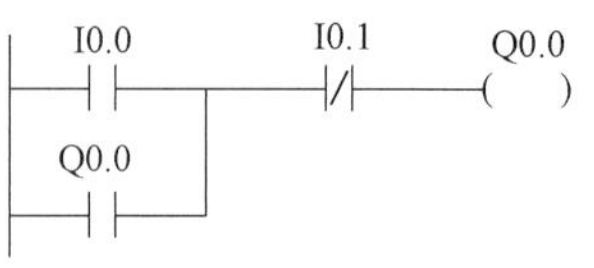

图 4-1-14 想想练练图

七、触发器指令（SR、RS）

1. 指令格式及梯形图表示方法

触发器指令见表 4-1-9。

表 4-1-9 触发器指令

符号(名称)	功能	梯形图表示	操作元件
SR(置位优先指令)	置位优先型 SR 触发器	I0.0 → S1；I0.1 → R；SR；OUT → Q0.0	I、Q、M、V、S 和 L
RS(复位优先指令)	复位优先型 RS 触发器	I0.0 → S；I0.1 → R1；RS；OUT → Q0.0	I、Q、M、V、S 和 L

2. 使用说明

1）当 I0.0 触点闭合时，触发器置 1，Q0.0 置 1；当 I0.0 触点断开时，触发器仍置 1，Q0.0 置 1。

2）当 I0.1 触点闭合时，触发器复位，Q0.0 为 0。

3）当 I0.0 触点和 I0.1 触点均闭合时，SR 触发器置 1，Q0.0 置 1；RS 触发器为 0，Q0.0 为 0。

4）当 I0.0 触点和 I0.1 触点均断开时，触发器输出保持前状态不变。

5）该指令无专用的语句表，以应用梯形图为主。

图 4-1-15 所示为触发器指令（SR、RS）的应用示例。

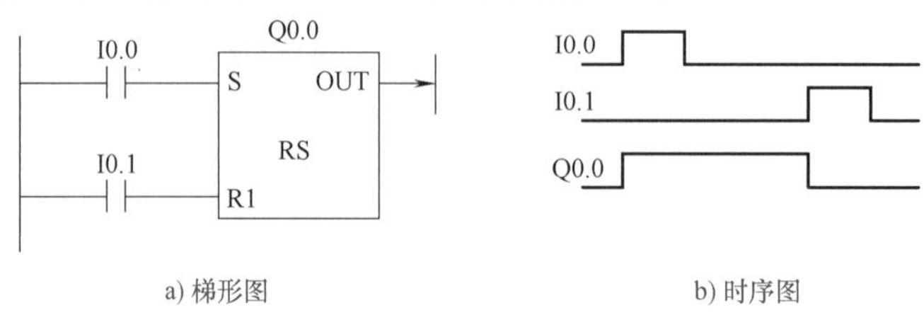

a) 梯形图 b) 时序图

图 4-1-15 SR、RS 指令的应用示例

【想想练练】

分析图 4-1-16 所示梯形图，说明该梯形图的功能。

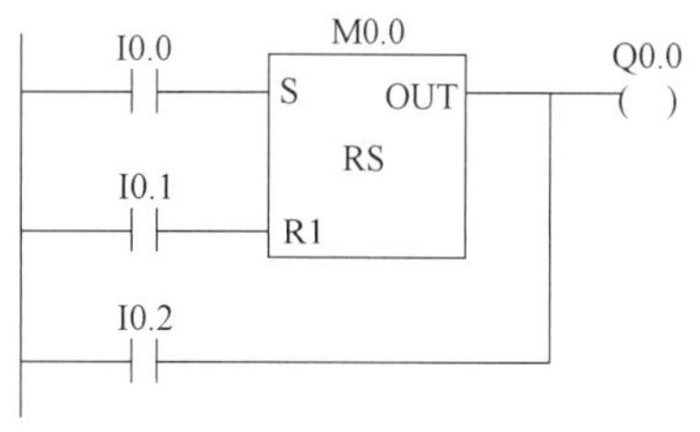

图 4-1-16　想想练练图

八、电动机的起保停电路及其编程

起动、保持、停止功能电路是 PLC 控制电路的基本环节。它经常应用于对内部辅助继电器和输出继电器的控制。此电路有两种不同的构成形式：停止优先和起动优先控制方式。

图 4-1-17 所示为停止优先的起保停电路，起动信号为 I0. 0，停止信号为 I0. 1，当 I0. 0 和 I0. 1 同时作用时，停止信号有效，所以此电路称为停止优先控制方式，这种控制方式常用于需要紧急停车的场合。分析时要注意：方法一中停止信号用 I0. 1 的常闭触点，而方法二中用 I0. 1 的常开触点，但它们的外接输入接线完全相同。

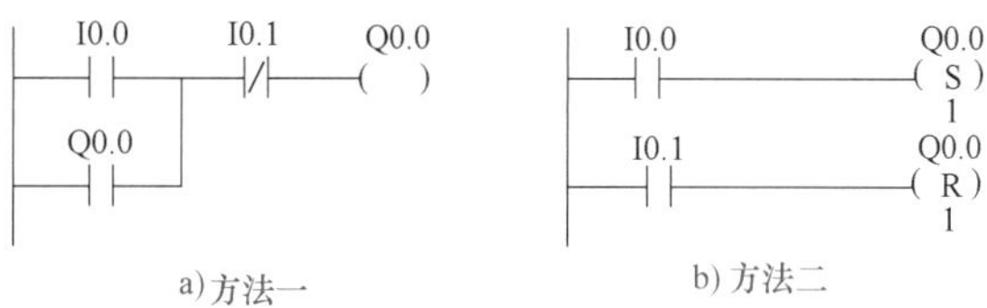

图 4-1-17　停止优先的起保停电路

图 4-1-18 所示为起动优先的起保停电路，起动信号为 I0. 0，停止信号为 I0. 1，当 I0. 0 和 I0. 1 同时作用时，起动信号有效，所以此电路称为起动优先控制方式，这种控制方式常用于需要准确可靠起动控制的报警设备、安全防护及救援设备，无论停止按钮是否处于闭合状态，只要按下起动按钮，便可以起动设备。

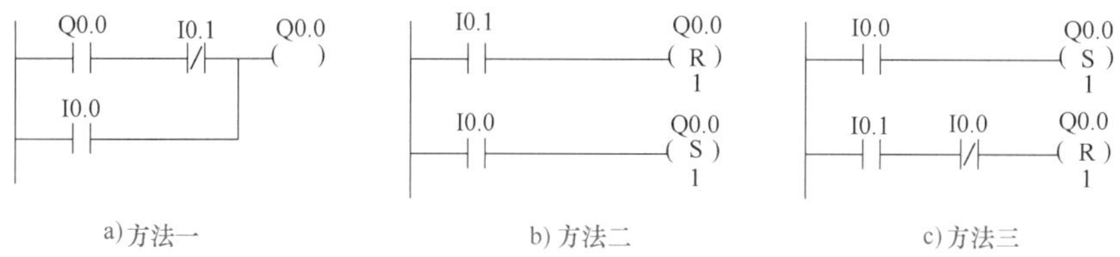

图 4-1-18　起动优先的起保停电路

九、PLC 控制的单向连续控制电路及其编程

PLC 控制的单向连续控制电路外部接线分为两种类型。

1）输入端口全部使用常开触点：图 4-1-19a 所示为 PLC 控制的单向连续控制电路外部接线图，停止按钮 SB2 和热继电器 FR 全部采用常开触点，则程序梯形图如图 4-1-19b、c 所示。PLC 的输入端全部采用常开触点，梯形图中的触点类型与继电器控制系统完全一致，容易分析梯形图；再就是对 PLC 进行 I/O 外部接线施工时，对所有的输入设备统一按常开触点接线，可以有效地防止接线错误，因此 PLC 的输入触点常使用常开触点。

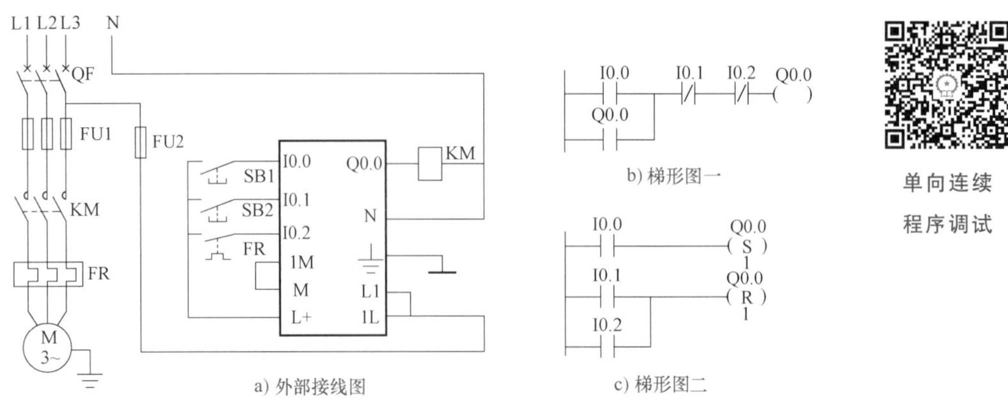

图 4-1-19 PLC 控制的单向连续控制（一）

2）输入端口使用继电器控制系统中的触点：图 4-1-20a 所示为 PLC 控制的单向连续控制电路外部接线图，停止按钮 SB2 和热继电器 FR 采用常闭触点，则程序梯形图如图 4-1-20b、c 所示。在实际设备的电气 PLC 控制中，停止按钮和热继电器采用常闭触点时，其动作响应比常开触点要快，且在生产过程中 PLC 的输入回路发生断线故障时，设备能自动停车，常闭触点的可靠性比常开触点要高，因此为了提高安全性，停止按钮和热继电器有时必须使用常闭触点。在梯形图编程时要注意：先按输入全部为常开触点进行梯形图编程，然后将梯形图中外接常闭触点的输入位的触点改为相反的触点，即常开触点改为常闭触点、常闭触点改为常开触点。

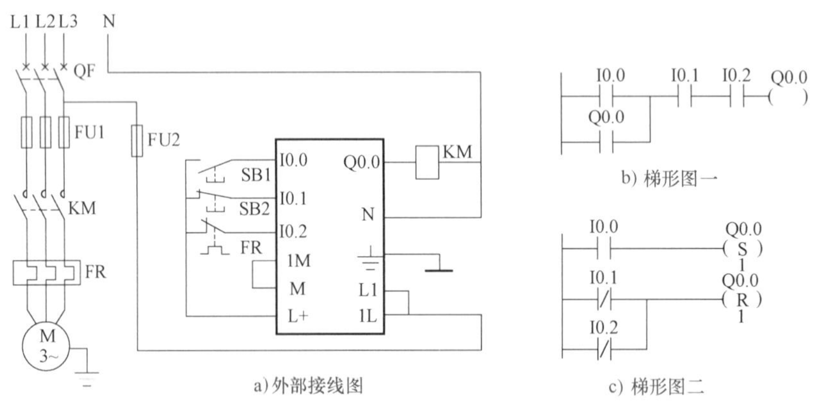

图 4-1-20 PLC 控制的单向连续控制（二）

十、二分频电路及其编程

二分频程序可用于实现单按钮控制电动机的起动和停止。图 4-1-21 所示为二分频电路的外部接线图、梯形图及时序图，若输入一个频率为 f 的方波，则输出一个频率为 $0.5f$ 的方波，因此，该程序称为二分频程序。由于 PLC 是按循环扫描的顺序工作的，所以当 I0.0 的上升沿到来时，第一个扫描周期的 M0.0 映像寄存器为 ON（即 1 状态，只接通一个扫描周期），此时，M0.1 线圈由于常开触点 Q0.0 断开而无电，Q0.0 线圈则由于常开触点 M0.0 闭合而有电；下一个扫描周期，M0.0 映像寄存器为 OFF（即 0 状态），虽然 Q0.0 常开触点是接通的，但此时 M0.0 常开触点已经断开，所以 M0.1 线圈也无电，Q0.0 线圈则由于自锁触点而一直有电，直到下一个 I0.0 的上升沿到来时，M0.1 线圈才有电，并把 Q0.0 线圈断开，从而实现二分频。其工作过程可用表 4-1-10 来说明。

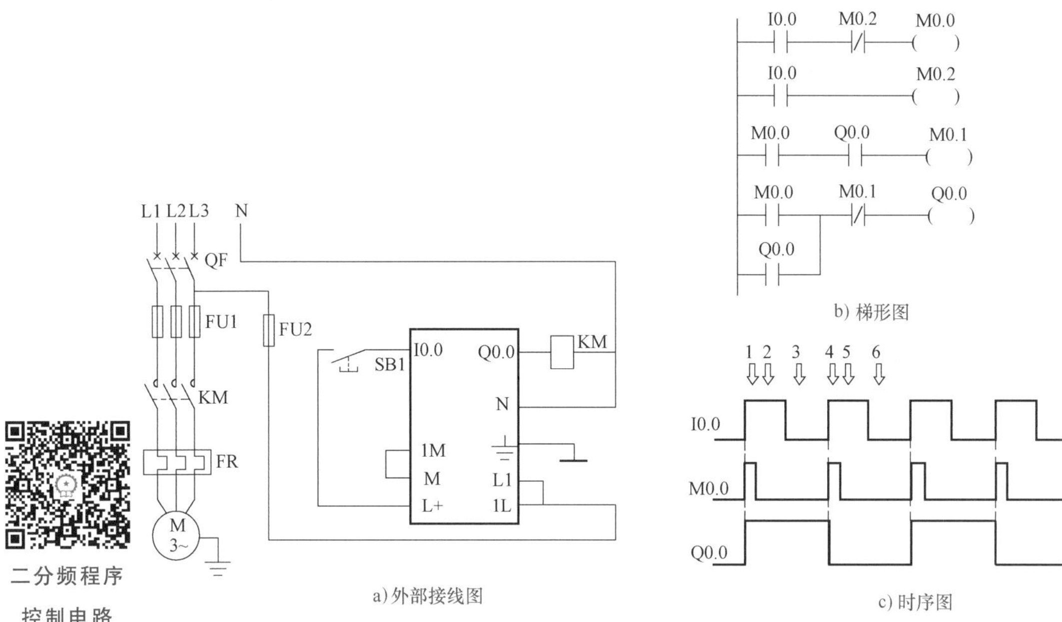

图 4-1-21　二分频电路的外部接线图、梯形图及时序图

表 4-1-10　循环扫描过程分析

状态	I0.0	M0.0	M0.1 线圈	Q0.0 线圈
1	1	1	0	1
2	1	0	0	1
3	0	0	0	1
4	1	1	1	0
5	1	0	0	0
6	0	0	0	0

【想想练练】

根据循环扫描过程分析的方法，分析如图 4-1-22 所示的程序，并绘出时序图。

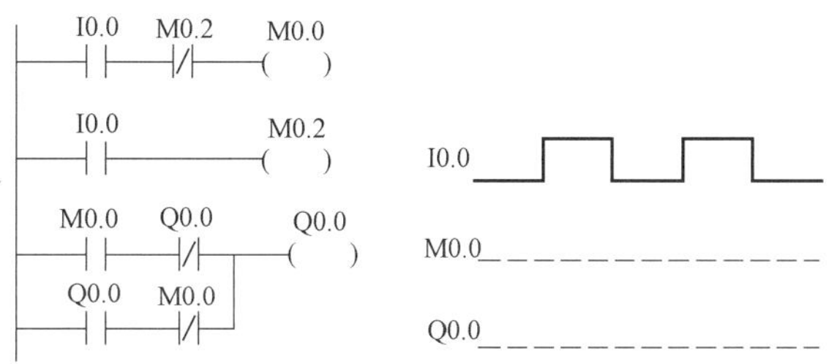

图 4-1-22　想想练练图

十一、点动与连续控制电路及其编程

图 4-1-23 所示为三相异步电动机的点动与连续控制电路，其中 SB1 为连续起动按钮，SB2 为点动起动按钮，SB3 为停止按钮。按下连续起动按钮 SB1，接触器 KM 线圈通电并自锁，电动机 M 起动；按下停止按钮 SB3，接触器 KM 线圈断电释放，电动机 M 停转；按下点动起动按钮 SB2，接触器 KM 线圈通电吸合，断开 SB2，接触器 KM 线圈失电，电动机 M 停转；热继电器 FR 用于电动机 M 的过载保护。

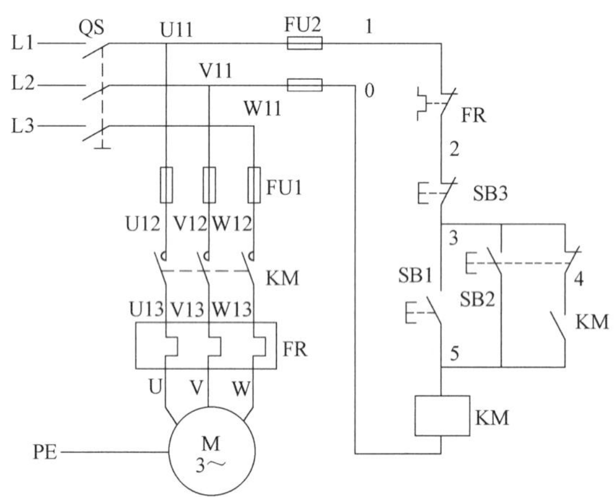

图 4-1-23 点动与连续控制电路

PLC 的 I/O 分配的地址见表 4-1-11。

表 4-1-11 I/O 地址分配表

输入信号			输出信号		
序号	输入点	输入元件及符号	序号	输出点	输出元件及符号
1	I0.0	连续起动按钮 SB1	1	Q0.0	接触器 KM
2	I0.1	点动起动按钮 SB2			
3	I0.2	停止按钮 SB3			
4	I0.3	热继电器 FR			

点动与连续的 PLC 控制电路如图 4-1-24 所示，当常开触点 I0.0 为 ON 时，线圈 Q0.0 通电并自锁，实现电动机连续运行。在常开触点 I0.1 为 ON 的第一个周期，常开触点 Q0.0 断开，常闭触点 M0.0 闭合，Q0.0 线圈因 I0.1 为 ON 而通电，M0.0 线圈因 I0.1 为 ON 而通电；在常开触点 I0.1 为 ON 的第二个周期，常开触点 Q0.0 闭合，常闭触点 M0.0 断开，Q0.0 线圈因 I0.1 为 ON 而通电，但不能实现自锁，M0.0 线圈因 I0.1 为 ON 而通电；在常开触点 I0.1 为 OFF 的第一个周期，常开触点 Q0.0 闭合，常闭触点 M0.0 断开，Q0.0 线圈因不能实现自锁而断电，M0.0 线圈因 I0.1 为 OFF 而断电；在常开触点 I0.1 为 OFF 的第二个周期，常开触点 Q0.0 断开，常闭触点 M0.0 闭合，Q0.0 线圈因不能实现自锁而断电，M0.0 线圈因 I0.1 为 OFF 而断电。

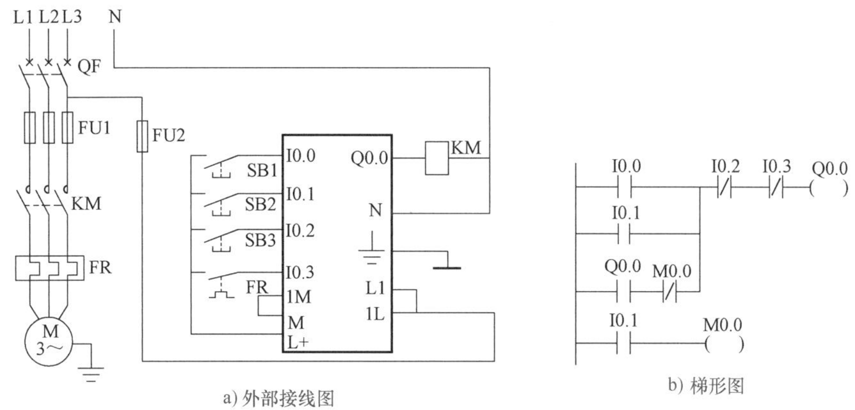

图 4-1-24　点动与连续的 PLC 控制电路

【想想练练】

点动与连续
程序调试

1. 用循环扫描的方法分析图 4-1-25 所示的梯形图能否实现点动与连续的控制电路要求，并比较图 4-1-25 所示梯形图与图 4-1-24 所示梯形图，分析二者的区别。

2. 图 4-1-26 所示为点动与连续控制电路的梯形图，分析其工作过程。

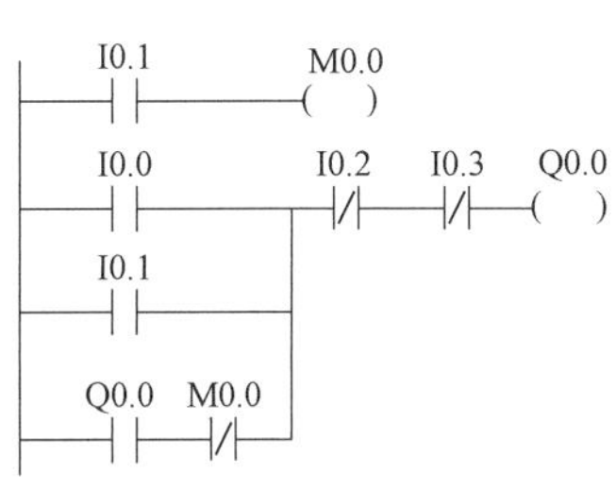

图 4-1-25　想想练练 1 图

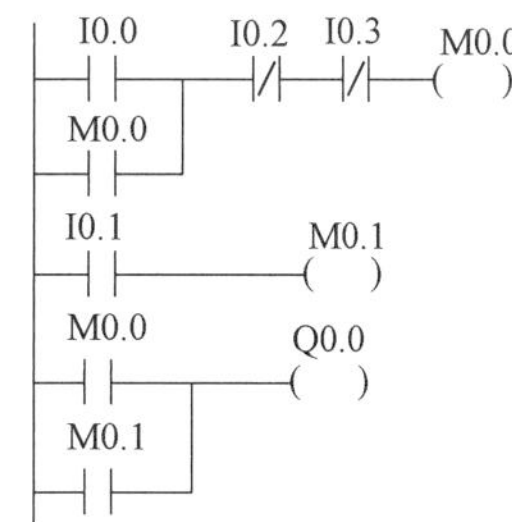

图 4-1-26　想想练练 2 图

3. 某同学对点动与连续控制电路编程如图 4-1-27 所示，请用循环扫描的方法分析点动功能能否实现。

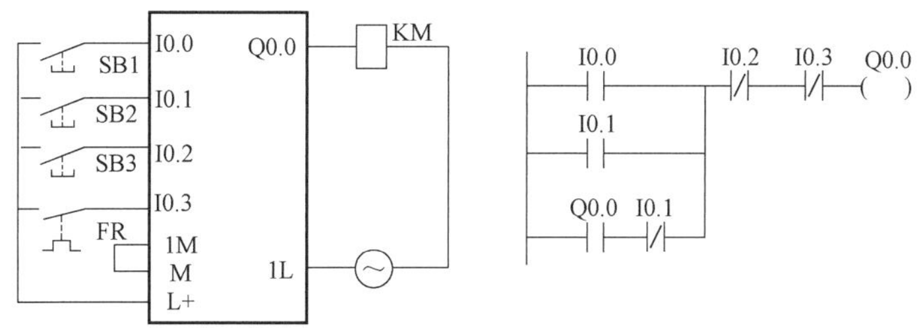

图 4-1-27　想想练练 3 图

【任务评价】

请学生总结要点，填入表 4-1-12，进行自评、小组互评和教师评价，将各项得分及总计得分填入表 4-1-12 中（评分标准由相应评价者自行掌握）。

表 4-1-12 考核评价表

序号	评价内容	配分	要点总结	自评	小组互评	教师评价
1	逻辑指令	20				
2	PLC 控制起保停电路	20				
3	PLC 控制二分频电路	10				
4	PLC 控制点动与连续电路	20				
5	安全文明操作	30				
总计得分		100				

【课后思考】

一、选择题

1. ON 指令用于（　　）。

A. 串联常开触点　B. 串联常闭触点　C. 并联常开触点　D. 并联常闭触点

2. 下列 PLC 指令中，用于线圈驱动的是（　　）。

A. =　B. OLD　C. LD　D. AN

3. 关于电路块的串联、并联指令，下列说法错误的是（　　）。

A. ALD 用于并联电路块的串联　B. OLD 用于串联电路块的并联

C. ALD、OLD 指令均无操作数　D. ALD、OLD 指令均不占程序步

4. 常开触点与左母线相连接的第一条指令是（　　）。

A. LD　B. LDN　C. A　D. AN

5. AN 指令用于（　　）。

A. 串联常开触点　B. 串联常闭触点　C. 并联常开触点　D. 并联常闭触点

二、简答题

1. 根据下列语句表画出对应的梯形图。

```
LD    I0.0
=     Q0.0
LD    I0.1
A     I0.2
O     I0.3
ALD
=     Q0.1
```

2. 根据下列语句表画出对应的梯形图。

```
LD    I0.1
AN    I0.2
O     I0.3
```

```
A    I0.4
=    Q0.0
A    Q0.1
=    M0.2
LD   M0.3
O    Q0.1
A    Q0.0
=    Q0.1
```

任务二　PLC 实现的正反转控制电路的安装与调试

【任务内容】

根据控制要求进行 PLC 实现正反转控制电路的安装调试与程序设计。

控制要求：当按下正转起动按钮 SB1 时，正转接触器 KM1 线圈通电，电动机 M 正转起动运行；当按下停止按钮 SB3 时，正转接触器 KM1 线圈断开失电，电动机 M 停止运行。当按下反转起动按钮 SB2 时，反转接触器 KM2 线圈通电，电动机 M 反转起动运行；当按下停止按钮 SB3 时，反转接触器 KM2 线圈断开失电，电动机 M 停止运行。当电动机发生过载时，电动机 M 立即停止。

【任务分析】

PLC 实现的正反转控制电路与之前学习的接触器联锁正反转控制电路相比，主电路部分不变，只需将控制电路部分由 PLC 代替，通过 PLC 实现该控制。

【任务实施】

1）绘制如图 4-2-1 所示的 PLC 实现正反转控制的电路图。

2）元器件准备（见表 4-2-1）。

表 4-2-1　元器件选用表

符号	名称	型号	规格	数量
M	三相异步电动机	Y132M-4	7.5kW，380V，15A，△联结	1
QF	低压断路器	NXB-63 3P D25	三极，额定电流为 25A	1
FU1	插入式熔断器	RT18-32/20	500V，32A，熔体：20A	3

（续）

符号	名称	型号	规格	数量
FU2	插入式熔断器	RT18-32/2	500V,32A,熔体:2A	1
KM1、KM2	交流接触器	CJX2S-2510	380V,25A,线圈:220V	2
FR	热继电器	JR36-20	三极,整定电流为 15A	1
SB1、SB2、SB3	按钮	LA10-3H	保护式,按钮数为 3	1
XT	端子排	TD-20/15	20A,15 节	2
PLC	S7-200 SMART	CPU SR20	AC/DC/Relay	1
	网孔板	通用	650mm×500mm×50mm	1
	电工工具	通用	含万用表、螺丝刀、剥线钳等	1

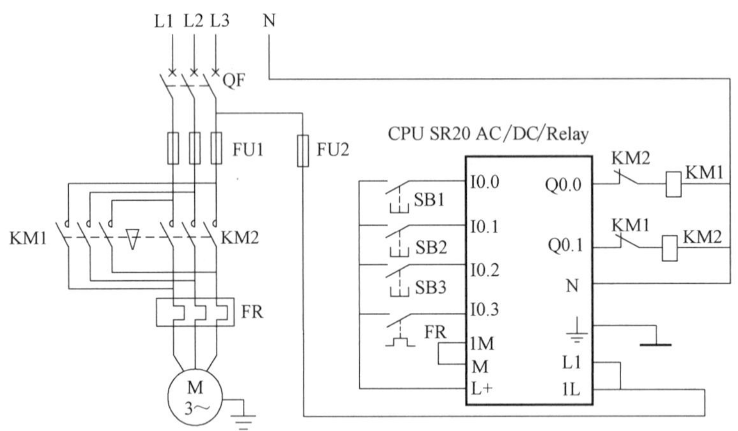

图 4-2-1 PLC 实现的正反转控制电路

3）确定 I/O 地址分配表（见表 4-2-2）。

表 4-2-2 I/O 地址分配表

输入信号			输出信号		
序号	输入点	输入元件及符号	序号	输出点	输出元件及符号
1	I0. 0	正转起动按钮 SB1	1	Q0. 0	正转接触器 KM1
2	I0. 1	反转起动按钮 SB2	2	Q0. 1	反转接触器 KM2
3	I0. 2	停止按钮 SB3			
4	I0. 3	热继电器 FR			

4）元器件安装。按图 4-2-2 所示安装元器件。

5）完成接线。根据图 4-2-1 所示电路进行接线。接线时，要注意以下几点。

① PLC 接入电路中需要的 DC 24V 电源，可以采用 PLC 内的传感器电源输出端子（L+、M）。

② 交流接触器线圈的电压采用 AC 220V。

③ 为防止 KM1 线圈和 KM2 线圈同时得电，造成三相电源短路，在 PLC 外部需要硬

件联锁。

6）编写程序。根据正反转控制电路原理图（见图 4-2-1）及 I/O 地址分配表（见表 4-2-2）编写梯形图程序，如图 4-2-3 所示。

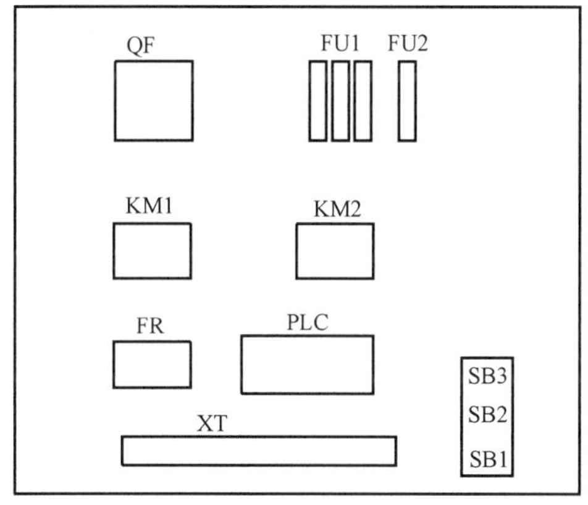

图 4-2-2　元器件布置图

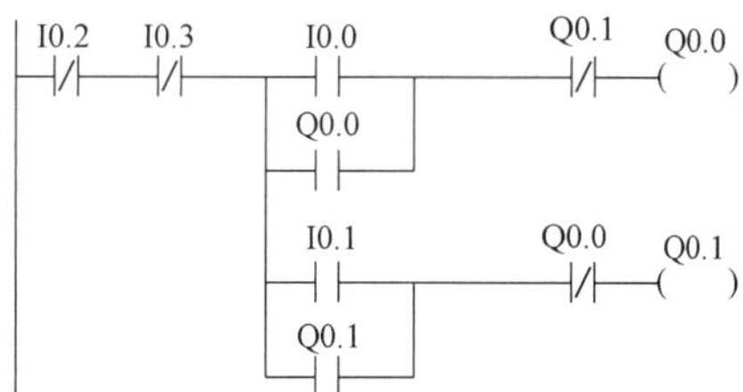

图 4-2-3　编写梯形图程序

7）硬件组态。

① 打开 STEP 7-Micro/WIN SMART 软件，单击“保存”图标按钮，命名为“电动机正反转的 PLC 控制”，选择存储路径。

② 双击项目指令树区域的“系统块”指令，在弹出的“系统块”对话框“CPU”行、“模块”列单击下拉按钮，根据 CPU 型号选择“CPU SR20（AC/DC/Relay）”，如图 4-2-4 所示。

系统块

	模块	版本	输入	输出	订货号
CPU	CPU SR20 (AC/DC/Relay)	V02.07.00...	I0.0	Q0.0	6ES7 288-1SR20-0AA1
SB					
EM...					
EM...					
EM...					
EM...					

图 4-2-4　硬件组态结果

8）编写程序，下载到 PLC。如图 4-2-5 所示，编写好程序后，进行编译处理，下载到 PLC 中。

9）空载调试。将熔断器 FU1 断开，不接通主电路电源，不接电动机，进行程序调试。

按下起动按钮 SB1，灯 Q0.0 亮，交流接触器 KM1 线圈通电，主触点吸合；按下停止按钮 SB3 或按下热继电器的常开触点 FR，灯 Q0.0 灭，交流接触器 KM1 线圈断

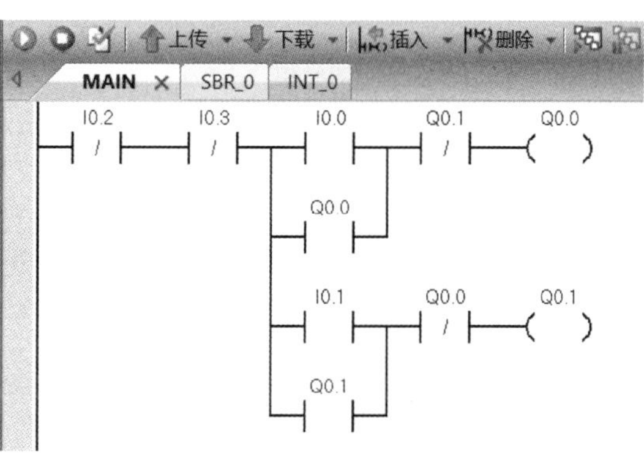

图 4-2-5　编写程序

电，主触点断开。按下起动按钮 SB2，灯 Q0.1 亮，交流接触器 KM2 线圈通电，主触点吸合；按下停止按钮 SB3 或按下热继电器的常开触点 FR，灯 Q0.1 灭，交流接触器 KM2 线圈断电，主触点断开。

观察灯 Q0.0、灯 Q0.1、KM1 和 KM2 的情况是否符合控制要求。若不符合控制要求，检查并修改程序，直至符合控制要求。

10）系统调试。将熔断器 FU1 接通，接通主电路电源，进行带负载调试，直至满足控制要求为止。

一、逻辑取反指令（NOT）

1. 指令格式及梯形图表示方法

逻辑取反指令见表 4-2-3。

表 4-2-3 逻辑取反指令

符号(名称)	功能	梯形图表示	操作元件
NOT(取反)	对指令前的逻辑运算结果取反	I0.0 ─┤├─┤NOT├─≫	无

2. 使用说明

1）NOT 指令将使该指令前的电路运算结果取反。其应用如图 4-2-6 所示。

2）NOT 指令不能单独占用一条电路支路，也不能直接与左母线相连。编制 A、AN 指令步的位置可使用 NOT。

3）如果常开触点后面为 NOT 指令，功能相当于一个常闭触点。

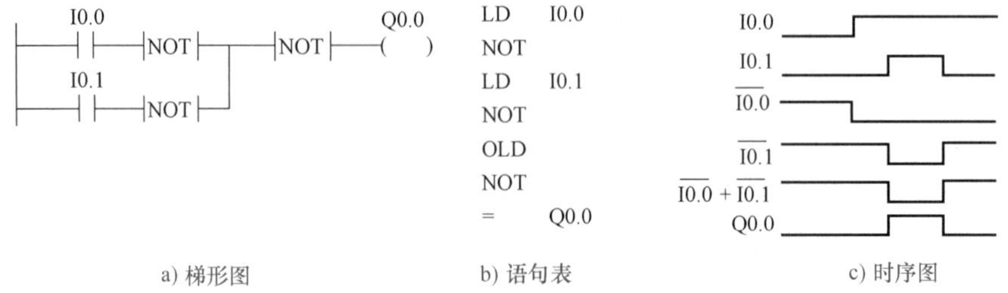

a) 梯形图 b) 语句表 c) 时序图

图 4-2-6 逻辑取反指令的应用

【想想练练】

根据图 4-2-7a 所示的梯形图，试将图 4-2-7b 所示语句表补充完整。

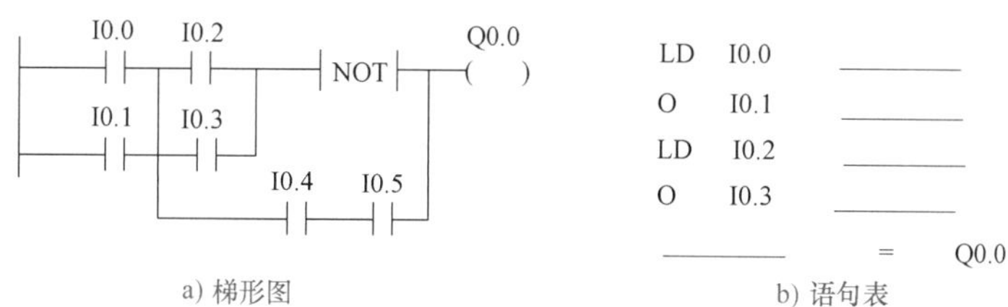

a) 梯形图　　b) 语句表

图 4-2-7　想想练练图

二、栈指令（LPS、LRD、LPP）

1. 指令格式及梯形图表示方法

栈指令见表 4-2-4。

表 4-2-4　栈指令

符号(名称)	功能	梯形图表示	操作元件
LPS(进栈)	状态读入栈寄存器	I0.0　LPS　I0.1　Q0.0	无
LRD(读栈)	读出用 LPS 指令记忆的状态	LRD　I0.2　Q0.1	
LPP(出栈)	读出并清除用 LPS 指令记忆状态	LPP　I0.3　Q0.2	

2. 使用说明

1）栈指令用于多分支输出的电路，所完成的操作功能是将多分支输出电路中连接点的状态先存储，再用于连接后面的电路进行编程。多重电路的第一条支路前使用 LPS 指令，中间支路前使用 LRD 指令，最后一条支路前使用 LPP 指令。

2）S7-200 SMART 系列 PLC 中有 9 个存储中间结果的存储区域，称为栈存储器。使用 LPS 指令时，当时的运算结果被压入栈的第一层，栈中原来的数据依次向下一层推移；LRD 指令是最上层所存数据的读出专用指令，读出时，栈中原来的数据不会发生移动；使用 LPP 指令时，各层的数据依次向上移动一层。

3）LPS、LRD、LPP 这 3 条指令均无操作数。LPS、LPP 指令必须成对使用，使用次数不多于 9 次。若无中间支路，LRD 指令可以不用。

4）用编程软件将梯形图转换为语句表程序时，编程软件会自动加入栈指令。写入语句表程序时，必须由用户来写入栈指令。

LPS、LRD、LPP 指令的使用如图 4-2-8～图 4-2-10 所示。

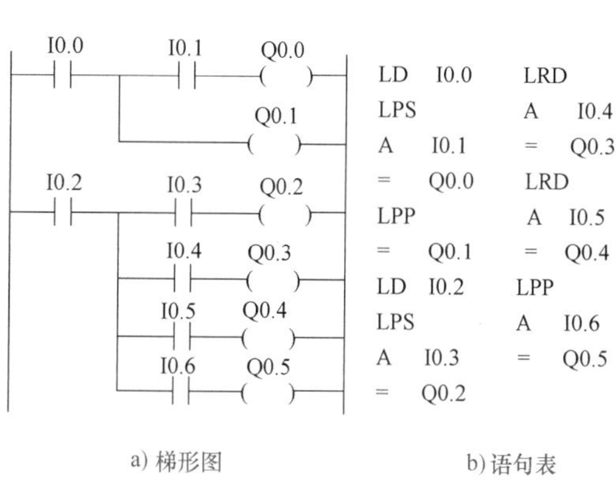

a) 梯形图　　b) 语句表

图 4-2-8　栈指令的使用说明一

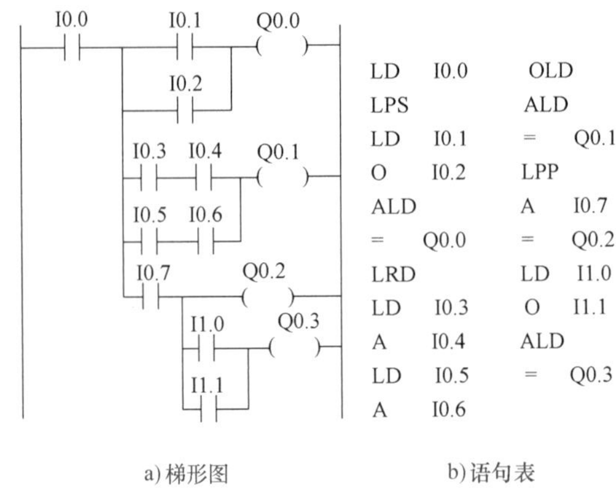

a) 梯形图　　　　b) 语句表

图 4-2-9　栈指令的使用说明二

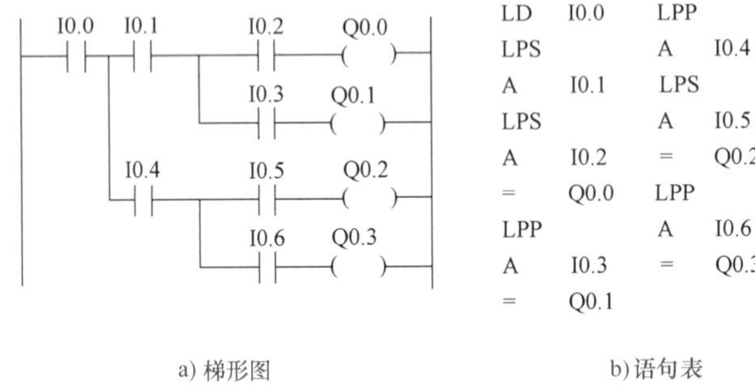

a) 梯形图　　　　b) 语句表

图 4-2-10　栈指令的使用说明三

三、边沿脉冲指令（EU、ED）

1. 指令格式及梯形图表示方法

边沿脉冲指令见表 4-2-5。

表 4-2-5　边沿脉冲指令

符号(名称)	功能	梯形图表示	操作元件
EU(上升沿脉冲)	检测信号的上升沿，产生一个扫描周期宽度的脉冲	─┤P├──(　)	无
ED(下降沿脉冲)	检测信号的下降沿，产生一个扫描周期宽度的脉冲	─┤N├──(　)	

2. 使用说明

1）EU、ED 指令为边沿脉冲指令。使用边沿脉冲指令仅在输入信号发生变化时有效，其输出信号的脉冲宽度为一个扫描周期。其应用如图 4-2-11 所示。

2）对开机时就为接通状态的输入条件，EU 指令不执行。

3）EU、ED 指令无操作数。

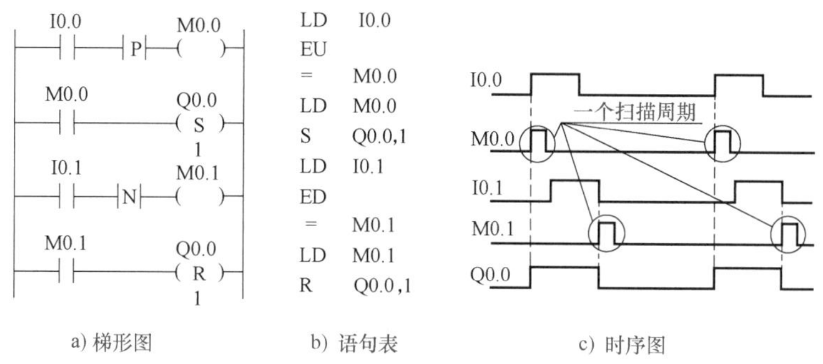

a) 梯形图　　b) 语句表　　c) 时序图

图 4-2-11　边沿脉冲指令的应用

【想想练练】

根据图 4-2-12 所示的梯形图和 I0. 0 时序图，画出 Q0. 0 和 Q0. 1 的时序图。

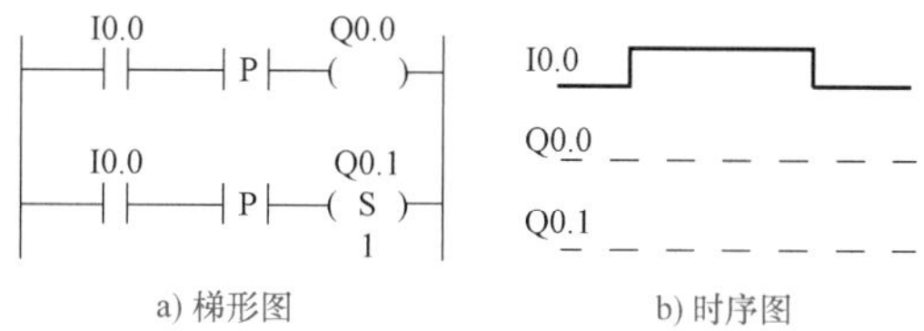

a) 梯形图　　b) 时序图

图 4-2-12　想想练练图

四、空操作指令（NOP）

1. 指令格式及梯形图表示方法

空操作指令见表 4-2-6。

表 4-2-6　空操作指令

符号(名称)	功能	梯形图表示	操作元件
NOP(空操作)	无动作	M0.0 —|/|— 100 [NOP]	无

2. 使用说明

1）该指令是一条无动作、无操作数的指令。

2）空操作指令的功能是让程序不执行任何操作。由于该指令本身执行时需要一定时间（约为 0. 22μs），则执行 N（$N=0\sim255$）次 NOP 指令的时间约为 0. 22Nμs，故可延长程序执行周期。

五、梯形图编程的基本原则与技巧

1. 梯形图编程的基本原则

1）梯形图程序行由上到下排列，每一行从左向右编写。PLC 程序的执行顺序与梯形图的编写顺序一致，因此程序的顺序不同，其执行的结果也不同，如图 4-2-13 所示。

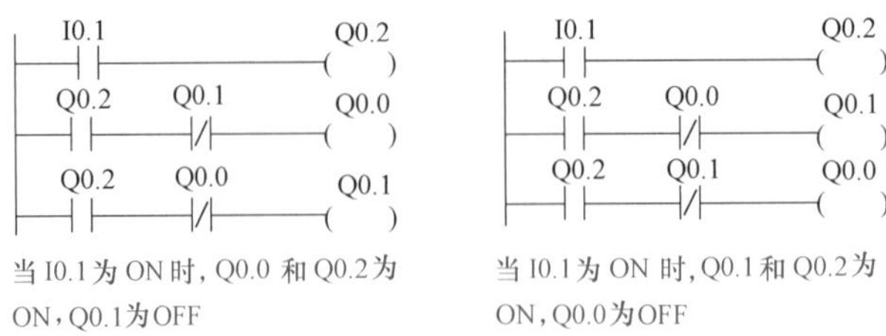

图 4-2-13　梯形图程序执行顺序

2）梯形图左边的垂直线称为左母线，右边的垂直线称为右母线（右母线在编程时可以不画出）。梯形图的最右侧必须放置输出线圈或输出指令，不能放置任何触点；而线圈的左侧不能直接接左母线，必须通过触点连接，如图 4-2-14 所示。

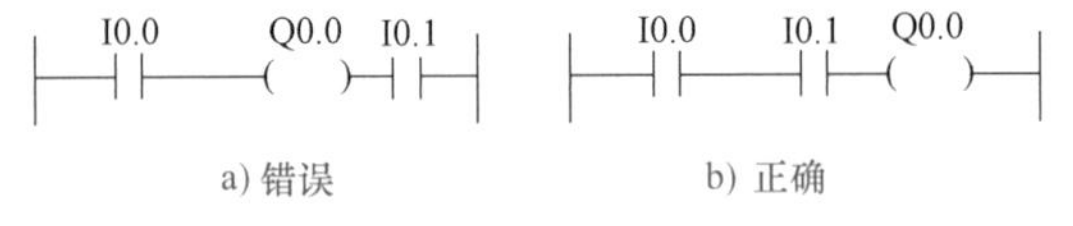

图 4-2-14　输出线圈的要求

3）梯形图程序中的触点可以任意串、并联，而输出线圈只能并联不能串联，如图 4-2-15 所示。

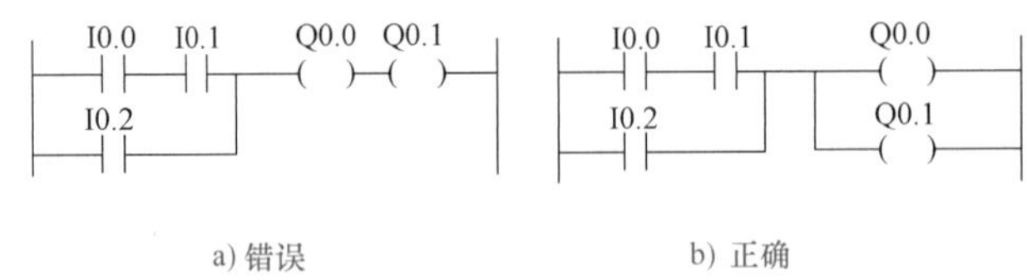

图 4-2-15　触点及线圈的串并联要求

4）梯形图中同一编号的触点可以重复使用。

2. 梯形图编程的技巧

1）同一编号的线圈如果使用两次则称为双线圈，双线圈输出容易引起误操作，所以在一般逻辑控制程序中应避免使用双线圈，但不同编号的线圈可以并行输出，如图 4-2-16 所示。

2）线圈不能直接与左母线相连。如果需要，可以通过一个没有使用过的元件的常闭触点或者特殊辅助继电器 SM0.0（常 ON）来连接，如图 4-2-17 所示。

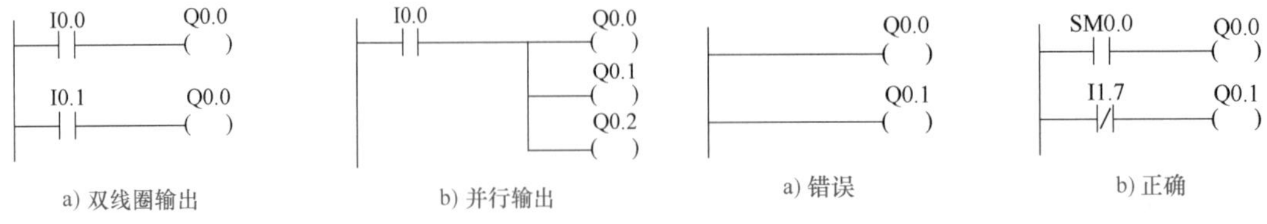

图 4-2-16　双线圈输出和并行输出

图 4-2-17　线圈与左母线的连接

3）触点“多上并左”。如果有串联电路块并联，应将串联触点多的电路块放在最上面；如果有并联电路块串联，应将并联触点多的电路块移近左母线，这样可以使编制的程序简洁，指令语句少，如图 4-2-18 所示。

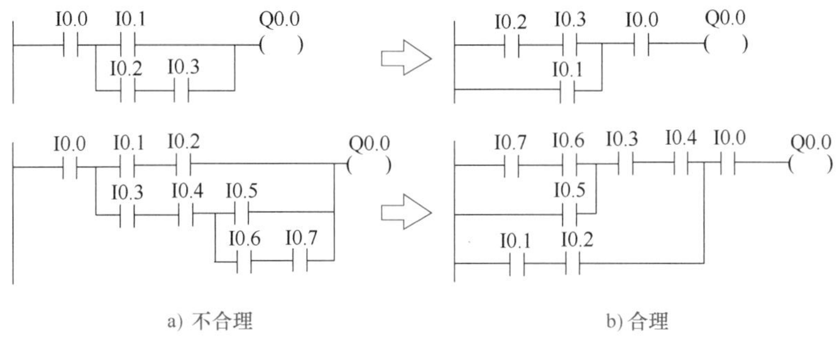

a) 不合理　　　　b) 合理

图 4-2-18　触点“多上并左”技巧

4）触点不能画在垂直线上。桥式电路不能直接编程，必须画出其相应的等效梯形图，如图 4-2-19 所示。

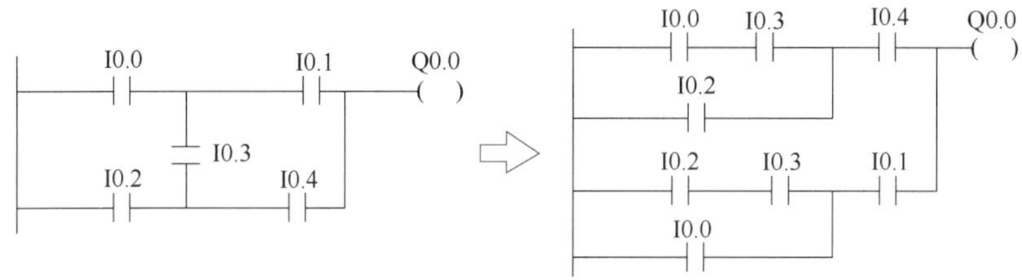

图 4-2-19　桥式电路的编程

5）如果有多重输出电路，最好将串联触点多的电路放在下面，这样可以不使用 LPS、LPP 指令，如图 4-2-20 所示。

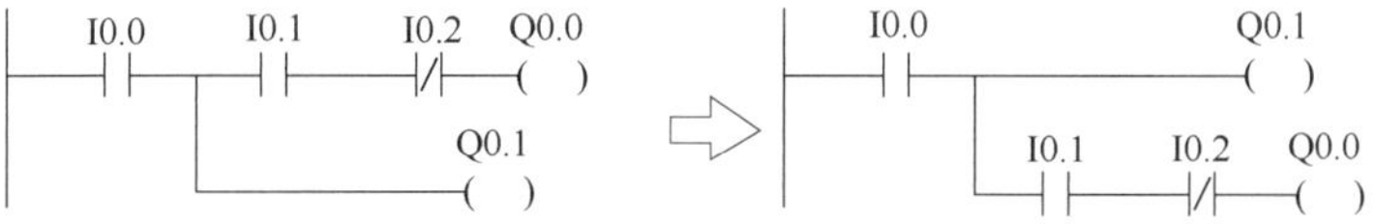

图 4-2-20　多重输出电路的编程

【想想练练】

请将图 4-2-21 所示的梯形图进行修改，使其符合梯形图编程的基本原则。

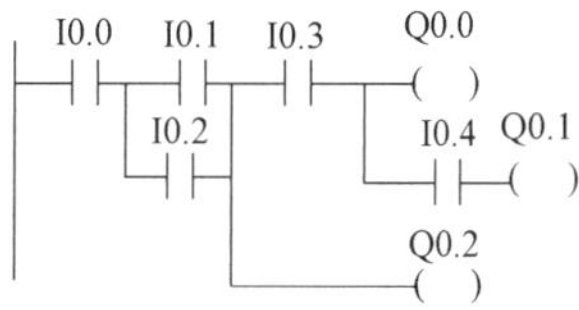

图 4-2-21　梯形图修改

六、优先程序

优先程序执行时，能在多个输入信号中仅对最先接收的输入信号做出反应，其后的输入信号不接收。此原则常用于抢答器中。图 4-2-22 所示是优先程序的梯形图。图中 4 个输入信号中任何一个先输入，都会先输出，并且阻止其他信号再输出。

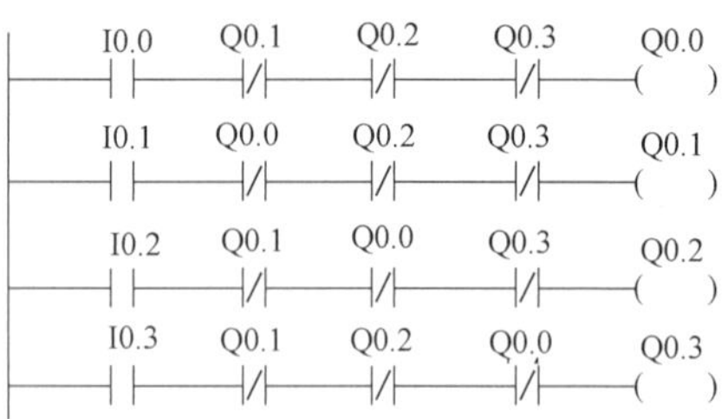

图 4-2-22 优先程序梯形图

七、正反转控制电路的 PLC 程序设计

图 4-2-23 所示为正反转的 PLC 控制电路，其中外部接线图中输出端所接的交流接触器 KM1 和 KM2 要设置联锁。

正反转控制程序调试

PLC 控制的正反转控制过程：按下正转起动按钮 SB1，输入继电器 I0.0 闭合，输出继电器线圈 Q0.0 得电并自锁，接触器 KM1 得电吸合，电动机正转。与此同时，Q0.0 的常闭触点断开 Q0.1 线圈，KM2 不能吸合，实现了电气联锁。当按下反转起动按钮 SB2 时，输入继电器 I0.1 闭合，输出继电器线圈 Q0.1 得电并自锁，接触器 KM2 得电吸合，电动机反转。与此同时，Q0.1 的常闭触点断开 Q0.0 线圈，KM1 不能吸合，实现了电气联锁。停止时，按下按钮 SB3，I0.2 的常闭触点断开，过载时，热继电器触点 FR 闭合，I0.3 的常闭触点断开，这两种情况都使线圈 Q0.0、Q0.1 断电，从而使得 KM1、KM2 断电释放，电动机停止转动。

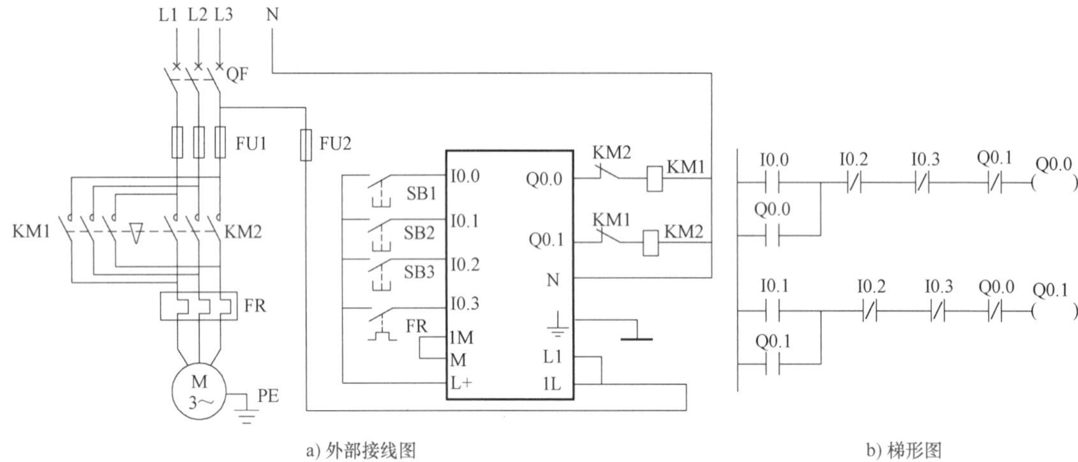

图 4-2-23 正反转的 PLC 控制电路

接触器联锁的正反转电路在实现正反转切换时，中间必须加入停止环节。图 4-2-24 所示 PLC 控制的双重联锁正反转控制梯形图就可以直接实现正反转间的切换，但要注意此时电路中存在的问题。如果电动机正转运行，按下反转起动按钮 I0.1，Q0.0 会停止输出，Q0.1 开始工作，逻辑关系是正确的，由于 PLC 输出是集中输出，也就是说 Q0.0 的状态改变与 Q0.1 的状态改变是同时的，外部交流接触器的触点完成吸合或断开大约需要 100ms，远远低于 PLC 的程序执行速度，KM1 还没有完全断开的情况下 KM2 吸合，会造成短路等电气故障。因此，可采取的措施是在图 4-2-23a 所示的电路中增加 KM1 和 KM2 的硬件接触器联锁；为更好地起到保护作用，也可在硬件接触器联锁基础上再采用如图 4-2-25 所示的电路，在 KM1 与 KM2 间切换时加入延时，图中延时时间为 300ms。

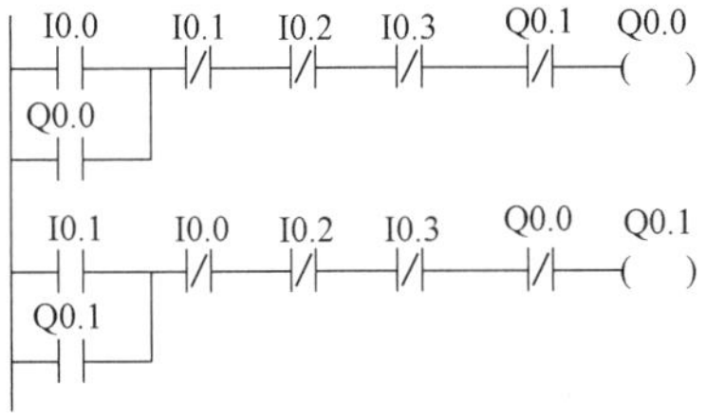

图 4-2-24　PLC 控制的双重联锁正反转控制梯形图

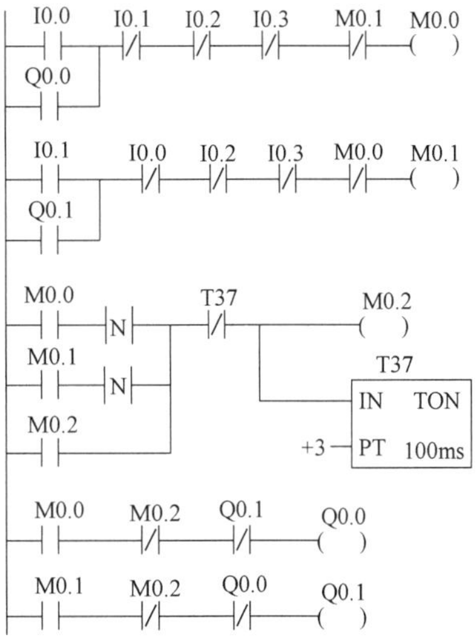

图 4-2-25　正反转控制程序切换延时梯形图

【任务评价】

请学生总结要点，填入表 4-2-7，进行自评、小组互评和教师评价，将各项得分及总计得分填入表 4-2-7 中（评分标准由相应评价者自行掌握）。

表 4-2-7　考核评价表

序号	评价内容	配分	要点总结	自评	小组互评	教师评价
1	逻辑指令	20				
2	梯形图编程的基本原则与技巧	20				
3	优先程序	10				
4	PLC 控制正反转电路	20				
5	安全文明操作	30				
总计得分		100				

【课后思考】

一、选择题

1. 在使用指令 LPS、LRD、LPP 时，若 LPS、LPP、LRD 指令之后无触点，只有线圈，则应该使用（　　）指令。

A. LD　　B. A　　C. O　　D. =

2. 关于 NOP 指令说法正确的是（　　）。

A. 有动作，无操作数　　B. 无动作，有操作数

C. 有动作，有操作数　　D. 无动作，无操作数

3. 在 PLC 指令系统中，栈指令用于（　　）。

A. 单输入电路　　B. 单输出电路　　C. 多输入电路　　D. 多输出电路

4. 在 PLC 编程时，一个电路块的块首可以用的指令为（　　）。

A. A　　B. ALD　　C. OLD　　D. LN

5. 在输入信号的下降沿产生脉冲输出的指令是（　　）。

A. S　　B. EU　　C. ED　　D. R

二、简答题

1. 请简化如图 4-2-26 所示的梯形图，使指令最少。

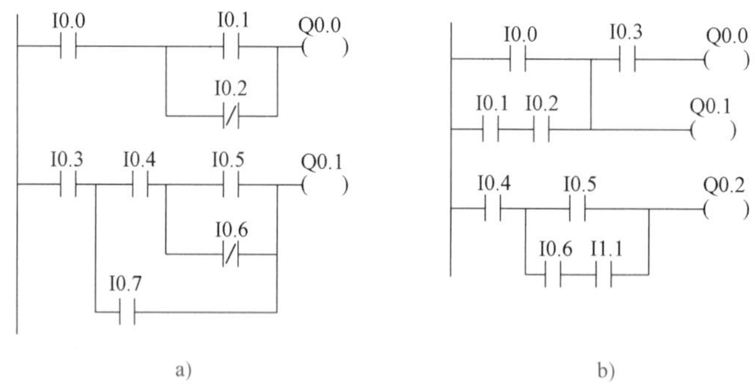

图 4-2-26　梯形图一

2. 根据图 4-2-27 所示的梯形图，写出语句表。

3. 写出如图 4-2-28 所示梯形图的语句表。

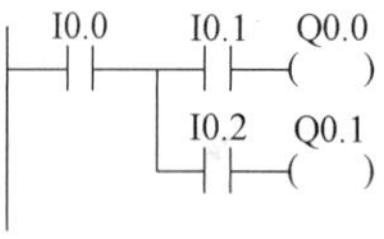

图 4-2-27　梯形图二

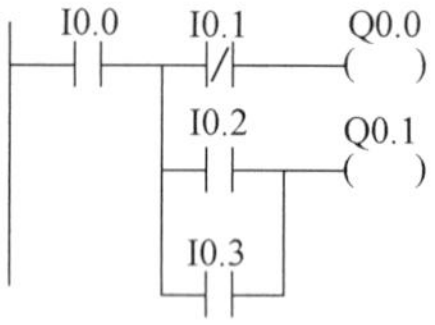

图 4-2-28　梯形图三

4. 图 4-2-29 所示为正反转控制程序，请分析：正转起动按钮、反转起动按钮、停止按钮分别对应的软继电器是哪一个？

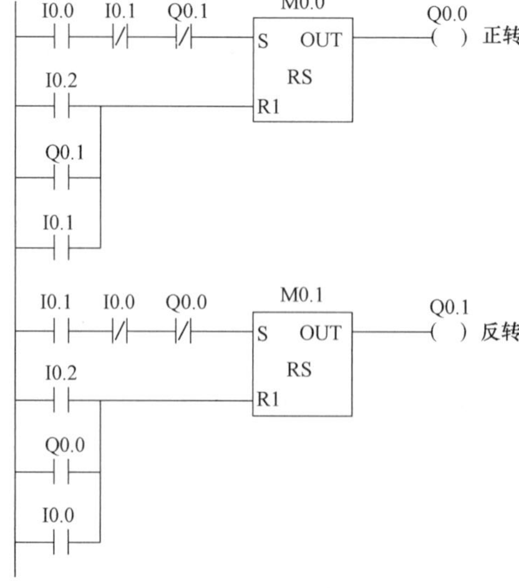

图 4-2-29　正反转控制程序图

任务三　PLC 实现的Y-△减压起动控制电路的安装与调试

【任务内容】

根据控制要求进行 PLC 实现的Y-△减压起动控制电路安装调试与程序设计。

控制要求：当按下正转起动按钮 SB1 时，电源接触器 KM 和星形接触器 KMY线圈通电，电动机 M 以Y联结起动运行；电动机 M 以Y联结运行 10s 后，星形接触器 KMY线圈失电，三角形接触器 KM△线圈得电，电动机以△联结全电压运行。当按下停止按钮 SB2 或电动机发生过载时，电动机 M 立即停止。

【任务分析】

图 4-3-1 所示为三相异步电动机Y-△减压起动继电器-接触器控制电路，若改为 PLC 实现的Y-△减压起动控制电路，主电路部分不变，只需将控制电路部分由 PLC 来代替，通过 PLC 来实现该控制。

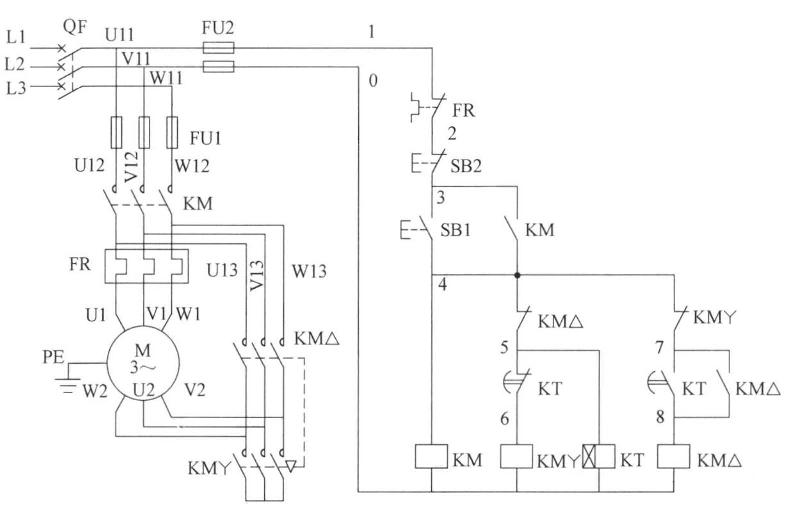

图 4-3-1　三相异步电动机Y-△减压起动继电器-接触器控制电路

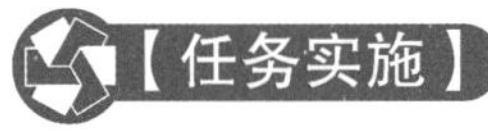

电动机Y-△减压起动控制程序调试

1）绘制如图 4-3-2 所示的 PLC 实现的Y-△减压起动控制电路图。

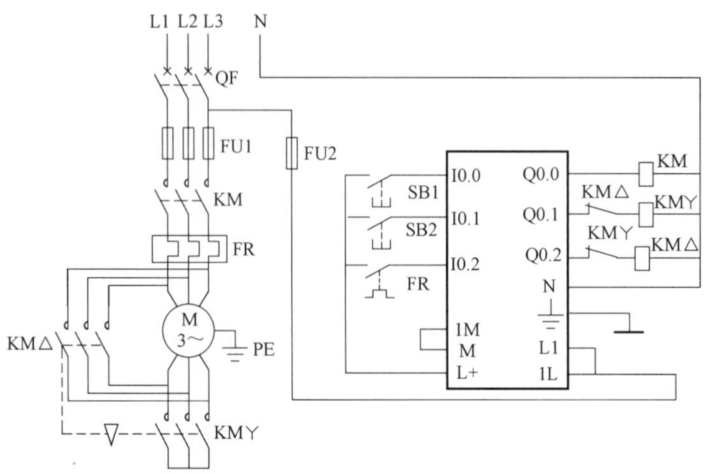

图 4-3-2 PLC 实现的Y-Δ减压起动控制电路图

2）元器件准备（见表 4-3-1）。

表 4-3-1 元器件选用表

符号	名称	型号	规格	数量
M	三相异步电动机	Y132M-4	7. 5kW,380V,15A,△联结	1
QF	低压断路器	NXB-63 3P D25	三极,额定电流为 25A	1
FU1	插入式熔断器	RT18-32/20	500V,32A,熔体:20A	3
FU2	插入式熔断器	RT18-32/2	500V,32A,熔体:2A	1
KM1、KM2、KM3	交流接触器	CJX2S-2510	380V,25A,线圈:220V	3
FR	热继电器	JR36-20	三极,整定电流为 15A	1
SB1、SB2	按钮	LA10-3H	保护式,按钮数为 3	1
XT	端子排	TD-20/15	20A,15 节	2
PLC	S7-200 SMART	CPU SR20	AC/DC/Relay	1
	网孔板	通用	650mm×500mm×50mm	1
	电工工具	通用	含万用表、螺丝刀、剥线钳等	1

3）确定 I/O 地址分配表（见表 4-3-2）。

表 4-3-2 I/O 地址分配表

输入信号			输出信号		
序号	输入点	输入元件及符号	序号	输出点	输出元件及符号
1	I0. 0	起动按钮 SB1	1	Q0. 0	电源接触器 KM
2	I0. 1	停止按钮 SB2	2	Q0. 1	星形接触器 KMY
3	I0. 2	热继电器 FR	3	Q0. 2	三角形接触器 KM△

4）元器件安装。按图 4-3-3 所示安装元器件。

5）完成接线。根据图 4-3-2 所示电路进行接线。接线时，要注意以下几点。

① PLC 接入电路中需要的 DC 24V 电源，可以采用 PLC 内的传感器电源输出端子（L+、M）。

② 交流接触器线圈的电压采用 AC 220V。

③ 为防止 KM丫线圈和 KM△线圈同时得电，造成三相电源短路，在 PLC 外部需要设置硬件联锁。

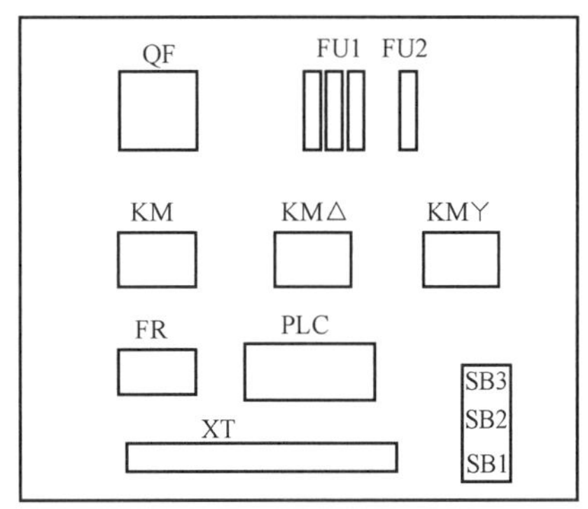

图 4-3-3　元器件布置图

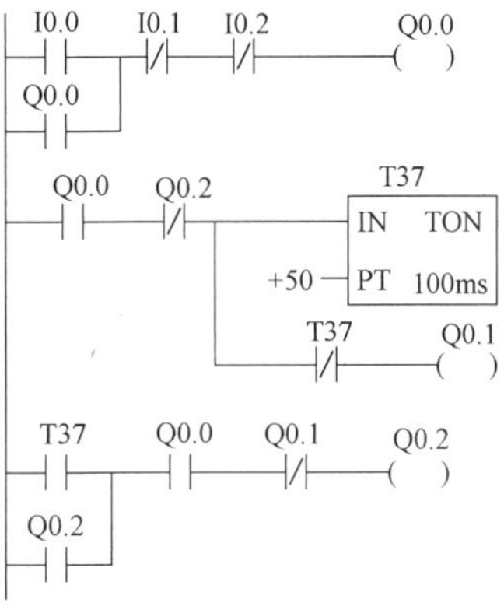

6）编写程序。根据图 4-3-1 所示的丫-△减压起动控制电路原理图（见图 4-3-1）及 I/O 地址分配表（见表 4-3-2）编写梯形图程序，如图 4-3-4a 所示。为了防止电弧短路，可设置在 KM丫失电 1s 后 KM△才得电，其梯形图如图 4-3-4b 所示。

a) 梯形图一

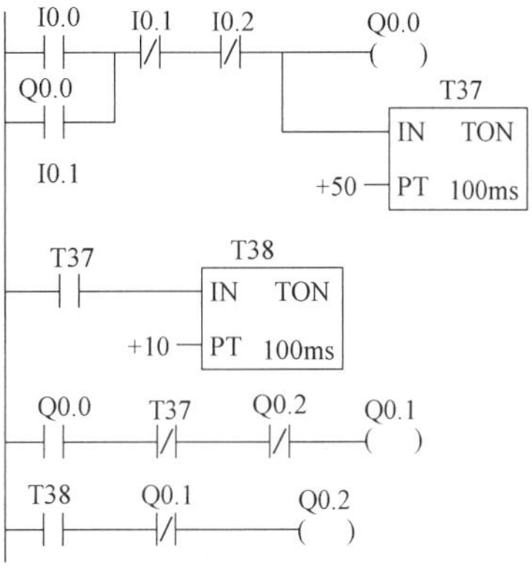

b) 梯形图二

图 4-3-4　编写梯形图程序

7）硬件组态。

① 打开 STEP 7-Micro/WIN SMART 软件，单击“保存”图标按钮，命名为“电动机丫-△减压起动的 PLC 控制”，选择存储路径。

② 双击项目指令树区域的“系统块”指令，在弹出的“系统块”对话框“CPU”行、“模块”列单击下拉按钮，根据 CPU 型号选择“CPU SR20（AC/DC/Relay）”，如图 4-3-5 所示。

系统块

	模块	版本	输入	输出	订货号
CPU	CPU SR20 (AC/DC/Relay)	V02.07.00...	I0.0	Q0.0	6ES7 288-1SR20-0AA1
SB					
EM..					
EM..					
EM..					
EM..					

图 4-3-5　硬件组态结果

8）编写程序，下载到 PLC。如图 4-3-6 所示，编写好程序后，进行编译处理，下载到 PLC 中。

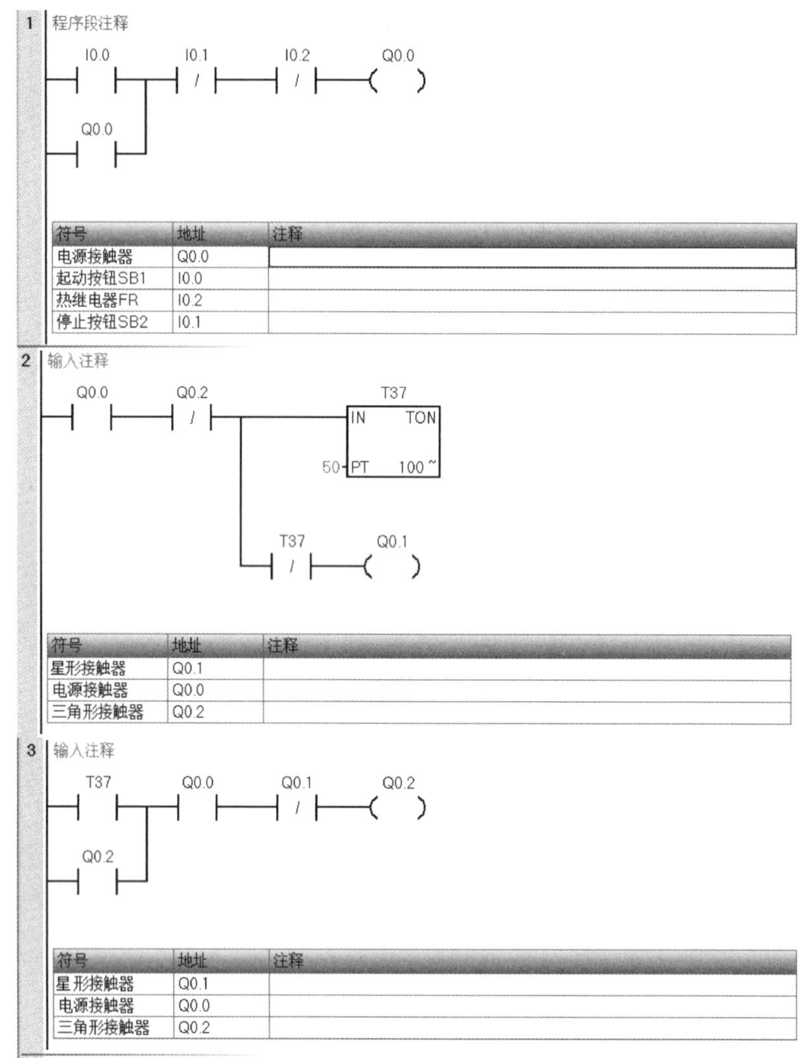

图 4-3-6 编写程序

9）空载调试。将熔断器 FU1 断开，不接通主电路电源，不接电动机，进行程序调试。

按下起动按钮 SB1，灯 Q0. 0 和 Q0. 1 亮，交流接触器 KM 和 KM丫线圈通电，主触点吸合；延时 5s 后，灯 Q0. 1 灭，交流接触器 KM丫线圈断电，主触点断开；同时，灯 Q0. 2 亮，交流接触器 KM△线圈通电，主触点闭合；按下停止按钮 SB2 或按下热继电器的常开触点 FR，灯 Q0. 0、Q0. 2 灭，交流接触器 KM、KM△线圈断电，主触点断开。

观察灯 Q0. 0、灯 Q0. 1、灯 Q0. 2、KM1 和 KM2 的情况是否符合控制要求，否则，检查并修改程序，直至符合控制要求。

10）系统调试。将熔断器 FU1 接通，接通主电路电源，进行带负载调试，直至满足控制要求为止。

【知识链接】

一、定时器指令

S7-200 SMART 系列 PLC 的软定时器有三种类型，它们分别是延时接通定时器（TON）、延时断开定时器（TOF）和保持型延时接通定时器（TONR），其定时时间等于分辨率与设定值的乘积。定时器的分辨率有 1ms、10ms 和 100ms 三种，取决于定时器号，见表 4-3-3。定时器的设定值和当前值均为 16 位的有符号整数（INT），允许的最大值为 32767。

表 4-3-3　定时器的类型

工作方式	时基/ms	最大定时范围/s	定时器号
TONR	1	32.767	T0,T64
	10	327.67	T1~T4,T65~T68
	100	3276.7	T5~T31,T69~T95
TON/TOF	1	32.767	T32,T96
	10	327.67	T33~T36,T97~T100
	100	3276.7	T37~T63,T101~T255

1. 延时接通定时器（TON）指令

1）指令格式及梯形图表示方法。延时接通定时器指令的格式及功能见表 4-3-4。

表 4-3-4　延时接通定时器指令的格式及功能

梯形图(LAD)	语句表(STL)		功能
	操作码	操作数	
T××× IN TON PT	TON	T×××,PT	当 TON 的使能输入端 IN 为“1”时，定时器开始定时；当定时器的当前值大于预定值 PT 时，定时器位变为 ON；当 IN 端由“1”变“0”时，定时器复位

2）使用说明。接通延时定时器（TON）的预定值在 PT 处设置，当 IN 端由“1”变“0”时，定时器复位。设定时间时要注意不同定时器号的时基单位。图 4-3-7 所示为 TON 指令的应用示例。

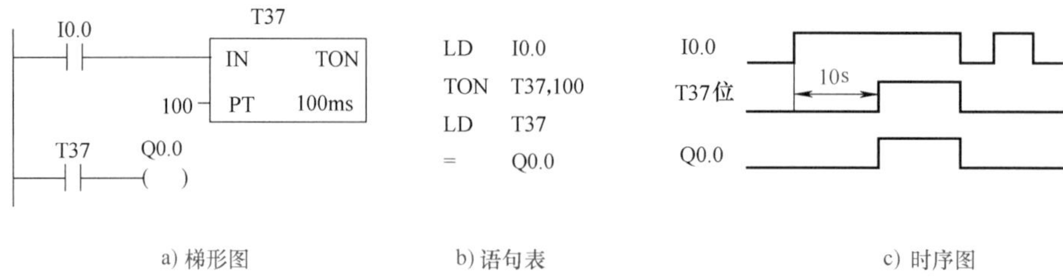

图 4-3-7 TON 指令的应用示例

【想想练练】

请分析图 4-3-8 所示梯形图的功能，并说明与图 4-3-7a 所示梯形图在功能上的区别。

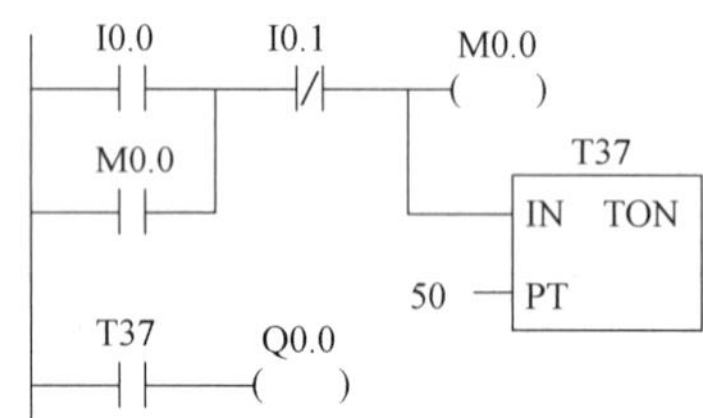

图 4-3-8 想想练练图

2. 延时断开定时器（TOF）指令

1）指令格式及梯形图表示方法。延时断开定时器指令的格式及功能见表 4-3-5。

表 4-3-5 延时断开定时器指令的格式及功能

梯形图(LAD)	语句表(STL)		功能
	操作码	操作数	
T××× IN TOF PT	TOF	T×××,PT	当 TOF 的使能输入端 IN 为“1”时，定时器位变为 ON，当前值被清“0”；当定时器的使能输入端 IN 为“0”时，定时器开始计时；当定时器当前值达到预定值 PT 时，定时器位变为 OFF

2）使用说明。延时断开定时器（TOF）的预定值在 PT 处设置，当 IN 端为“1”时，定时器位接通，当由“1”变“0”时，定时器开始计时。设定时间时要注意不同定时器号的时基单位。图 4-3-9 所示为 TOF 指令的应用示例。

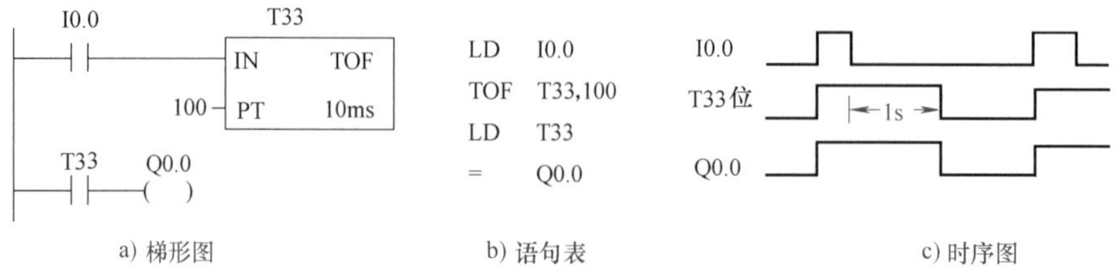

图 4-3-9 TOF 指令的应用示例

【想想练练】

请分析图 4-3-10 所示梯形图的功能，并比较与图 4-3-9a 所示梯形图在功能上是否相同。

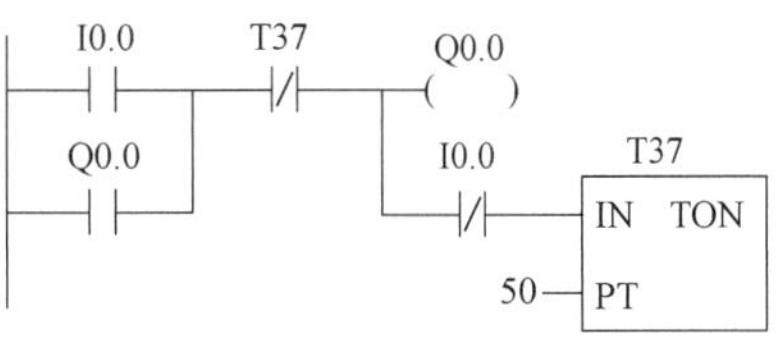

图 4-3-10　想想练练图

3. 保持型延时接通定时器指令（TONR）

1）指令格式及梯形图表示方法。保持型延时接通定时器指令的格式及功能见表 4-3-6。

表 4-3-6　保持型延时接通定时器指令的格式及功能

梯形图(LAD)	语句表(STL)		功能
	操作码	操作数	
T××× IN TONR PT	TONR	T×××,PT	当 TONR 定时器的使能输入端 IN 为“1”时,定时器开始延时;为“0”时,定时器停止计时,并保持当前值不变;当定时器当前值达到预定值 PT 时,定时器位变为 ON

2）使用说明。TONR 的复位只能用复位指令来完成；利用 TONR 指令的时间记忆功能可实现对多次输入接通时间的累加。图 4-3-11 所示为 TONR 指令的应用示例。

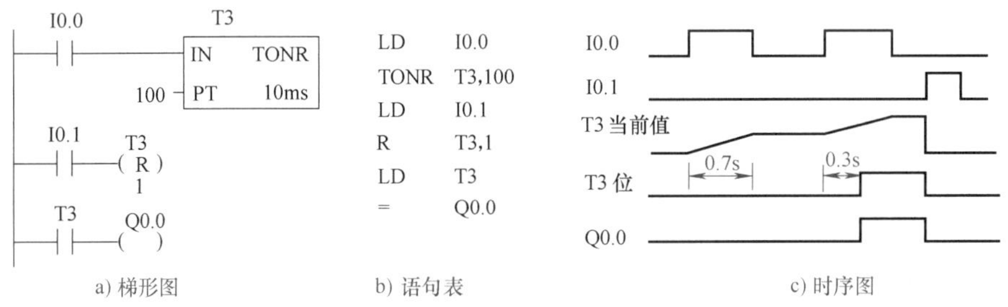

图 4-3-11　TONR 指令的应用示例

4. 定时器的刷新方式和正确使用

1）定时器的刷新方式。

① 1ms 定时器每隔 1ms 刷新一次，定时器刷新与扫描周期和程序处理无关。扫描周期大于 1ms 时，在一个周期中可能被多次刷新，其当前值在一个扫描周期内不一定保持一致。

② 10ms 定时器在每个扫描周期开始时自动刷新，由于是每个扫描周期只刷新一次，故在一个扫描周期内定时器的当前值和位保持不变。

③ 100ms 定时器在定时器指令执行时被刷新，下一条执行的指令即可使用刷新后的结果。但应当注意，如果该定时器的指令不是每个周期都执行（如条件跳转时），定时器就不能及时刷新，可能会导致出错。

2）定时器的正确使用。在使用定时器时，要弄清楚定时器的分辨率，一般情况下不要把定时器本身的常闭触点作为自身的复位条件。在实际使用时，为了操作简单，100ms 定时器常采用自复位逻辑。图 4-3-12 所示为定时器的正确使用示例。

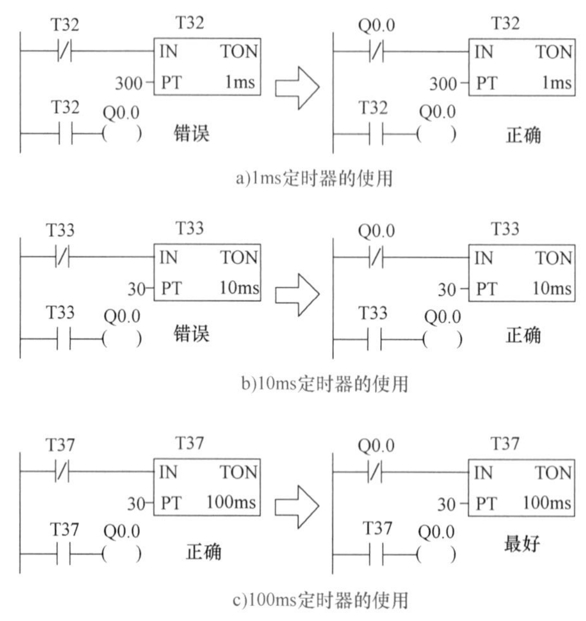

图 4-3-12　定时器的正确使用示例

二、定时器的应用

1. 定时器串联长延时程序

PLC 的定时器有一定的延时范围。如果需要超出定时器的设定范围，可通过几个定时器的串联组合达到扩充设定值的目的。图 4-3-13 所示为定时器串联长延时程序，通过两个定时器的串联使用，可以实现延时 1300s。当 I0.0 闭合时，T37 开始计时，当到达 800s 时，T37 的常开触点闭合，使 T38 得电，开始计时，再延时 500s，T38 的常开触点闭合，Q0.0 线圈得电，从而获得延时 1300s 的输出信号。

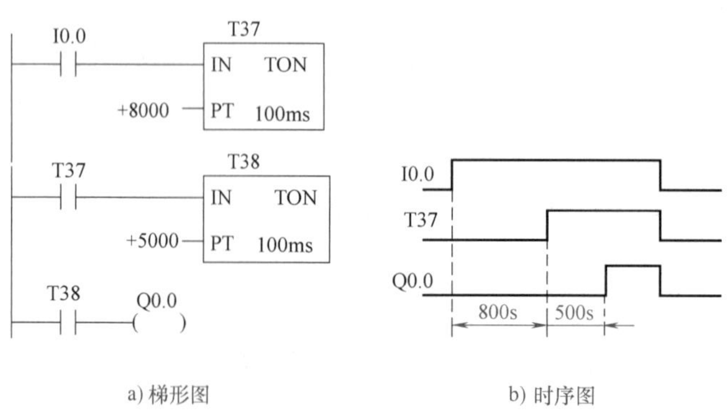

图 4-3-13　定时器串联长延时程序

2. 延时接通/延时断开程序

如图4-3-14所示，当I0.0接通时，T37开始计时，计时3s后，T37状态位为ON，接通Q0.0，Q0.0的常开触点闭合；当I0.0断开，T38开始计时，计时5s后，T38状态位为ON，T38的常闭触点断开，Q0.0由ON变为OFF。

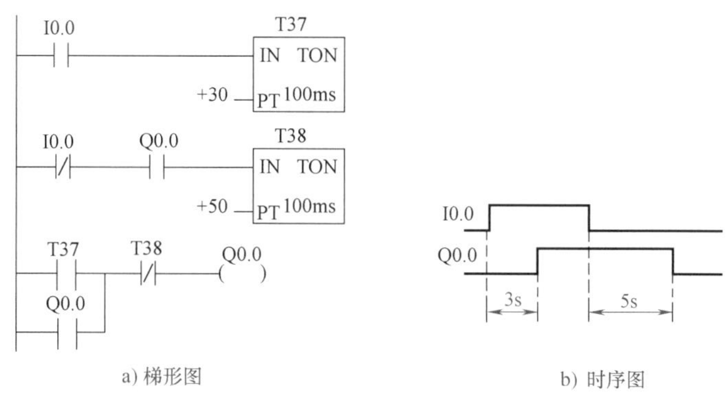

a) 梯形图　　b) 时序图

图 4-3-14　延时接通/延时断开程序

【想想练练】

请分析图4-3-15所示的程序，画出其时序图。

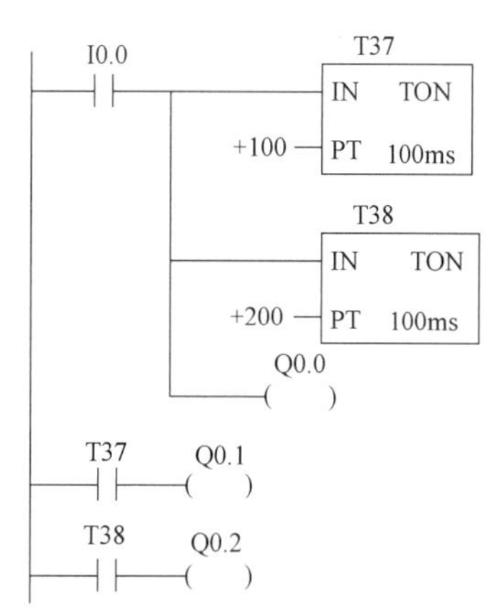

图 4-3-15　想想练练图

三、振荡电路的程序设计

振荡电路可以产生特定的通断时序脉冲，它经常应用在脉冲信号源或闪光报警电路中。

1. 定时器振荡电路程序

图4-3-16所示为定时器构成的振荡电路程序一，当I0.0为ON时，T37经过5s后，其常开触点闭合，T38开始延时，经过5s后T38的常闭触点断开，使T37断电，同时T38也断开，1个扫描周期后，T38的常闭触点复位，使T37再次得电，如此循环工作。

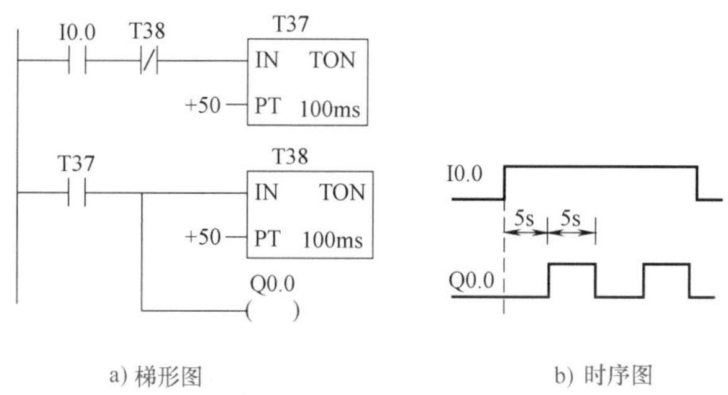

a) 梯形图　　b) 时序图

图 4-3-16　定时器振荡电路程序（一）

图 4-3-17 所示为定时器振荡电路程序二，当 I0.0 为 ON 时，T37 开始延时且 Q0.0 输出，T37 经过 5s 后，其常开触点闭合，T38 开始延时，其常闭触点断开，Q0.0 线圈失电；T38 经过 5s 后，其常闭触点断开，使 T37 断电，同时 T38 也断电，1 个扫描周期后，T38 的常闭触点复位使 T37 再次得电，如此循环工作。

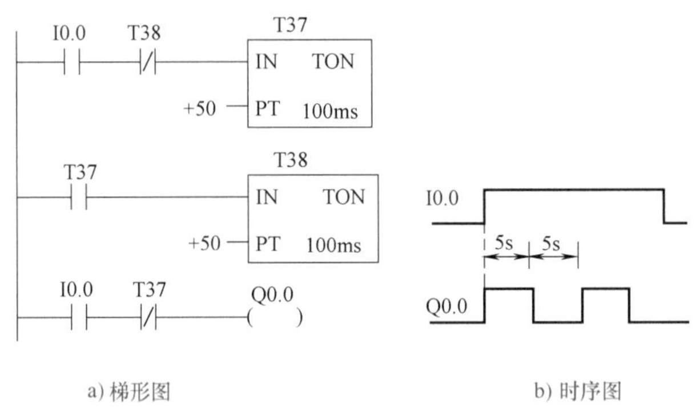

a) 梯形图　　b) 时序图

图 4-3-17　定时器振荡电路程序（二）

【想想练练】

如图 4-3-18 所示的梯形图，分析其工作过程，画出其动作时序图。

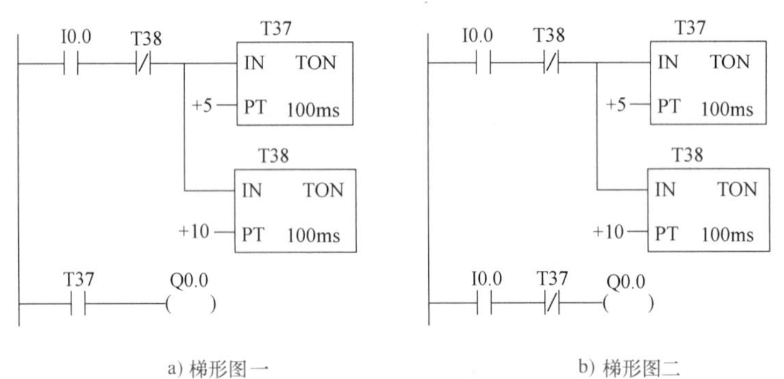

a) 梯形图一　　b) 梯形图二

图 4-3-18　想想练练图

2. SM0.5 振荡电路程序

图 4-3-19 所示为由 SM0.5 组成的振荡电路程序。因为 SM0.5 为 1s 的时钟脉冲，所以 Q0.0 输出脉冲的宽度为 0.5s。另外，SM0.4 产生周期为 1min 的时钟脉冲，其使用方法与 SM0.5 相同。

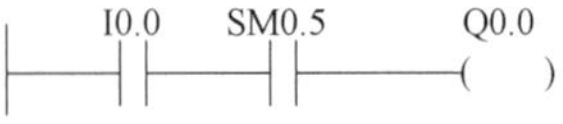

I0.0　SM0.5　Q0.0

图 4-3-19　SM0.5 振荡电路程序

【想想练练】

用 SM0.5 组成的振荡电路程序，频率较快，请分析此振荡电路程序适用于晶体管输出的 PLC 还是继电器输出的 PLC。

【任务评价】

请学生总结要点，填入表 4-3-7，进行自评、小组互评和教师评价，将各项得分及总计得分填入表 4-3-7 中（评分标准由相应评价者自行掌握）。

表 4-3-7　考核评价表

序号	评价内容	配分	要点总结	自评	小组互评	教师评价
1	定时器指令	20				
2	定时器的应用	10				
3	振荡电路	20				
4	PLC 实现的Y-△减压起动控制电路	20				
5	安全文明操作	30				
总计得分		100				

【课后思考】

一、选择题

1. T37 属于定时器的类别是（　　）。

A. TON　　B. TOF　　C. TONR　　D. CTU

2. 执行 TON　T38，100 后，延时时间为（　　）。

A. 10s　　B. 100s　　C. 1s　　D. 1000s

3. 下列不是定时器时基单位的是（　　）。

A. 1000ms　　B. 100ms　　C. 10ms　　D. 1ms

4. SM0.5 的振荡周期是（　　）。

A. 10ms　　B. 100ms　　C. 1s　　D. 1min

5. 属于有记忆的接通延时定时器的是（　　）。

A. TON　　B. TOF　　C. TONR　　D. CTU

二、简答题

梯形图如图 4-3-20 所示，分析说明该程序实现的功能。

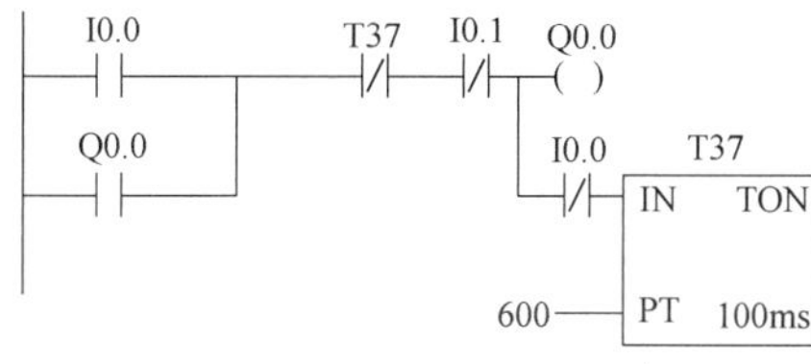

图 4-3-20　梯形图

任务四 PLC 实现的电动机循环起停控制电路的安装与调试

【任务内容】

根据控制要求进行 PLC 实现的电动机循环起停控制电路安装调试与程序设计。

控制要求：当按下起动按钮 SB1 时，电动机起动并正向运转 5s，停止 3s，再反向运转 5s，停止 3s，然后再正向运转，如此循环 5 次后停止运转，此时循环结束，指示灯 HL 以 1Hz 频率闪烁。若按下停止按钮 SB2 或电动机发生过载，电动机立即停止。

【任务分析】

该任务需要对一台电动机进行正转和反转控制，因此主电路部分与正反转控制相同，只需将控制电路部分由 PLC 来代替，通过 PLC 实现该控制。由于指示灯 HL 采用 24V 电源，因此 PLC 接线设计时需要单独的 24V 电源，可使用 PLC 输出的传感器电源；交流接触器线圈的电源则可使用单相交流电源。

【任务实施】

做中学

循环起停程序调试

1）绘制如图 4-4-1 所示的 PLC 实现电动机循环起停控制电路图。

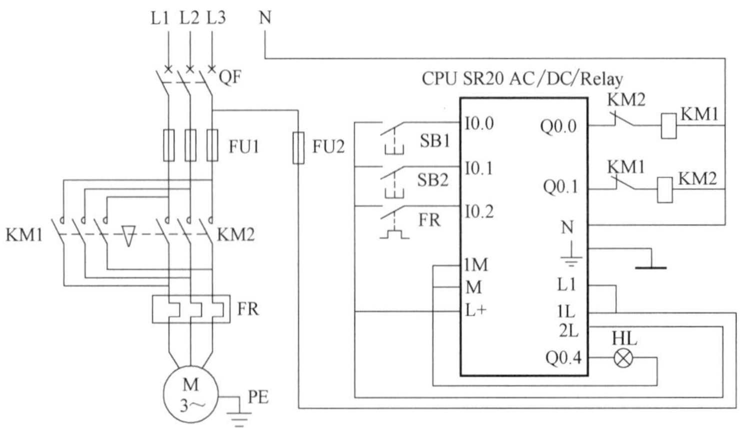

图 4-4-1 PLC 实现的电动机循环起停控制电路

2）元器件准备（见表 4-4-1）。

表 4-4-1　元器件选用表

符号	名称	型号	规格	数量
M	三相异步电动机	Y132M-4	7.5kW,380V,15A,△联结	1
QF	低压断路器	NXB-63 3P D25	三极,额定电流为 25A	1
FU1	插入式熔断器	RT18-32/20	500V,32A,熔体:20A	3
FU2	插入式熔断器	RT18-32/2	500V,32A,熔体:2A	1
KM1、KM2	交流接触器	CJX2S-2510	380V,25A,线圈:220V	2
FR	热继电器	JR36-20	三极,整定电流为 15A	1
SB1、SB2	按钮	LA10-3H	保护式,按钮数为 3	1
HL	指示灯	LED	DC 24V 电源	1
XT	端子排	TD-20/15	20A,15 节	2
PLC	S7-200 SMART	CPU SR20	AC/DC/Relay	1
	网孔板	通用	650mm×500mm×50mm	1
	电工工具	通用	含万用表、螺丝刀、剥线钳等	1

3）确定 I/O 地址分配表（见表 4-4-2）。

表 4-4-2　I/O 地址分配表

输入信号			输出信号		
序号	输入点	输入元件及符号	序号	输出点	输出元件及符号
1	I0.0	起动按钮 SB1	1	Q0.0	正转接触器　KM1
2	I0.1	停止按钮 SB2	2	Q0.1	反转接触器　KM2
3	I0.2	热继电器 FR	3	Q0.4	指示灯　　HL

4）元器件安装。按图 4-4-2 安装元器件。

5）完成接线。根据图 4-4-1 所示电路进行接线。接线时，要注意以下几点。

① PLC 接入电路中需要的 DC 24V 电源可以采用 PLC 内的传感器电源输出端子（L+、M）。

② 交流接触器线圈的电压采用 AC 220V。

③ 为防止 KM1 线圈和 KM2 线圈同时得电，造成三相电源短路，在 PLC 外部需要硬件联锁。

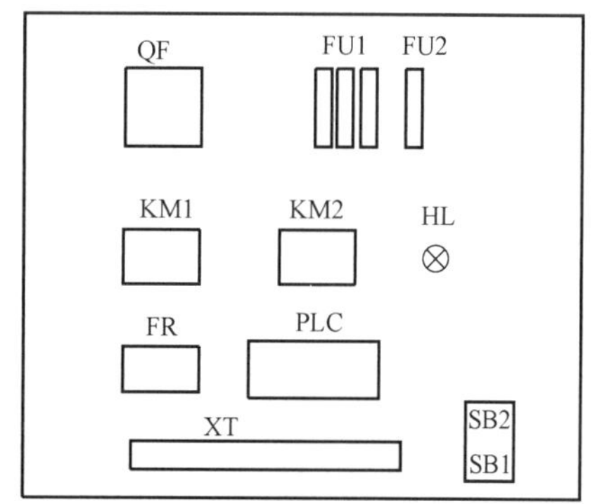

图 4-4-2　元器件布置图

6）编写程序。根据电动机循环起停控制要求及 I/O 地址分配表（见表 4-4-2），编写梯形图程序，如图 4-4-3 所示。

7）硬件组态。

① 打开 STEP 7-Micro/WIN SMART 软件，单击“保存”图标按钮，命名为“电动机循环起停的 PLC 控制”，选择存储路径。

② 双击项目指令树区域的“系统块”指令，在弹出的“系统块”对话框“CPU”行、

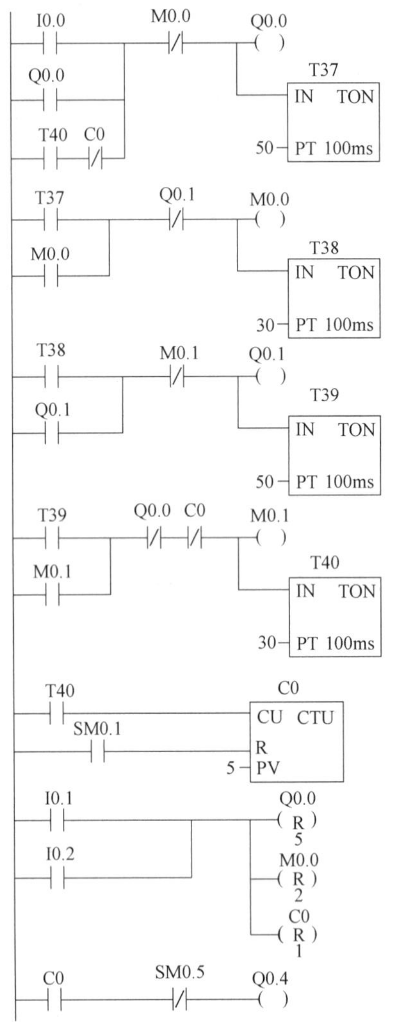

图 4-4-3 编写梯形图程序

“模块”列单击下拉按钮，根据 CPU 型号选择“CPU SR20（AC/DC/Relay）”，如图 4-4-4 所示。

系统块

	模块	版本	输入	输出	订货号
CPU	CPU SR20 (AC/DC/Relay)	V02.07.00...	I0.0	Q0.0	6ES7 288-1SR20-0AA1
SB					
EM					
EM					
EM					
EM					

图 4-4-4 硬件组态结果

8）编写程序，下载到 PLC。根据图 4-4-3 在软件中编写程序，进行编译处理，下载到 PLC 中。

9）空载调试。将熔断器 FU1 断开，不接通主电路电源，不接电动机，进行程序调试。

按下起动按钮 SB1，灯 Q0.0 亮 5s，交流接触器 KM1 线圈通电 5s；延时后灯 Q0.0 灭 3s，交流接触器 KM1 线圈断电 3s；然后灯 Q0.1 亮 5s，交流接触器 KM2 线圈通电 5s；延时后灯 Q0.1 灭 3s，交流接触器 KM2 线圈断电 3s，循环 5 次后指示灯 HL 闪烁。按下停止按钮 SB2 或按下热继电器的常开触点 FR 后，灯 Q0.0 或 Q0.1 灭，KM1 或 KM2 线圈失电。

观察灯 Q0.0、灯 Q0.1、KM1 和 KM2 的情况是否符合控制要求。若不符合控制要求，检查并修改程序，直至指示正确。

10）系统调试。将熔断器 FU1 接通，接通主电路电源，进行带负载调试，直至满足控制要求为止。

一、计数器指令

计数器利用输入脉冲上升沿累计脉冲个数，其结构与定时器基本相同。每个计数器有一个 16 位的当前值寄存器用于存储计数器累计的脉冲数（1~32767），另有一个状态位表示计数器的状态。若当前值寄存器累计的脉冲数大于或等于设定值，计数器的状态位被置 1，该计数器的触点转换。S7-200 SMART 系列 PLC 有三类计数器：加计数器（CTU）、减计数器（CTD）和加减计数器（CTUD）。

1. 加计数器（CTU）指令

1）指令格式及梯形图表示方法。加计数器指令的格式及功能见表 4-4-3。

表 4-4-3 加计数器指令的格式及功能

梯形图(LAD)	语句表(STL)		功能
	操作码	操作数	
C××× CU CTU R PV	CTU	C×××,PV	加计数器对 CU 的上升沿进行加计数；当计数器的当前值大于或等于设定值 PV 时，计数器位被置 1；当计数器的复位输入 R 为 ON 时，计数器被复位，计数器当前值被清零，计数器位变为 OFF

2）使用说明。加计数器（CTU）及时序图如图 4-4-5 所示。

① CU 为计数器的计数脉冲；R 为计数器的复位输入；PV 为计数器的预设值，取值范围在 1~32767 之间。

② 计数器的编号 C×××在 0~255 范围内任选。

③ 计数器通过复位指令为其复位。

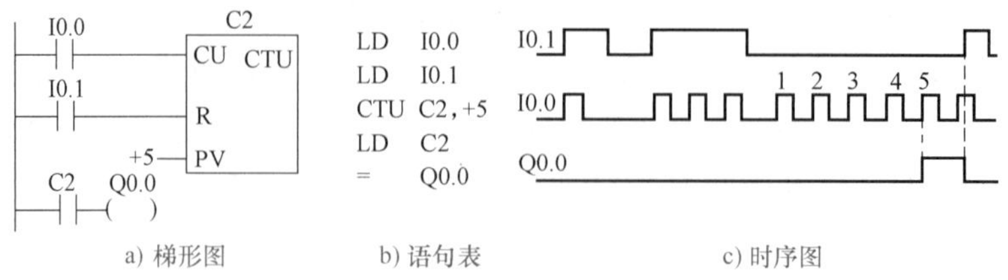

a) 梯形图　　b) 语句表　　c) 时序图

图 4-4-5 加计数器（CTU）及时序图

【想想练练】

请分析图 4-4-6 所示程序的功能。

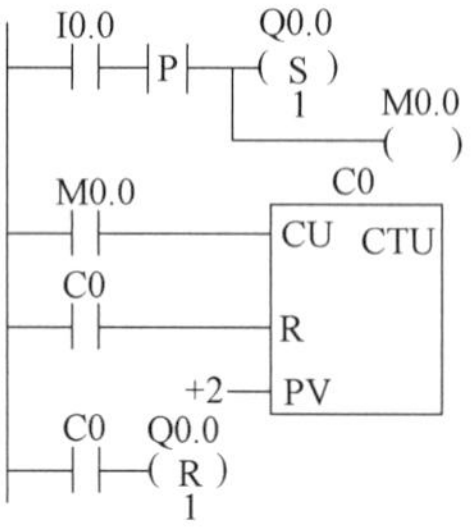

图 4-4-6 想想练练图

2. 减计数器（CTD）指令

1）指令格式及梯形图表示方法。减计数器指令的格式及功能见表 4-4-4。

表 4-4-4 减计数器指令的格式及功能

梯形图(LAD)	语句表(STL)		功能
	操作码	操作数	
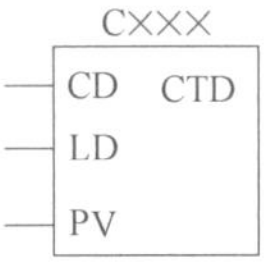 C××× CD CTD LD PV	CTD	C×××,PV	减计数器对 CD 的上升沿进行减计数；当计数器的当前值等于 0 时，该计数器位被置 1，同时停止计数；当计数装载端 LD 为 1 时，当前值恢复为预设值，该计数器位被置 0

2）使用说明。减计数器（CTD）及时序图如图 4-4-7 所示。

① CD 为计数器的计数脉冲；LD 为计数器的装载端，用于连接复位信号；PV 为计数器的预设值，取值范围在 1~32767 之间。

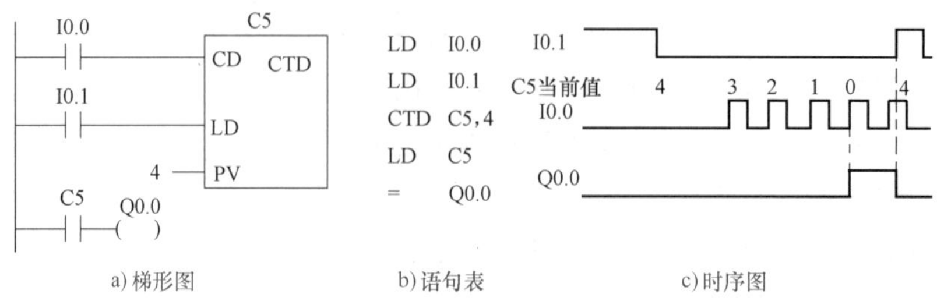

a) 梯形图　　b) 语句表　　c) 时序图

图 4-4-7 减计数器（CTD）及时序图

② 减计数器的编号及预设值范围和加计数器一样。

3. 加减计数器（CTUD）指令

1）指令格式及梯形图表示方法。加减计数器指令的格式及功能见表 4-4-5。

表 4-4-5　加减计数器指令的格式及功能

梯形图(LAD)	语句表(STL)		功能
	操作码	操作数	
C××× CU CTUD CD R PV	CTUD	C×××,PV	在加计数脉冲输入 CU 的上升沿,计数器的当前值加 1;在减计数脉冲输入 CD 的上升沿,计数器的当前值减 1;当前值大于或等于设定值 PV 时,计数器位被置 1。若复位输入 R 为 ON,计数器被复位

2）使用说明。加减计数器（CTUD）及时序图如图 4-4-8 所示。

① 当计数器的当前值达到最大计数值（32767）后，下一个 CU 的上升沿将使计数器当前值变为最小计数值（-32768）；同样在当前计数值达到最小计数值（-32768）后，下一个 CD 的上升沿将使当前计数值变为最大计数值（32767）。

② 加减计数器的编号及预设值范围和加计数器一样。

③ 不同类型的计数器不能共用同一编号。

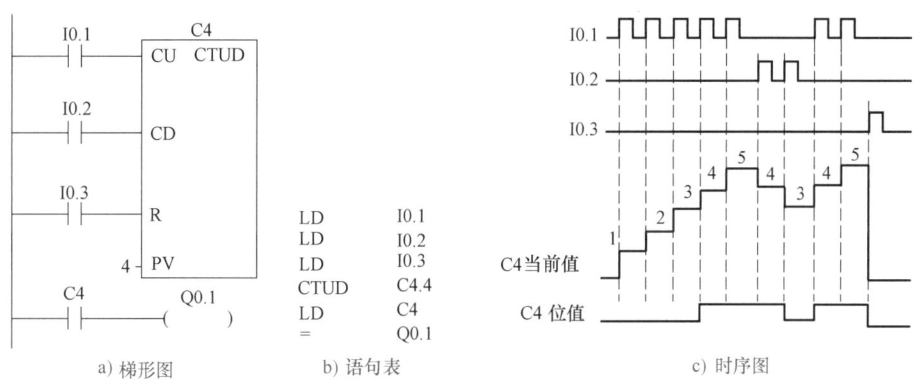

图 4-4-8　加减计数器（CTUD）及时序图

二、计数器的应用

1. 定时器和计数器组成的长延时程序

图 4-4-9 为定时器和计数器组成的长延时程序，该电路可以获得 10h 的延时。图中，T37 的设定值为 600s，当 I0. 0 闭合时，T37 开始计时，当 600s 延时时间到，T37 的常开触点断开，T37 自动复位，T37 再次开始计时。在电路中，T37 的常开触点每隔 600s 闭合一次，计数器计一次数，当计到 60 次时，C4 的常开触点闭合，Q0. 0 线圈得电。

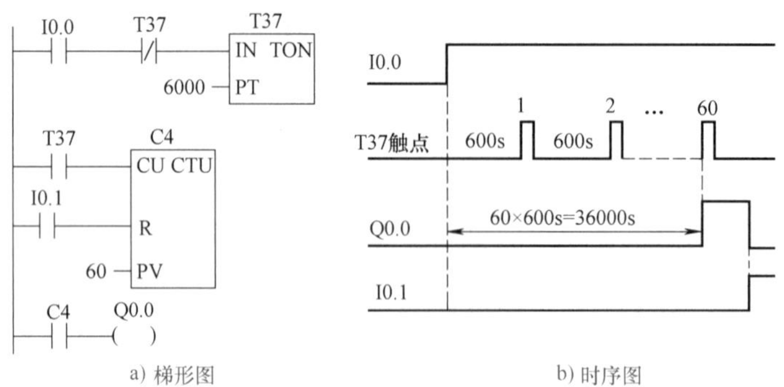

a）梯形图　　b）时序图

图 4-4-9　10h 长延时程序

2. 计数器的扩展程序

S7-200 SMART 系列 PLC 计数器最大的计数范围是 -32768～32767，若需要更大的计数范围，则必须进行扩展。图 4-4-10 所示为计数器的扩展程序，图中是两个计数器的组合电路，C1 形成了一个设定值为 100 次的自复位计数器。计数器 C1 对 I0.1 的接通次数进行计数，I0.1 的触点每闭合 100 次，C1 自复位并重新开始计数。同时，连接到计数器 C2 端的 C1 常开触点闭合，使 C2 计数一次，当 C2 计数到 200 次时，I0.1 共接通 100×200 次 = 20000 次，C2 的常开触点闭合，线圈 Q0.0 通电。该程序的计数值为两个计数器设定值的乘积。

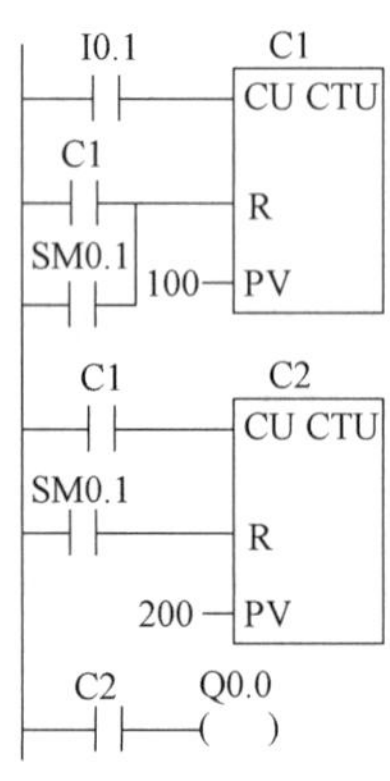

图 4-4-10　计数器的扩展程序

【任务评价】

请学生总结要点，填入表 4-4-6，进行自评、小组互评和教师评价，将各项得分及总计得分填入表 4-4-6 中（评分标准由相应评价者自行掌握）。

表 4-4-6　考核评价表

序号	评价内容	配分	要点总结	自评	小组互评	教师评价
1	PLC 实现的电动机循环起停控制电路	30				
2	计数器指令	20				
3	计数器的应用	20				
4	安全文明操作	30				
总计得分		100				

【课后思考】

一、选择题

1. 属于加计数器的是（　　）。

A. CTU　　B. CTD　　C. TONR　　D. CTUD

2. 计数器的当前值寄存器用于存储计数器累计的脉冲数最大为（　　）。

A. 32767　　B. 32768　　C. 256　　D. 100

3. 对于加减计数器（CTUD），当计数器的当前值达到最大计数值，下一个 CU 上升沿将使计数器当前值变为（　　）。

A. -32768　　B. 32767　　C. 0　　D. 1

二、简答题

分析图 4-4-11 所示程序实现的功能。

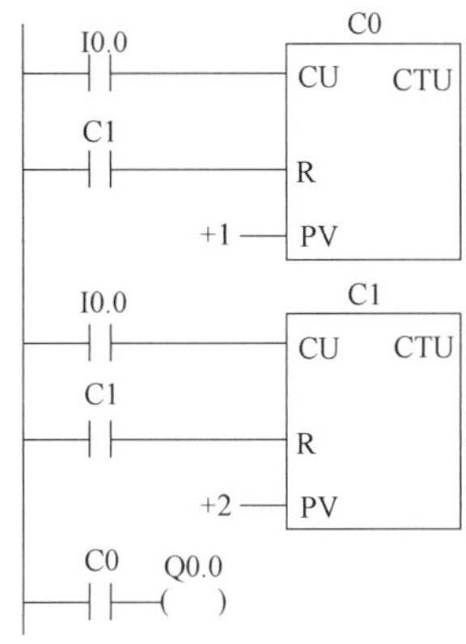

图 4-4-11　简答题图

匠心铸梦

从“门外汉”到“金牌焊机师”的梁飞

从事焊接工作 30 年来，焊接钢构件超过 50 万吨，相当于 60 多座埃菲尔铁塔，所用焊丝可以围绕地球赤道一圈，以其名字命名的蓝领创新培养合格焊工超 1000 人。

“人生在勤，不索何获。”梁飞说，他不算聪明，但认死理儿，坚信勤能补拙、熟能生巧。

1993 年，走出校门的梁飞成了中建系统内的一名焊工。入职伊始，梁飞苦练基本功，天不亮就到车间拿起焊枪练习，等别人上班时他已经练习了 1 个多小时了。

看得见的成功背后是看不见的努力。梁飞曾在高空悬挑架上被温度高达 1630℃的铁水穿过劳保鞋烫伤脚面，但他依旧坚持完成作业；在北方寒冷的冬季，他与 7 位同事挤住在仅有一个烤火炉的 30m^2 房间里，换来了月产超过 500t、焊缝合格率达 100%的业绩。

近年来，他屡屡攻克的技术难题，累计为企业贡献专利 3 项，技术革新 10 余项，减本增效达到 450 余万元。特别是二氧化碳气保焊技术，为发展绿色建筑提供了保障。

项目五　PLC 的步进指令及编程

项目概述

用梯形图或语句表方式编程固然为广大电气技术人员所接受，但对于一些复杂的控制系统，尤其是顺序控制系统，由于其内部的联锁、互动关系极其复杂，在程序的编制、修改、可读性等方面都存在较多缺陷。因此，近年来，许多新生产的 PLC 在梯形图语言之外增加了符合 IEC 61131 标准的顺序功能图（SFC）语言。顺序功能图是描述控制系统的控制过程、功能和特性的一种图形语言，专门用于编制顺序控制程序。

所谓顺序控制系统，是指按照生产工艺预先规定的顺序，在各个输入信号的作用下，根据内部状态和时间的顺序控制生产过程中的各个执行机构自动有序地进行操作的过程。使用顺序功能图编写程序时，首先应根据系统的工艺流程画出顺序功能图，然后根据顺序功能图画出步进梯形图或写出语句表。西门子 S7-200 SMART 系列 PLC 有三条步进指令，分别是 LSCR、SCRT、SCRE。其目标继电器是状态器 S，步进指令仅适用于顺序控制系统。

通过本项目的理论学习和实训，学生将掌握顺序功能图的编程方法，熟悉运用步进指令进行顺序功能图转换程序后的编程输入，掌握使用 STEP 7-Micro/WIN SMART 软件输入步进指令的方法。

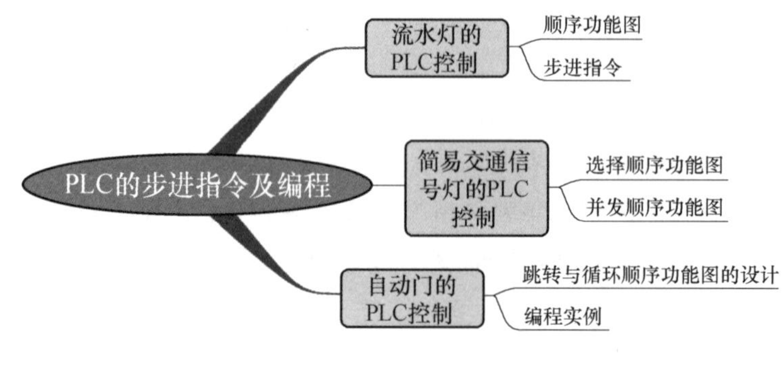

图 5-0-1　思维导图

项目目标

知识目标

1. 掌握顺序功能图的编程方法。
2. 理解步进指令及其使用方法。

技能目标

1. 会将 SFC 转换为步进梯形图或语句表，并输入编程软件。
2. 会用步进指令对顺序控制电路进行编程。

素养目标

1. 培养解决问题的能力。
2. 培养学生利用专业知识解决实际问题的意识。

任务一　流水灯的 PLC 控制

【任务内容】

流水灯控制要求

流水灯如图 5-1-1 所示，某流水灯系统的控制要求如下。

1）按下起动按钮 SB1，灯 HL1 发光，10s 后变为灯 HL1、HL2 发光，再过 10s 后变为灯 HL1、HL3 发光，再过 10s 后变为灯 HL1、HL4 发光，再过 10s 后 HL1 发光并循环往复。

2）按下停止按钮 SB2 后，所有灯立即停止发光。

请根据控制要求编写顺序功能图，并完成 PLC 控制电路的安装与调试。

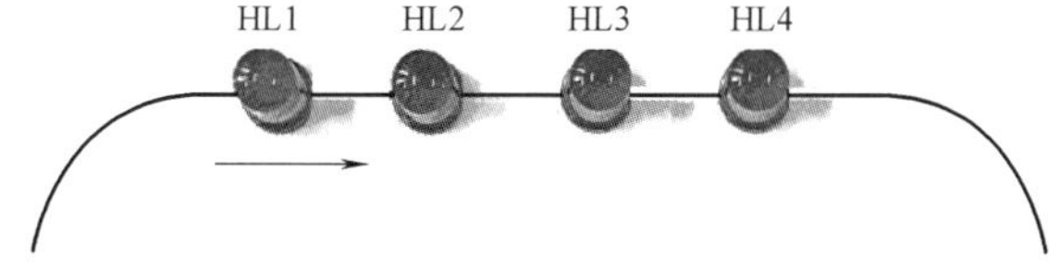

图 5-1-1　流水灯

【任务分析】

本任务主要以流水灯为载体，熟悉顺序功能图中单一顺序流程的设计思路。由于 S7-200 SMART 系列 PLC 不支持顺序功能图的输入，需要将顺序功能图通过步进语句转为梯形图或语句表输入，而梯形图中是不允许双线圈输出的，因此在顺序功能图设计后要进行去除双线圈的输出处理设计。

【任务实施】

做中学

1）绘制如图 5-1-2 所示 PLC 实现的流水灯控制电路。PLC 采用 S7-200 SMART 型 CPU SR20 AC/DC/Relay。

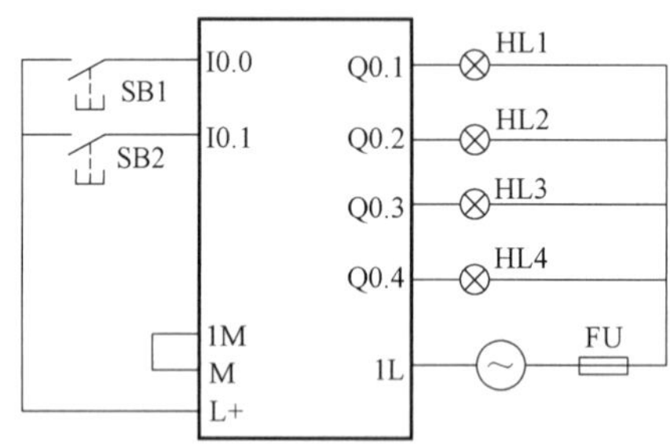

图 5-1-2 PLC 的接线图

2）确定 I/O 地址分配表（见表 5-1-1）。

表 5-1-1 I/O 地址分配表

输入信号			输出信号		
序号	输入点	输入元件及符号	序号	输出点	输出元件及符号
1	I0. 0	起动按钮 SB1	1	Q0. 1	灯 HL1
2	I0. 1	停止按钮 SB2	2	Q0. 2	灯 HL2
			3	Q0. 3	灯 HL3
			4	Q0. 4	灯 HL4

3）编写顺序功能图程序。根据控制要求及 I/O 地址分配表（见表 5-1-1）编写顺序功能图程序，如图 5-1-3 所示。

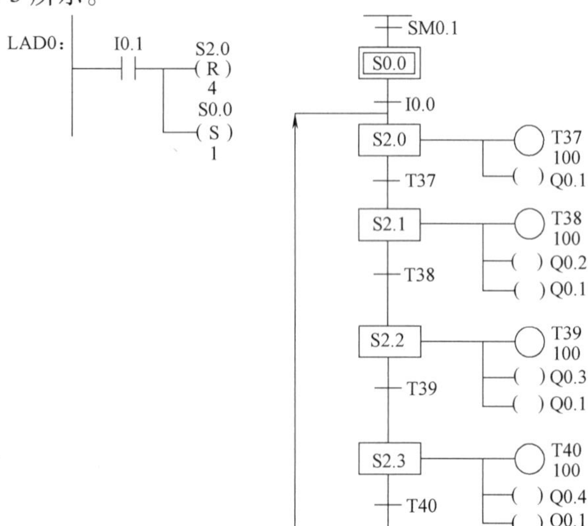

图 5-1-3 流水灯控制的顺序功能图

4）将顺序功能图进行去除双线圈处理。图 5-1-4 所示为去除双线圈处理后的顺序功能图。

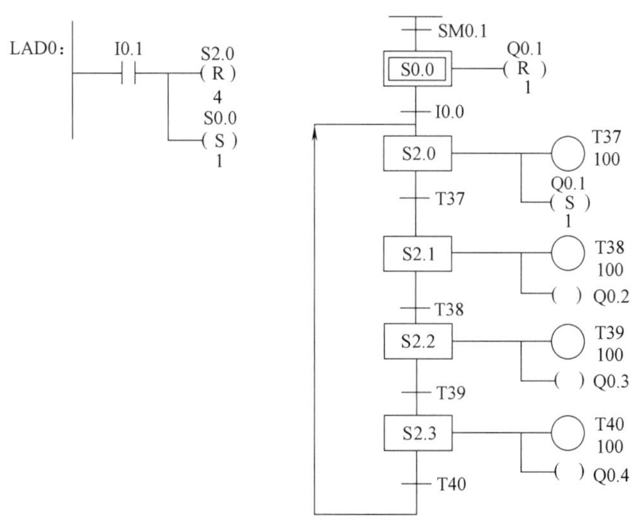

图 5-1-4　流水灯控制去除双线圈处理后的顺序功能图

5）将去除双线圈处理后的顺序功能图转换为梯形图，如图 5-1-5 所示。

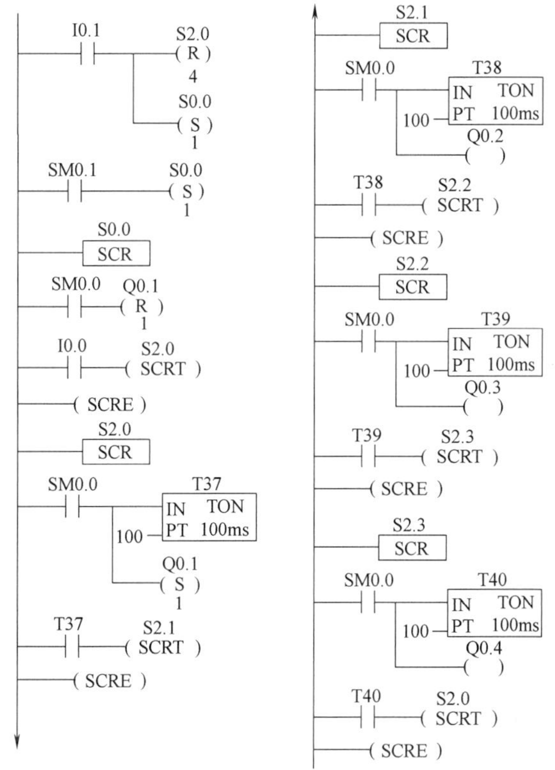

图 5-1-5　流水灯控制转换为梯形图

6）硬件组态。

① 打开 STEP 7-Micro/WIN SMART 软件，单击“保存”图标按钮，命名为“流水灯的 PLC 控制”，选择存储路径。

② 双击项目指令树区域的“系统块”指令，在弹出的“系统块”对话框“CPU”行、“模块”列单击下拉按钮，根据 CPU 型号选择“CPU SR20（AC/DC/Relay）”，如图 5-1-6 所示。

系统块

	模块	版本	输入	输出	订货号
CPU	CPU SR20 (AC/DC/Relay)	V02.07.00...	I0.0	Q0.0	6ES7 288-1SR20-0AA1
SB					
EM...					
EM...					
EM...					
EM...					

图 5-1-6 硬件组态结果

7）编写程序，下载到 PLC。根据图 5-1-5 所示的程序在编程软件中输入后，进行编译处理，下载到 PLC 中。

8）空载调试。将熔断器 FU 断开，进行程序调试。

按下起动按钮 SB1，灯 Q0.0 亮，10s 后变为灯 Q0.0 和 Q0.1 亮，再过 10s 后变为灯 Q0.0 和 Q0.2 亮，再过 10s 后灯 Q0.0 和 Q0.3 亮，再过 10s 后灯 Q0.0 和 Q0.4 亮，再过 10s 后灯 Q0.0 亮并循环往复。按下停止按钮 SB2 后，所有灯立即停止发光。

观察灯 Q0.0~Q0.4 的情况是否符合控制要求，若不符合，检查并修改程序，直至符合控制要求。

9）系统调试。将熔断器 FU 接通，接通主电路电源，进行带负载调试，直至满足控制要求为止。

一、顺序功能图

1. 工序图与顺序功能图

（1）控制要求　某设备有三台电动机，按下起动按钮，第一台电动机 M1 起动；运行 5s 后，第二台电动机 M2 起动；运行 15s 后，第三台电动机 M3 起动。按下停止按钮，三台电动机全部停机。

（2）输入/输出端口分配及 I/O 接线图　PLC 的输入/输出端口分配见表 5-1-2，I/O 接线如图 5-1-7 所示。

表 5-1-2　输入/输出端口分配表

输入				输出			
序号	输入继电器	输入元件	作用	序号	输出继电器	输出元件	控制对象
1	I0.0	SB1	起动按钮	1	Q0.1	接触器 KM1	M1
2	I0.1	SB2	停止按钮	2	Q0.2	接触器 KM2	M2
				3	Q0.3	接触器 KM3	M3

（3）工序图与顺序功能图的编制　三台电动机顺序控制的工序图如图 5-1-8a 所示，其顺序功能图如图 5-1-8b 所示。

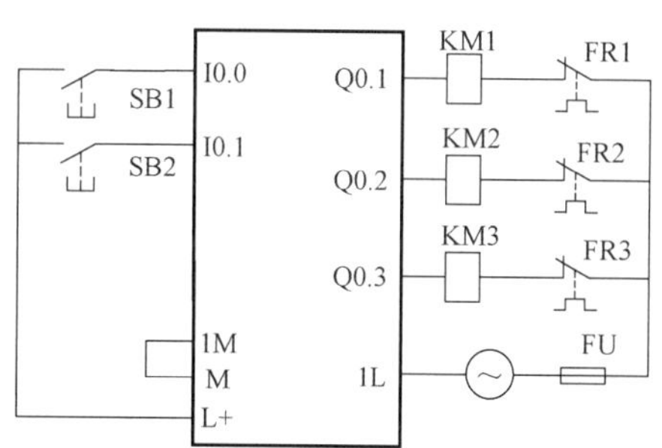

图 5-1-7　三台电动机顺序控制的 I/O 接线

2. 顺序功能图的组成

顺序功能图是一种描述顺序控制系统的图形说明语言。它由步、转移条件和有向线段组成。

（1）步　功能图中的步是控制过程中的一个特定状态。步又分为初始步和工作步，在每一步中要完成一个或多个特定的动作。初始步表示一个控制系统的初始状态，所以，一个控制系统必须有一个初始步，初始步可以没有具体要完成的动作。在功能图中，初始步用双线框表示，工作步用单线框表示。

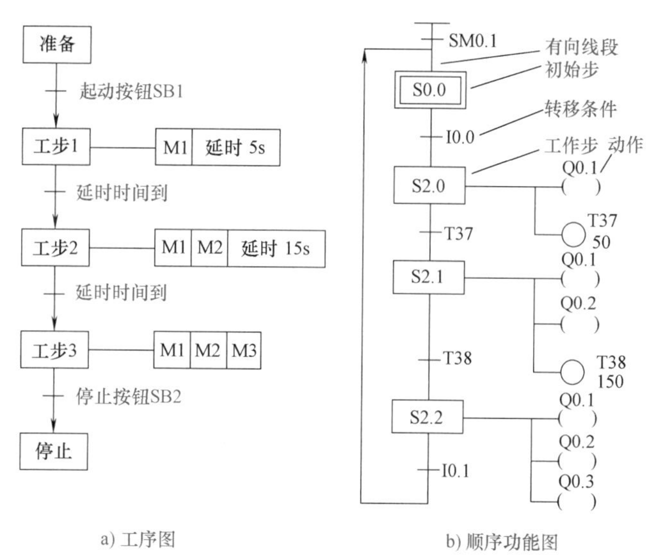

a) 工序图　　b) 顺序功能图

图 5-1-8　三台电动机的顺序控制

（2）转移条件　步与步之间的转移条件用与有向连线垂直的短横线来表示，将相邻两状态隔开。当条件得以满足时，可以实现由前一步转移到下一步的控制（由完成前一步的动作，转移到执行下一步的动作）。为了确保控制系统严格地按照顺序执行，步与步之间必须有转移条件。转移条件通常用文字、逻辑方程及符号表示。

（3）有向线段 步与步之间用有向线段连接。当系统的控制顺序是从上向下时，可以不标注箭头；当控制顺序是从下向上时，必须要标注箭头。

3. 活动步与状态继电器

（1）活动步 当状态继电器置位时，该步便处于活动步，相应的动作被执行；处于不活动状态时，相应的动作被停止（如果动作是置位的保持型动作则不停止）。要使该步“激活”为活动步，必须同时满足两个条件：该转移的前级步是活动步；相应的转移条件得到满足。当该步为活动步后，其前级步变为不活动步。

从 PLC 的程序扫描原理出发，在顺序功能图中，如果该步“激活”为活动步，可以理解为该段程序被执行；当该步为不活动步时，可以理解为该段程序被跳过。

（2）状态继电器 S S7-200 SMART 系列 PLC 共有状态继电器 256 个点，编号是“S0.0~S31.7”，它们是顺序控制程序的重要存储器。

4. 绘制顺序功能图的注意事项

1）两个步绝对不能直接相连，必须用转移条件将它们隔开。

2）顺序功能图中的初始步一般对应于系统等待起动的初始状态，一般用初始化脉冲 SM0.1 的常开触点作为转移条件，开机时，将初始步置为活动步。图 5-1-9 所示为顺序功能图的一般格式，采用格式一时，SFC 的开头部分有不属于 SFC 回路的梯形图块 LAD0，借助梯形图块实现将初始步置为活动步或配合顺序功能图实现其他程序功能，其中 LAD 后的数字表示这些程序的先后位置。格式二为常用顺序功能图的编程格式，更加方便，但如果顺序功能图程序须外加梯形图才能实现某些功能时，则须采用格式一的方式。

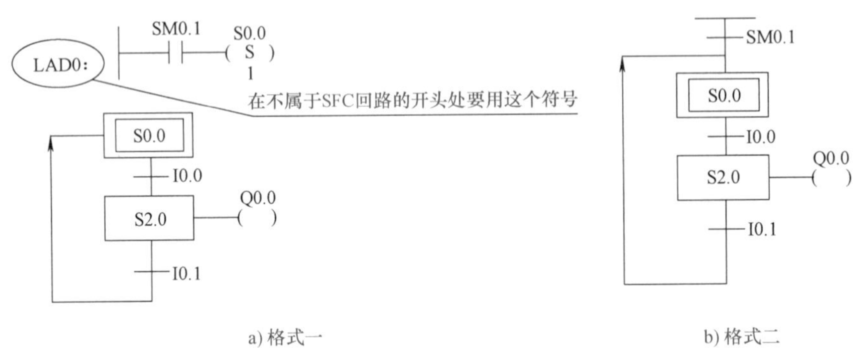

图 5-1-9 顺序功能图的一般格式

3）系统应能多次重复执行同一工艺过程，系统结束时，一般返回初始状态。

4）由于编程软件中无顺序功能图程序的编写功能，在用编程软件编写程序时，需要将顺序功能图转换为步进梯形图或语句表进行输入。

5）在顺控程序中，每个状态都要有一个状态继电器与之对应，且每个状态“S”的编号是不能相同的。对连续的状态，没有规定要用连续的编号，在编程时，为了程序修改方便，常常对两个相邻的状态采用相隔 2~5 个数的编号。

6）顺序功能图要转换为梯形图，要进行去除双线圈的处理。由于 S7-200 SMART 系列 PLC 中不支持顺序功能图的输入，需要将顺序功能图通过步进指令转为梯形图或语句表输入，而梯形图中不允许双线圈输出，因此，一般可通过下列两种方式处理。

① 对不同的状态中若有相同的输出点动作，可以使用置位和复位指令进行处理。图 5-1-10 是图 5-1-8b 用置位复位指令去除双线圈后的顺序功能图。

② 不同的状态中若有相同的输出点动作，也可用梯形图块中设置不同状态触点并联进行输出。图 5-1-11 是相应的示例。

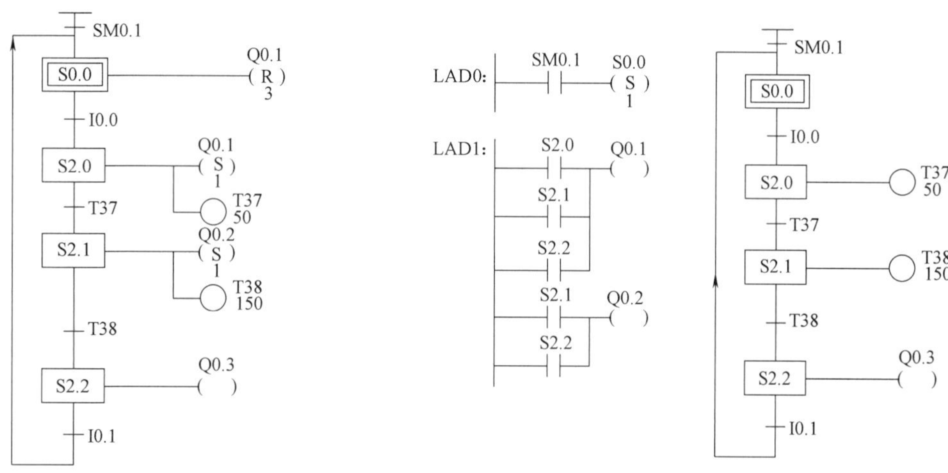

图 5-1-10　三台电动机去除双线圈后的顺序功能图一

图 5-1-11　三台电动机去除双线圈后的顺序功能图二

为避免顺序功能图转换为梯形图后产生双线圈处理问题，后面所称的顺序功能图均指根据任务控制要求并在顺序功能图中去除双线圈后的顺序功能图。

5. 单一顺序功能图编程实例

【例 5-1-1】 某组合机床液压动力滑台的工步示意图如图 5-1-12a 所示，它分为原位、快进、工进和快退 4 步。每一步所要完成的动作如图 5-1-12b 所示。SQ1、SQ2、SQ3 为限位开关；Q0. 1、Q0. 2、Q0. 3 为液压电磁阀；KP1 为压力继电器，当滑台运动到终点时，KP1 动作。

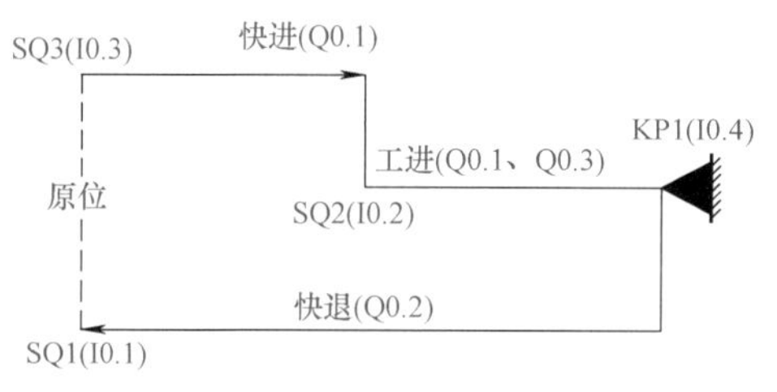

a) 工步示意图

工步	元件			
	Q0.1	Q0.2	Q0.3	KP1
原位	0	0	0	0
快进	1	0	0	0
工进	1	0	1	0/1
快退	0	1	0	1/0

b) 工步动作表

图 5-1-12　液压动力滑台的自动循环示意图

解：液压动力滑台自动循环的顺序功能图如图 5-1-13 所示。

本例题中顺序功能图为单一顺序形式，单一顺序所表示的动作顺序是一个接着一个完成。每步连接着转移，转移后面也仅连接一个步。

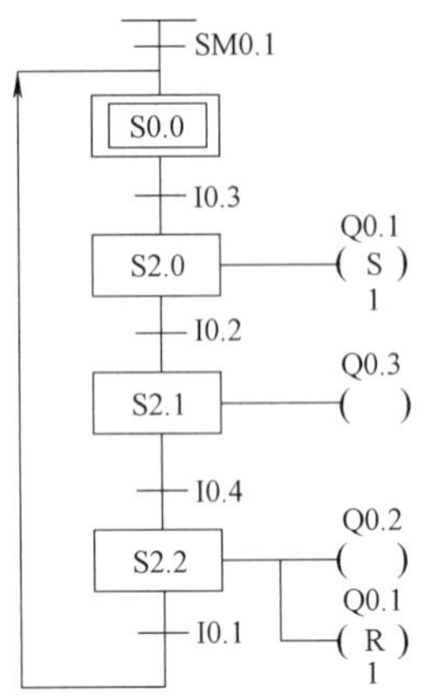

图 5-1-13 液压动力滑台自动循环的顺序功能图

【想想练练】

1）用单一顺序功能图编制一个实现电动机起保停的程序，如何编程？

2）用单一顺序功能图编制一个实现电动机点动的程序，如何编程？

3）请分析图 5-1-14 所示的顺序功能图，该程序可实现什么功能？

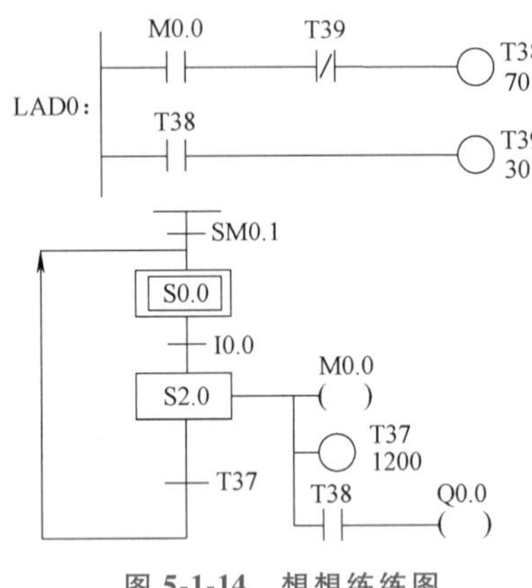

图 5-1-14 想想练练图

二、步进指令

1. 步进指令及步进梯形图

S7-200 SMART 系列 PLC 有三条步进指令，也称为顺序控制指令，分别是 LSCR、SCRT、SCRE。采用步进指令进行编程，不仅可以大大简化 PLC 程序编写的过程，降低编程的出错率，还可以提高系统控制的及时性。三条指令的使用说明见表 5-1-3。

表 5-1-3 步进指令的使用说明

指令	功能说明	梯形图表示	指令语句	操作元件
LSCR	步进开始	S0.1 SCR	LSCR S0.1	S
SCRT	步进转移	S0.2 (SCRT)	SCRT S0.2	S
SCRE	步进结束	(SCRE)	SCRE	无

下面通过电动机带过载保护的起保停功能图分析步进指令的用法。图 5-1-15a 所示是顺序功能图，图 5-1-15b、c 所示为步进梯形图和语句表。其中，S0.0 是初始步。PLC 进

入 RUN 状态时，初始化脉冲 SM0.1 的常开触点闭合一个扫描周期，梯形图第一行将初始步 S0.0 置为活动步。梯形图第二行是 S0.0 顺控程序段的开始，表示该段变为活动步。在梯形图第三行中，常开触点 I0.0 代表转移的条件，如果条件 I0.0 满足闭合，此时转移到下一步 S2.0。梯形图第四行表示 S0.0 顺控程序段的结束。梯形图第五行是 S2.0 顺控程序段的开始，表示该段变为活动步。梯形图第六行中应注意：在 SCR 段输出时，常用特殊辅助继电器 SM0.0 执行 SCR 段的输出操作。因为线圈不能直接和母线相连，所以必须借助于 SM0.0 完成任务。在梯形图第七行中，常开触点 I0.1 和 I0.2 代表转移的条件，如果条件 I0.1 或 I0.2 其中至少有一个闭合，此时转移到下一步 S0.0，进行循环。梯形图第八行表示 S2.0 顺控程序段的结束。

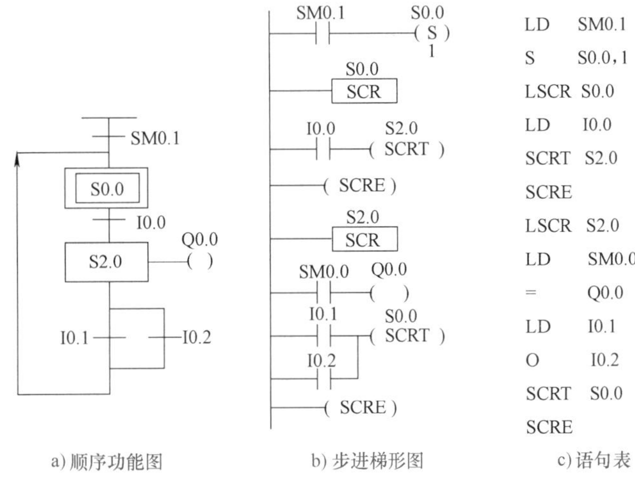

a) 顺序功能图　　b) 步进梯形图　　c) 语句表

图 5-1-15　步进指令用法

综上分析，步进梯形图的特点如下。

1）每个步进程序都有步进初始化，步进初始化一般是一个短脉冲信号。

2）每一个步进工序应包含步进开始程序、驱动负载程序、步进转移程序、步进结束程序 4 部分。步进开始和步进结束要成对使用。

3）当转移条件满足时，则会从上一状态转移到下一状态，而上一个状态自动复位。

4）利用步进指令进行编程时，先画出顺序功能图，再转换成步进梯形图或语句表。

2. 步进指令使用注意事项

1）顺序控制指令仅对状态继电器 S 有效，状态继电器 S 也具有一般继电器的功能，对它还可以使用与其他继电器一样的指令。

2）SCR 段程序能否执行，取决于该段程序对应的状态器 S 是否被置位。另外，当前程序 SCRE 与下一个程序 LSCR 之间的程序不影响下一个 SCR 程序的执行。

3）状态器 S 作为步进开始的标志位，可以用于主程序、子程序或中断程序中，但只能用一次，不能重复使用。

4）SCR 段程序中不能使用跳转指令 JMP 和 LBL，即不允许使用跳转指令跳入、跳出

SCR 程序或在 SCR 程序内部跳转。

5）SCR 段程序中不能使用 FOR、NEXT 指令。FOR 和 NEXT 将在项目六任务二中介绍。

6）在使用 SCRT 指令实现程序转移后，前 SCR 段程序变为非活动步程序，该程序段的元件会自动复位。如果希望转移后某元件能继续输出，可对该元件使用置位或复位指令。

7）在活动状态的转移中，相邻两个状态的状态继电器会同时 ON 一个扫描周期，如果相邻步的动作不能同时输出（如正反转的线圈），应在功能图中加程序联锁，同时 PLC 的外部设置也要加硬件联锁。

3. 步进指令应用举例

【例 5-1-2】 单一顺序的步进梯形图的转换：例 5-1-1 的液压动力滑台的自动循环顺序功能图重画于图 5-1-16a，步进梯形图和语句表如图 5-1-16b、c 所示。

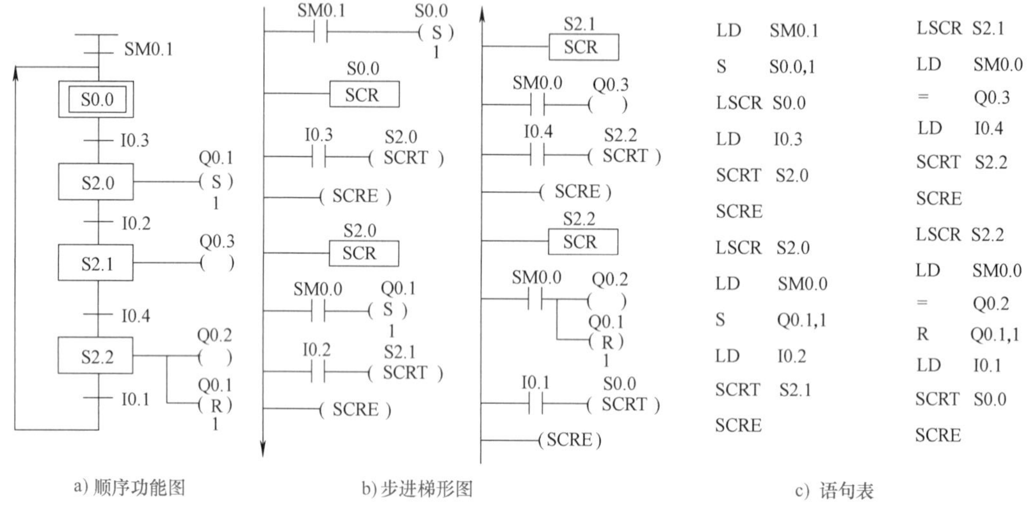

图 5-1-16 单一顺序的顺序功能图与梯形图转换

【例 5-1-3】 用步进指令编写一个彩灯闪烁电路的控制程序。

控制要求：两盏彩灯分别为 HL1 和 HL2，按下起动按钮后 HL1 亮，2s 后 HL1 灭、HL2 亮，2s 后 HL2 灭、HL1 亮……如此循环。运行过程中随时按下停止按钮，系统停止运行。

解：1）PLC 的 I/O 地址分配见表 5-1-4。

表 5-1-4 I/O 地址分配表

输入信号			输出信号		
序号	输入点	输入元件及符号	序号	输出点	输出元件及符号
1	I0. 0	起动按钮	1	Q0. 0	HL1
2	I0. 1	停止按钮	2	Q0. 1	HL2

2）顺序功能图、步进梯形图及语句表的编程如图 5-1-17 所示。

当 PLC 开始运行时，SM0.1 产生一初始脉冲使初始状态 S0.0 置 1，进而使 S2.0 和 S2.1 复位。当起动按钮 I0.0 接通，状态转移到 S2.0，使 S2.0 置 1，同时 S0.0 在下一扫描周期自动复位，S2.0 马上驱动 Q0.0 和 T37。当转移条件 T37 闭合，状态从 S2.0 转移到 S2.1，使 S2.1 置 1，同时驱动 T38 和 Q0.1；若 T38 闭合，又转移到 S2.0 置位。若运行过程中停止按钮 I0.1 闭合，则随时可以使 S2.0 和 S2.1 复位，同时 Q0.0、Q0.1、T37、T38 的线圈也复位，系统停止。

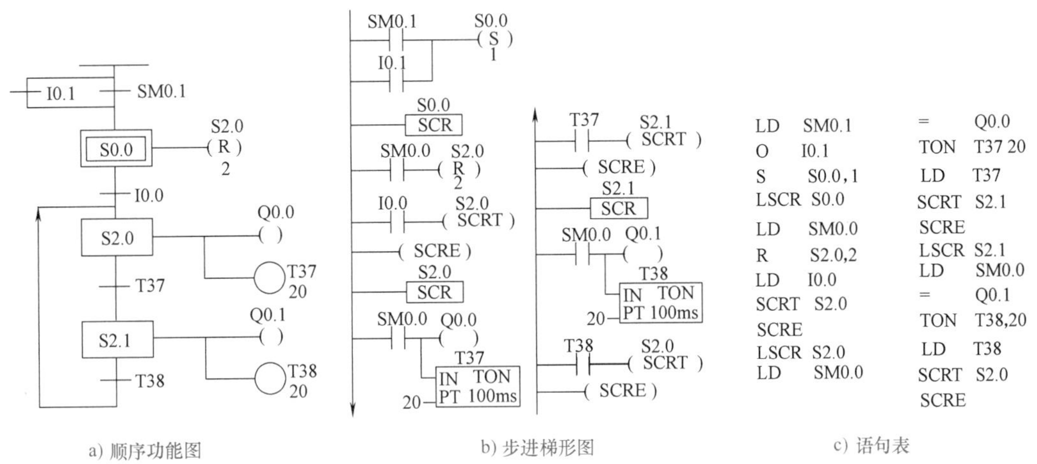

a) 顺序功能图　　b) 步进梯形图　　c) 语句表

图 5-1-17　彩灯闪烁电路的编程

【想想练练】

在彩灯闪烁电路中，如果控制要求改为随时按下停止按钮后，灯 HL2 亮后停止，如何实现编程？

【例 5-1-4】　使用步进指令编写程序。编写顺序功能图控制要求：使用一个按钮控制两盏灯，第一次按下时，第一盏灯亮；第二次按下时，第一盏灯灭，第二盏灯亮；第三次按下时，两盏灯都灭。时序图如图 5-1-18 所示，按钮信号为 I0.1，第一盏灯信号为 Q0.1，第二盏灯信号为 Q0.2。

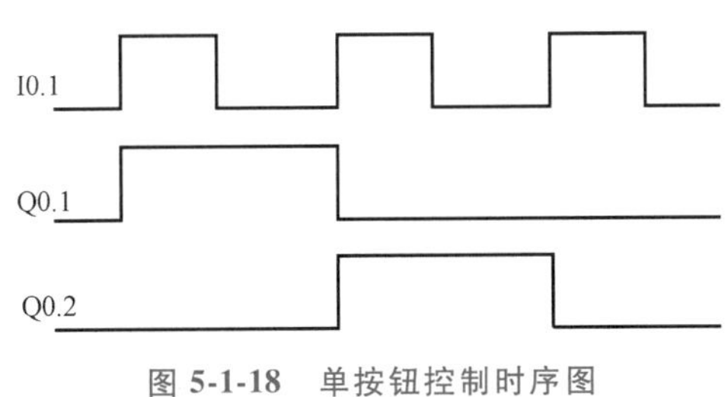

图 5-1-18　单按钮控制时序图

解：顺序功能图如图 5-1-19 所示。

当 PLC 上电后，SM0.1 触点让 S0.0 置位，同时三个计数器 C1、C2、C3 复位。利用梯形图块 LAD0，当 I0.1 闭合时，计数器 C1 的常开触点闭合，使功能图从 S0.0 转到 S2.0，此时第一盏灯亮，当 I0.1 再次闭合时，计数器 C2 的常开触点闭合，使功能图从 S2.0 转到 S2.1，此时第二盏灯亮，当 I0.1 第三次闭合时，计数器 C3 的常开触点闭合，二灯熄灭。

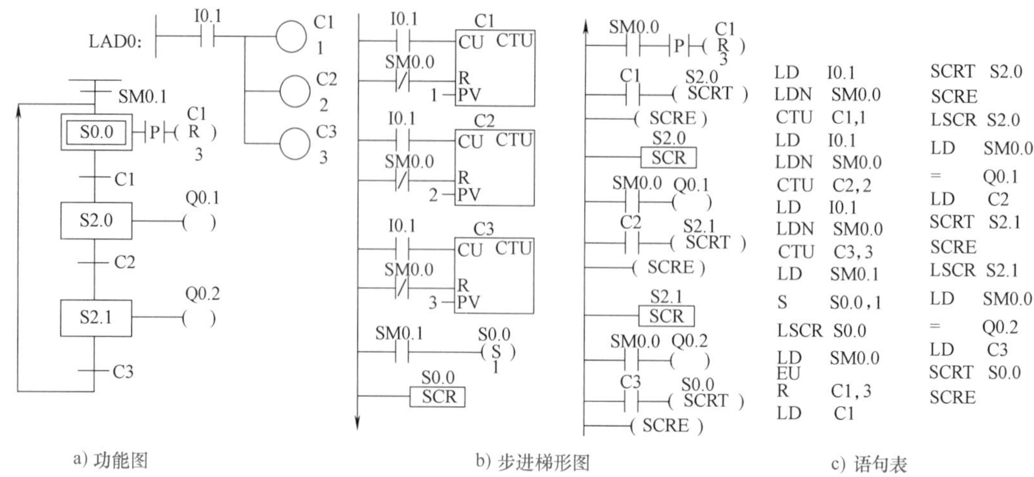


```
LD    I0.1        SCRT  S2.0
LDN   SM0.0       SCRE
CTU   C1,1        LSCR  S2.0
LD    I0.1        LD    SM0.0
LDN   SM0.0       =     Q0.1
CTU   C2,2        LD    C2
LD    I0.1        SCRT  S2.1
LDN   SM0.0       SCRE
CTU   C3,3        LSCR  S2.1
LD    SM0.1       LD    SM0.0
S     S0.0,1      =     Q0.2
LSCR  S0.0        LD    C3
LD    SM0.0       SCRT  S0.0
EU                SCRE
R     C1,3
LD    C1
```

图 5-1-19 单按钮双路单通控制

【想想练练】

请用顺序功能图编制一个二分频程序，并绘出步进梯形图。

【任务评价】

请学生总结要点，填入表 5-1-5，进行自评、小组互评和教师评价，将各项得分及总计得分填入表 5-1-5 中（评价标准由相应评价者自行掌握）。

表 5-1-5 考核评价表

序号	评价内容	配分	要点总结	自评	小组互评	教师评价
1	顺序功能图	20				
2	编程功能图编程举例	20				
3	步进指令	20				
4	步进指令编程举例	10				
5	安全文明操作	30				
总计得分		100				

【课后思考】

一、选择题

1. 状态图中初始步表示初始状态，可以没有动作，用（　　）表示；工作步表示完成一个或多个动作，用（　　）表示。

A. 单线框，双线框　　　　B. 双线框，单线框

C. 单线框，单线框　　　　D. 双线框，双线框

2. 下列关于步的说法错误的是（　　）。

A. 步分为初始步和工作步

B. 每一步中必须有一个或多个特定的动作

C. 初始步表示一个控制系统的初始状态

D. 一个控制系统必须有一个初始步

3. 下列不是顺序功能图组成的是（　　）。

A. 步　　B. 转移条件　　C. 有向线段　　D. 步进指令

4. 下列关于顺序功能图的说法不正确的是（　　）。

A. 顺序功能图是由步、转移条件及有向线段组成

B. 初始步表示一个控制系统的初始状态

C. 初始步必须有具体要完成的动作

D. 步与步之间必须有转移条件

二、简答题

1. 用顺序功能图编制全自动洗衣机的部分控制程序。工作过程如下：洗衣机接通电源后，按下起动按钮 I0.0，进水电磁阀 Q0.0 线圈通电进水，水位达到检测标志后，水位检测开关 I0.1 闭合，停止进水，洗涤继电器线圈 Q0.1 通电开始洗涤，20min 后，洗涤结束，排水电磁阀线圈 Q0.2 通电排水，当水流尽时，无水检测开关 I0.2 闭合，脱水继电器线圈 Q0.3 通电开始脱水，5min 后，脱水结束，进水电磁阀线圈通电进水，重复上述洗涤过程。请完成：（1）画出顺序功能图；（2）将顺序功能图转换为步进梯形图。

2. 初始状态下，某压力机的冲压头停在上面，限位开关 I0.2 为 ON，按下起动按钮 I0.0，输出继电器 Q0.0 控制的电磁阀线圈通电，冲压头下行。压到工件后，压力升高，压力继电器动作，使输入继电器 I0.1 变为 ON，用 T37 保压延时 5s 后，Q0.0 为 OFF，Q0.1 为 ON，上行电磁阀线圈通电，冲压头上行，返回到初始位置时，碰到限位开关 I0.2，系统回到初始状态，Q0.1 为 OFF，冲压头停止上行，画出控制系统的顺序功能图。

任务二　简易交通信号灯的 PLC 控制

【任务内容】

简易交通信号灯如图 5-2-1 所示，系统的控制要求如下。按下开关 S，交通信号灯一个周期（120s）的时序如图 5-2-2 所示。南北信号灯和东西信号灯同时工作，0~50s 期间，南北信号绿灯亮，东西信号红灯亮；50~60s 期间，南北信号黄灯亮，东西信号红灯亮；60~110s 期间，南北信号红灯亮，东西信号绿灯亮；110~120s 期间，南北信号红灯亮，东西信号黄灯亮，如此进行循环控制。

请根据控制要求编写顺序功能图，并完成 PLC 控制电路的安装与调试。

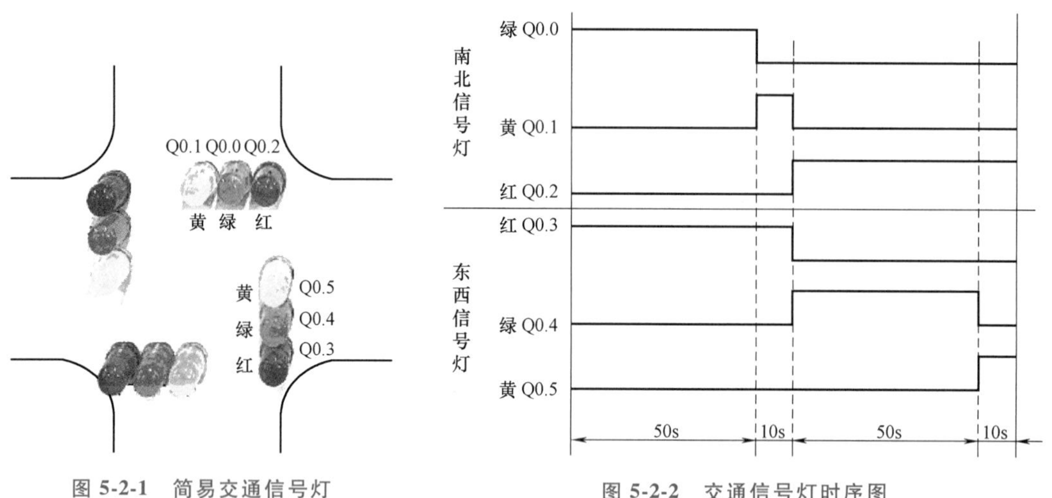

图 5-2-1 简易交通信号灯

图 5-2-2 交通信号灯时序图

【任务分析】

本任务主要以交通信号灯为载体，熟悉顺序功能图中并发顺序流程的设计思路。本任务中输入端采用的开关 S 与按钮不同，设计时要注意区别。另外可以将东西方向的交通信号灯与南北方向的交通信号灯并发顺序控制，各占一条支路设计。

【任务实施】

做中学

1）绘制如图 5-2-3 所示的 PLC 实现交通信号灯的控制电路图。PLC 采用 S7-200 SMART 系列 CPU SR20 AC/DC/Relay。

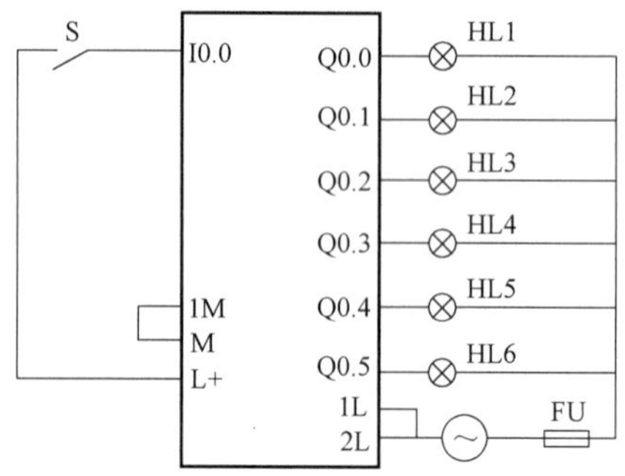

图 5-2-3 PLC 的接线图

2）确定 I/O 地址分配表（见表 5-2-1）。

表 5-2-1　I/O 地址分配表

输入信号			输出信号		
序号	输入点	输入元件及符号	序号	输出点	输出元件及符号
1	I0. 0	起动开关 S	1	Q0. 0	南北绿灯　HL1
			2	Q0. 1	南北黄灯　HL2
			3	Q0. 2	南北红灯　HL3
			4	Q0. 3	东西红灯　HL4
			5	Q0. 4	东西绿灯　HL5
			6	Q0. 5	东西黄灯　HL6

3）编写顺序功能图程序。根据控制要求及 I/O 地址分配表（见表 5-2-1）编写顺序功能图程序，如图 5-2-4 所示。

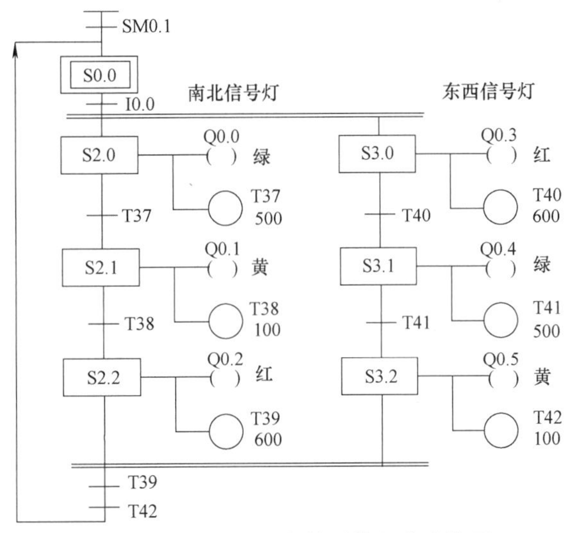

图 5-2-4　交通信号灯控制的顺序功能图

4）将顺序功能图转换为步进梯形图和语句表，如图 5-2-5 所示。

5）硬件组态。

① 打开 STEP 7-Micro/WIN SMART 软件，单击“保存”图标按钮，命名为“交通信号灯的 PLC 控制”，选择存储路径。

② 双击项目指令树区域的“系统块”指令，在弹出的“系统块”对话框“CPU”行、“模块”列单击下拉按钮，根据 CPU 型号选择“CPU SR20（AC/DC/Relay）”，如图 5-2-6 所示。

6）编写程序，下载到 PLC。根据图 5-2-5 所示程序在编程软件中通过梯形图或语句表方式输入后，进行编译处理，下载到 PLC 中。

7）空载调试。将熔断器 FU 断开，进行程序调试。

按下起动开关 S，按图 5-2-2 所示时序要求，观察灯 Q0. 0～Q0. 5 的情况是否符合控制要求，若不符合，检查并修改程序，直至符合控制要求。

8）系统调试。将熔断器 FU 接通，接通主电路电源，进行带负载调试，直至满足控制要求为止。

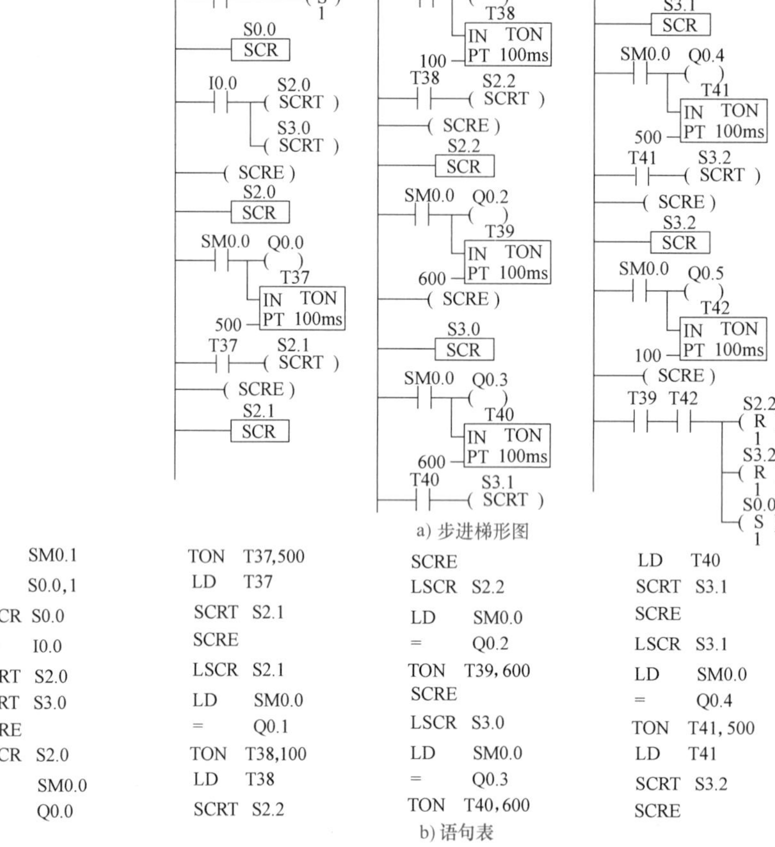

a) 步进梯形图

```
LD    SM0.1        TON   T37,500      SCRE               LD    T40          LSCR  S3.2
S     S0.0,1       LD    T37          LSCR  S2.2         SCRT  S3.1         LD    SM0.0
LSCR  S0.0         SCRT  S2.1         LD    SM0.0        SCRE               =     Q0.5
LD    I0.0         SCRE               =     Q0.2         LSCR  S3.1         TON   T42,100
SCRT  S2.0         LSCR  S2.1         TON   T39,600      LD    SM0.0        SCRE
SCRT  S3.0         LD    SM0.0        SCRE               =     Q0.4         LD    T39
SCRE               =     Q0.1         LSCR  S3.0         TON   T41,500      A     T42
LSCR  S2.0         TON   T38,100      LD    SM0.0        LD    T41          R     S2.2,1
LD    SM0.0        LD    T38          =     Q0.3         SCRT  S3.2         R     S3.2,1
=     Q0.0         SCRT  S2.2         TON   T40,600      SCRE               S     S0.0,1
```

b) 语句表

图 5-2-5 交通信号灯控制步进梯形图和语句表

系统块

	模块	版本	输入	输出	订货号
CPU	CPU SR20 (AC/DC/Relay)	V02.07.00...	I0.0	Q0.0	6ES7 288-1SR20-0AA1
SB					
EM...					
EM...					
EM...					
EM...					

图 5-2-6 硬件组态结果

做中教

一、选择顺序功能图

1. 选择顺序功能图绘制

【例 5-2-1】 用顺序功能图完成电动机正反转的控制程序编程。

控制要求如下：按正转起动按钮 SB1，电动机正转，按停止按钮 SB3，电动机停止；按反转起动按钮 SB2，电动机反转，按停止按钮 SB3，电动机停止；且热继电器具有保护功能。

解：1）I/O 地址分配如下：I0.0，SB3（常开）；I0.1，SB1（常开）；I0.2，SB2（常开）；I0.3，热继电器 FR（常开）；Q0.1，正转接触器 KM1；Q0.2，反转接触器 KM2。

2）根据控制要求和 I/O 地址分配画出顺序功能图，如图 5-2-7 所示。

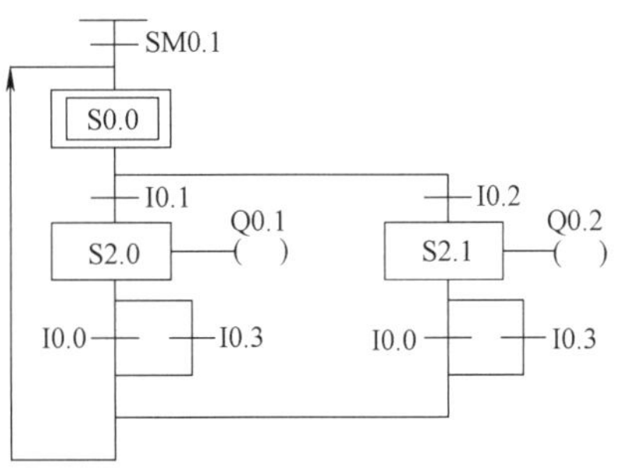

图 5-2-7　电动机正反转的顺序功能图

图 5-2-7 是选择顺序功能图，选择顺序用单水平线表示。选择顺序是指在一步之后有若干个单一顺序等待选择，而一次仅能选择一个单一顺序。为了保证一次仅选择一个顺序，即选择的优先权，必须对各个转移条件加以约束。选择顺序的转移条件应标注在单水平线以内。本例题中电动机的正反转控制是一个具有两个分支的选择性流程，分支转移的条件是正转起动按钮 I0.1 和反转起动按钮 I0.2，汇合的条件是热继电器 I0.3 或停止按钮 I0.0。

【想想练练】

1）图 5-2-8 所示是用选择顺序功能图编制的一个实现电动机点动与连续的程序，请分析：①连续起动和点动控制的软继电器分别是哪个？②能否将 M0.1 和 M0.2 线圈用 Q0.0 代替？

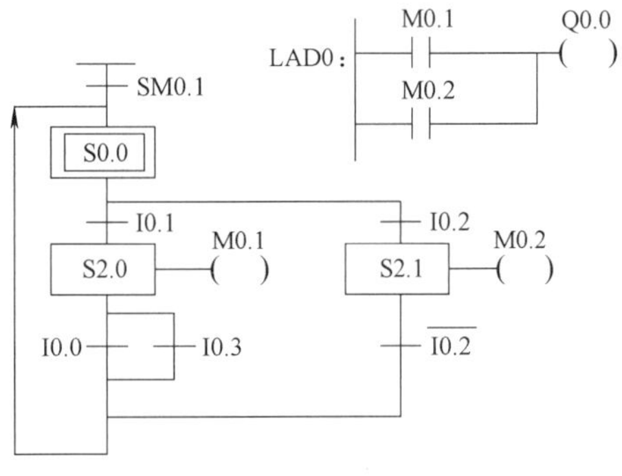

图 5-2-8　想想练练图一

2）程序如图 5-2-9 所示，请分析：①当按下常开触点 I0.0 后，I0.2 在按下和不按下时，灯 Q0.0 和灯 Q0.1 是否发光？②当灯 Q0.0 和 Q0.1 均发光时，按下 I0.1，两灯发光有何变化？

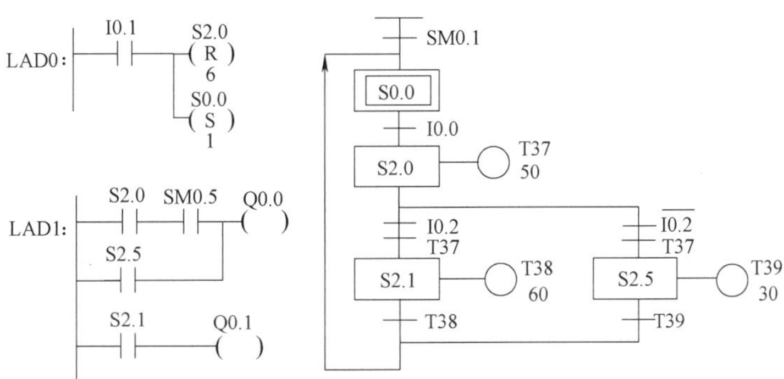

图 5-2-9　想想练练图二

2. 选择顺序功能图的转换

选择顺序的功能图可以转换为步进梯形图和语句表，图 5-2-7 所示的电动机正反转的功能图转换的步进梯形图和语句表如图 5-2-10 所示。图中，I0.1 和 I0.2 为选择转换条件，但 I0.1 和 I0.2 不能同时闭合。

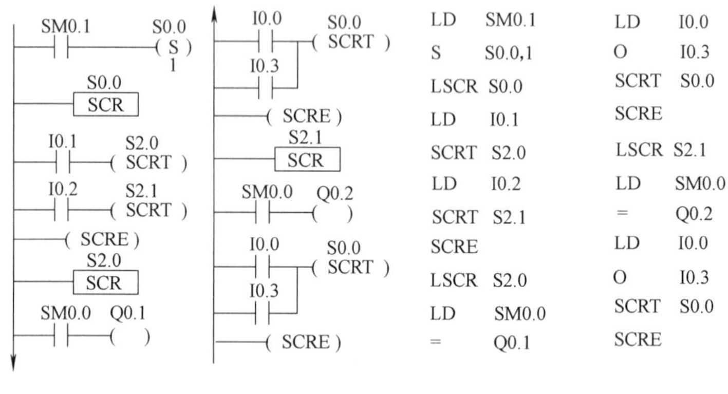

图 5-2-10 选择顺序的步进梯形图和语句表

二、并发顺序功能图

1. 并发顺序功能图绘制

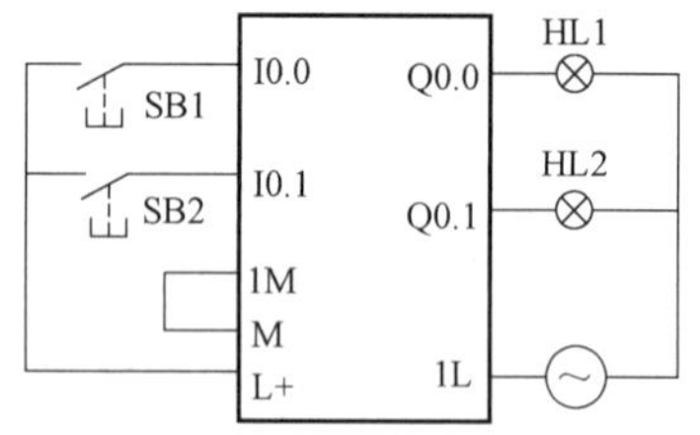

图 5-2-11 两灯控制

【例 5-2-2】 如图 5-2-11 所示，要用 PLC 对两个指示灯进行如下控制：按下起动按钮 SB1 后，灯 HL2 一直亮，同时，灯 HL1 以 1s 一次的间隔闪亮 20s，再亮 30s 后，两灯一起熄灭，随时按停止按钮 SB2，也可使两灯熄灭。请用并发顺序方式将功能图补画完整。

解：1）I/O 地址分配如下：I0.0，起动按钮 SB1；I0.1，停止按钮 SB2；Q0.0，灯 HL1；Q0.1，灯 HL2。

2）顺序功能图如图 5-2-12 所示。

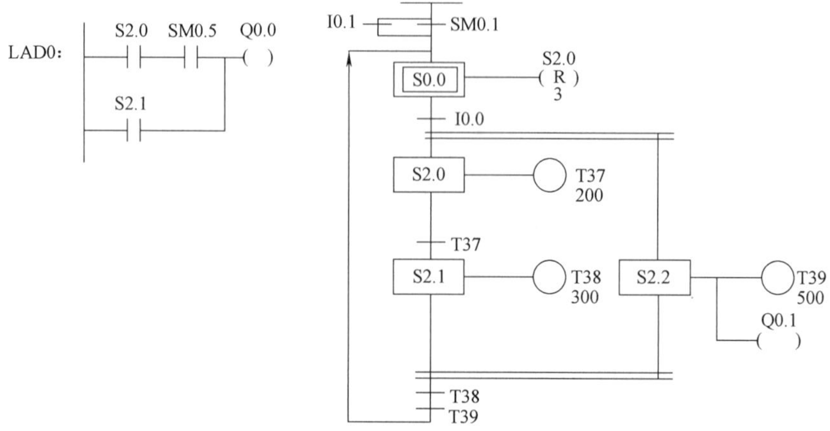

图 5-2-12 两灯控制的顺序功能图

图 5-2-12 是一个并发顺序功能图，并发顺序用双水平线表示。双水平线表示若干个顺序同时开始和结束。并发顺序是指在某一转移条件下同时起动若干个顺序，完成各自相应的动作后，同时转移到并行结束的下一步。并发顺序的转移条件应标注在两条双水平线以外。

【想想练练】

你能用单一顺序功能图编写交通信号灯的程序吗？如何编程？

2. 并发顺序功能图转换

并发顺序功能图可以转换为步进梯形图和语句表，图 5-2-4 所示的交通信号灯步进梯形图和语句表如图 5-2-5 所示。图中，当转换条件 I0.0 闭合时，状态器 S2.0 和 S3.0 同时被置位，两个分支同时执行各自的步进流程，S0.0 自动复位。在 S2.2 和 S3.2 被置位后，若 T39 和 T42 闭合，则 S0.0 被置位，S2.2 和 S3.2 同时被复位。

【想想练练】

你能将图 5-2-12 所示顺序功能图转换为步进梯形图和语句表吗？如何编程？

【任务评价】

请学生总结要点，填入表 5-2-2，并进行自评、小组互评和教师评价，将各项得分及总计得分填入表 5-2-2 中（评分标准由相应评价者自行掌握）。

表 5-2-2 考核评价表

序号	评价内容	配分	要点总结	自评	小组互评	教师评价
1	选择顺序功能图	20				
2	选择顺序功能图转换	20				
3	并发顺序功能图	15				
4	并发顺序功能图转换	15				
5	安全文明操作	30				
总计得分		100				

【课后思考】

一、选择题

1. 画顺序功能图时，下列说法错误的是（　　）。

A. 当系统的控制顺序从上到下时，不必标注箭头

B. 当系统的控制顺序从下到上时，必须标注箭头

C. 选择顺序的转移条件应放在两条双水平线以内

D. 并发顺序的转移条件应放在两条双水平线以外

2. 步进指令 LSCR 必须与（　　）指令成对使用。

A. S　　B. SCRT　　C. SCR　　D. SCRE

3. 在 SCR 段输出时，常用执行 SCR 段的输出操作特殊辅助继电器是（　　）。

A. SM0.0　　B. SM0.1　　C. SM0.4　　D. SM0.5

二、简答题

1. 现有一个小型的 PLC 控制系统实现对某锅炉的鼓风机和引风机进行控制。要求鼓风机比引风机晚 12s 起动，引风机比鼓风机晚 15s 停机，其时序波形图如图 5-2-13 所示，试编写顺序功能图。

2. 根据Y-△减压起动电路原理，将图 5-2-14 所示的顺序功能图补画完整。

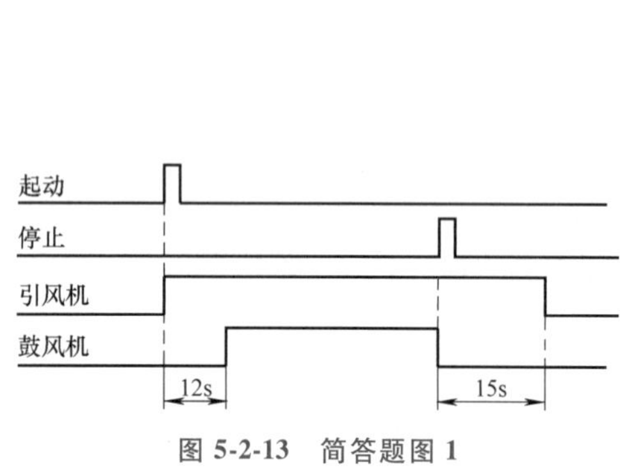

图 5-2-13　简答题图 1

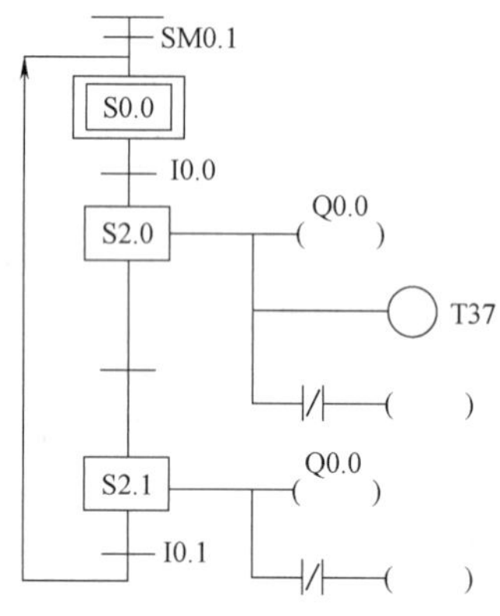

图 5-2-14　简答题图 2

任务三　自动门的 PLC 控制

【任务内容】

图 5-3-1 所示为某自动门的工作示意图，关门时动作由高速转为低速运行，使自动门可以平稳地关闭；开门时动作由高速转为低速进行，使自动门可以平稳地完全打开。开门动作高速开门→低速开门，关门动作高速关门→低速关门。

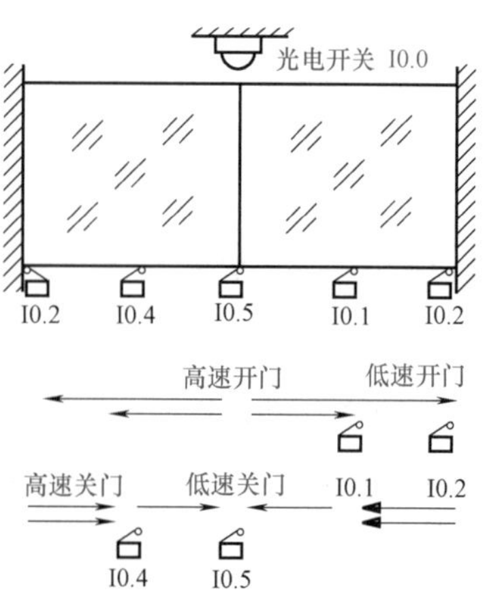

图 5-3-1　自动门工作示意图

自动门的控制要求如下。

1）开门动作控制：当有人靠近时，光电开关 I0.0（有人时 I0.0 为 ON）检测到信号，首先执行高速开门动作；当自动门打开到一定位置，其限速开关 I0.1 闭合，自动转为低速开门，直到开门极限开关 I0.2 闭合；门全部打开后，延时 2s，同时光电传感器检测到无人，即转为关门动作。

2）关门动作控制：首先高速关门，当门关到一定位置时，限位开关 I0.4 闭合，转为低速关门动作，直至关门极限开关 I0.5 闭合；在关门期间，若检测到有人，则停止关门动作，并延时 1s 转为开门动作。

请根据控制要求编写顺序功能图，并完成 PLC 控制电路的安装与调试。

【任务分析】

本任务主要以自动门为载体，熟悉顺序功能图中跳转与循环流程的设计思路。本任务中输入端采用的二线制光电式接近开关 SP，若使用三线制光电式接近开关，其接线方式可参考项目一的相关内容，其他输入端可采用行程开关。

【任务实施】

1）绘制如图 5-3-2 所示的 PLC 实现自动门的控制电路图。PLC 采用 S7-200 SMART 系列 CPU SR20 AC/DC/Relay。

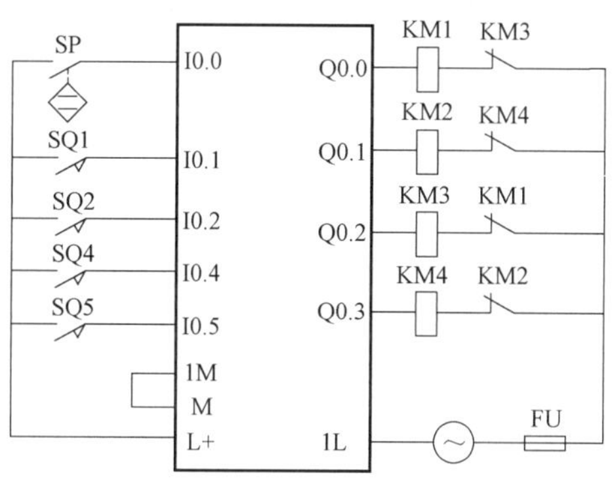

图 5-3-2　PLC 的接线图

2）确定 I/O 地址分配表（见表 5-3-1）。

表 5-3-1　I/O 地址分配表

输入信号			输出信号		
序号	输入点	输入元件及符号	序号	输出点	输出元件及符号
1	I0.0	光电传感器　SP	1	Q0.0	高速开门　KM1
2	I0.1	开门限位开关 SQ1	2	Q0.1	低速开门　KM2
3	I0.2	开门极限开关 SQ2	3	Q0.2	高速关门　KM3
4	I0.4	关门限位开关 SQ4	4	Q0.3	低速关门　KM4
5	I0.5	关门极限开关 SQ5			

3）编写顺序功能图程序。根据控制要求及 I/O 地址分配表（见表 5-3-1）编写顺序功能图程序，如图 5-3-3 所示。

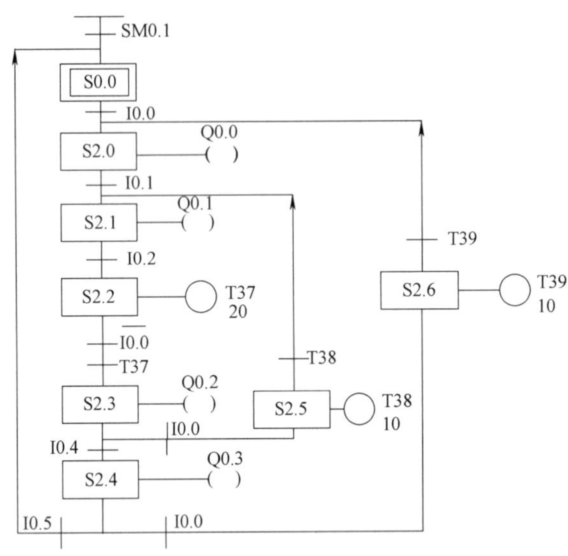

图 5-3-3　自动门控制的顺序功能图

4）将顺序功能图转换为梯形图和语句表，如图 5-3-4 所示。

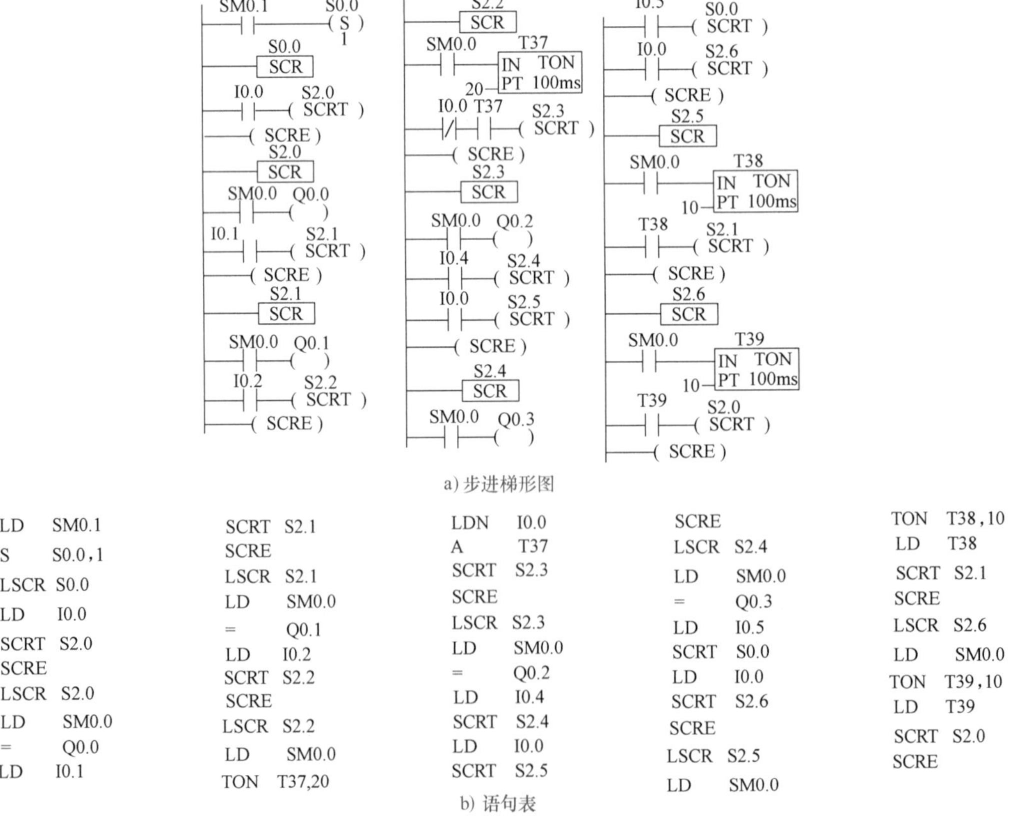

a) 步进梯形图

```
LD      SM0.1
S       S0.0,1
LSCR    S0.0
LD      I0.0
SCRT    S2.0
SCRE
LSCR    S2.0
LD      SM0.0
=       Q0.0
LD      I0.1
SCRT    S2.1
SCRE
LSCR    S2.1
LD      SM0.0
=       Q0.1
LD      I0.2
SCRT    S2.2
SCRE
LSCR    S2.2
LD      SM0.0
TON     T37,20
LDN     I0.0
A       T37
SCRT    S2.3
SCRE
LSCR    S2.3
LD      SM0.0
=       Q0.2
LD      I0.4
SCRT    S2.4
LD      I0.0
SCRT    S2.5
SCRE
LSCR    S2.4
LD      SM0.0
=       Q0.3
LD      I0.5
SCRT    S0.0
LD      I0.0
SCRT    S2.6
SCRE
LSCR    S2.5
LD      SM0.0
TON     T38,10
LD      T38
SCRT    S2.1
SCRE
LSCR    S2.6
LD      SM0.0
TON     T39,10
LD      T39
SCRT    S2.0
SCRE
```

b) 语句表

图 5-3-4　自动门的步进梯形图及语句表

5）硬件组态。

① 打开 STEP 7-Micro/WIN SMART 软件，单击“保存”图标按钮，命名为“自动门的 PLC 控制”，选择存储路径。

② 双击项目指令树区域的“系统块”指令，在弹出的“系统块”对话框“CPU”行、“模块”列单击下拉按钮，根据 CPU 型号选择“CPU SR20（AC/DC/Relay）”，如图 5-3-5 所示。

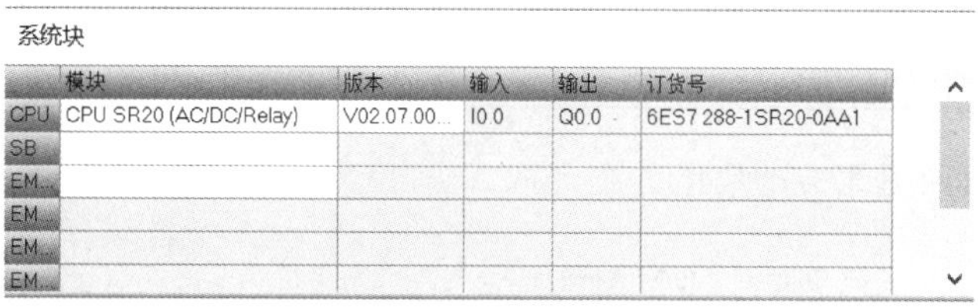

系统块

	模块	版本	输入	输出	订货号
CPU	CPU SR20 (AC/DC/Relay)	V02.07.00...	I0.0	Q0.0	6ES7 288-1SR20-0AA1
SB					
EM...					
EM...					
EM...					
EM...					

图 5-3-5　硬件组态结果

6）编写程序，下载到 PLC。根据图 5-3-4 所示程序在编程软件中通过梯形图或语句表方式输入后，进行编译处理，下载到 PLC 中。

7）空载调试。将熔断器 FU 断开，进行程序调试。

根据控制要求，按图 5-3-2 所示的输入及输出分析程序能否满足控制要求。

观察灯 Q0.0~Q0.3 的情况是否符合控制要求，若不符合，检查并修改程序，直至符合控制要求。

8）系统调试。将熔断器 FU 接通，接通主电路电源，进行带负载调试，直至满足控制要求为止。

【知识链接】

一、跳转与循环顺序功能图的设计

【例 5-3-1】　如图 5-3-6 所示，某流水灯系统的控制要求如下。

1）按下起动按钮 SB1，灯 HL1 和 HL2 发光，10s 后变为灯 HL2 和 HL3 发光，再过 10s 后变为灯 HL1 和 HL3 发光，再过 10s 后变回灯 HL1 和 HL2 发光，如此循环往复控制。

2）按下停止按钮 SB2 后，所有灯立即停止发光。

3）按下停止按钮 SB3 后，须等到一个工作循环结束后才停止。

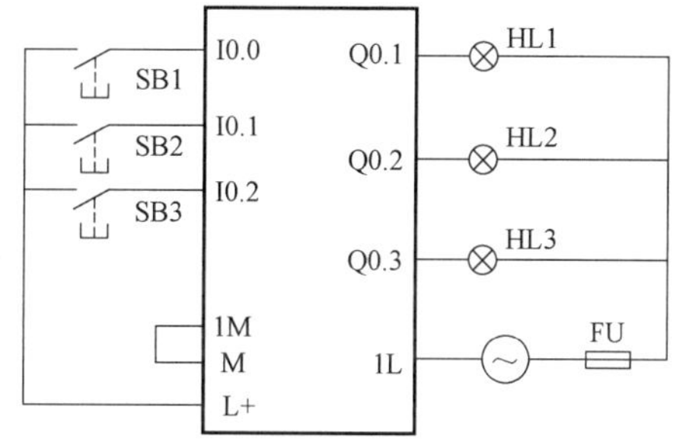

图 5-3-6　流水灯控制的 I/O 接线图

请根据控制要求编写顺序功能图。

解：1）I/O 地址分配见表 5-3-2。

表 5-3-2 I/O 地址分配表

输入信号			输出信号		
序号	输入点	输入元件及符号	序号	输出点	输出元件及符号
1	I0. 0	起动按钮 SB1	1	Q0. 1	灯 HL1
2	I0. 1	停止按钮 SB2	2	Q0. 2	灯 HL2
3	I0. 2	停止按钮 SB3	3	Q0. 3	灯 HL3

2）顺序功能图如图 5-3-7 所示。

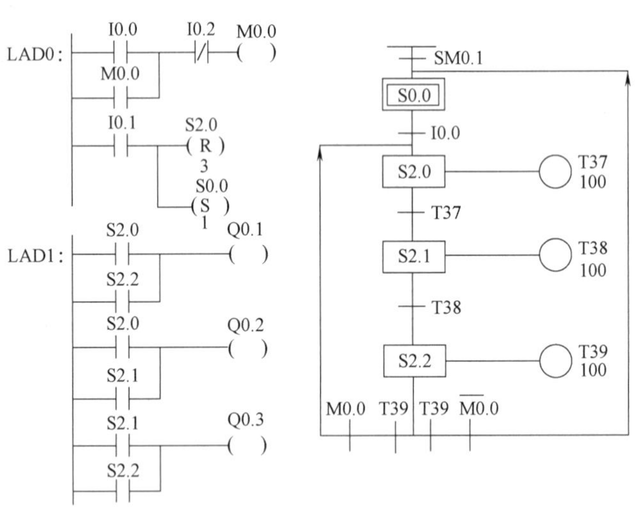

图 5-3-7 流水灯控制的顺序功能图

图 5-3-7 为跳转与循环顺序功能图，此形式的顺序功能图表示顺序控制跳过某些状态和重复执行。本例题特别分析停止功能在顺序功能图中的应用。跳转与循环顺序功能图与步进梯形图、语句表的切换可参考图 5-3-4。

二、编程实例

【例 5-3-2】 图 5-3-8 所示为某小车送料工作示意图。其控制要求如下。

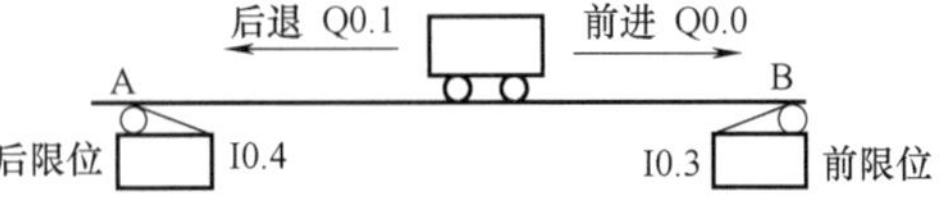

图 5-3-8 送料小车示意图

1）在初始状态下，按下前进起动按钮（I0. 0 闭合），小车由初始状态前进。当小车前进至前限位时，前限位开关 I0. 3 闭合，小车暂停；延时 10s 后，小车后退，后退至后限位时，后限位开关 I0. 4 闭合，小车又开始前进，如此循环工作下去。

2）小车在前进步时，如果按下停止按钮（I0. 2 闭合），则小车回到初始状态。

3）在初始状态时，如果按下后退起动按钮（I0. 1 闭合），则小车由初始状态直接到后退状态，然后按照后退→前进→延时→后退→……的顺序执行。

4）小车在后退时，如果按下停止按钮（I0.2 闭合），则转移到初始状态，后退步停止。

解：1）PLC 的 I/O 地址分配见表 5-3-3。

表 5-3-3　I/O 地址分配表

输入			输出		
序号	输入继电器	输入元件	序号	输出继电器	输出元件
1	I0. 0	前进起动按钮	1	Q0. 0	前进
2	I0. 1	后退起动按钮	2	Q0. 1	后退
3	I0. 2	停止按钮			
4	I0. 3	前限位开关			
5	I0. 4	后限位开关			

2）顺序功能图、步进梯形图及语句表的编程如图 5-3-9 所示。

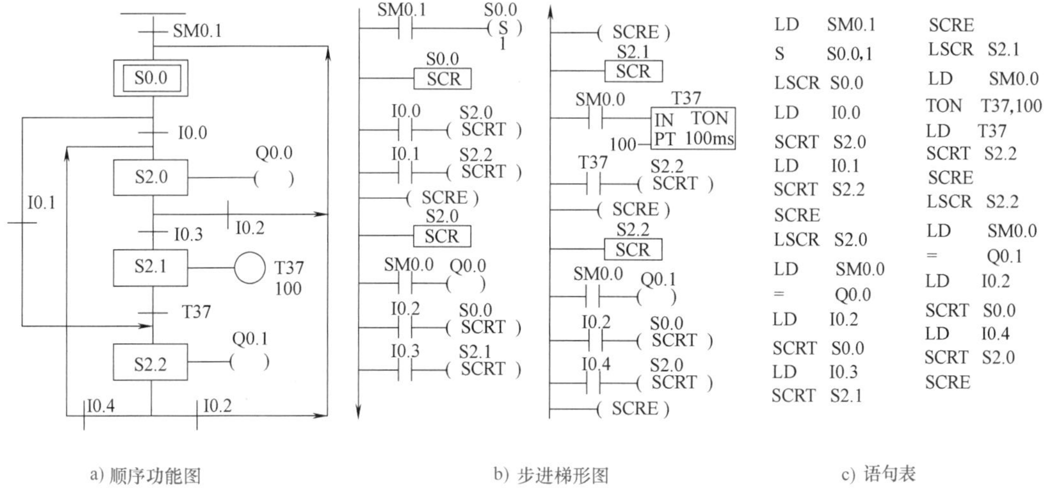

图 5-3-9　送料小车的步进指令编程

【例 5-3-3】　某三相异步电动机的控制要求：按下起动按钮，电动机正转运行 5min，反转运行 3min，该动作重复执行三次后自动停止。试编写顺序功能图。

解：1）PLC 的 I/O 地址分配见表 5-3-4。

表 5-3-4　I/O 地址分配表

输入			输出		
序号	输入继电器	输入元件	序号	输出继电器	输出元件
1	I0. 0	起动按钮	1	Q0. 0	正转
2	I0. 1	停止按钮	2	Q0. 1	反转

2）顺序功能图、步进梯形图及语句表的编程如图 5-3-10 所示。

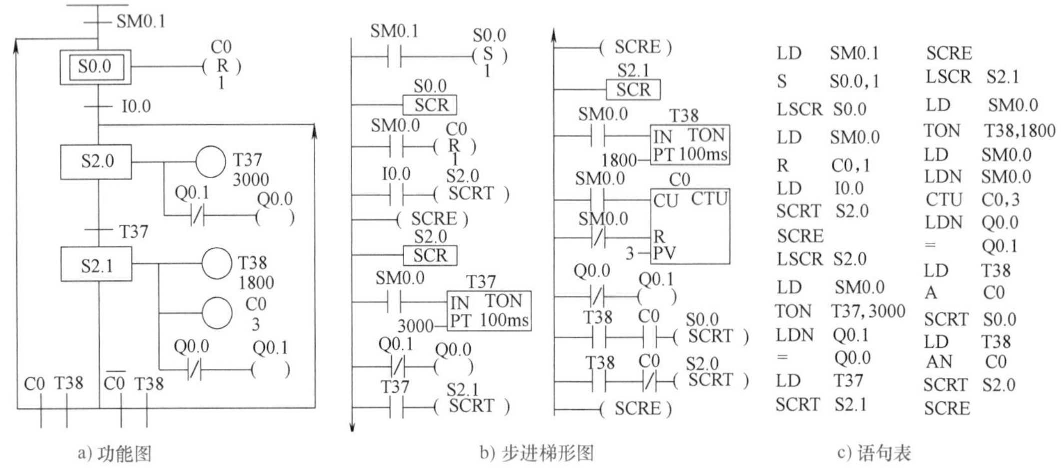

a) 功能图　b) 步进梯形图　c) 语句表

图 5-3-10　电动机的正反转及计数编程

【想想练练】

编写一个 PLC 控制电动机Y-△减压起动的顺序功能图，延时时间为 6s，由Y联结切换到△联结。

【任务评价】

请学生总结要点，填入表 5-3-5，进行自评、小组互评和教师评价，将各项得分及总计得分填入表 5-3-5 中（评分标准由相应评价者自行掌握）。

表 5-3-5　考核评价表

序号	评价内容	配分	要点总结	自评	小组互评	教师评价
1	自动门控制设计	25				
2	跳转与循环顺序功能图设计	25				
3	跳转与循环顺序功能图应用	20				
4	安全文明操作	30				
	总计得分	100				

【课后思考】

一、选择题

1. 状态器 S 作为步进开始的标志位，但只能用（　　）。

A. 1 次　　B. 2 次　　C. 3 次　　D. 4 次

2. SCR 段程序中能使用（　　）指令。

A. FOR　　B. NEXT　　C. END　　D. LD

3. 下列不符合功能构成规则的是（　　）。

A. 画功能图时，要根据控制系统的具体要求将控制系统的工作顺序分为若干步，并确定相应的动作

B. 步与步之间用有向线段连接

C. 找出步与步之间的转移条件

D. 确定初始步，用于表示顺序控制的初始状态，系统结束时一般不返回初始状态

二、简答题

按下起动按钮 SB1，三盏灯 HL1、HL2、HL3 依次间隔 2s 顺序循环点亮（每次只能一盏灯亮），按下停止按钮 SB2 后，HL3 熄灭后全部停止工作，试编写顺序功能图。

匠心铸梦

匠心守护飞机“心脏”的洪家光

他是我国航空发动机制造行业的佼佼者，登上过国家科技最高领奖台，他通过十几年的潜心钻研，研究出“航空发动机叶片磨削用滚轮精密制造技术”，成为行业领军人物，他就是中国航发沈阳黎明航空发动机有限责任公司车工、高级技师洪家光。

航空发动机被誉为现代工业“皇冠上的明珠”，相当于飞机的“心脏”。洪家光加工的精密零件正是影响发动机安全性能的关键承载部件。

多年前，在加工发动机的修正工具金刚石滚轮时，恰巧当时掌握此项技术的师傅生病住院，任务节点迫在眉睫。得知此事后，洪家光主动承担起任务。

加工这一零件精度要求极高，如果金刚石滚轮有 1 个尺寸超差，就会导致修理的零件报废。他与团队成员仔细研究叶片的结构特点，用心揣摩，找资料、请专家、做实验，不断潜心探索实践。那段时间，他连续工作了 10 天，终于攻克了这项难题。

此后，经过不断努力，他与团队成员研发出叶片磨削用金刚石滚轮制造工具。这一工具经生产单位应用后，叶片加工质量和合格率得到了提升。2018 年，凭借该项技术，39 岁的洪家光获得国家科技进步二等奖，是当时获奖者中最年轻的一位。

如今，看洪家光干活已成为一种享受：一身整洁的工装，双手将一块金属装夹在车床上，起动车床，打开切削液开关，左手移动大拖板，右手移动中滑板，试切削一刀，火花飞溅。随后观看切削面的颜色和亮度变化，调整细微偏差后，再次进行加工，迅速移动拖板和滑板回到初始位置，用千分尺测量精度，整套动作一气呵成。

遇到棘手问题，他总是挖空心思想办法解决。他擅长采用先进的加工方法，充分发挥设备、刀具的加工能力。20 年来，他先后完成了 200 多项革新，解决了 300 多个难题。

项目六　PLC 的功能指令及编程

项目概述

基本指令和步进指令是 PLC 最常用的指令。为了满足现代工业控制的需要，PLC 制造商开始逐步为 PLC 增加了很多功能指令。功能指令使 PLC 具有强大的数据运算和特殊处理功能，从而大大扩展了 PLC 的使用范围。

通过本项目的理论学习和实训，学生将熟悉 S7-200 SMART 系列 PLC 功能指令的基本规则，并了解常用功能指令的使用及编程方法。

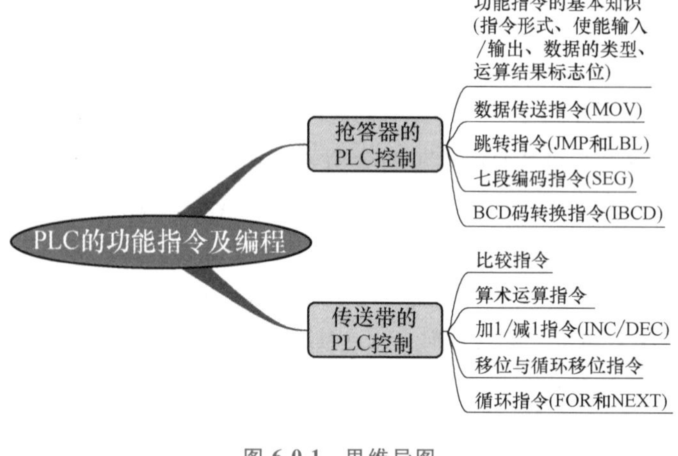

图 6-0-1　思维导图

项目目标

知识目标

1. 了解功能指令的表示方式。
2. 掌握功能指令的功能并进行简单的编程。

技能目标

1. 熟悉常用功能指令的基本使用。
2. 会应用功能指令编程解决实际问题。

素养目标

1. 培养学生实事求是的学习态度、积极探索的学习习惯。
2. 激发学生参与专业实践的热情。

任务一　抢答器的 PLC 控制

【任务内容】

用 PLC 实现一个 3 组优先抢答器的控制，要求在主持人按下开始按钮后，按下 3 组抢答按钮中任意一个后，主持人前面的显示器能实时显示该组的编号，同时锁住抢答器，使其他组按下抢答按钮无效。若主持人按下停止按钮，则不能进行抢答，且显示器无显示。请根据控制要求编写程序，并完成控制调试。

【任务分析】

本任务主要以抢答器为载体，熟悉抢答程序要点、传送指令的应用、七段编码指令等综合设计思路。本任务中 PLC 采用了 S7-200 SMART 系列 CPU ST20 DC/DC/DC，另外配接开关电源，请接线时注意区别。

【任务实施】

抢答器

1）绘制如图 6-1-1 所示 PLC 实现的抢答器控制电路图。PLC 采用 S7-200 SMART 系列 CPU ST20 DC/DC/DC。

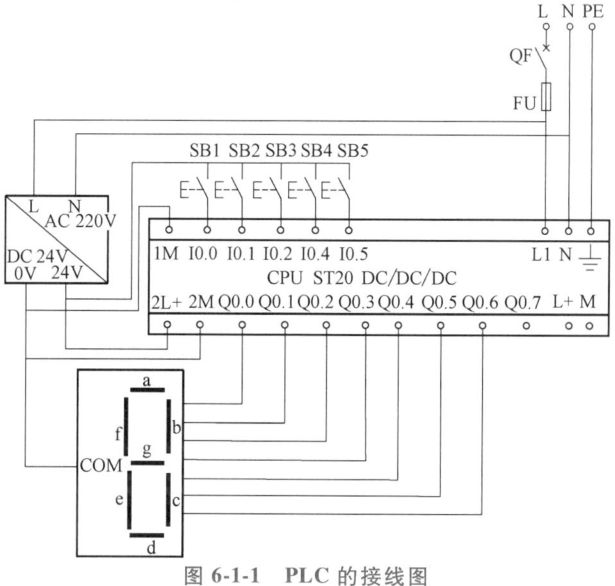

图 6-1-1　PLC 的接线图

2）确定 I/O 地址分配表（见表 6-1-1）。

表 6-1-1 I/O 地址分配表

输入信号			输出信号		
序号	输入点	输入元件及符号	序号	输出点	输出元件及符号
1	I0.0	起动按钮 SB1	1	Q0.0	数码管 a 段
2	I0.1	停止按钮 SB2	2	Q0.1	数码管 b 段
3	I0.2	第一组抢答按钮 SB3	3	Q0.2	数码管 c 段
4	I0.3	第二组抢答按钮 SB4	4	Q0.3	数码管 d 段
5	I0.4	第三组抢答按钮 SB5	5	Q0.4	数码管 e 段
			6	Q0.5	数码管 f 段
			7	Q0.6	数码管 g 段

3）编写程序。根据控制要求及 I/O 地址分配表（见表 6-1-1）编写程序，如图 6-1-2 所示。

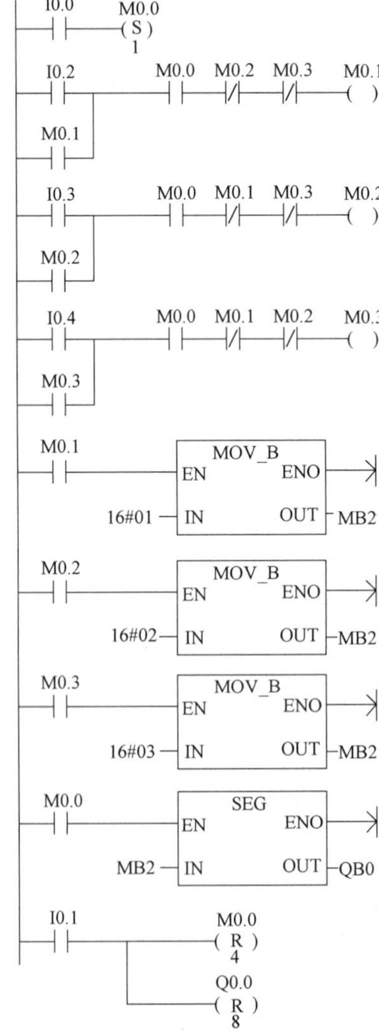

图 6-1-2 抢答器的 PLC 程序

4）硬件组态。

① 打开 STEP 7-Micro/WIN SMART 软件，单击“保存”图标按钮，命名为“抢答器的 PLC 控制”，选择存储路径。

② 双击项目指令树区域的“系统块”指令，在弹出的“系统块”对话框“CPU”行、“模块”列单击下拉按钮，根据 CPU 型号选择“CPU ST20（DC/DC/DC)”，如图 6-1-3 所示。

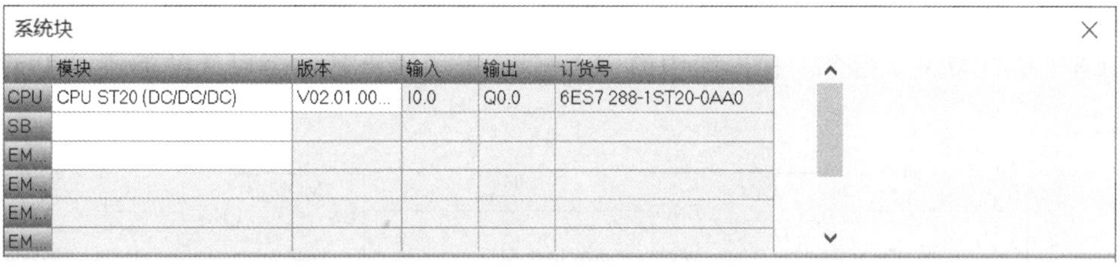

系统块

	模块	版本	输入	输出	订货号
CPU	CPU ST20 (DC/DC/DC)	V02.01.00...	I0.0	Q0.0	6ES7 288-1ST20-0AA0
SB					
EM...					
EM...					
EM...					
EM...					

图 6-1-3　硬件组态结果

5）编写程序，下载到 PLC。将图 6-1-2 所示的程序输入编程软件后，进行编译处理，下载到 PLC 中。

6）系统调试。根据任务要求，利用程序监控功能进行调试，若不符合控制要求，检查并修改程序，直至符合控制要求。

一、功能指令的指令形式

功能指令在梯形图中用功能框表示，功能框及指令标识形式如图 6-1-4 所示。

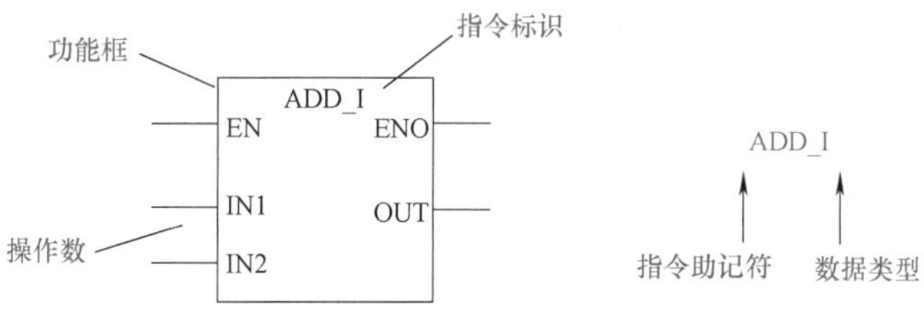

图 6-1-4　功能框及指令标识

功能框中，指令助记符 ADD 表示加法指令，数据类型 I 表示整数。IN1、IN2 为源操作数，执行指令后其内容不会改变；OUT 为目标操作数，执行指令后其内容发生改变。EN 为使能输入端，当使能输入端 EN 有效时，执行加法指令；ENO 为使能输出端，它可以作为下一个功能框的输入。

功能指令在语句表中也由助记符和操作数两部分组成，图 6-1-4 中加法的指令为“+I IN2，OUT”，其中+I 为助记符，表示整数加法，IN2 为源操作数，OUT 为目标操作数。

二、使能输入与使能输出

1. 指令的级联

如果功能框在 EN 处有能流而且执行时无错误，则 ENO 状态为 1，ENO 将能流传递给下一个功能框。如果执行过程中有错误，ENO 状态为 0，能流在出现错误的功能框终止。在图 6-1-5 所示梯形图中，当 I2.4 的常开触点接通时，能流流到功能框 DIV_I 的数字量输入端 EN，执行 DIV_I 指令。梯形图中的“——>|”表示输出是一个可选的能流，用于指令的级联。

图 6-1-5 指令的级联

语句表中没有 EN 输入，对于要执行的语句指令，程序中用 AENO（ANDENO）指令访问 ENO，AENO 用来产生与功能框的 ENO 相同的效果。

图 6-1-5 所示梯形图的语句指令如下。

```
LD      I2.4
MOVW    VW10, VW14    //VW10→VW 14
AENO
/I      VW12, VW14    //VW14/VW12→VW14
AENO
MOVB    VB0, VB2      //VB0→VB2
```

2. 执行方式

功能框中以“EN”表示的输入为指令执行的条件。在梯形图中，“EN”连接的为编程软元件触点的组合。从能流的角度出发，当触点组合满足能流达到功能框的条件时，该功能框所表示的指令就得以执行。当功能框 EN 前的执行条件成立时，该指令在每个扫描周期都会被执行一次。这种执行方式称为连续执行。而在很多场合，我们希望功能框只执行一次，即只在一个扫描周期中有效，这时可以用脉冲作为执行条件，这种执行方式称为脉冲执行。连续执行或脉冲执行的结果因功能指令的不同，有的相同，有的不同，因此在编程时必须给功能框设定合适的执行条件。

必须有能流输入才能执行的功能框（有 EN 端子）或线圈指令称为条件输入指令，它们不能直接连接到左侧母线上。如果需要无条件执行这些指令，可以用接在左侧母线上的 SM0.0 的常开触点来驱动它们。

有的线圈或功能框的执行与能流无关，如步进指令的 SCR 无 EN 端子，称为无条件输入指令，应将它们直接接在左侧母线上。

不能级联的指令块没有 ENO 输出端和能流流出，如 JMP、LBL 等指令。

三、数据的类型

S7-200 系列 PLC 的数据格式和取值范围见表 6-1-2。

表 6-1-2　数据格式和取值范围

数据格式	数据长度	数据类型	取值范围
位(BOOL)	1 位	布尔数	ON(1);OFF(0)
字节(BYTE)	8 位	无符号整数	0~255;16#0~FF
字(WORD)	16 位	无符号整数	0~65535;16#0~FFFF
双字(DWORD)	32 位	无符号整数	0~4294967295;16#0~FFFFFFFF
整型(INT)	16 位	有符号整数	-32768~+32767;16#8000~7FFF
双整型(DINT)	32 位	有符号整数	-2147483648~+2147483647;16#80000000~7FFFFFFF
实数型(REAL)	32 位	浮点数	$\pm1.175495\times10^{38}\sim\pm3.402823\times10^{38}$

四、运算结果标志位

算数运算指令可以进行“+”“-”“×”“÷”等运算，运算结果影响标志位。

SM1.0：当执行某些指令，其结果为 0 时，将该位置 1。

SM1.1：当执行某些指令，其结果溢出或为非法数值时，将该位置 1。

SM1.2：当执行数学运算指令，其结果为负数时，将该位置 1。

SM1.3：试图除以 0 时，将该位置 1。

五、数据传送指令（MOV）

传送指令用来完成各存储单元之间进行一个或多个数据的传送，可分为单一传送指令和块传送指令。几种数据传送指令的指令形式与功能见表 6-1-3。

表 6-1-3　数据传送指令的指令形式与功能

类型	梯形图及指令		输入/输出	功能	数据类型
单一传送	梯形图	MOV_□ EN　ENO IN　OUT	IN/OUT	使能输入有效时，把一个单字节数据（字、双字或实数）由 IN 传送到 OUT 所指的存储单元	字节（字、双字、实数）
	指令	MOV□　IN,OUT			
块传送	梯形图	BLKMOV_□ EN　ENO IN　OUT N	IN,N/OUT	把从 IN 开始的 *N* 个字节（字或双字）型数据传送到 OUT 开始的 *N* 个字节（字或双字）存储单元。*N* 的范围为 1~255	输入、输出均为字节（字、双字）
	指令	BM□　IN,OUT,N			

注：方框“□”处可为 B、W、DW（LAD 中为 DW，STL 中为 D）、R。

传送指令使用说明如下：

```
LD      I0.0                 //I0.0 有效时执行下面操作
MOVB    VB100, VB200         //字节 VB100 中的数据传送到字节 VB200 中
MOVW    VW110, VW210         //字 VW110 中的数据传送到字 VW210 中
MOVD    VD120, VD220         //双字 VD120 中的数据传送到双字 VD220 中
BMB     VB130, VB230, 4      //字节 VB130 开始的 4 个连续字节中的数据传送到
                             //VB230 开始的 4 个连续字节存储单元中
BMW     VW140, VW240, 4      //字 VW140 开始的 4 个连续字中的数据传送到字
                             //VW240 开始的 4 个连续字存储单元中
BMD     VD150, VD250, 4      //双字 VD150 开始的 4 个连续双字中的数据传送到双
                             //字 VD250 开始的 4 个连续双字存储单元中
```

【例 6-1-1】 图 6-1-6 所示电路为Y-△减压起动控制电路，控制要求为：接通电源，按下起动按钮 SB1，电源接触器 KM1 和星形接触器 KM2 同时得电，电动机Y联结减压起动，10s 后 KM2 线圈失电，三角形接触器 KM3 得电，电动机△联结全电压运行，按下停止按钮 SB2 或电动机过载，电动机立即停止，试用数据传送指令编写其梯形图。

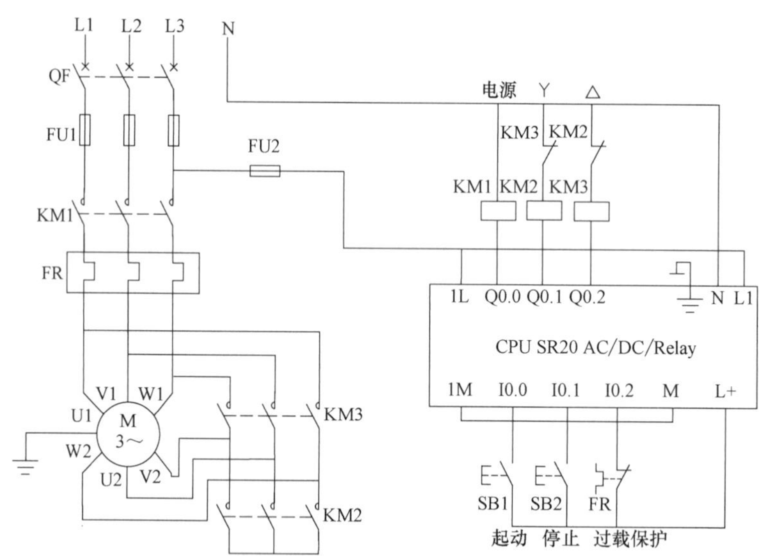

图 6-1-6 Y-△减压起动控制电路

解：Y-△减压起动元件及传送控制数据见表 6-1-4。

表 6-1-4 Y-△减压起动元件及传送控制数据

操作元件	状态	输入端子	输出端口/负载			传送数据
			Q0.2/KM3	Q0.1/KM2	Q0.0/KM1	
SB1	Y联结起动，T37 延时 10s	I0.0	0	1	1	3

（续）

操作元件	状态	输入端子	输出端口/负载			传送数据
			Q0. 2/KM3	Q0. 1/KM2	Q0. 0/KM1	
SB1	T37 延时到，△联结运转		1	0	1	5
SB2	停止	I0. 1	0	0	0	0
FR	过载保护	I0. 2	0	0	0	0

用数据传送指令实现电动机Y-△减压起动控制的梯形图如图 6-1-7 所示。

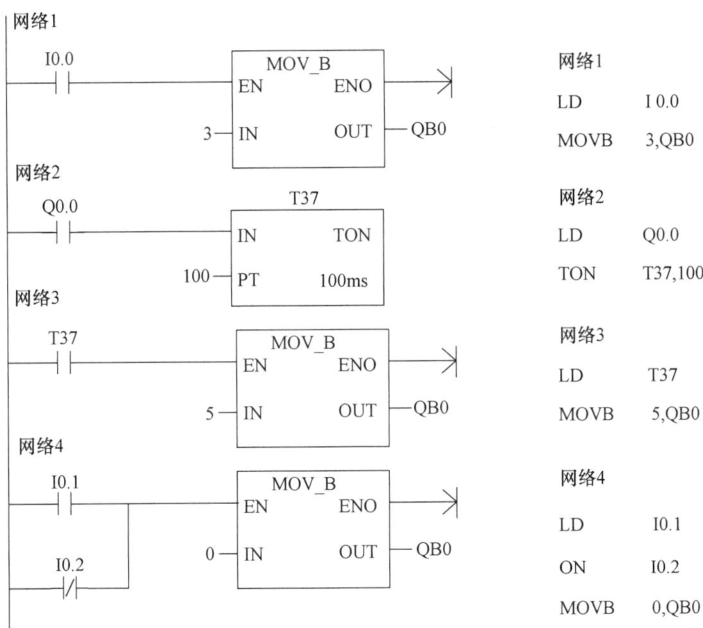

图 6-1-7　Y-△减压起动控制梯形图

【想想练练】

1）图 6-1-7 所示的程序，当△联结运行时，定时器 T37 一直在运行，若编程时在 T37 前串联 Q0. 2 的常闭触点，请分析程序是否完整。

2）请用传送指令编写一个实现电动机起保停的程序。

3）请用传送指令编写一个实现电动机点动与连续的程序。

六、跳转指令（JMP 和 LBL）

跳转指令属于程序控制类指令，利用跳转指令可以用来选择执行指定的程序段，跳过暂时不需要执行的程序段。跳转指令由跳转指令（JMP）和标号指令（LBL）组成，二者必须配合使用，缺一不可。跳转指令的指令形式与功能见表 6-1-5。

表 6-1-5 跳转指令的指令形式与功能

指令名称	梯形图	语句表	功能	操作数 N
跳转指令	N (JMP)	JMP N	当输入端有效时，使程序跳转到标号处执行	常数(0~255)(字型)
标号指令	N LBL	LBL N	指令跳转的目标标号	

使用跳转指令的注意事项如下。

1）跳转指令与标号指令必须位于同一个程序块中，即同时位于主程序（或子程序、中断程序）内。

2）执行跳转后，被跳过的程序段中的各元件状态如下：

① Q、M、S、C 等元件的位保持跳转前的状态。

② 计数器 C 停止计数，当前值存储器保持跳转前的计数值。

③ 对定时器，因刷新方式不同而工作状态不同。在跳转期间，分辨率为 1ms 和 10ms 的定时器会一直保持跳转前的工作状态，原来工作的继续工作，到设定值后其位的状态也会改变，输出触点动作，其当前值存储器一直累计到最大值 32767 才停止；分辨率为 100ms 的定时器，跳转期间停止工作，但不会复位，存储器里的值为跳转时的值。跳转结束后，如输入条件允许，可继续计时，但已失去了准确计时的意义。

3）JMP 指令跳过位于 JMP 和编号相同的 LBL 指令之间的所有指令。

4）编号相同的两个以上的 JMP 指令可以在同一程序中出现，但是，同一程序中不允许出现两个或多个相同编号的 LBL 指令。

【例 6-1-2】 某台设备具有手动/自动两种模式操作，SA 是操作模式选择开关，当 SA 处于断开状态时，选择手动操作模式；当 SA 处于接通状态时，选择自动操作模式，不同模式的进程如下。

1）手动操作模式：按下起动按钮 SB2，电动机运转；按下停止按钮 SB1，电动机停止。

2）自动操作模式：按下起动按钮 SB2，电动机连续运转 60s 后，自动停止。按下停止按钮 SB1 时，电动机立即停止。手动/自动转换控制电路如图 6-1-8 所示，试编写其控制程序。

解：手动/自动控制梯形图与语句表如图 6-1-9 所示。

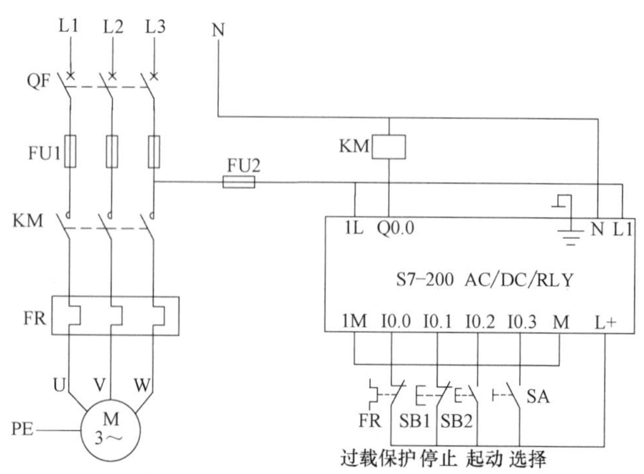

图 6-1-8 手动/自动转换控制电路

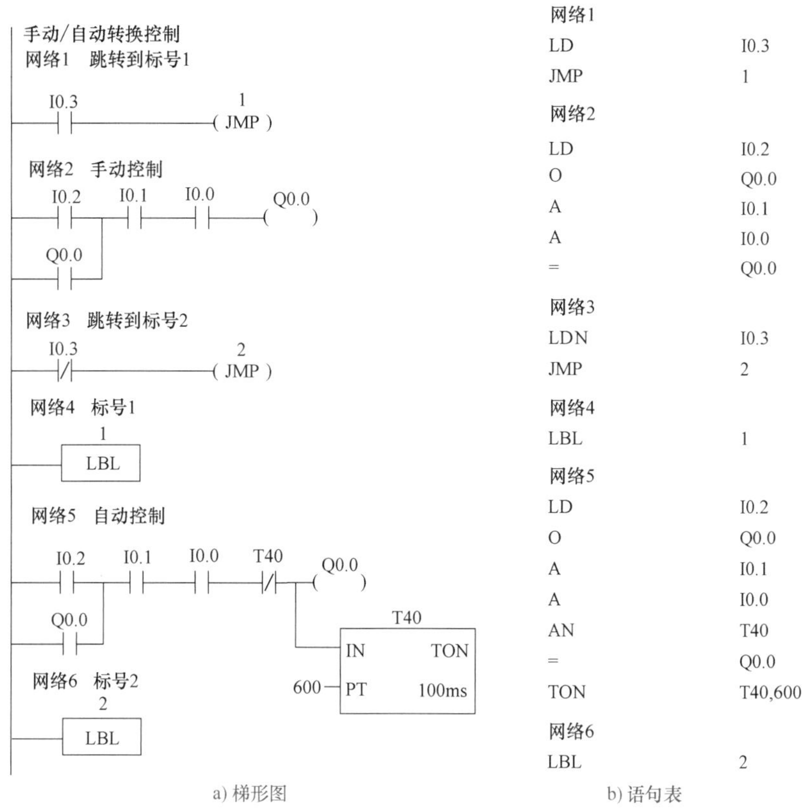

图 6-1-9　手动/自动控制梯形图与语句表

【想想练练】

梯形图程序如图 6-1-10 所示，请分析程序所实现的功能。

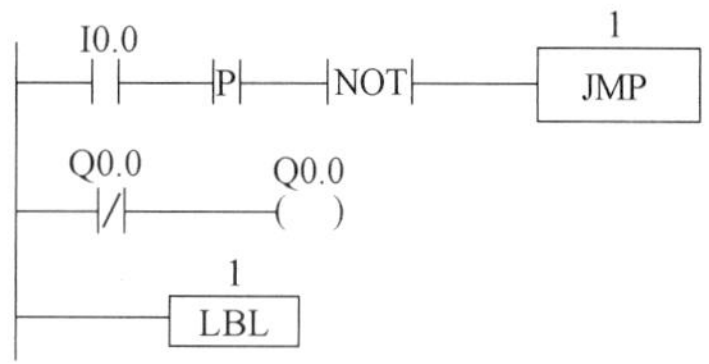

图 6-1-10　想想练练图

七、七段编码指令（SEG）

SEG 指令专用于 PLC 输出端外接七段数码管的显示控制，其指令格式见表 6-1-6。

表 6-1-6　SEG 指令的指令形式与功能

梯形图	语句表	功能描述	数据类型
SEG EN　ENO IN　OUT	SEG　IN，OUT	将字节型输入数据 IN 的低 4 位有效数字产生相应的七段码，并将其输出到 OUT 所指定的字节单元。编码范围为十六进制的 0~F	IN、OUT 为字节

七段码编码表见表 6-1-7。

表 6-1-7 七段码编码表

段显示	g f e d c b a	段显示	g f e d c b a
0	0 1 1 1 1 1 1	8	1 1 1 1 1 1 1
1	0 0 0 0 1 1 0	9	1 1 0 0 1 1 1
2	1 0 1 1 0 1 1	a	1 1 1 0 1 1 1
3	1 0 0 1 1 1 1	b	1 1 1 1 1 0 0
4	1 1 0 0 1 1 0	c	0 1 1 1 0 0 1
5	1 1 0 1 1 0 1	d	1 0 1 1 1 1 0
6	1 1 1 1 1 0 1	e	1 1 1 1 0 0 1
7	0 0 0 0 1 1 1	f	1 1 1 0 0 0 1

【例 6-1-3】 编写实现用七段码显示数字 5 的程序。

解：PLC 程序如图 6-1-11 所示。

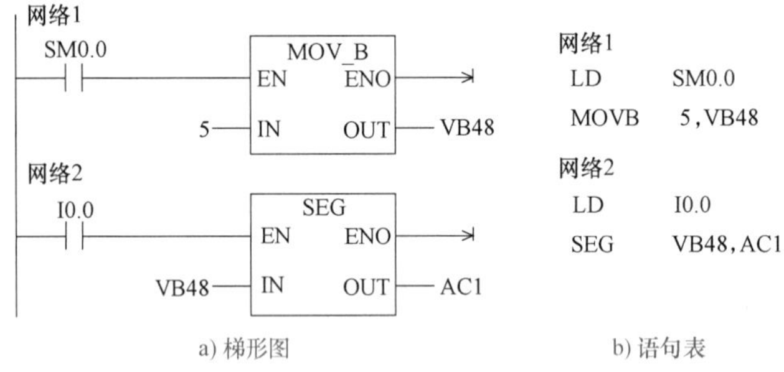

a) 梯形图　　b) 语句表

图 6-1-11 数字 5 显示程序

八、BCD 码转换指令（IBCD）

要想正确地显示十进制数，必须先用 BCD 码转换指令 IBCD 将二进制的数据转换成 8421BCD 码，再利用 SEG 指令编成七段码。其指令格式见表 6-1-8。

表 6-1-8 IBCD 指令的指令形式与功能

梯形图	语句表	功能描述	数据类型
I_BCD EN ENO IN OUT	IBCD OUT	将整数输入数据 IN 转换成 BCD 码类型，并将结果送到 OUT 输出	输入数据 IN 的范围为 0 ~ 9999。输入、输出均为字

IBCD 指令使用说明如图 6-1-12 所示。

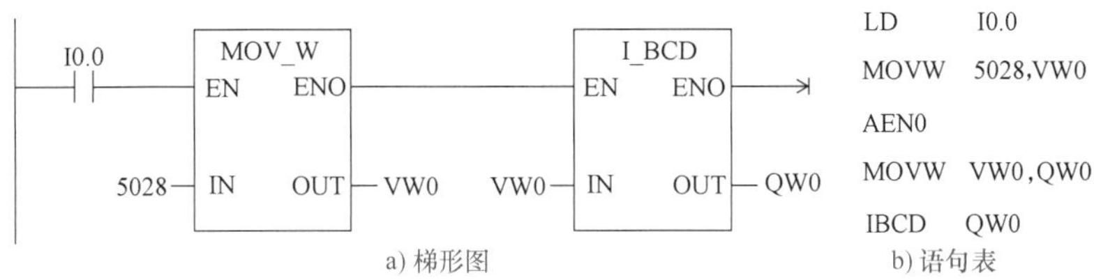

a) 梯形图　b) 语句表

图 6-1-12　BCD 转换指令 IBCD 应用

此时 VW0 中存储的是二进制数据 $(0001001110100100)_2$，而 QW0 中存放的是 $(0101000000101000)_{8421BCD}$。

【任务评价】

请学生总结要点，填入表 6-1-9，进行自评、小组互评和教师评价，将各项得分及总计得分填入表 6-1-9 中（评分标准由相应评价者自行掌握）。

表 6-1-9　考核评价表

序号	评价内容	配分	要点总结	自评	小组互评	教师评价
1	抢答器控制内容	20				
2	传送指令	20				
3	跳转指令与七段转换指令	20				
4	七段编码指令	10				
5	安全文明操作	30				
总计得分		100				

【课后思考】

一、选择题

1. 当数据传送指令的使能端（　　）时将执行该指令。

A. 为 1　　B. 为 0　　C. 由 1 变 0　　D. 由 0 变 1

2. 若整数加减法指令的执行结果发生溢出则影响（　　）位。

A. SM1.0　　B. SM1.1　　C. SM1.2　　D. SM1.3

3. 七段编码指令的梯形图指令的操作码是（　　）。

A. DECO　　B. ENCO　　C. SEG　　D. TRUNC

4. S7-200 SMART 系列 PLC 数据块传送采用的指令是（　　）。

A. BMB　　B. MOVB　　C. SLB　　D. PID

二、简答题

1. 根据图 6-1-13a 所示程序分析程序执行情况，并将分析结果填入图 6-1-13b。

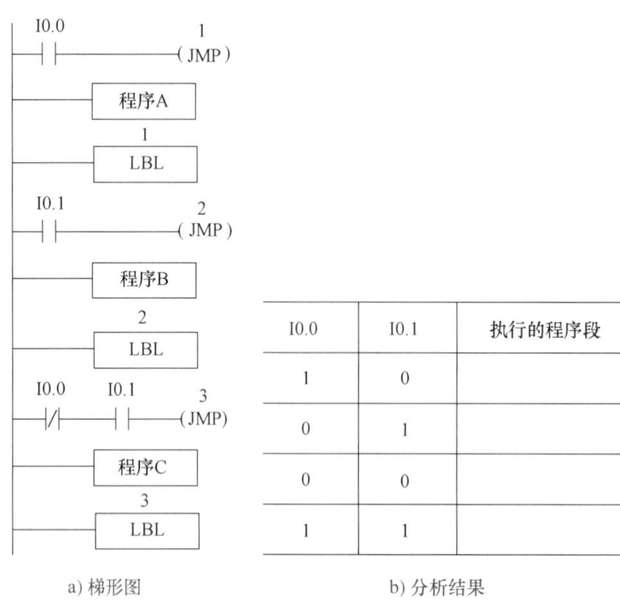

I0.0	I0.1	执行的程序段
1	0	
0	1	
0	0	
1	1	

a) 梯形图　　b) 分析结果

图 6-1-13　简答题图

2. 利用跳转指令完成某生产线对药丸的加工处理。生产线对药丸进行加工处理控制系统的控制要求：每当检测到 100 个药丸时，进入装瓶控制程序。每当检测到 900 个药丸（9 个小包装）时，进入盒装控制程序，其中瓶装控制程序与盒装控制程序省略。

3. 设有 8 盏指示灯，控制要求：当 I0.0 接通时，全部灯亮；当 I0.1 接通时，奇数号灯亮；当 I0.2 接通时，偶数号灯亮；当 I0.3 接通时，全部熄灭。试用数据传送指令编写程序。

4. 若 VB100=6，在执行指令"SEG VB100，QB0"后，Q0.0～Q0.7 上输出状态如何？若连接了 LED 数码管，数码管显示什么数字？

任务二　传送带的 PLC 控制

【任务内容】

如图 6-2-1 所示，某传送带有三台电动机 M1、M2、M3，要求顺序起动、逆序停止。控制要求：按下起动按钮 SB1，电动机按 M1、M2、M3 顺序起动；按下停止按钮 SB2，电动机按 M3、M2、M1 逆序停止。电动机的起动时间间隔为 5s，停止时间间隔为 5s。请根据控制要求编写程序，并完成控制调试。

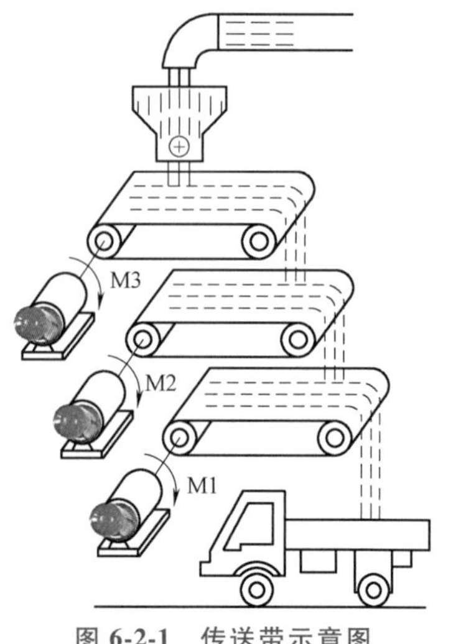

图 6-2-1　传送带示意图

【任务分析】

本任务主要以传送带的控制为载体，熟悉比较指令的应用要点及设计思路。本任务中的 PLC 采用 S7-200 SMART 系列 CPU SR20 AC/DC/Relay，另外三个热继电器的过载保护采用了接在输出端的控制方式，可通过本任务了解控制方式的特点。

1）绘制如图 6-2-2 所示的 PLC 实现传送带控制电路图。PLC 采用 S7-200 SMART 系列 CPU SR20 AC/DC/Relay。

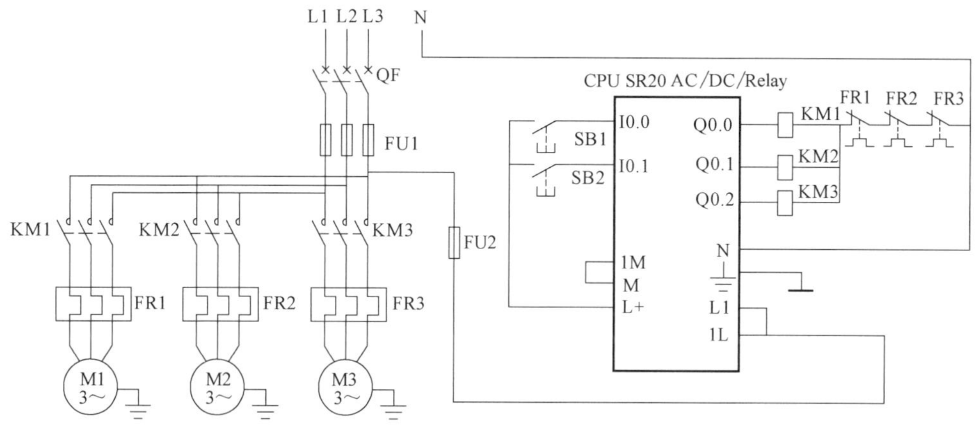

图 6-2-2　PLC 的接线图

2）确定 I/O 地址分配表（见表 6-2-1）。

表 6-2-1　I/O 地址分配表

输入信号			输出信号		
序号	输入点	输入元件及符号	序号	输出点	输出元件及符号
1	I0. 0	起动按钮 SB1	1	Q0. 0	接触器 KM1
2	I0. 1	停止按钮 SB2	2	Q0. 1	接触器 KM2
			3	Q0. 2	接触器 KM3

3）编写程序。根据控制要求及 I/O 地址分配表（见表 6-2-1）编写程序，如图 6-2-3 所示。

4）硬件组态。

① 打开 STEP 7-Micro/WIN SMART 软件，单击“保存”图标按钮，命名为“传送带的 PLC 控制”，选择存储路径。

② 双击项目指令树区域的“系统块”指令，在弹出的“系统块”对话框“CPU”行、“模块”列单击下拉按钮，根据 CPU 型号选择“CPU SR20（AC/DC/Relay）”，如图 6-2-4 所示。

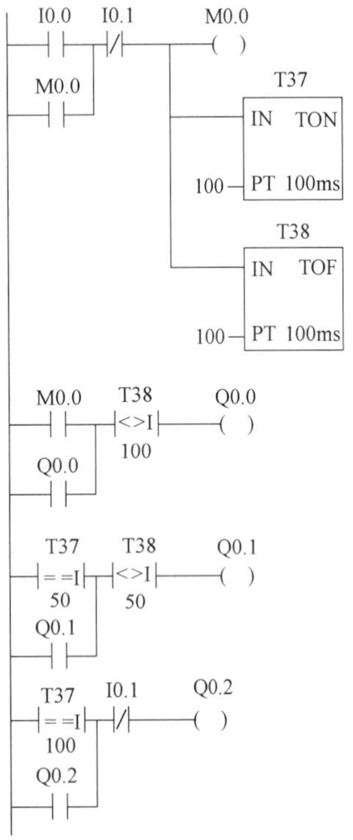

```
I0.0  I0.1  M0.0
M0.0  T37 (IN TON, 100—PT 100ms)
      T38 (IN TOF, 100—PT 100ms)
M0.0  T38 <>I 100  Q0.0
Q0.0
T37 ==I 50  T38 <>I 50  Q0.1
Q0.1
T37 ==I 100  I0.1  Q0.2
Q0.2
```

图 6-2-3 传送带控制的 PLC 程序

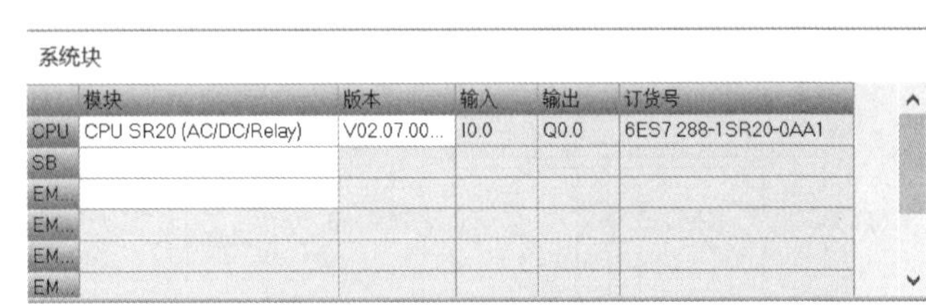
系统块

	模块	版本	输入	输出	订货号
CPU	CPU SR20 (AC/DC/Relay)	V02.07.00...	I0.0	Q0.0	6ES7 288-1SR20-0AA1
SB					
EM...					
EM...					
EM...					
EM...					

图 6-2-4 硬件组态结果

5）编写程序，下载到 PLC。将图 6-2-3 所示的程序输入编程软件后，进行编译处理，下载到 PLC 中。

6）空载调试。将熔断器 FU1 断开，进行程序调试。

按下起动按钮 SB1 后，Q0. 0、Q0. 1、Q0. 2 依次间隔 5s 灯亮。按下停止按钮 SB2 后，Q0. 2、Q0. 1、Q0. 0 依次间隔 5s 灯灭。

观察灯 Q0. 0、Q0. 1、Q0. 2 的情况是否符合控制要求，若不符合，检查并修改程序，直至符合控制要求。

7）系统调试。将熔断器 FU1 接通，接通主电路电源，进行带负载调试，直至满足控制要求为止。

一、比较指令

比较指令属于数据处理类指令，是将两个数值按指定条件进行比较，当条件满足时，比较触点接通，否则比较触点分断，多用于上下限控制及数值条件的判断。

比较指令的类型有字节比较、整数（字）比较、双整数（字）比较、实数比较和字符串比较 5 种类型。

数值比较指令的运算符有“==”（等于）、“>”（大于）、“>=”（大于或等于）、“<”（小于）、“<=”（小于或等于）和“<>”（不等于）6 种，而字符串比较指令的运算符只有“==”（等于）和“<>”（不等于）两种。

对比较指令可进行 LD、A 和 O 编程，其格式与功能见表 6-2-2。表中以“>=”为例，其他指令类似。

表 6-2-2　比较指令格式与功能

指令名称	梯形图	语句表	功能	操作数范围
字节比较	IN1 ─┤>=B├─ IN2	LDB>=IN1,IN2 AB>=IN1,IN2 OB>=IN1,IN2	当 IN1 ≥ IN2 时,“>=B”触点闭合	无符号数的整数字节
整数比较	IN1 ─┤>=I├─ IN2	LDW>=IN1,IN2 AW>=IN1,IN2 OW>=IN1,IN2	当 IN1 ≥ IN2 时,“>=I”触点闭合	16#8000~16#7FFF
双整数比较	IN1 ─┤>=D├─ IN2	LDD>=IN1,IN2 AD>=IN1,IN2 OD>=IN1,IN2	当 IN1 ≥ IN2 时,“>=D”触点闭合	16#80000000~16#7FFFFFFF
实数比较	IN1 ─┤>=R├─ IN2	LDR>=IN1,IN2 AR>=IN1,IN2 OR>=IN1,IN2	当 IN1≥IN2 时,“>=R”触点闭合	$-1.175495\times10^{-38} \sim +3.402823\times10^{38}$

比较指令的使用示例如图 6-2-5 所示。

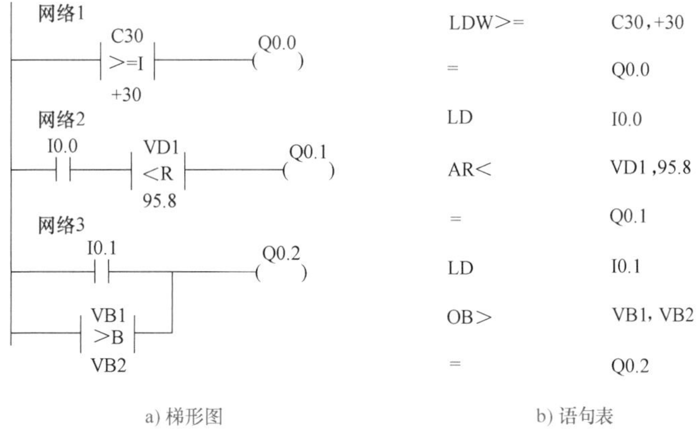

图 6-2-5　比较指令使用示例

网络 1 中，当计数器 C30 中的当前值大于或等于 30 时，Q0.0 为 ON；网络 2 中，当 I0.0 接通后，若 VD1 中的实数小于 95.8，Q0.1 为 ON；网络 3 中，VB1 中的值大于 VB2 的值或 I0.1 为 ON 时，Q0.2 为 ON。

【例 6-2-1】 有一 PLC 控制的自动仓库，其最大装货量为 600，在装货数量达到 600 时自动关闭入仓门，在出货时货物数量为 0 时自动关闭出仓门，仓库采用一盏指示灯来指示是否有货，灯亮表示有货，设计其 PLC 控制程序。

解：I/O 地址分配见表 6-2-3。

表 6-2-3 I/O 地址分配

输入端子			输出端子		
入仓检测	出仓检测	计数器清零	有货指示	关闭入仓门	关闭出仓门
I0. 0	I0. 1	I0. 2	Q0. 0	Q0. 1	Q0. 2

梯形图如图 6-2-6 所示。

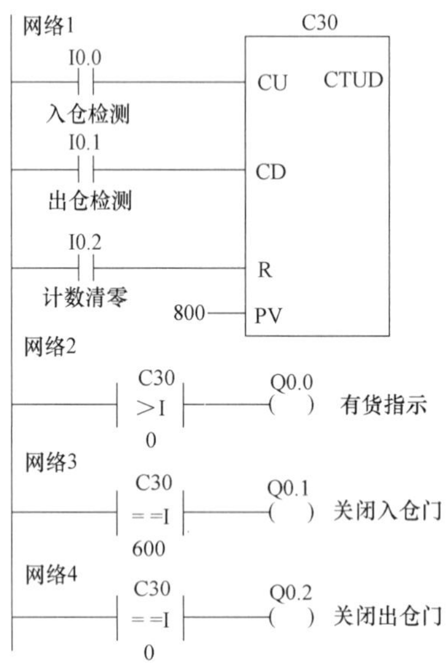

图 6-2-6 自动仓库管理梯形图

【想想练练】

应用比较指令产生断电 6s、通电 4s 的脉冲周期信号，从 Q0. 0 端口输出。

二、算数运算指令

算数指令可以进行 “+” “-” “×” “÷” 等运算，S7-200 SMART 系列 PLC 对算数指令用梯形图（LAD）编程时，IN1、IN2 和 OUT 可以使用不一样的存储单元，这样编写的程序比较清晰易懂，但在用语句表（STL）编程时，OUT 要和其中的一个操作数使用同一个存储单元。

1. 加法指令（ADD）

加法指令是对有符号数进行相加操作，包括整数加法、双整数加法和实数加法。加法指令的指令形式与功能见表 6-2-4。

表 6-2-4　加法指令的指令形式与功能

LAD	STL	功能描述		数据类型
		LAD	STL	
ADD_□ EN　ENO IN1　OUT IN2	+□　IN2,OUT	IN1+IN2=OUT	OUT +IN2=OUT	整数加法时，输入、输出均为 INT； 双整数加法时，输入、输出均为 DINT； 实数加法时，输入、输出均为 REAL

注：“□”处可为 I、DI（LAD 中用 DI、STL 中用 D）、R。

加法指令使用示例如图 6-2-7 所示。当 I0.0 触点闭合时，P 触点接通一个扫描周期，ADD_I 和 ADD_DI 指令同时执行。ADD_I 指令将 VW10 单元中的整数（16 位）与 200 相加，结果送入 VW30 单元中；ADD_DI 指令将 MD0、MD10 单元中的双整数（32 位）相加，结果送入 MD20 单元中。当 I0.1 触点闭合时，ADD_R 指令执行，将 AC0、AC1 单元中的实数（32 位）相加，结果保存在 AC1 单元中。

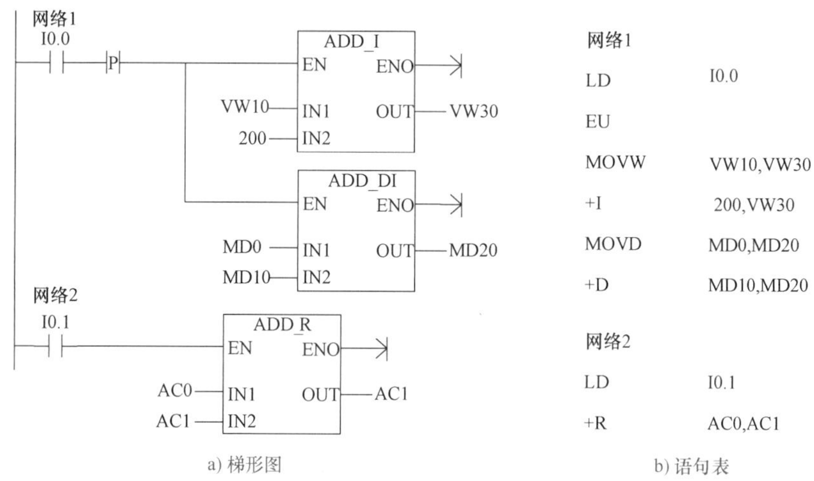

图 6-2-7　加法指令使用示例

使用注意事项：

1）从 STL 可以看出，IN1、IN2 和 OUT 操作数的地址不相同时，加法指令的格式用两条指令（MOV　IN1，OUT 和+I　IN2，OUT）来描述；当 IN1（或 IN2）= OUT 时，加法指令执行“+I　IN2（或 IN1），OUT”，此时，该指令节省一条数据传送指令，本规律适用于所有算术运算指令。

2）图 6-2-7 所示的 I0.1 闭合时，每个周期都会进行加法运算。

2. 减法指令（SUB）

减法指令是对有符号数进行相减操作，包括整数减法、双整数减法和实数减法。减法指令的指令形式与功能见表 6-2-5。

表 6-2-5 减法指令的指令形式与功能

LAD	STL	功能描述		数据类型
		LAD	STL	
SUB_□ EN ENO IN1 OUT IN2	-□ IN2,OUT	IN1-IN2=OUT	OUT-IN2=OUT	整数减法时，输入、输出均为 INT； 双整数减法时，输入、输出均为 DINT； 实数减法时，输入、输出均为 REAL

注："□"处可为 I、DI（LAD 中用 DI、STL 中用 D）、R。

减法指令使用示例如图 6-2-8 所示。当 I0.1 触点接通时，常数 300 传送到变量存储器 VW10 中，常数 1200 传送到 VW20；当 I0.2 接通时，执行减法指令，VW10 中的数据 300 与 VW20 中的数据 1200 相减，运算结果-900 存储到变量存储器 VW30 中。由于结果为负，影响负数标志位 SM1.2 状态为 1，辅助继电器 Q0.0 通电。

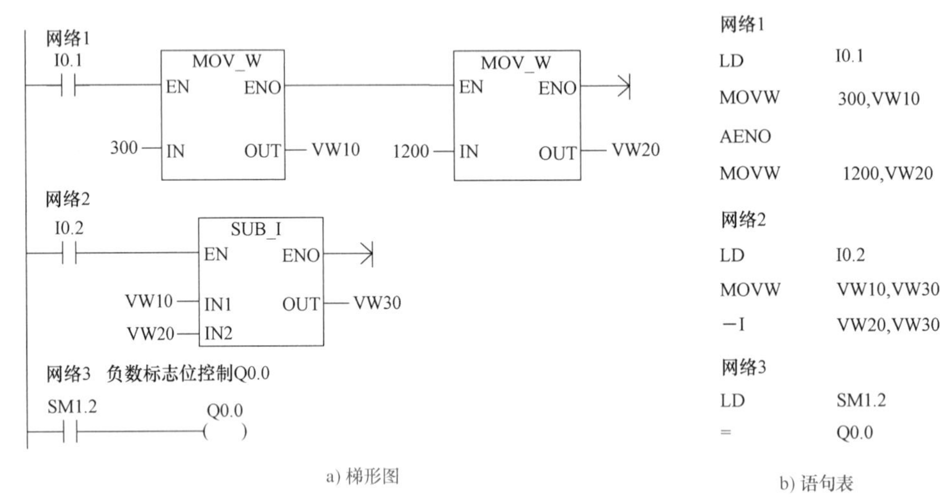

图 6-2-8 减法指令使用示例

3. 乘法指令（MUL）

乘法指令是对有符号数进行相乘运算，包括整数乘法、双整数乘法、实数乘法和完全整数乘法指令。一般乘法指令的指令形式与功能见表 6-2-6。

表 6-2-6 一般乘法指令的指令形式与功能

LAD	STL	功能描述		数据类型
		LAD	STL	
MUL_□ EN ENO IN1 OUT IN2	*□ IN2,OUT	IN1×IN2=OUT	OUT×IN2 =OUT	整数乘法时，输入、输出均为 INT； 双整数乘法时，输入、输出均为 DINT； 实数乘法时，输入、输出均为 REAL

注："□"处可为 I、DI（LAD 中用 DI、STL 中用 D）、R。

完全整数乘法指令是将两个单字长（16 位）的符号整数 IN1 和 IN2 相乘，产生一个 32 位双整数结果送到 OUT 指定的存储器单元。完全整数乘法指令的指令形式与功能见表 6-2-7。

表 6-2-7　完全整数乘法的指令形式与功能

LAD	STL	功能描述		数据类型
		LAD	STL	
MUL EN　ENO IN1　OUT IN2	MUL IN2, OUT	IN1×IN2 = OUT	OUT×IN2 = OUT	输入为 INT； 输出为 DINT； 实数乘法时，输入、输出均为 REAL

整数乘法指令的使用示例如图 6-2-9 所示。

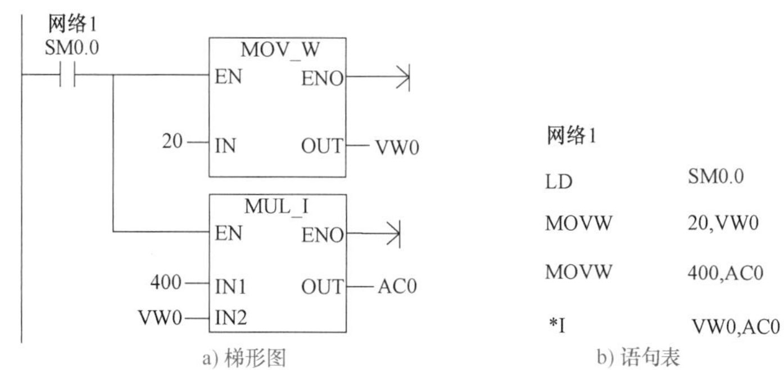

图 6-2-9　整数乘法指令使用示例

4. 除法指令（DIV）

除法指令是对有符号数进行除法运算，包括整数除法、双整数除法、实数除法和完全整数除法指令。一般除法指令的形式与功能见表 6-2-8。

表 6-2-8　一般除法指令的形式与功能

LAD	STL	功能描述		数据类型
		LAD	STL	
DIV_□ EN　ENO IN1　OUT IN2	/□ IN2, OUT	IN1/IN2 = OUT 不保留余数	OUT /IN2 = OUT 不保留余数	整数除法时，输入、输出均为 INT； 双整数除法时，输入、输出均为 DINT； 实数除法时，输入、输出均为 REAL

注："□"处可为 I、DI（LAD 中用 DI、STL 中用 D）、R。

完全整数除法指令是将两个 16 位的符号整数相除，产生一个 32 位结果，其中低 16 位为商，高 16 位为余数。完全整数除法指令的形式与功能见表 6-2-9。

表 6-2-9　完全整数除法的指令形式与功能

LAD	STL	功能描述		数据类型
		LAD	STL	
DIV EN　ENO IN1　OUT IN2	DIV IN2, OUT	IN1/IN2 = OUT	OUT /IN2 = OUT	输入为 INT； 输出为 DINT； 实数除法时，输入、输出均为 REAL

完全整数除法运算如图 6-2-10 所示。被除数存储在变量存储器 VW0 中，除数存储在 VW10 中，当 I0.0 接通，执行除法指令，运算结果存储在 VD20 中，其中商存储在 VW22，余数存储在 VW20 中。

a) 梯形图

```
网络1
LD      I0.0
MOVW    VW0,VD20
DIV     VW10,VD20
```

b) 语句表

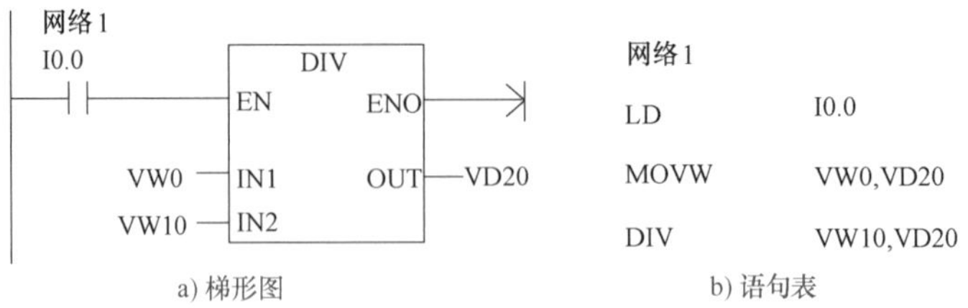

图 6-2-10 完全整数除法指令使用示例

乘法指令和除法指令使用时要注意：

1）整数数据做乘 2 运算，相当于其二进制形式左移 1 位；做乘 4 运算，相当于其二进制形式左移 2 位；乘 2^N 运算，相当于其二进制形式左移 N 位；

2）整数数据做除 2 运算，相当于其二进制形式右移 1 位；做除 4 运算，相当于其二进制形式右移 2 位；除 2^N 运算，相当于其二进制形式右移 N 位。

【例 6-2-2】 编写实现 $Y=\frac{X+30}{6}\times 2-8$ 运算的程序。

解：程序如图 6-2-11 所示。

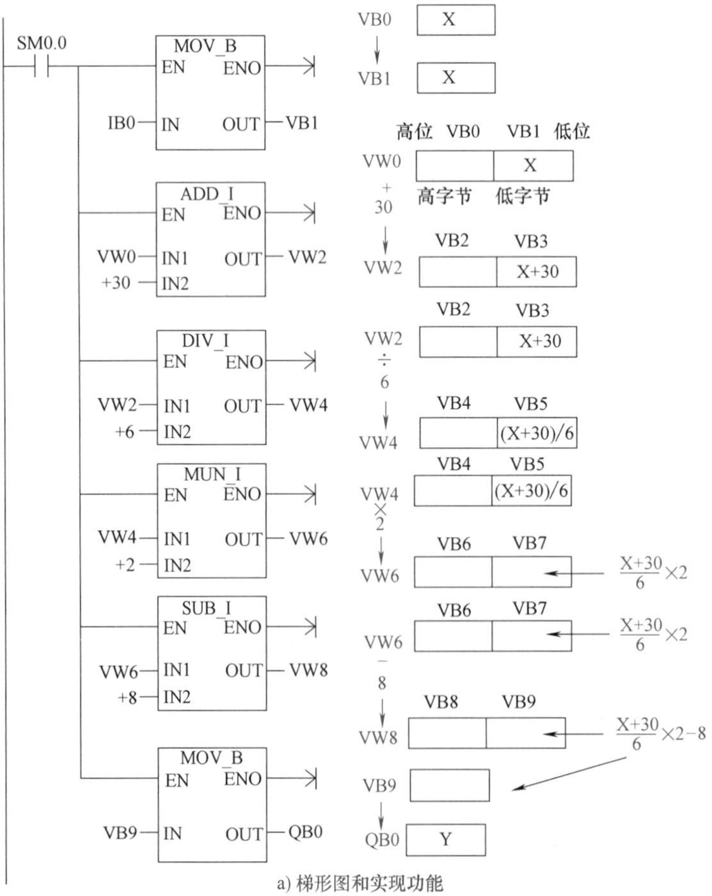

a) 梯形图和实现功能

```
LD      SM0.0
MOVB    IB0,VB1
MOVW    VW0,VW2
+I      +30,VW2
MOVW    VW2,VW4
/I      +6,VW4
MOVW    VW4,VW6
*I      +2,VW6
MOVW    VW6,VW8
-I      +8,VW8
MOVB    VB9,QB0
```

b) 语句表

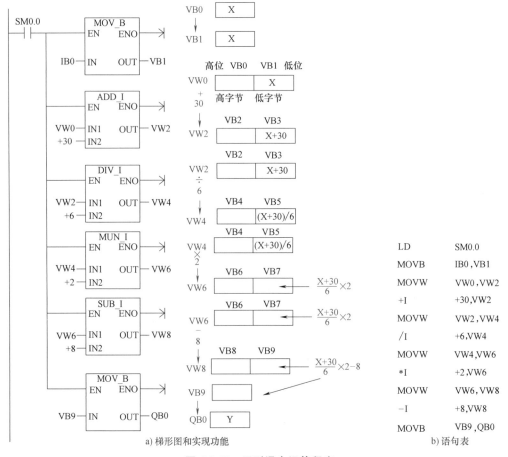

图 6-2-11 四则混合运算程序

【想想练练】

执行图 6-2-12 所示程序后，VW100～VW106 的输出结果为多少？

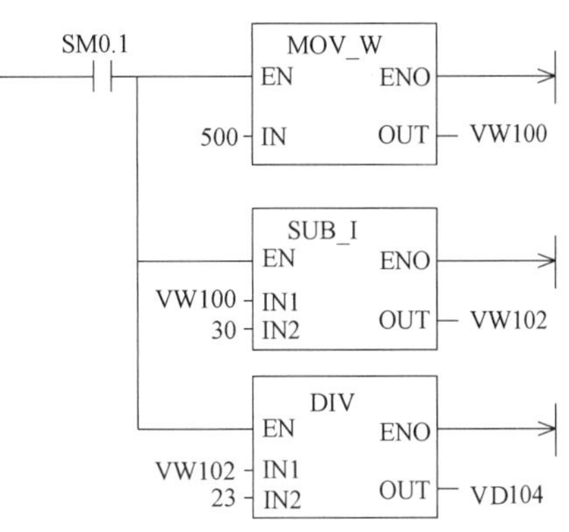

图 6-2-12　想想练练图

三、加 1/减 1 指令（INC/DEC）

加 1（减 1）指令是将 IN 端指定单元的数加 1（减 1）后存入 OUT 端指定的单元中，它可分为字节加 1（减 1）指令、字加 1（减 1）指令和双字加 1（减 1）指令。

加 1/减 1 指令的指令形式与功能见表 6-2-10。

表 6-2-10　加 1/减 1 指令的指令形式与功能

指令类型	LAD	STL	功能描述		数据类型
			LAD	STL	
加 1 指令	INC_□ EN ENO IN OUT	INC□　OUT	IN+1=OUT	OUT+1=OUT IN 与 OUT 使用同一存储单元	字节增(减)指令输入、输出均为字节 字增(减)指令输入、输出均为 INT 双字增(减)指令输入、输出均为 DINT
减 1 指令	DEC_□ EN ENO IN OUT	DEC□　OUT	IN-1=OUT	OUT-1=OUT IN 与 OUT 使用同一存储单元	

注：“□”处可为 B、W、DW（LAD 中为 DW、STL 中为 D）。

加 1/减 1 指令使用示例如图 6-2-13 所示。

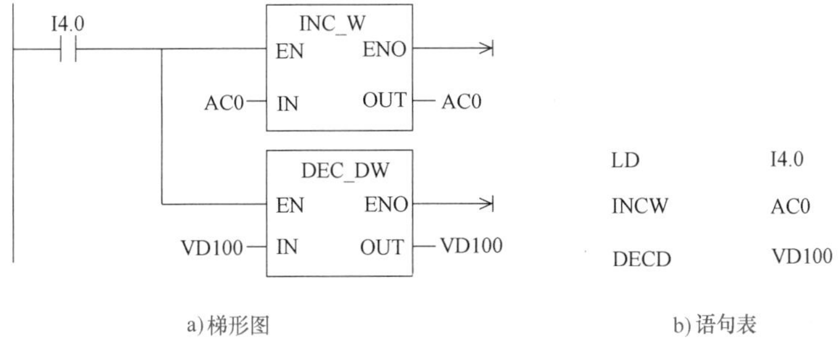

a) 梯形图　　b) 语句表

图 6-2-13　加 1/减 1 指令使用示例

【例 6-2-3】 应用加 1/减 1 指令调整 QB0 的状态，要求 QB0 的初始状态为 7，状态调整范围为 5～10，试编写相应的 PLC 程序。

解：PLC 程序如图 6-2-14 所示。

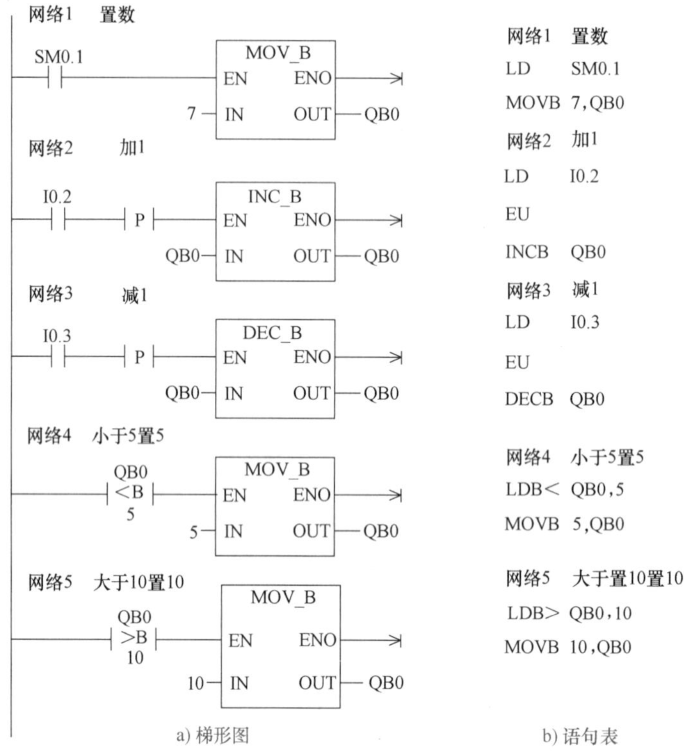

图 6-2-14 加 1 减 1 指令应用

【想想练练】

执行图 6-2-15 所示程序 1min 后，变量寄存器 VW2 的数值为多少？

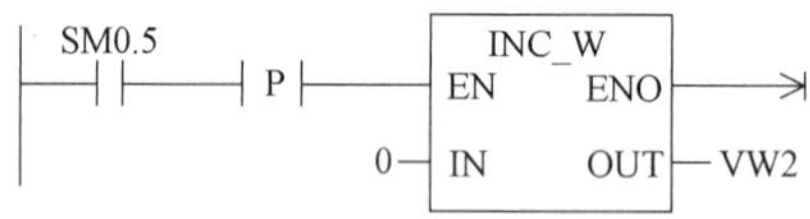

图 6-2-15 想想练练图

四、移位与循环移位指令

1. 移位指令

移位指令包括左移位指令与右移位指令。根据所移位数的长度不同可分为字节型、字型和双字型。移位数据存储单元的移出端与 SM1.1（溢出）相连，所以最后被移出的位被放到 SM1.1 位存储单元。移位时，移出位进入 SM1.1，另一端自动补 0。SM1.1 始终存放最后一次被移出的位，移位次数与移位数据的长度有关，如果所需移位次数大于移位数据的位数，则超出次数无效。如字左移时，若移位次数设定为 20，则指令实际执行结果只能移位 16 次，而不是设定值 20 次，如果移位操作使数据变为 0，则零存储器标志位（SM1.0）自动置位。移位指令的指令形式与功能见表 6-2-11。

表 6-2-11　移位指令的指令形式与功能

指令类型	梯形图	指令表	功能描述	数据类型
右移位指令	SHR_□ EN ENO IN N OUT	SR□ OUT,N	把字节型(字型或双字型)输入数据 IN 右移/左移 N 位后,再将结果输出到 OUT 所指的字节(字或双字)存储单元。最大实际可移位次数为 8 位(16 位或 32 位)	输入、输出均为字节(字或双字),N 为字节型数据
左移位指令	SHL_□ EN ENO IN N OUT	SL□ OUT,N		

注："□" 处可为 B、W、DW（LAD 中为 DW、STL 中为 D）。

移位指令在使用 LAD 编程时，OUT 可以是和 IN 不同的存储单元，但在使用 STL 编程时，因为只写一个操作数，所以实际上 OUT 就是移位后的 IN。

图 6-2-16 所示为左移位指令的使用示例。

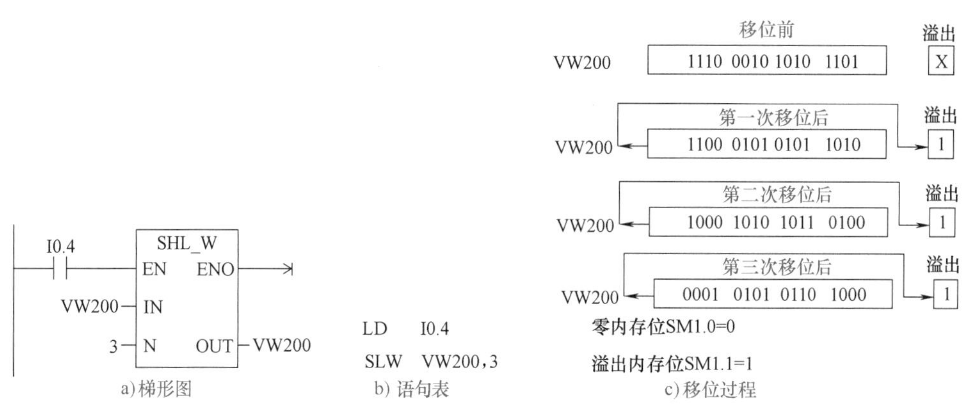

图 6-2-16　左移位指令使用示例

2. 循环移位指令

循环移位指令包括循环左移指令和循环右移指令，循环移位位数的长度分别为字节、字或双字。循环数据存储单元的移出端与另一端相连，同时又与 SM1.1 相连，所以最后被移出的位移到另一端的同时，也被放到 SM1.1 位存储单元。SM1.1 始终存放最后一次被移出的位，移位次数与移位数据的长度有关。循环移位指令的指令形式与功能见表 6-2-12。

表 6-2-12 循环移位指令的指令形式与功能

指令类型	梯形图	指令表	功能描述	数据类型
循环右移指令	ROR_□ EN ENO IN N OUT	RR□ OUT,N	把字节型（字型或双字型）输入数据 IN 循环右移/左移 N 位后，再将结果输出到 OUT 所指的字节（字或双字）存储单元 实际移位次数为系统设定值取以 8 位（16 位或 32 位）为底的模所得的结果	输入、输出均为字节（字或双字），N 为字节型数据
循环左移指令	ROL_□ EN ENO IN N OUT	RL□ OUT,N		

循环右移位指令使用说明如下：

```
LD      I0.0        //I0.0 有效时执行下面操作
RRW     VW0.3       //循环右移指令
```

【例 6-2-4】 如图 6-2-17 所示，有 8 只彩灯，要求从 HL0 开始循环点亮，每次只亮一只灯，每只灯亮 1s，循环往复，编写 PLC 梯形图。

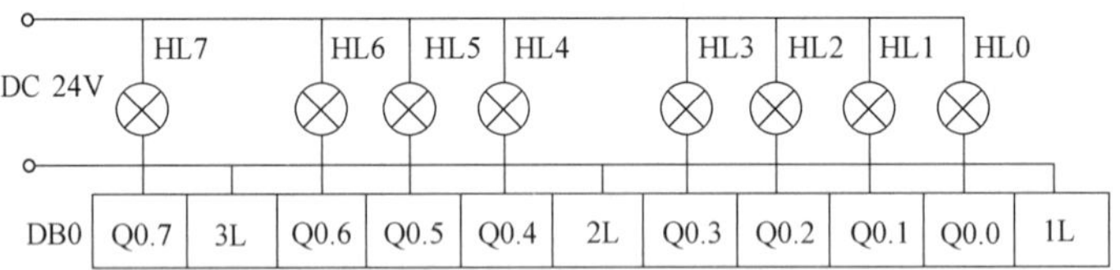

图 6-2-17 例 6-2-4 图

解：PLC 程序如图 6-2-18 所示。

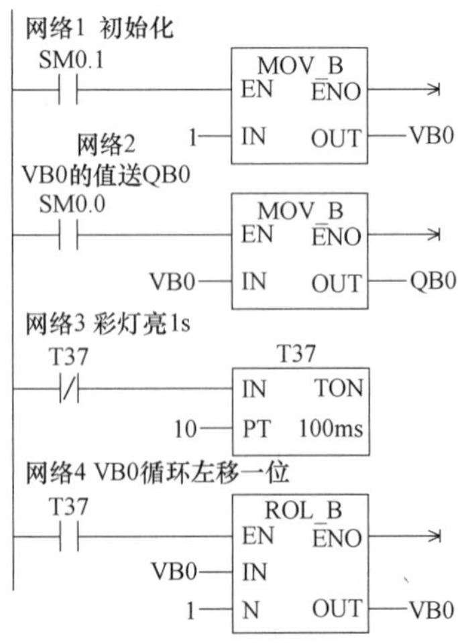

图 6-2-18 彩灯循环点亮梯形图

【想想练练】

编程使得 Q0.0~Q0.7 上的 8 只彩灯循环移位，从左到右以 0.5s 速度依次点亮，保持任意时刻只有一个指示灯亮，到达最右端后，再从左到右依次点亮。

3. 移位寄存器指令（SHRB）

移位寄存器指令是一个移位长度可指定的移位指令。其指令形式与功能见表 6-2-13。

表 6-2-13　移位寄存器指令的指令形式与功能

梯形图	语句表	功能描述	数据类型
SHRB: EN ENO; I1.2—DATA; M2.0—S_BIT; 8—N	SHRB　I1.2,M2.0, 8	指令执行时,将梯形图中数据输入位 DATA 的值移入移位寄存器,S_BIT 为移位寄存器的最低位地址,字节型变量 N 指定移位寄存器的长度和移位方向,正向移位时,N 为正;反向移位时,N 为负。指令移出位被传送到溢出位 SM1.1	位

移位寄存器指令的使用示例如图 6-2-19 所示。

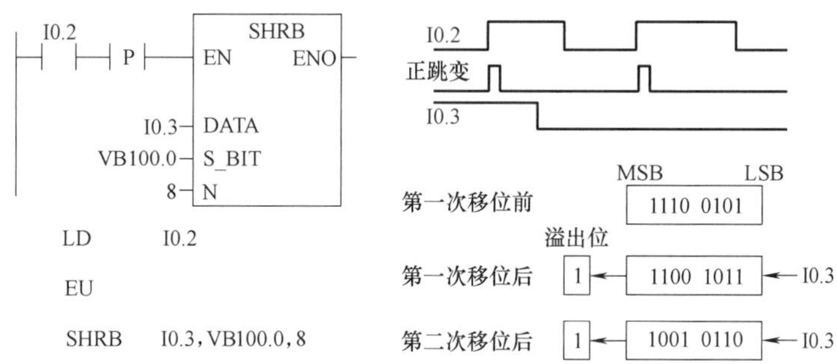

图 6-2-19　移位寄存器指令的使用示例

五、循环指令（FOR 和 NEXT）

循环指令包括循环开始和循环结束两条指令。当需要某个程序段反复执行多次时，可以使用循环指令。循环指令的指令形式及功能见表 6-2-14。

表 6-2-14　循环指令的指令形式及功能

指令类型	梯形图	指令表	功能描述	数据类型
循环开始指令	FOR: EN ENO; INDX; INIT; FINAL	FOR　INDX, INIT,FINAL	循环程序段开始,INDX 端指定单元用作对循环次数进行计数,INIT 端为循环起始值,FINAL 端为循环结束值	INDX、INIT、FINAL 均为 INT 型

（续）

指令类型	梯形图	指令表	功能描述	数据类型
循环结束指令	├(NEXT)	NEXT	循环程序段结束	

循环指令使用示例如图 6-2-20 所示。

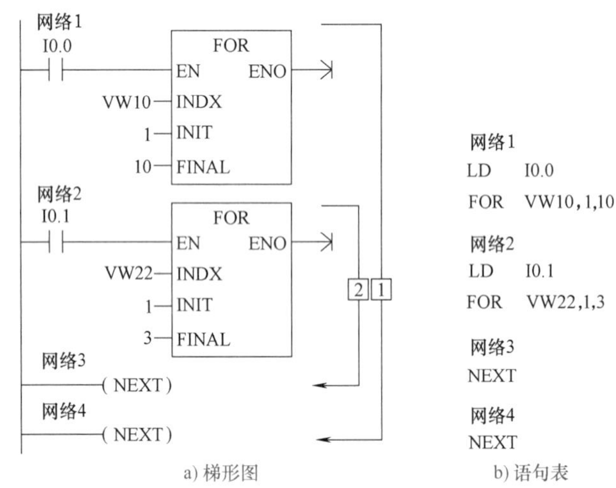

图 6-2-20 循环指令使用示例

该程序中有两个循环程序段，循环程序段 2 处于循环程序段 1 内部，这种一个程序段包含另一程序段的形式称为嵌套。

图中，当触点 I0.0 闭合时，循环程序段 1 开始执行。如果在触点 I0.0 闭合期间触点 I0.1 也闭合，那么，在循环程序段 1 执行一次时，内部嵌套循环程序段 2 需要反复执行三次。循环程序段 2 每执行完一次后，INDX 端指定单元 VW22 中的值会自动增 1（在第一次执行 FOR 指令时，INIT 值会传送给 INDX）；循环程序段 2 执行三次后，VW22 中的值由 1 增到 3，然后程序执行网络 4 的 NEXT 指令，该指令使程序又回到网络 1，开始下一次循环。

循环指令使用时的注意事项如下。

1）FOR、NEXT 指令必须成对使用。

2）循环允许嵌套，但不能超过 8 层。

3）每次使能输入（EN）重新有效时，指令会自动将 INIT 值传送给 INDX。

4）当 INDX 值大于 FINAL 值时，循环不被执行。

5）在循环程序执行过程中，可以改变循环参数。

【例 6-2-5】 编写求 0+1+2+3+…+100 的和，将运算结果存入 VD4 的 PLC 程序。

解：程序如图 6-2-21 所示。

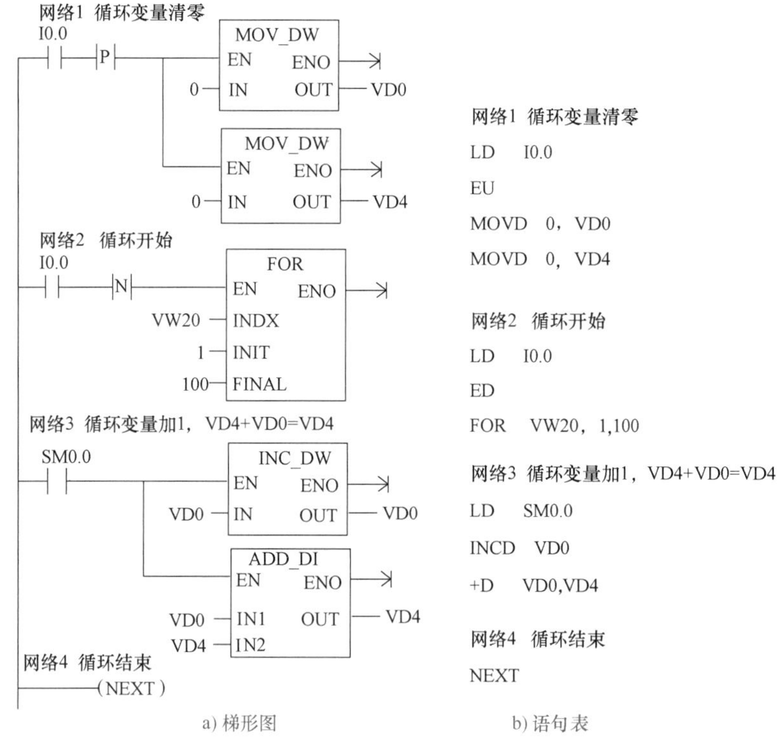
网络1 循环变量清零
I0.0
P
MOV_DW
EN ENO
0 IN OUT VD0
MOV_DW
EN ENO
0 IN OUT VD4
网络2 循环开始
I0.0
N
FOR
EN ENO
VW20 INDX
1 INIT
100 FINAL
网络3 循环变量加1，VD4+VD0=VD4
SM0.0
INC_DW
EN ENO
VD0 IN OUT VD0
ADD_DI
EN ENO
VD0 IN1 OUT VD4
VD4 IN2
网络4 循环结束
(NEXT)
网络1 循环变量清零
LD I0.0
EU
MOVD 0，VD0
MOVD 0，VD4
网络2 循环开始
LD I0.0
ED
FOR VW20，1,100
网络3 循环变量加1，VD4+VD0=VD4
LD SM0.0
INCD VD0
+D VD0,VD4
网络4 循环结束
NEXT
a) 梯形图
b) 语句表

图 6-2-21　求和的程序

【想想练练】

1. 图 6-2-21 中，若求和一直加到 200，程序如何修改？能一直加到 10000 吗？
2. 指出图 6-2-21a 所示梯形图循环的次数。

【任务评价】

请学生总结要点，填入表 6-2-15，进行自评、小组互评和教师评价，将各项得分及总计得分填入表 6-2-15 中（评分标准由相应评价者自行掌握）。

表 6-2-15　考核评价表

序号	评价内容	配分	要点总结	自评	小组互评	教师评价
1	传送带控制内容	20				
2	比较指令	20				
3	算术运算指令与加 1/减 1 指令	15				
4	移位与循环指令	15				
5	安全文明操作	30				
总计得分		100				

【课后思考】

一、选择题

1. 加 1 指令是指（　　）。

A. FOR　　B. INC　　C. DEC　　D. MOV

2. 数值比较指令中符号“<>”表示（　　）。

A. 等于　　B. 不等于　　C. 大于　　D. 小于

3. 指令 ADD 是指（　　）。

A. 除法指令　　B. 乘法指令　　C. 减法指令　　D. 加法指令

二、简答题

1. 某生产线有 5 台电动机，要求每台电动机间隔 5s 起动。试用比较指令编写起动控制程序。

2. 将数值 125 与数值 256 相乘，结果保存在 VW400 中；将数值 330 与数值 556 相乘，结果保存在 VD1000 中；最后将 VW400 与 VD1000 相加，结果保存在一个变量寄存器中，编写程序计算变量寄存器中存储的数据数值。

3. 一自动仓库存放某种货物，最多 6000 箱，需要对所需的货物进出计数。货物多于 1000 箱，灯 HL1 亮；货物多于 5000 箱，灯 HL2 亮。其中 HL1 和 HL2 分别受 Q0.0 和 Q0.1 控制，数值 1000 和 5000 分别存储在 VW20 和 VW30 存储单元中。设计其控制梯形图。

匠心铸梦

三十年磨一“箭”的张智

长征二号 F 运载火箭是中国航天史上第一次有明确 0.97 可靠性和 0.997 安全性指标要求的运载火箭，自 1999 年首飞起，已成功将 18 艘神舟飞船，两个天宫目标飞行器、空间实验室，三个可重复使用试验航天器送入预定轨道。

中国航天科技集团有限公司第一研究院研究员张智，就是这型“金牌火箭”的第四任总设计师。

从 1992 年至今，他参与了中国载人航天工程的整个研制历程，是陪伴这枚“神箭”从无到有，再到发展成熟的“元老级人物”，大半辈子都奉献给了长征二号 F 运载火箭。

回忆起 2020 年 11 月 24 日在北京参加全国劳动模范和先进工作者表彰大会时的情景，他谦逊地说，“作为中国航天的建设者之一，我为生活在这样一个新时代，从事着自己热爱的事业感到幸运。”

20 世纪 90 年代初，我国载人航天事业刚刚起步。为了航天员的安全，火箭逃逸系统的研制工作同步展开。在资料有限、没有经验可以借鉴的情况下，研制工作举步维艰。

"只清楚一些基本原理，实际操作很难。"当时，张智已是研制团队的一员。他和一群航天人历经坎坷、排除万难，研制出属于中国自己的逃逸系统，并在之后不断更新完善。

长征二号 F 运载火箭首次载人飞行成功后，发现飞行过程中存在一个令航天员难以忍受的 8Hz 振动。张智作为专题组副组长，组织专家一起收集数据、确认机理、开展试验，最后确定了解决方案。有人称，这一改进使航天员飞行的舒适性像从拖拉机时代进入了小轿车时代。

经过一系列设计上的改进、长征二号 F 火箭的可靠件指标提升到 0.989，航天员安全性指标达到 0.997，成为我国可靠性最高的火箭。

项目七 触摸屏及其应用

项目概述

随着工业自动化水平的迅速提高和计算机在工业领域的广泛应用，人们对工业自动化的要求越来越高，组态控制软件和触摸屏控制技术已成为自动控制领域中一个重要组成部分。特别是近几年，组态控制软件和触摸屏新技术、新产品层出不穷。作为从事自动化相关行业的技术人员，了解和掌握组态控制软件和触摸屏技术是必备的技能。

通过本项目的理论学习和实训，学生将掌握 MCGSPRO 嵌入版组态软件的基本功能和主要特点，对组态过程、操作方法和实现功能等有一个总体认识，了解组态软件系统的构成和各个组成部分的功能，会通过触摸屏对 PLC 控制进行基本操作。

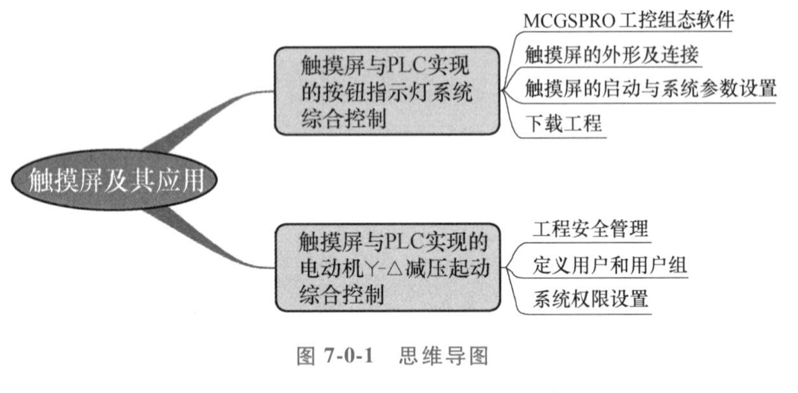

图 7-0-1 思维导图

项目目标

知识目标

1. 掌握 MCGSPRO 组态软件实现的控制方法。
2. 理解 TPC7032Kt 触摸屏的使用方法。

技能目标

1. 会应用组态软件，进行按钮指示灯控制系统组态。
2. 会通过触摸屏与 PLC 对控制系统进行综合控制。

素养目标

1. 培养学生的劳动精神及工匠精神。

2. 培养学生不断探索和追求进步的意识。

任务一　触摸屏与 PLC 实现的按钮指示灯系统综合控制

【任务内容】

触摸屏任务一

某按钮指示灯控制系统的控制要求：按下起动按钮 SB1 后，连接在 PLC 上的指示灯点亮，同时 MCGSPRO 组态界面的指示灯点亮；按下停止按钮 SB2 后，连接在 PLC 上的指示灯熄灭，同时 MCGSPRO 组态界面的指示灯熄灭。在 MCGSPRO 组态界面按下起动按钮，连接在 PLC 上的指示灯点亮，同时 MCGSPRO 组态界面的指示灯点亮；按下停止按钮，连接在 PLC 上的指示灯熄灭，同时 MCGSPRO 组态界面的指示灯熄灭。

【任务分析】

按照组态工程的一般过程，组态过程可分为以下几步。①新建工程；②实时数据库组态设计；③设备组态；④用户窗口组态；⑤数据链接设定。

其中，图 7-1-1 所示的按钮指示灯控制系统由起动按钮、停止按钮和指示灯组成，按下起动按钮，指示灯亮；按下停止按钮，指示灯熄灭。

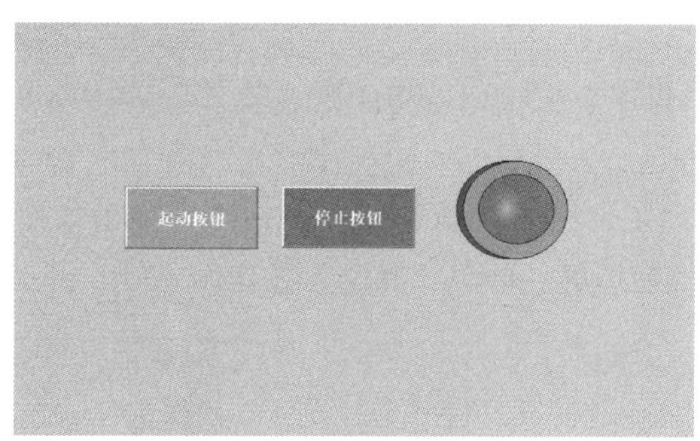

图 7-1-1　按钮指示灯控制系统

1）绘制如图 7-1-2 所示的按钮指示灯控制系统的电路图。

PLC 采用 S7-200 SMART 系列 CPU SR20 AC/DC/Relay，按图 7-1-2 进行系统接线后，

计算机、PLC、触摸屏之间均采用网线连接。起动按钮 SB1 连接 PLC 的 I0.0，停止按钮 SB2 连接 PLC 的 I0.1，指示灯 HL 连接 PLC 的 Q0.0。

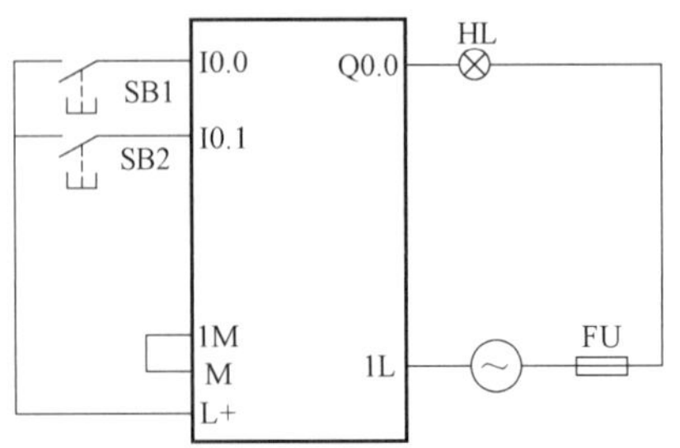

图 7-1-2 PLC 的接线图

2）确定 I/O 地址分配表（见表 7-1-1）。

表 7-1-1 I/O 地址分配表

输入信号			输出信号		
序号	输入点	输入元件及符号	序号	输出点	输出元件及符号
1	I0.0	起动按钮 SB1	1	Q0.0	灯 HL
2	I0.1	停止按钮 SB2			
3	M0.0	触摸屏起动按钮			
4	M0.1	触摸屏停止按钮			

3）编写 PLC 控制程序。根据控制要求及 I/O 地址分配表（见表 7-1-1）编写 PLC 控制程序，如图 7-1-3 所示。

4）按钮指示灯控制系统的组态。

① 新建工程。

a. 选择“开始”→“程序”→“MCGSPRO 组态软件”→“MCGSPRO 组态软件”命令，打开 MCGSPRO 组态软件。

b. 新建工程。选择“文件”→“新建工程”命令，弹出如图 7-1-4 所示的“工程设置”对话框，选择对应的触摸屏，单击“确定”按钮。

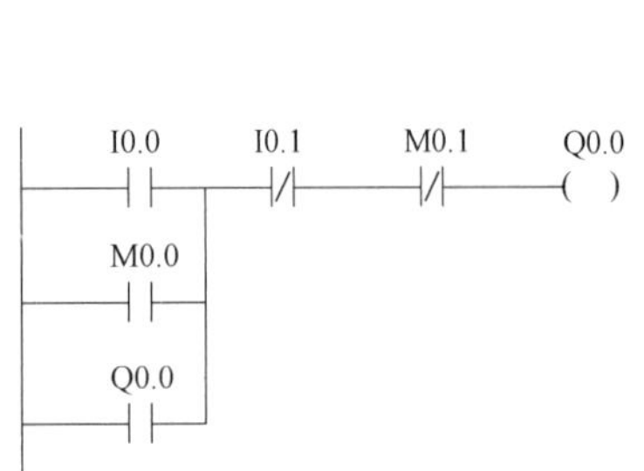

图 7-1-3 按钮指示灯控制系统

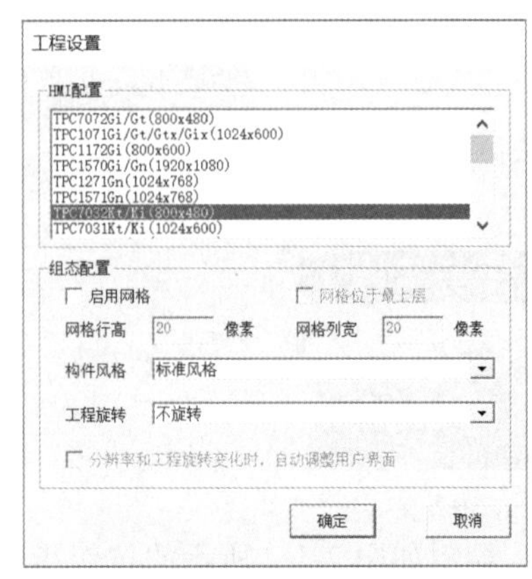

图 7-1-4 工程设置

c. 工程命名和保存。将工程以“按钮指示灯控制系统 . MCG”为文件名进行保存。

② 数据库组态。实时数据库是 MCGS 系统的核心，也是应用系统的数据处理中心，系统各部分均以实时数据库为数据公用区，进行数据交换、数据处理的可视化操作。按钮指示灯控制系统数据库规划：起动按钮、停止按钮和指示灯分别采用变量 M0、M1、Q0。

a. 打开上述“新建工程”形成的“工作台”窗口，单击窗口中的“实时数据库”标签，进入“实时数据库”选项卡，如图 7-1-5 所示。

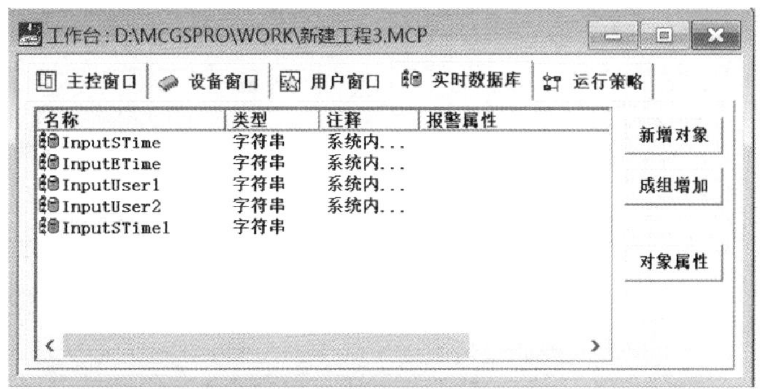

图 7-1-5　“实时数据库”选项卡

b. 单击“新增对象”按钮，在选项卡的数据对象列表中增加新的数据对象。

c. 选中对象，单击“对象属性”按钮，或双击选中的对象，打开“数据对象属性设置”对话框，如图 7-1-6 所示。

d. 将对象名称设置为“M0”，对象类型选择“整数”；在对象注释文本框中输入“起动按钮”，然后单击“确认”按钮。

e. 按照上述步骤依次创建数据对象 M1 和 Q0，如图 7-1-7 所示。

图 7-1-6　“数据对象属性设置”对话框

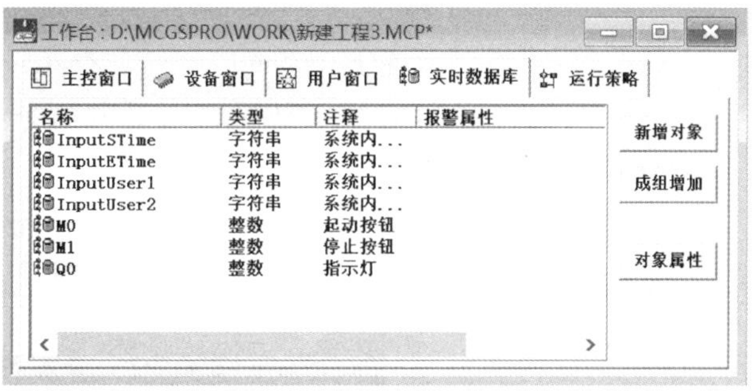

图 7-1-7　按钮控制指示灯系统数据库

③ 设备组态。

a. 双击“工作台”窗口中“设备窗口”选项卡图标，在弹出的“设备窗口”对话框中右击空白处，在弹出的快捷菜单中选择“设备工具箱”命令，弹出“设备工具箱”对话框如图 7-1-8 所示。由于触摸屏与 PLC 之间采用网线相连，所以此处按顺序先后双击选择“通用 TCP/IP 父设备”和“西门子_Smart200”，将其添加到设备窗口。此时，系统弹出“McgsPro 组态环境”对话框，如图 7-1-9 所示，提示“是否使用‘西门子_Smart200 驱动的默认通信参数设置 TCP/IP 父设备参数?’”，单击“是”按钮，出现如图 7-1-10 所示的设备窗口。

图 7-1-8 设备窗口

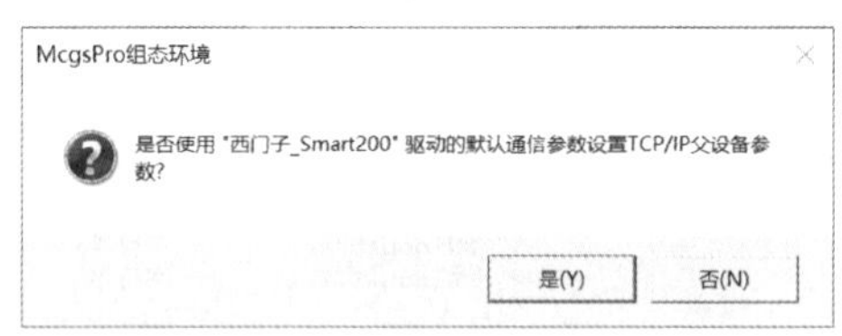

图 7-1-9 PLC 属性设置提示对话框

图 7-1-10 设备窗口

b. 双击图 7-1-10 所示的“通用 TCP/IP 父设备 0--[通用 TCP/IP 父设备]”，弹出如图 7-1-11 所示的“通用 TCP/IP 设备属性编辑”对话框。将“本地 IP 地址”修改为触摸屏的 IP，“远程 IP 地址”修改为 S7-200 SMART 系列 PLC 的 IP 地址，单击“确认”按钮。

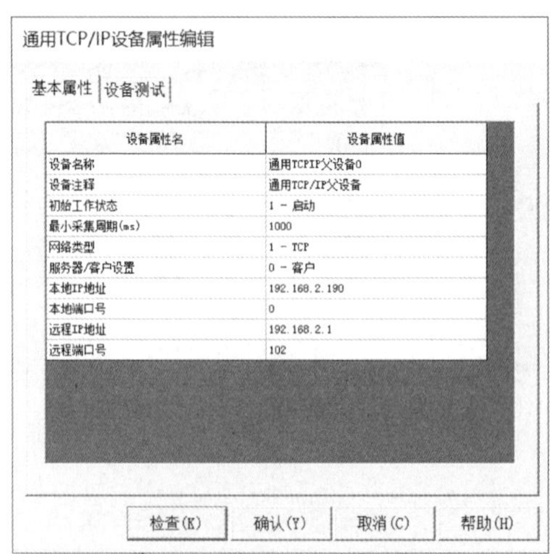

图 7-1-11 “通用 TCP/IP 设备属性编辑”对话框

c. 双击“设备 0--[西门子_Smart200]”，弹出如图 7-1-12 所示的“设备编辑窗口”窗口，选择所有的通道，按下“删除全部通道”按钮。

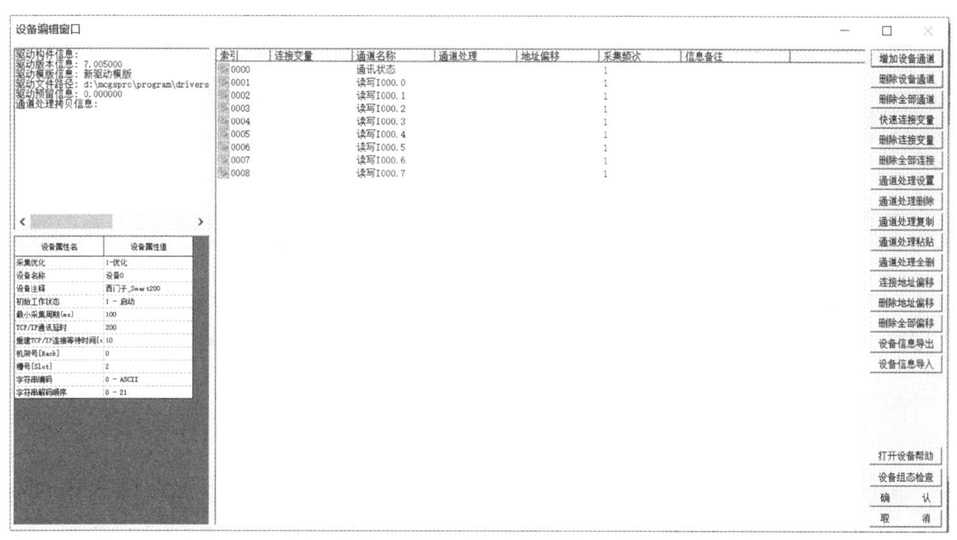

图 7-1-12　“设备编辑窗口”窗口

d. 单击“增加设备通道”按钮，弹出“添加设备通道”对话框，如图 7-1-13 所示，触摸屏上的起动按钮和停止按钮的“通道类型”选择“M 内部继电器”，“通道地址”为字节地址，“数据类型”选择为相应的位地址，“通道个数”为“2”，单击“确认”按钮，则产生 M0.0 和 M0.1 两个位地址。

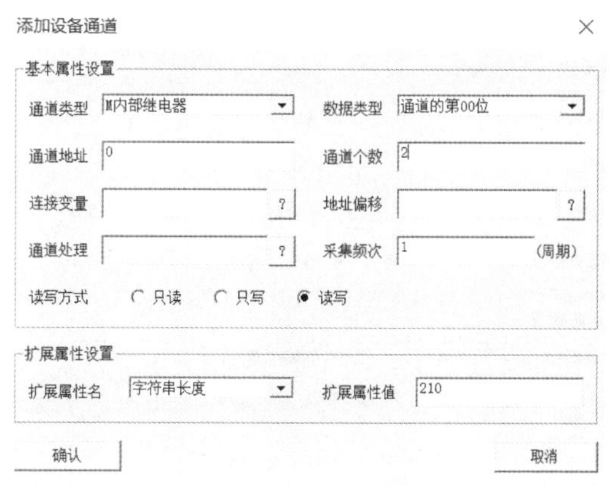

图 7-1-13　添加设备通道对话框

e. 双击如图 7-1-14 所示的 0001 通道的连接变量位置，弹出如图 7-1-15 所示的“变量选择”对话框，选择变量 M0，单击“确认”按钮。按同样的方法增加变量 M1 在 0002 通道。

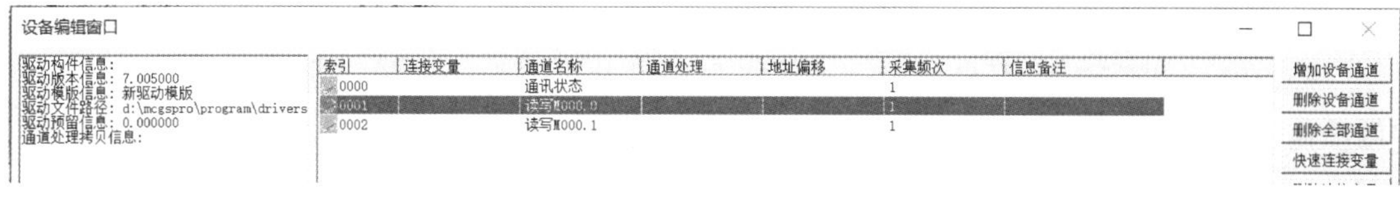

图 7-1-14　设备编辑窗口

f. 单击“增加设备通道”按钮，增加 Q0.0 所占的通道，“连接变量”为 Q0，如图 7-1-16 所示。

④ 用户窗口组态。用户窗口主要用于设置工程中人机交互的界面，可生成各种动画显示画面、报警输出、数据与曲线图表等。

a. 窗口的创建。

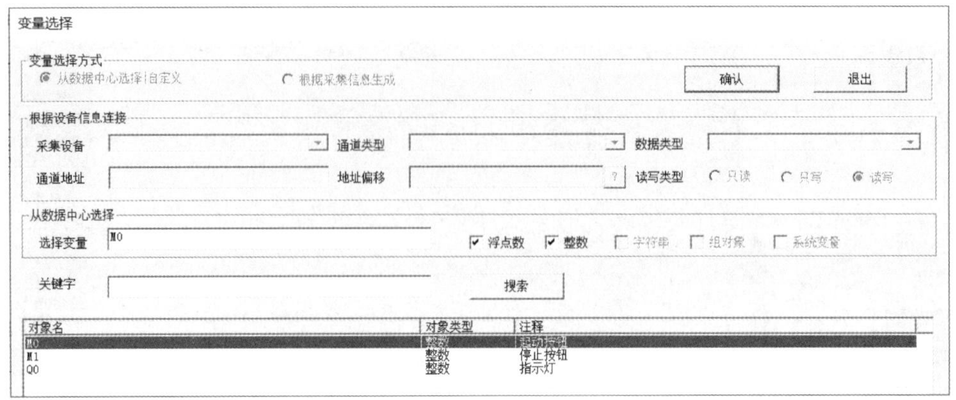

图 7-1-15 “变量选择”对话框

a）单击图 7-1-5 中的“用户窗口”标签，选择“新建窗口”，在弹出的“用户窗口属性设置”对话框中将窗口名称设置为“按钮指示灯控制系统”，如图 7-1-17 所示。

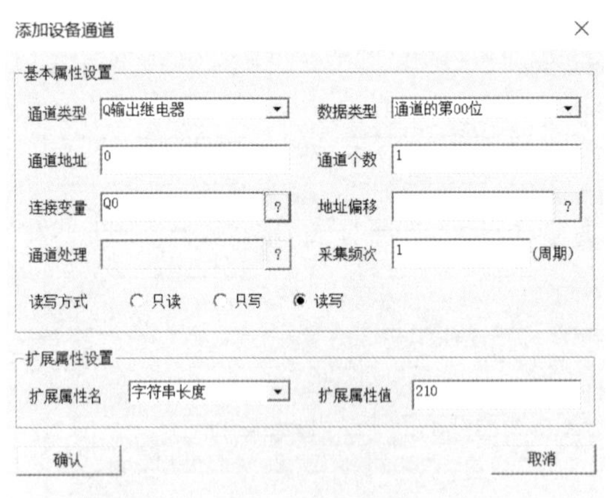

图 7-1-16 输出继电器的设备通道增加

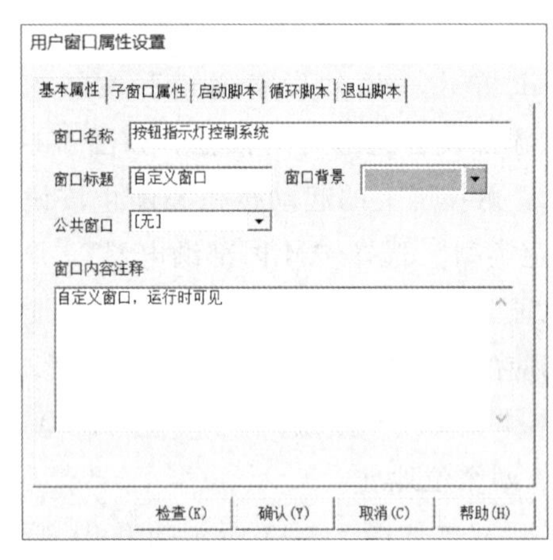

图 7-1-17 “用户窗口属性设置”对话框

b）单击“确认”按钮，弹出如图 7-1-18 所示的“用户窗口”选项卡。双击“按钮指示灯控制系统”图标，打开监控组态界面。

b. 按钮及指示灯的绘制。

a）在打开的监控组态界面中，系统将自动打开工具箱，选择“标准按钮”，在绘图区绘制一个按钮，如图 7-1-19 所示。

图 7-1-18 “用户窗口”选项卡

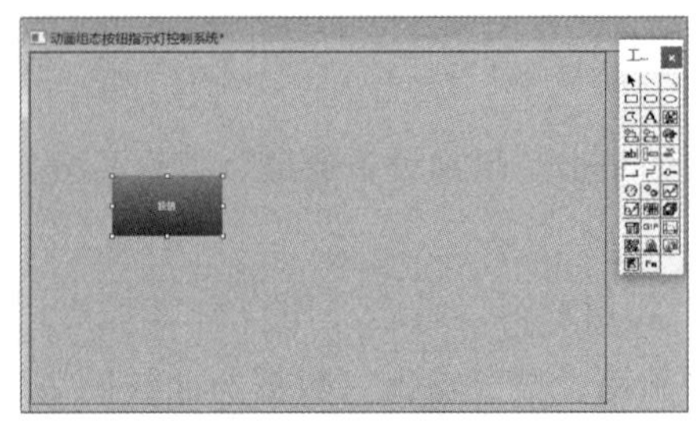

图 7-1-19 绘图区绘制按钮

b）双击该按钮，对“标准按钮构件属性设置”对话框中的“基本属性”选项卡进行设置，设置完成后单击“确认”按钮，如图 7-1-20 所示。

c）对“标准按钮构件属性设置”对话框中的“操作属性”选项卡进行设置，选中“数据对象值操作”，选择“按 1 松 0”，使按钮变为普通的常开按钮，如图 7-1-21 所示，单击“确认”按钮。

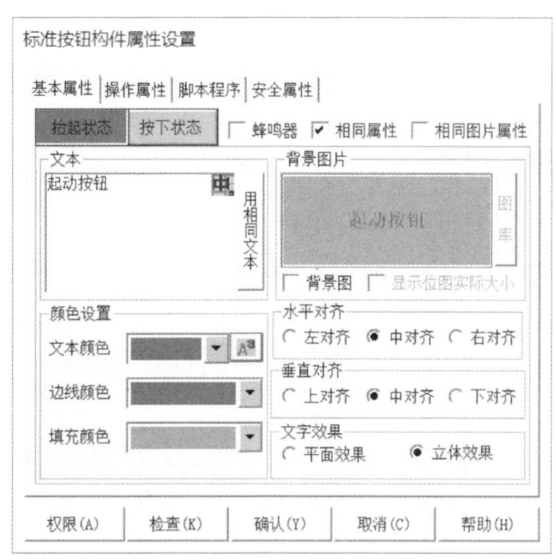

图 7-1-20 “基本属性”选项卡设置

图 7-1-21 “操作属性”选项卡设置

d）用同样方法制作停止按钮，也可将起动按钮复制粘贴后进行更改，如图 7-1-22 所示。

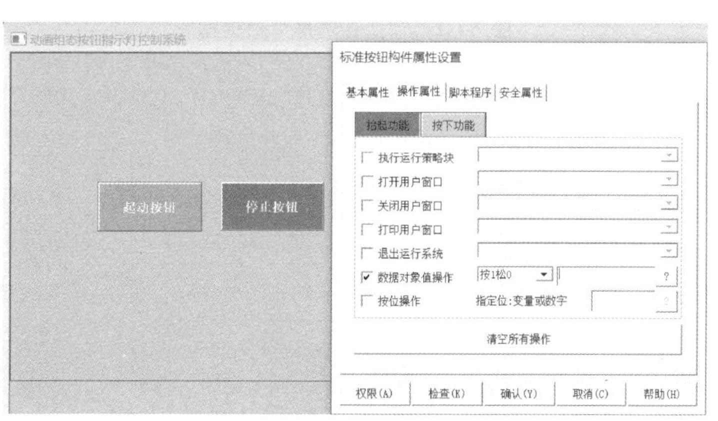

图 7-1-22 停止按钮的制作

e）选择工具箱中的“插入元件”，弹出“元件图库管理”对话框，类型选择“公共图库”，选择“指示灯 3”，单击“确认”按钮如图 7-1-23 所示。

⑤ 数据链接。

a. 起动按钮的数据链接设置：单击图 7-1-21 中“数据对象值操作”行右边的“?”，

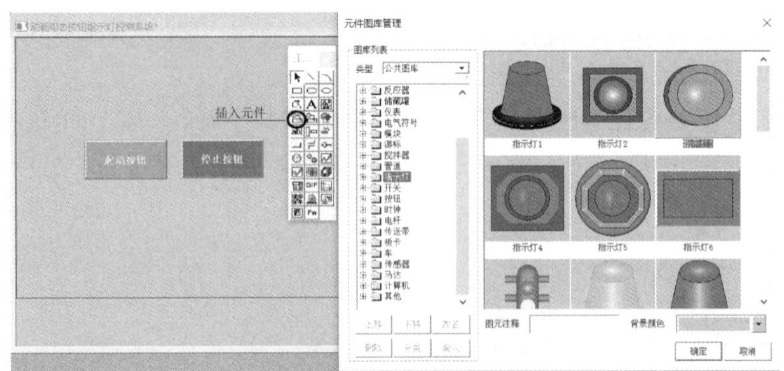

图 7-1-23 指示灯的元件制作

弹出如图 7-1-24 所示的“变量选择”对话框，连接变量“M0”单击“确认”按钮，操作属性如图 7-1-25 所示。

变量选择

变量选择方式
从数据中心选择|自定义　根据采集信息生成　确认　退出

根据设备信息连接
采集设备　通道类型　数据类型
通道地址　地址偏移　读写类型　只读　只写　读写

从数据中心选择
选择变量 M0　浮点数　整数　字符串　组对象　系统变量

关键字　搜索

对象名	对象类型	注释
M0	整数	起动按钮
M1	整数	停止按钮
M2	整数	指示灯

图 7-1-24 “变量选择”对话框

图 7-1-25 起动按钮的变量链接

b. 停止按钮的数据链接设置：用相同的方法将停止按钮连接变量“M1”，如图 7-1-26 所示。

c. 指示灯的变量链接：双击指示灯，弹出“单元属性设置”对话框，选中变量标签的“连接类型”中的表达式，单击右边的“?”，连接变量“Q0”，单击“确认”按钮，如图 7-1-27 所示。

5）卜载工程并调试。

a. 用网线连接计算机与 PLC，打开组态软件，单击下载运行图标，弹出“下载配置”对话框，运行方式选择“模拟”，单击“通信测试”按钮，再单击“工程下载”按钮，最后单击“启动运行”按钮，如图 7-1-28 所示。

图 7-1-26　停止按钮的变量链接

b. 用网线连接计算机与触摸屏，在“下载配置”对话框中，运行方式选择“联机”，连接方式选择“TCP/IP 网络”，“目标机名”设置为触摸屏的 IP 地址，依次单击“通信测试”“工程下载”“启动运行”按钮。

c. 用网线连接触摸屏与 PLC 进行测试，分别测试按钮 SB1、按钮 SB2、触摸屏起动按钮、触摸屏停止按钮对指示灯的控制要求是否得到满足。

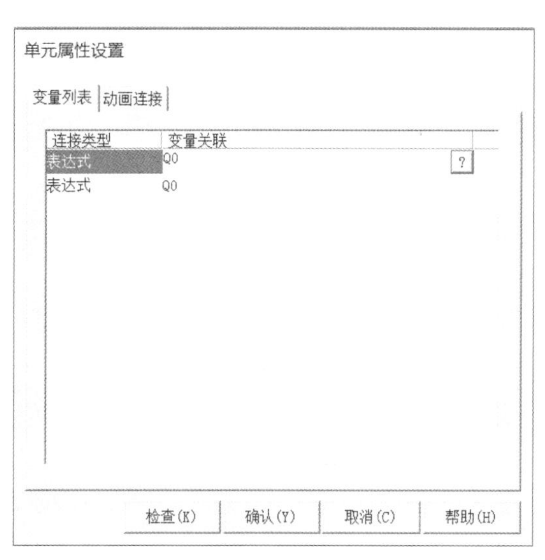

图 7-1-27　指示灯的变量链接

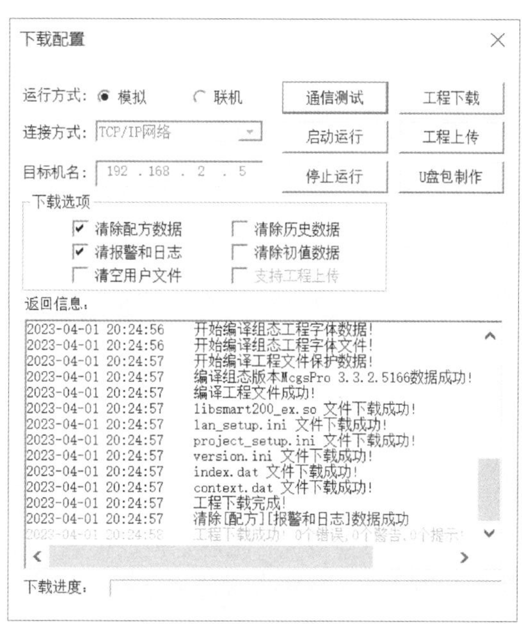

图 7-1-28　模拟运行

一、MCGSPRO 工控组态软件

1. 系统构成

MCGSPRO 工控组态软件由 MCGSPRO 组态环境和 MCGSPRO 运行环境构成。MCG-SPRO 组态环境是生成用户应用系统的工作环境，用户在 MCGSPRO 组态环境中完成设计动画、连接设备、编写控制流程、编制工程、打印报表等全部组态工作后，生成扩展名为 . mcg 的工程文件（又称为组态结果数据库文件）。MCGSPRO 运行环境是用户应用系统的运行环境，在运行环境中完成对工程的控制工作。

MCGSPRO 组态环境与 MCGSPRO 运行环境一起构成了用户应用系统，统称为“工程”。

MCGSPRO 工程由主控窗口、设备窗口、用户窗口、实时数据库和运行策略 5 部分构成，如图 7-1-29 所示。

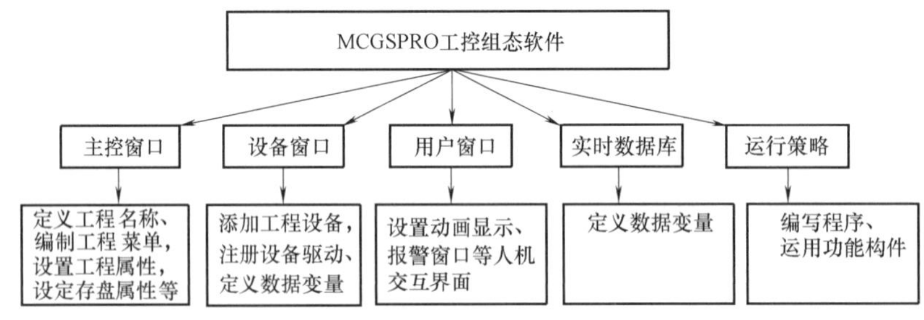

图 7-1-29　MCGSPRO 工程的 5 部分

1）主控窗口。主控窗口是工程的主窗口或主框架，在主控窗口中可以设置一个设备窗口和多个用户窗口，主控窗口负责调度和管理这些窗口的打开或关闭。主控窗口主要的组态操作包括定义工程名称、编制工程菜单、设置工程属性、设定存盘属性（如数据库存盘文件名称及存盘时间）等。

2）设备窗口。设备窗口是连接和驱动外部设备的工作环境。在本窗口中可配置数据采集与控制输出设备、注册设备驱动程序、定义连接与驱动设备用的数据变量。

3）用户窗口。用户窗口主要用于设置工程中人机交互的界面，如生成各种动画显示画面，报警输出窗口、数据与曲线图表等。

4）实时数据库。实时数据库是工程各部分的数据交换与处理中心，它将 MCGSPRO 工程的各部分连接成有机的整体，在本窗口中可定义不同类型和名称的变量，作为数据采集、处理、输出控制、动画连接及设备驱动的对象。

5）运行策略。运行策略主要完成工程运行流程的控制，包括编写程序（if-then 脚本程序）、运用各种功能构件，如数据提取、历史曲线、定时器、配方操作、多媒体输出等。

2. 功能特点

1）概念简单，易于理解和使用。普通工程人员经过短时间的培训就能正确掌握并快速完成多数简单工程项目的监控程序设计和运行操作。

2）功能齐全，便于方案设计。MCGSPRO 为解决工程监控问题提供了丰富多样的手段，从设备驱动到数据处理、报警处理、流程控制、动画显示、报表输出、曲线显示等各个环节，均有丰富的功能组件和常用图形库供选用。

3）具备实时性与并行处理能力。MCGSPRO 充分利用了 Windows 操作平台的多任务、按优先级分时操作的功能，使 PC 广泛应用于工程监控领域的设想成为可能。

4）建立实时数据库，便于用户分步组态，保证系统安全、可靠地运行。在 MCGSPRO 组态软件中，实时数据库是整个系统的核心，实时数据库是一个数据处理中心，是系统各部分及各种功能性构件的公用数据区。各部件独立地向实时数据库输入和输出数据，并完成自己的差错控制。

5）"面向窗口"的设计方法增加了可视性和可操作性。以窗口为单位，构成用户运行系统的图形界面，使得 MCGSPRO 的组态工作既简单直观，又灵活多变。

6）丰富的"动画组态"功能可快速构造各种复杂生动的动态画面，利用大小变化、颜色改变、明暗闪烁、移动反转等多种手段，增强画面的动态显示效果。

7）引入"运行策略"的概念，用户可以选用系统提供的各种条件和功能的"策略构件"，用图形化的方法构造多分支的应用程序，实现自由、精确地控制运行流程，按照设定的条件和顺序操作外部设备，控制窗口的打开或关闭，与实时数据库进行数据交换。同时，也可以由用户创建新的策略构件，扩展系统的功能。

3. 组建工程的一般过程

1）工程项目系统分析。分析工程项目的系统构成、技术要求和工艺流程，弄清系统的控制流程和测控对象的特征，明确监控要求和动画显示方式；分析工程中的数据采集通道及输出通道与软件中实时数据库变量的对应关系，分清哪些变量是需要利用 I/O 通道与外部设备进行连接的，哪些变量是软件内部用来传递数据及动画显示的。

2）工程立项，搭建框架。工程立项须创建新工程，主要内容包括定义工程名称、封面窗口名称和启动窗口（封面窗口推出后接着显示的窗口）名称，指定存盘数据库文件的名称及存盘数据库，设定动画刷新的周期。经过此步操作后，即在 MCGSPRO 组态环境中建立了工程结构框架。封面窗口和启动窗口也可等到建立了用户窗口后再行建立。

3）设计菜单基本体系。为了对系统运行的状态及工作流程进行有效的调度和控制，通常要在主控窗口中编制菜单。编制菜单分为两步：第一步是搭建菜单的框架，第二步是对各级菜单命令进行功能组态。在组态过程中，可根据实际需要随时对菜单的内容和功能进行增加或删除，不断完善工程菜单。

4）制作动画，显示画面。动画制作分为静态图形设计和动态属性设置两个过程，前一过程类似于"画画"，用户通过 MCGSPRO 组态软件中提供的基本图形元素及动画构建库，在用户窗口中"组合"成各种复杂的画面；后一过程则设置图形的动画属性，与实时数据库中定义的相关变量进行链接，作为动画图形的驱动源。

5）编写控制流程程序。在运行策略窗口中，从策略构件箱中选择所需功能的策略构件构成各种功能模块（称为策略块），由这些模块实现各种人机交互操作。MCGSPRO 还为用户提供了编程用的功能构件（称为“脚本程序”功能构件），通过简单的编程语言编写工程控制程序。

6）完善菜单按钮功能。该环节的操作包括对菜单命令、监控器件、操作按钮的功能组态实现历史数据、实时数据、各种曲线、数据报表、报警信息输出等功能，建立工程安全机制等。

7）编写程序，调试工程。利用调试程序产生的模拟数据，可以检查动画显示和控制流程是否正确。

8）连接设备驱动程序。选定与设备相匹配的设备构件，连接设备通道，确定数据变量的处理方式，完成设备属性的设置。此步操作在设备窗口中进行。

9）工程完工综合测试。最后测试工程各部分的工作情况，完成整个工程的组态工作，实施工程交接。

二、触摸屏的外形及连接

本项目以 TPC7032Kt 触摸屏为例进行分析。

1. TPC7032Kt 的特点

1）高清：800×480 分辨率。

2）真彩：65535 色数字真彩，丰富的图形库。

3）可靠：抗干扰性能达到工业Ⅲ级标准，采用 LED 背光，寿命长。

4）配置：4 核，800MHz 主频，256MB 内存，128MB 存储空间。

5）软件：MCGSPRO 全功能组态软件，支持 U 盘备份恢复，功能强大。

6）环保：低功耗，整机功耗仅 5W，发展绿色工业，倡导节约能源。

7）时尚：7in（1in＝2. 54cm）宽屏显示，超轻、超薄机身设计，引领简约时尚。

2. 外形

触摸屏的外形如图 7-1-30 所示。

a) 正面图

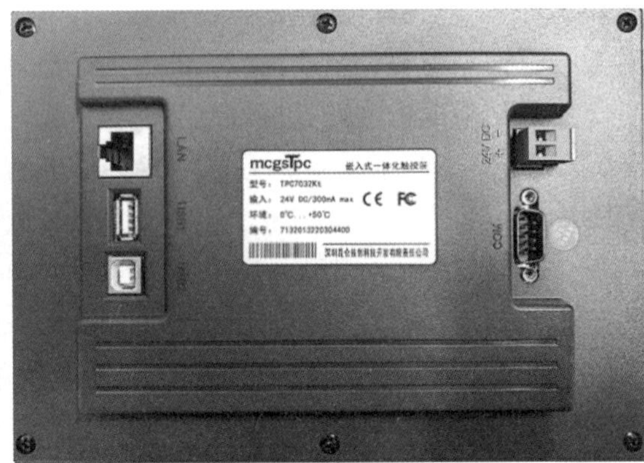

b) 背面图

图 7-1-30 触摸屏外形

3. 电源接线

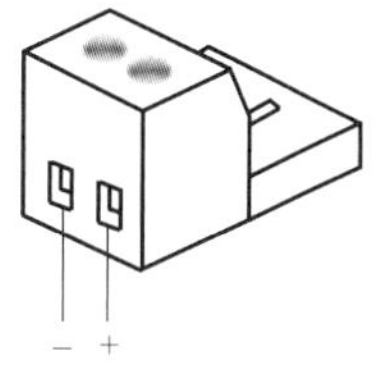

图 7-1-31　电源插头

接线步骤如下。

1）将 24V 电源线剥线后插入如图 7-1-31 所示的电源插头接线端子中。

2）使用一字螺丝刀将电源插头螺钉锁紧。

3）将电源插头插入产品的电源插座。

4. 接口

触摸屏接口如图 7-1-32 所示。

LAN
USB1
USB2
电源接口
串口

项目	TPC7032Kt
LAN(RJ45)	10/100Mbit/s 自适应
串口(DB9)	1×RS232，2×RS485
USB1(主口)	1×USB主口
USB2(从口)	不能与主口同时使用，用于下载工程
电源接口	DC 24(1±20%)V

图 7-1-32　触摸屏接口

串口引脚定义如图 7-1-33 所示。

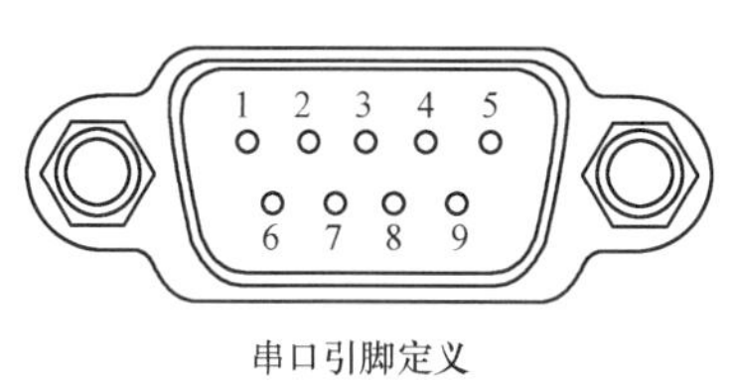

接口	PIN	引脚定义
COM1	2	RS232 RXD
	3	RS232 TXD
	5	GND
COM2	7	RS485+
	8	RS485−
COM3	4	RS485+
	9	RS485−

图 7-1-33　串口

5. 触摸屏与计算机的连接

触摸屏与计算机的连接如图 7-1-34 所示，此时采用 USB（通用串行总线）通信。另

图 7-1-34　触摸屏与计算机连接

外，触摸屏与计算机的连接还可采用网线进行连接并通信，此时通信方式为“TCP/IP 网络”。

6. 触摸屏与 S7-200 SMART 系列 PLC 的连接

触摸屏与 S7-200 SMART 系列 PLC 的连接如图 7-1-35 所示。此时，在 MCGSPRO 的软件设备窗口设置如图 7-1-36 所示。另外，触摸屏与 PLC 之间也可采用网线方式进行连接，此时设备窗口设置如图 7-1-37 所示。

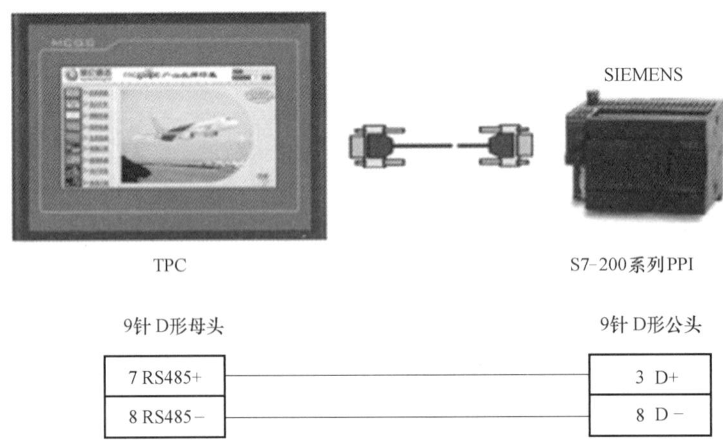

图 7-1-35 触摸屏与 S7-200 SMART 系列 PLC 的连接

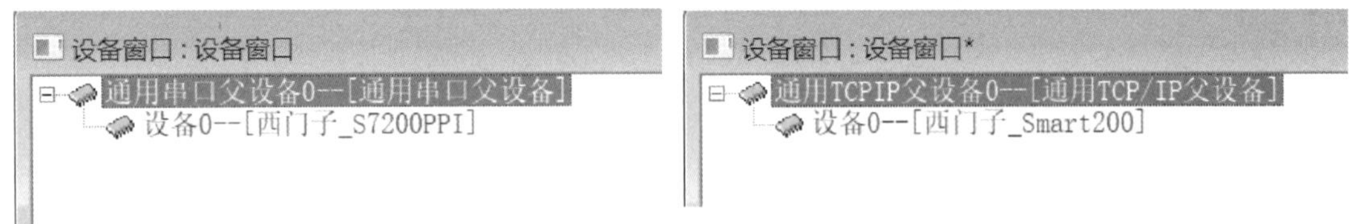

图 7-1-36 设备窗口设置 200PPI　　图 7-1-37 设备窗口中网络连接的设置

三、触摸屏的启动与系统参数设置

1. TPC7032Kt 的启动

使用 24V 直流电源给 TPC7032Kt 供电，开机启动后，屏幕出现“正在启动”提示进度条，如图 7-1-38 所示，此时不需要任何操作，将自动进入工程运行界面，如图 7-1-39 所示。

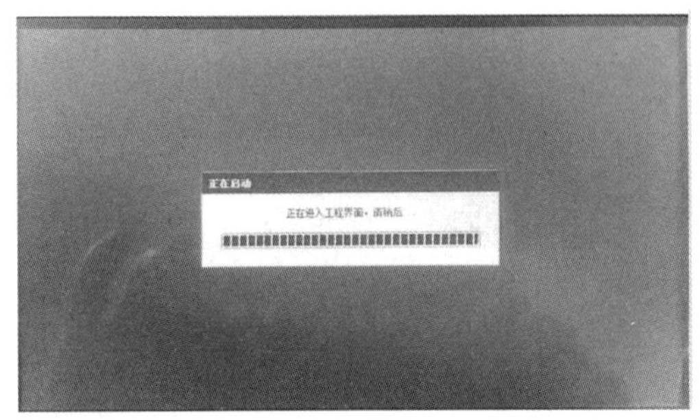

图 7-1-38 启动界面

图 7-1-39 工程运行界面

2. 触摸屏的校准与系统参数设置

1）打开触摸屏校准程序：触摸屏开机启动后，屏幕出现“正在启动”提示进度条，此时，使用触摸笔或者用手指轻点屏幕任意位置，进入启动页面配置界面，如图 7-1-40 所示。按住空白处 3s 之后，系统将自动运行触摸屏校准程序。

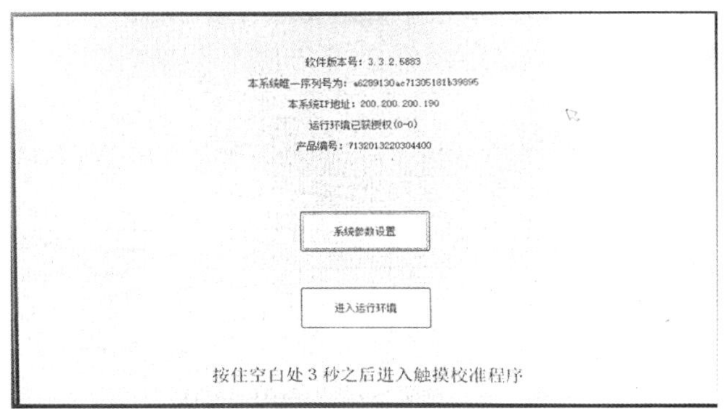

图 7-1-40　启动页面配置界面

如图 7-1-41 所示，使用触摸笔或手指轻按十字光标中心点不放，当光标移动至下一点后抬起。重复该动作，直至提示“新的校准设置已测定”，单击“确认校准”按钮后保存并退出校准程序。

图 7-1-41　触摸屏校准

2）系统参数设置：在启动配置页面单击“系统参数设置”按钮，进入 TPC 系统设置界面，如图 7-1-42 所示。

3）进入“USB”选项卡，如图 7-1-43 所示，选择“从口模式”（若断电重启，将恢复到“主口模式”）。

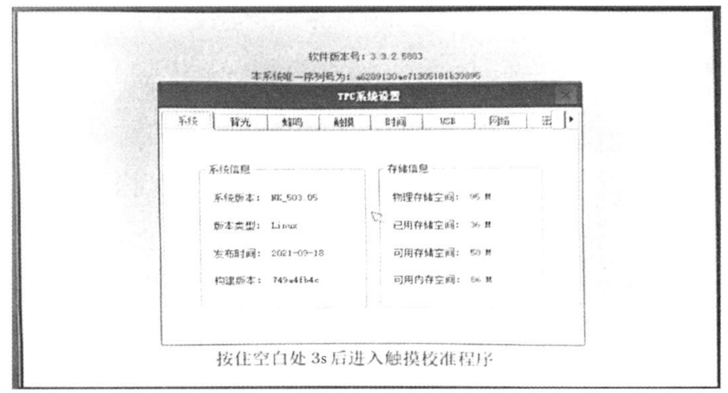

图 7-1-42　系统设置

4）触摸屏的 IP 查看与更改在“网络”选项卡进行，如图 7-1-44 所示，可以查看触摸屏本机的 IP 地址，也可在此进行修改。

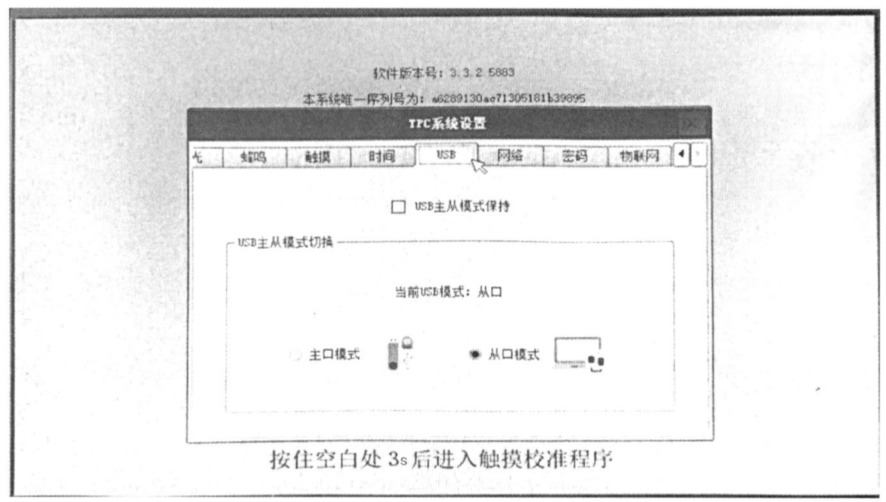

图 7-1-43 USB“从口模式”切换

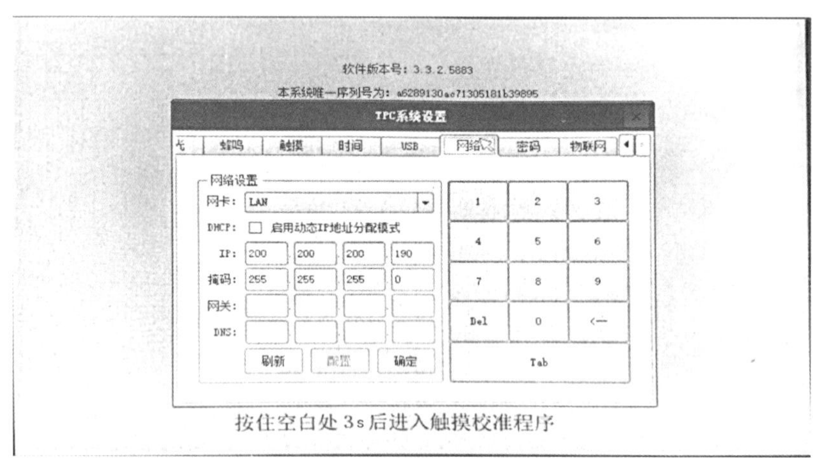

图 7-1-44 触摸屏的 IP 查看与修改

四、下载工程

在 MCGSPRO 软件中，若要下载工程，步骤如图 7-1-45 所示，图中的通信方式采用 USB 下载方式，可以通过 USB2 口进行下载。

如果通过网线方式下载，此时需要查看更改后的 TPC 网络地址，应与计算机在同一网段内，在下载配置的“连接方式”中选择“TCP/IP 网络”。

如果手头没有触摸屏，运行方式也可采用模拟运行，此时通过计算机屏幕作触摸屏对 PLC 进行控制，但模拟运行时要注意计算机与 PLC 之间一定要有通信才行。

【任务评价】

请学生总结要点，填入表 7-1-2，进行自评、小组互评和教师评价，将各项得分及总计得分填入表 7-1-2 中（评分标准由相应评价者自行掌握）。

图 7-1-45　下载工程

表 7-1-2　考核评价表

序号	评价内容	配分	要点总结	自评	小组互评	教师评价
1	按钮指示灯控制系统操作	20				
2	工控组态软件的组成与特点	20				
3	TPC 的启动与校准	20				
4	下载工程	10				
5	安全文明操作	30				
总计得分		100				

【课后思考】

1. 简述 MCGSPRO 组态软件的功能及特点。

2. 组建 MCGSPRO 工程的步骤有哪些？

3. 触摸屏如何校准？

任务二 触摸屏与 PLC 实现的电动机Y-△减压起动综合控制

【任务内容】

触摸屏任务二

某电动机的Y-△减压起动控制系统的控制要求如下。

1）首页中显示日期、时间、星期、系统运行时间，画面显示“欢迎来到自控工作室”，与减压起动控制页有按钮进行切换，如图 7-2-1 所示。

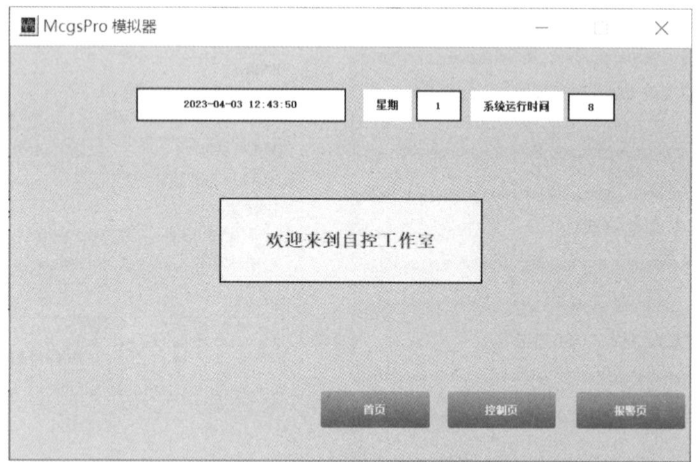

图 7-2-1 首页的组态界面

2）减压起动控制页的要求如图 7-2-2 所示。

① 按下触摸屏的“起动按钮”，电源接触器 KM1 与星形接触器 KM2 通电，延时时间到，KM2 断电，三角形接触器 KM3 通电。按下触摸屏的“停止按钮”，控制系统能随时停止。

② 触摸屏上有两个指示灯，电动机正常运行时运行指示灯亮；电动机过载时过载指示灯以 1s 为周期进行闪烁。

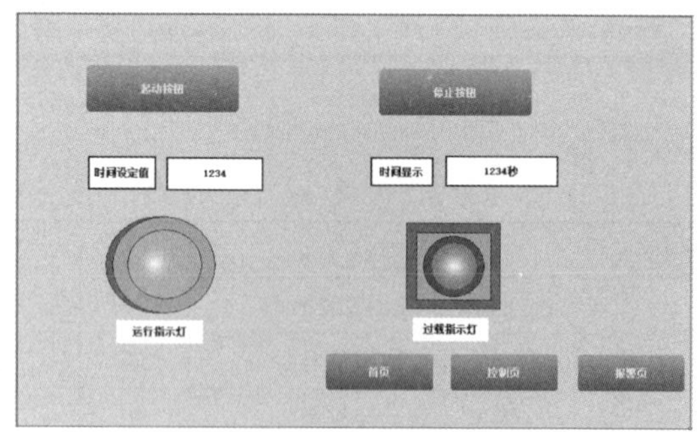

图 7-2-2 控制页组态界面

③ 控制系统中的延时时间长短，在触摸屏上按实际时间进行设定，并能随时显示出延时时间的长短。

3）报警页的要求：当电路发生过载时，报警页中有报警滚动条进行报警显示，如图 7-2-3 所示。

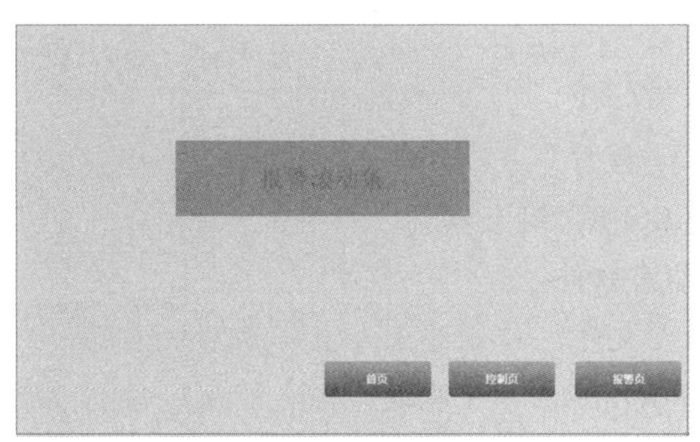

图 7-2-3　报警页显示界面

请根据控制要求，对触摸屏进行组态设计、电路接线和程序设计。

【任务分析】

在电动机Y-△减压起动控制系统中，时间设定值需要设定的是实际值，例如，设定 10，即时间是 10s，需要在通道中进行工程转换，而实际的显示时间由于在设计程序中已做了处理，所以能显示实际的时间。

【任务实施】

做中学

1）绘制如图 7-2-4 所示的电动机Y-△减压起动控制系统的控制电路图。

PLC 采用 S7-200 SMART 系列 CPU SR20 AC/DC/Relay，按图 7-2-4 进行系统接线后，计算机、PLC、触摸屏之间均采用网线连接。

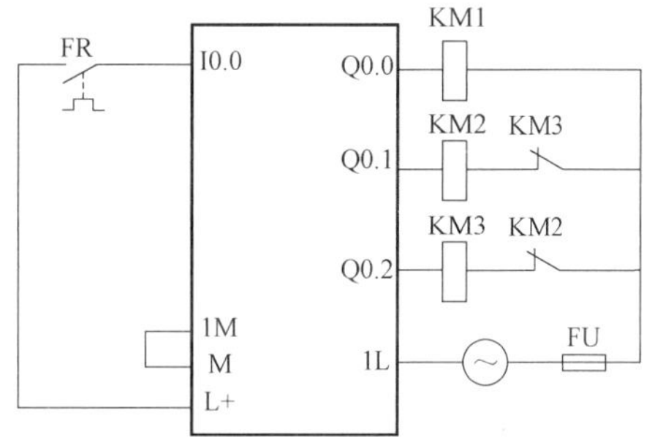

图 7-2-4　PLC 的接线图

2）确定 I/O 地址分配表（见表 7-2-1）。

表 7-2-1　I/O 地址分配表

输入信号			输出信号		
序号	输入点	输入元件及符号	序号	输出点	输出元件及符号
1	I0.0	热继电器 FR	1	Q0.0	电源接触器 KM1
2	M0.0	触摸屏起动按钮	2	Q0.1	星形接触器 KM2
3	M0.1	触摸屏停止按钮	3	Q0.2	三角形接触器 KM3
			4	M0.2	运行指示灯
			5	M0.3	过载指示灯

3）编写 PLC 控制程序。根据控制要求及 I/O 地址分配表（见表 7-1-1）编写 PLC 控制程序，如图 7-2-5 所示。

4）首页的组态。

① 新建工程。

a. 选择“开始”→“程序”→“MCGSPRO 组态软件”→“MCGSPRO 组态软件”命令，打开 MCGSPRO 组态软件。

b. 新建工程。选择“文件”→“新建工程”命令，弹出如图 7-2-6 所示的“工程设置”对话框，选择对应的触摸屏，单击“确定”按钮。

c. 工程命名和保存。将工程以“电动机星角减压控制系统 .MCG”为文件名进行保存。

② 用户窗口组态。

a. 窗口的创建。

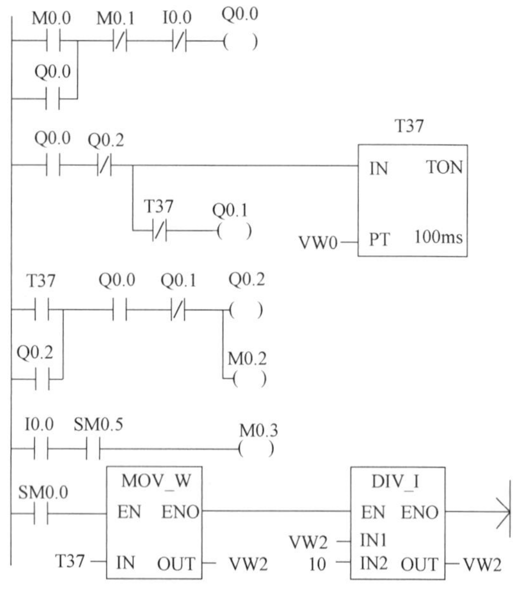

图 7-2-5 电动机Y-△减压起动控制系统程序

a）单击“用户窗口”标签，选择“窗口 0”，在弹出的“用户窗口属性设置”对话框中将“窗口名称”设置为“首页”，如图 7-2-7 所示。

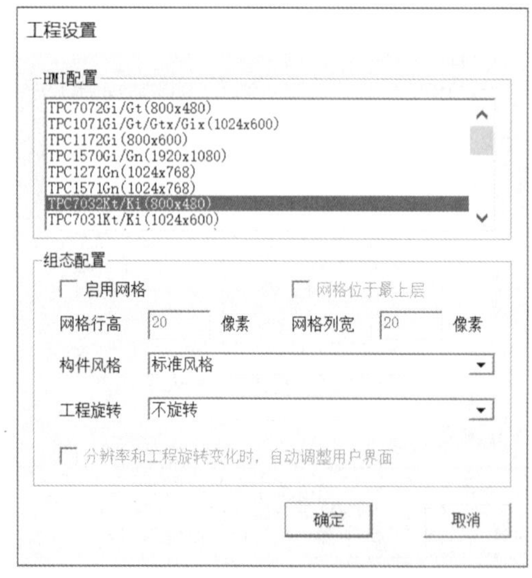

图 7-2-6 工程设置

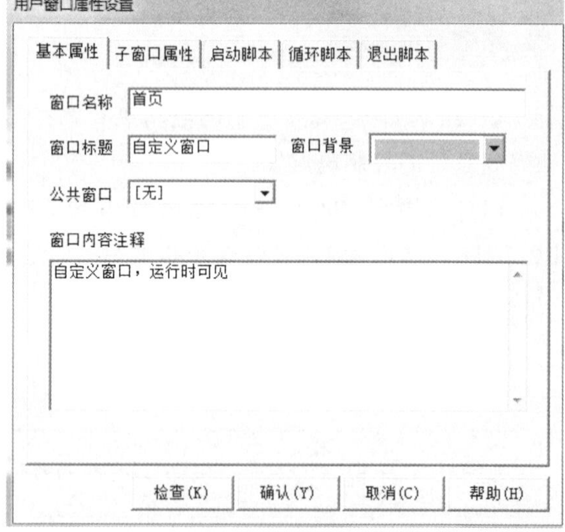

图 7-2-7 “用户窗口属性设置”对话框

b）单击“确认”按钮，弹出如图 7-2-8 所示的用户窗口对话框。使用同样方法，建立“控制页”“报警页”。在“用户窗口”选项卡双击“首页”图标按钮，打开监控组态界面。

b. 标签的绘制。

a）单击工具箱的“标签”图标按钮，在绘图区绘制一个标签，如图 7-2-9 所示。

b）右击该标签，在弹出的快捷菜单中选择“属性”命令，对“标签动画组态属性设

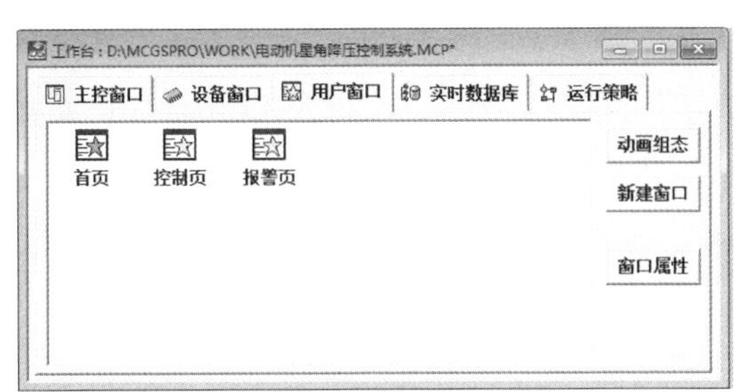

图 7-2-8　用户窗口对话框

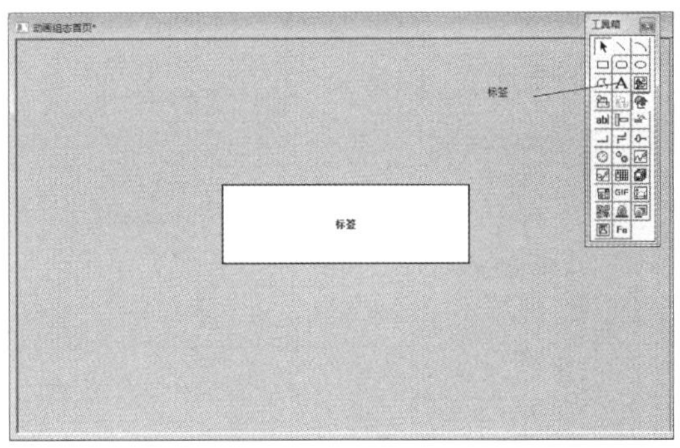

图 7-2-9　标签的制作

置”对话框中的“属性设置”选项卡进行设置，其中，“输入输出连接”中要勾选“显示输出”，填充颜色可根据需要进行选择，字符颜色及大小也可进行设置，单击“确认”按钮，如图 7-2-10 所示。

c）对“标签动画组态属性设置”对话框中的“扩展属性”选项卡进行设置，其中，文本内容输入“欢迎来到自控工作室”，单击“确认”按钮，如图 7-2-11 所示。

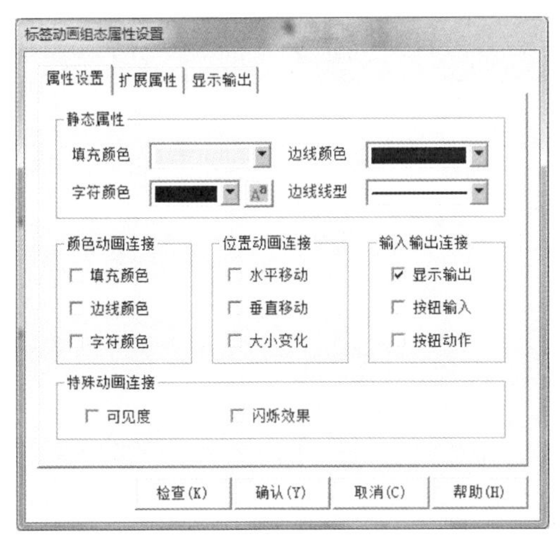

图 7-2-10　“属性设置”选项卡设置

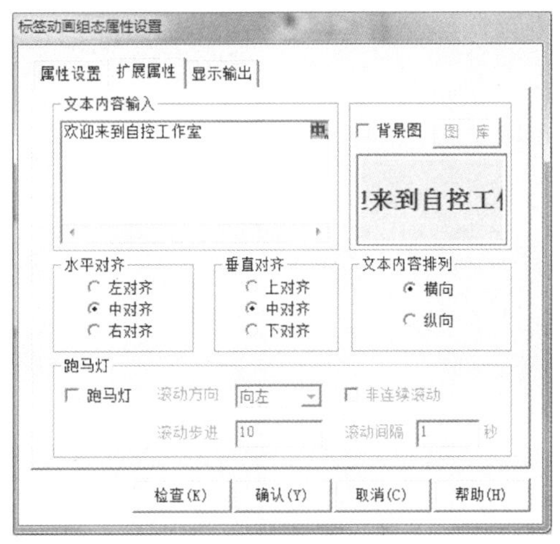

图 7-2-11　“扩展属性”选项卡设置

c. 日期、时间、星期，系统运行时间显示的设置。

a）打开工具箱，单击“标签”图标按钮，在绘图区绘制一个标签，右击标签，在弹出的快捷菜单中选择“属性”命令，在“标签动画组态标签属性设置”对话框的“扩展属性”选项卡中将“文本内容输入”中的“标签”删除，单击“确认”按钮。

b）在“动画组态标签属性设置”对话框单击“显示输出”选项卡“表达式”右侧的“?”按钮，弹出如图 7-2-12 所示的“变量选择”对话框。

c）选择变量“$ Date+”“+ $ Time”，单击“确认”按钮，如图 7-2-13 所示。

d）用同样方法，在日期与时间右侧建一个标签，在“属性设置”选项卡中，“边线颜色”选择白色，在“扩展属性”选项卡的“文本内容输入”中将标签更改为“星期”，如图 7-2-14 所示。

变量选择

变量选择方式 ◉ 从数据中心选择|自定义 ○ 根据采集信息生成 确认 退出

根据设备信息连接 采集设备 通道类型 数据类型 通道地址 地址偏移 读写类型 ○ 只读 ○ 只写 ◉ 读写

从数据中心选择 选择变量 ☑ 浮点数 ☑ 整数 ☑ 字符串 ☐ 组对象 ☑ 系统变量

关键字 搜索

对象名	对象类型	注释
$Year	浮点数	
$Month	浮点数	
$Day	浮点数	
$Hour	浮点数	
$Minute	浮点数	
$Second	浮点数	
$Week	浮点数	
$Timer	浮点数	
$RunTime	浮点数	
$PageNum	浮点数	
$Date	字符串	
$Time	字符串	
$UserName	字符串	
$MaxInput	字符串	
$MinInput	字符串	
$OrgInput	字符串	
$CurInput	字符串	
InputSTime	字符串	系统内建数据对象
InputETime	字符串	系统内建数据对象
InputUser1	字符串	系统内建数据对象
InputUser2	字符串	系统内建数据对象

图 7-2-12 “变量选择”对话框

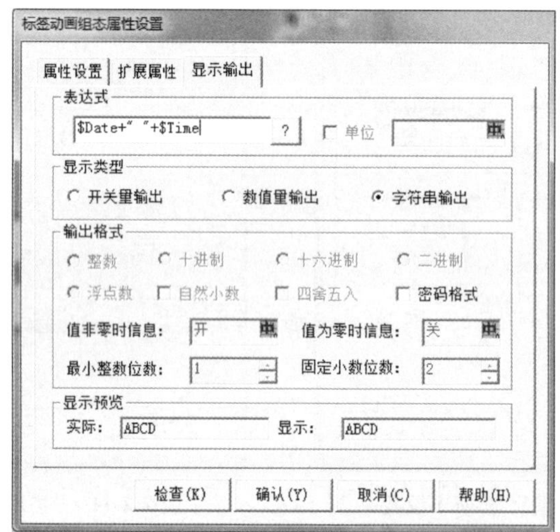

图 7-2-13 “显示输出”选项卡设置

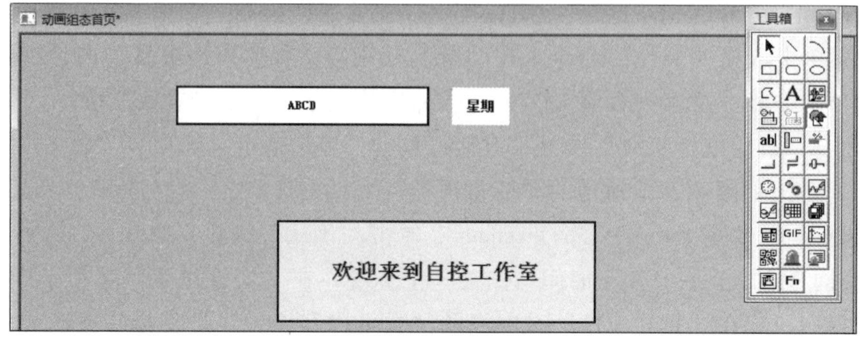

图 7-2-14 星期标签的加入

e）在星期标签的右边再加入一个标签，将新标签“扩展属性”选项卡“文本内容输入”中的“标签”字删除，在“显示输出”选项卡的表达式位置连接变量“$ Week”，“显示类型”选中“数值量输出”，“浮点数”的“固定小数位数”调为0，单击“确认”按钮，如图7-2-15所示。

f）用上述方法再加两个标签，一个是显示“系统运行时间”，另一个连接变量“$RunTime”，相关设置如图7-2-16所示。

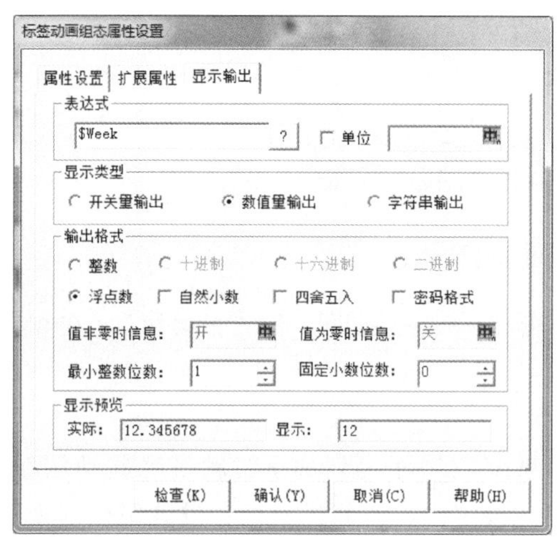

图 7-2-15　显示输出的设置

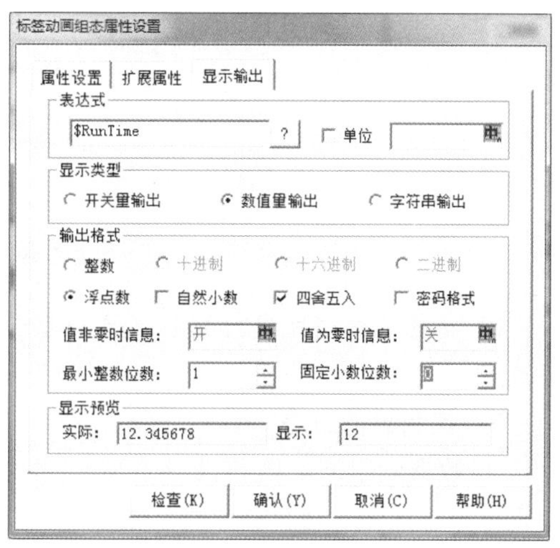

图 7-2-16　运行时间的设置

d. 设置三个按钮，分别为“首页”“控制页”“报警页”。

a）选择工具箱中的标准按钮，在动画组态首页的绘图区中绘制一个按钮，在右键快捷菜单中选择“属性”命令，弹出“标准按钮构件属性设置”对话框，在“基本属性”选项卡中将“文本”内容改为“首页”，如图7-2-17所示。在“操作属性”选项卡中勾选“打开用户窗口”，在右侧框中选择“首页”，单击“确认”按钮，如图7-2-18所示。

图 7-2-17　首页按钮的基本属性

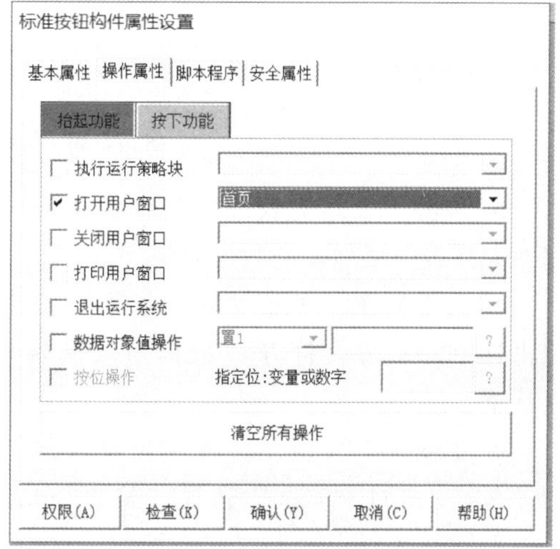

图 7-2-18　首页按钮的操作属性

b）复制“首页”按钮，在动画组态首页的绘图区粘贴两次，调整位置，更改文本内容分别为“控制页”和“报警页”，在相应按钮的“操作属性”选项卡中“打开用户窗口”分别设置为“控制页”和“报警页”，如图 7-2-19 所示。

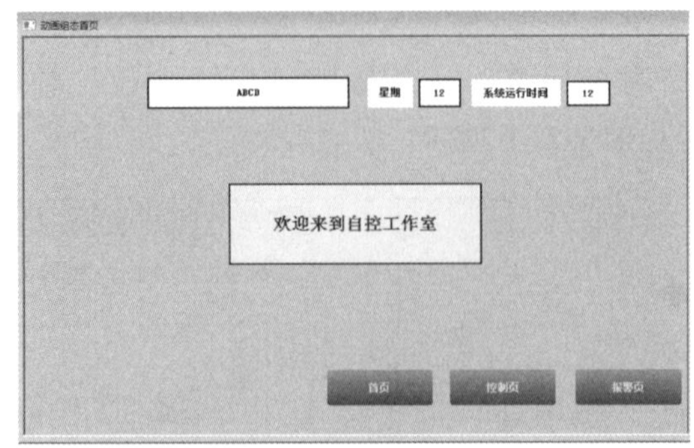

图 7-2-19 动画组态首页

c）选择三个按钮进行复制，分别双击用户窗口中“控制页”和“报警页”，在相应位置进行粘贴。

5）控制页的组态。

① 数据库组态。电动机Y-△减压起动控制系统数据库规划如下：触摸屏起动按钮、触摸屏停止按钮、运行指示灯、过载指示灯、时间设定区、时间显示区、过载源分别采用变量 M0、M1、M2、M3、VW0、VW2、I2。

a. 单击“工作台”对话框中的“实时数据库”标签，进入“实时数据库”选项卡，如图 7-2-20 所示。

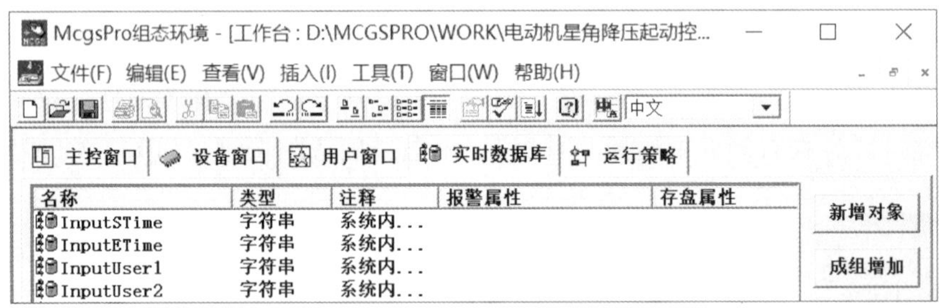

图 7-2-20 “实时数据库”选项卡

b. 单击“新增对象”按钮，在选项卡的数据对象列表中增加新的数据对象。

c. 选中对象，单击“对象属性”按钮，或双击选中的对象，打开“数据对象属性设置”对话框。

d. 如图 7-2-21 所示，将“对象名称”设置为“M0”，“对象类型”选择“整数”；在“对象注释”文本框中输入“起动按钮”，然后单击“确认”按钮。

图 7-2-21 “数据对象属性设置”对话框

e. 按照上述步骤，依次创建数据对象 M1、M2、M3、VW0、VW2，如图 7-2-22 所示。

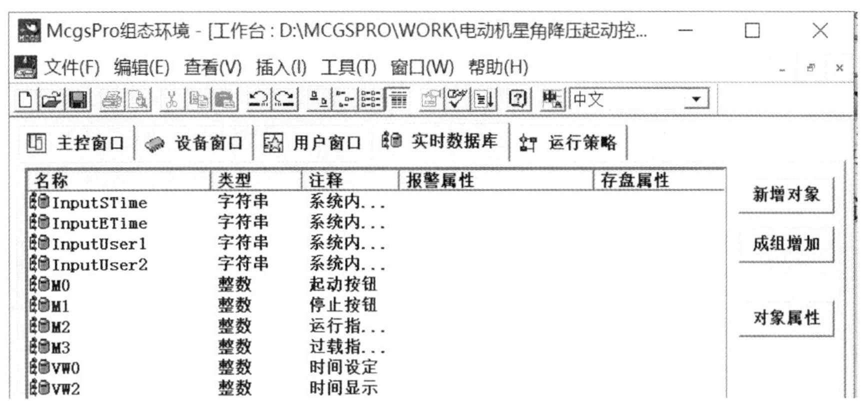

图 7-2-22　数据库的内容

f. 过载源变量的输入：单击“实时数据库”选项卡中的“新增对象”按钮，弹出如图 7-2-23 所示的“数据对象属性设置”对话框，在“基本属性”选项卡中设置“对象名称”为“I2”，“对象类型”为“整数”，“对象注释”为“过载源”。

g. 单击“数据对象属性设置”对话框的“报警属性”标签，在图 7-2-24 所示的“报警属性”选项卡中，从右键快捷菜单中选择“追加”命令，则出现如图 7-2-25 所示的“新增报警属性设置”对话框，依次单击“确认”按钮，则显示出数据库变量的全部参数，如图 7-2-26 所示。

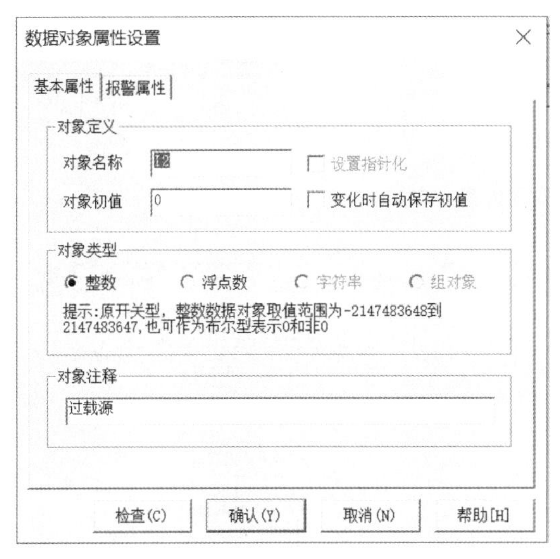

图 7-2-23　“数据对象属性设置”对话框

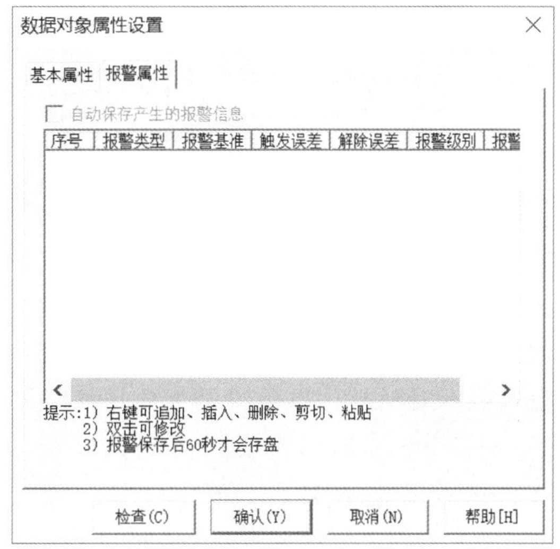

图 7-2-24　“报警属性”选项卡

② 设备组态。

a. 双击“工作台”对话框中的“设备窗口”选项卡中的设备窗口图标，在弹出的“设备窗口”对话框中右击空白处，在弹出的快捷菜单中选择“设备工具箱”命令。弹出的“设备工具箱”对话框如图 7-2-27 所示。由于触摸屏与 PLC 之间采用网线相连，所以

新增报警属性设置

报警参数

报警类型 开关量　报警值(基准值) 1

报警级别 0　触发误差 0

启用方式 ☑ 立即启用　解除误差 0

类型说明

触发条件:当前值==报警值
解除条件:当前值<>报警值
触发时机:报警值等于0或1有效

报警描述

确定　取消

图 7-2-25 “新增报警属性设置”对话框

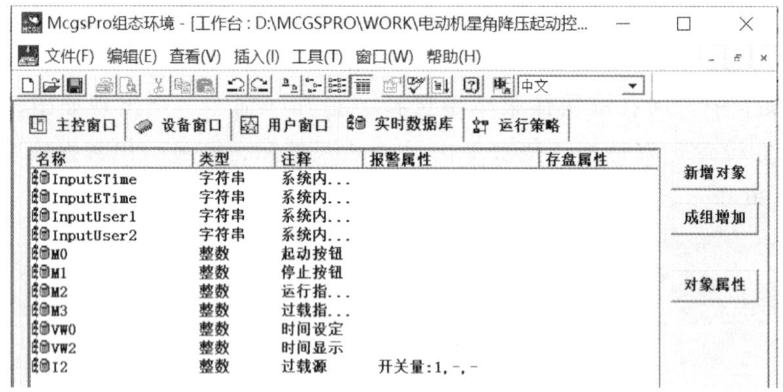

名称	类型	注释	报警属性	存盘属性
InputSTime	字符串	系统内...		
InputETime	字符串	系统内...		
InputUser1	字符串	系统内...		
InputUser2	字符串	系统内...		
M0	整数	起动按钮		
M1	整数	停止按钮		
M2	整数	运行指...		
M3	整数	过载指...		
VW0	整数	时间设定		
VW2	整数	时间显示		
I2	整数	过载源	开关量:1,-,-	

图 7-2-26 数据库变量的完整参数

此处按顺序先后双击选择“通用 TCP/IP 父设备”和“西门子_Smart200”，将其添加到设备窗口。此时系统弹出 PLC 属性设置提示对话框，提示“是否使用西门子_Smart200 驱动的默认通信参数设置 TCP/IP 父设备参数?”，单击“是”按钮，出现如图 7-2-28 所示的设备窗口。

图 7-2-27 “设备工具箱”对话框

b. 双击图 7-2-28 所示的“通用 TCPIP 父设备 0--[通用 TCP/IP 父设备]”，弹出如图 7-2-29 所示的“通用 TCP/IP 设备属性编辑”对话框，将“本地 IP 地址”修改为触摸屏的 IP，“远程 IP 地址”修改为 S7-200 SMART 系列 PLC 的 IP 地址，单击“确认”按钮。

图 7-2-28　设备窗口

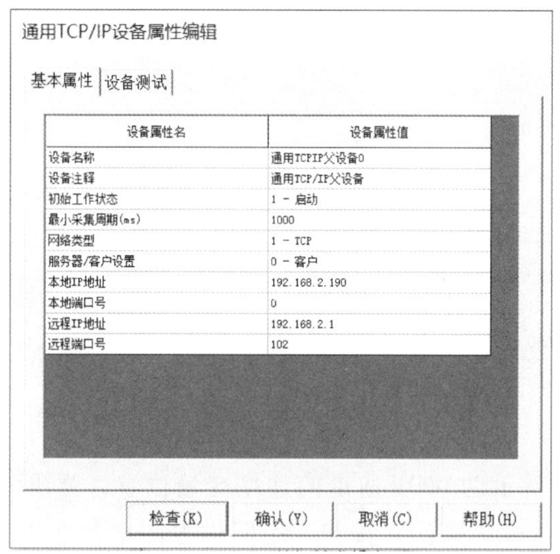

图 7-2-29 “通用 TCP/IP 设备属性编辑” 对话框

c. 双击图 7-2-28 所示的 “设备 0--[西门子_Smart200]”，将出现如图 7-2-30 所示的 “设备编辑窗口” 界面，选择所有的通道，单击 “删除全部通道” 按钮。

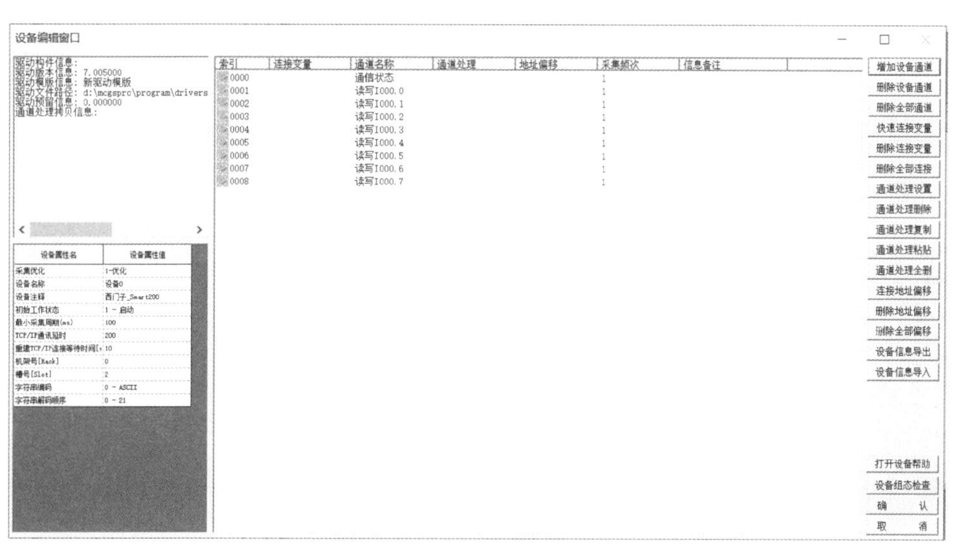

图 7-2-30　设备编辑窗口

d. 单击 “增加设备通道” 按钮，弹出 “添加设备通道” 对话框，触摸屏上的起动按钮和停止按钮、运行指示灯和过载指示灯的 “通道类型” 选择 “M 内部继电器”，“通道地址”为字节地址，“数据类型”为位地址，“通道个数”为“4”，单击“确认”按钮，表示产生了 M0.0、M0.1、M0.2、M0.3 位地址，如图 7-2-31 所示。

添加设备通道

基本属性设置

通道类型 M内部继电器　　数据类型 通道的第00位

通道地址 0　　通道个数 4

连接变量 ?　　地址偏移 ?

通道处理 ?　　采集频次 1 (周期)

读写方式 ○只读 ○只写 ◉读写

扩展属性设置

扩展属性名 字符串长度　　扩展属性值 210

确认　　取消

图 7-2-31 “添加设备通道”对话框

e. 双击如图 7-2-32 所示的 0001 通道的连接变量位置，弹出如图 7-2-33 所示的对话框，选择变量“M0”，单击“确认”按钮。用同样方法增加变量 M1、M2、M3，分别在 0002、0003、0004 通道。

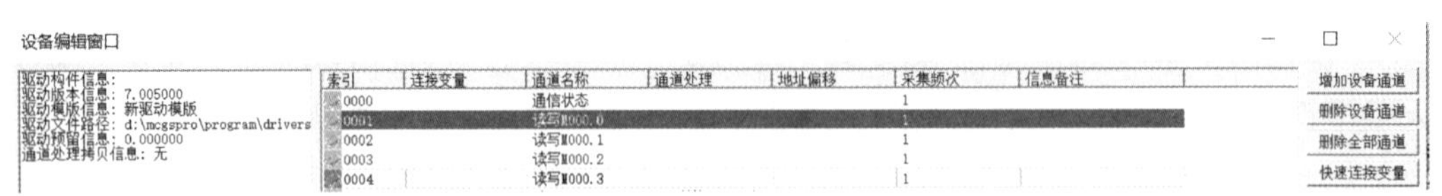

图 7-2-32 设备编辑窗口

变量选择

变量选择方式 ◉从数据中心选择|自定义 ○根据采集信息生成　确认　退出

根据设备信息连接

采集设备　通道类型　数据类型

通道地址　地址偏移 ?　读写类型 ○只读 ○只写 ◉读写

从数据中心选择

选择变量　☑浮点数 ☑整数 □字符串 □组对象 □系统变量

关键字　搜索

对象名	对象类型	注释
M0	整数	起动按钮
M1	整数	停止按钮
M2	整数	运行指示灯
M3	整数	过载指示灯
VW0	整数	时间设定
VW2	整数	时间显示
I2	整数	过载源

图 7-2-33 变量选择对话框

f. 单击“增加设备通道”按钮，增加 VW0 所占的通道，“通道类型”选择“V 数据寄存器”，“数据类型”选择“16 位　无符号二进制”，“连接变量”为“VW0”，如图 7-2-34 所示。单击“确认”按钮，将出现如图 7-2-35 所示的变量设置。

图 7-2-34　VW0 的设备通道增加

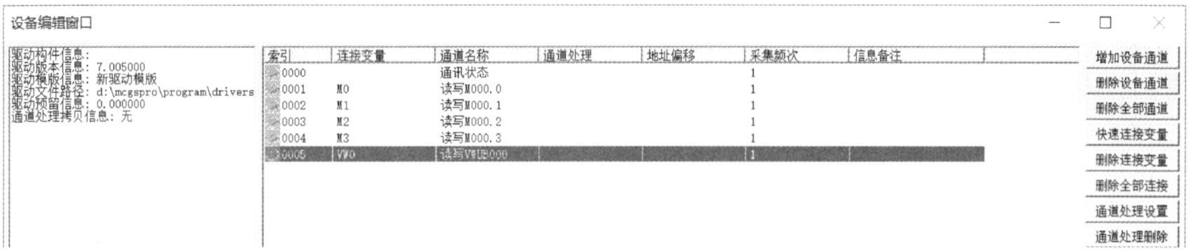

图 7-2-35　VW0 变量设置

g. 如图 7-2-35 所示，选中 VW0 行，单击“通道处理设置”按钮，弹出如图 7-2-36 所示的“通道处理设置”对话框，单击“工程转换”按钮，在弹出的“工程量转换”对话框中，将 5000 转换为 500。此处设置的目的是由于 T37 设置值是显示秒数的 10 倍，通过工程转换后，设置值即为实际延时时间值。

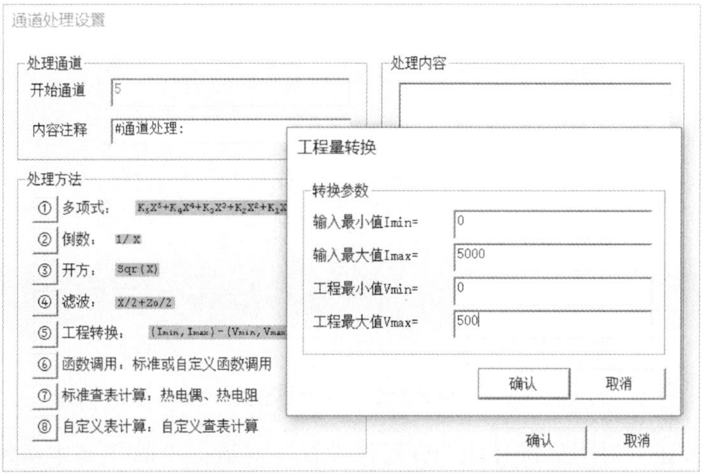

图 7-2-36　“通道处理设置”对话框

h. 用同样的方法可设置 VW2 变量对应的通道，如图 7-2-37 所示，但不做通道处理。

i. 再次增加设备通道，如图 7-2-38 所示，添加过载源 I0.2 的通道，连接变量为 I2，则形成如图 7-2-39 所示的通道列表。

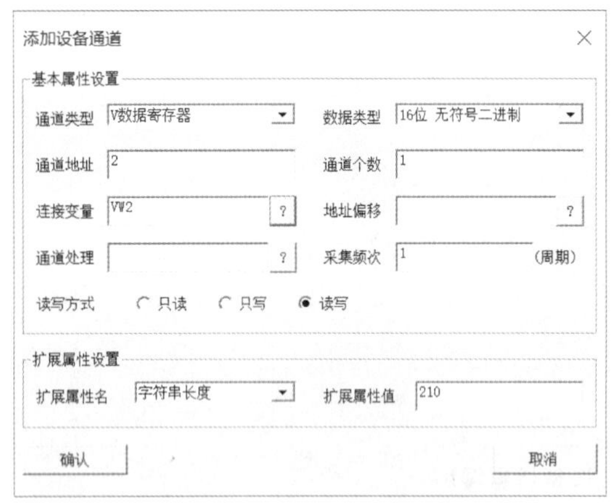

图 7-2-37 VW2 的设备通道

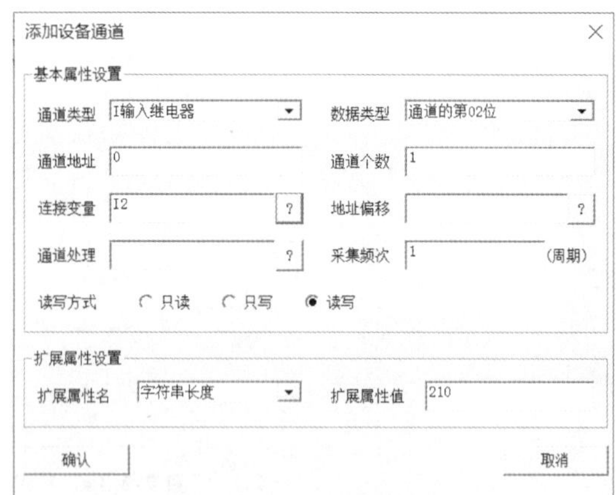

图 7-2-38 过载源的通道

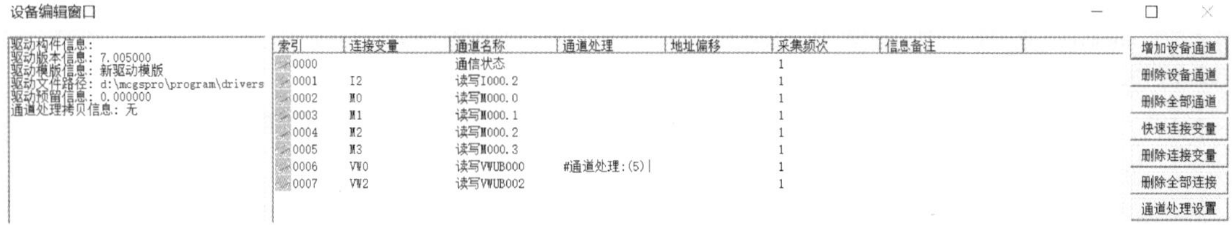

图 7-2-39 设备编辑窗口的完整通道及变量

③ 用户窗口组态和数据链接。用户窗口主要用于设置工程中人机交互的界面，可生成各种动画显示画面、报警输出、数据与曲线图表等。

a. 按钮及指示灯的绘制和链接。

a）打开工具箱，单击“标准按钮”图标按钮，在绘图区绘制一个按钮，如图 7-2-40 所示。

图 7-2-40 绘制按钮

b）双击该按钮，对“标准按钮构件属性设置”对话框中的“基本属性”选项卡进行设置，单击“确认”按钮，如图 7-2-41 所示。

c）对“标准按钮构件属性设置”对话框中的“操作属性”选项卡进行设置，勾选“数据对象值操作”，选择“按 1 松 0”，使按钮变为普通的常开按钮，单击该行右侧的“?”，连接变量为 M0，如图 7-2-42 所示，单击“确认”按钮。

d）用同样的方法制作停止按钮，也可将起动按钮复制粘贴后进行更改，如图 7-2-43 所示。

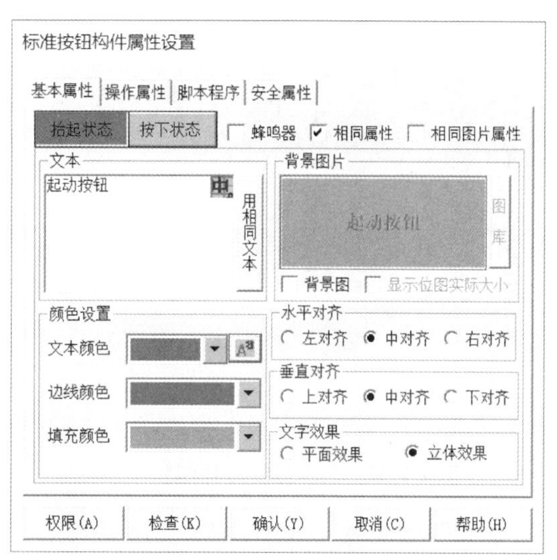

图 7-2-41 “基本属性”选项卡设置

e）选择工具箱中的“插入元件”图标按钮，弹出“元件图库管理”对话框，“类型”选择“公共图库”，如图 7-2-44 所示，分别选择指示灯 3 和指示灯 2 作为运行指示灯和过载指示灯，两灯的变量链接分别为 M2、M3，然后在两个指示灯下面添加标签“运行指示灯”和“过载指示灯”，单击“确认”按钮，如图 7-2-45 所示。

图 7-2-42 “操作属性”选项卡设置

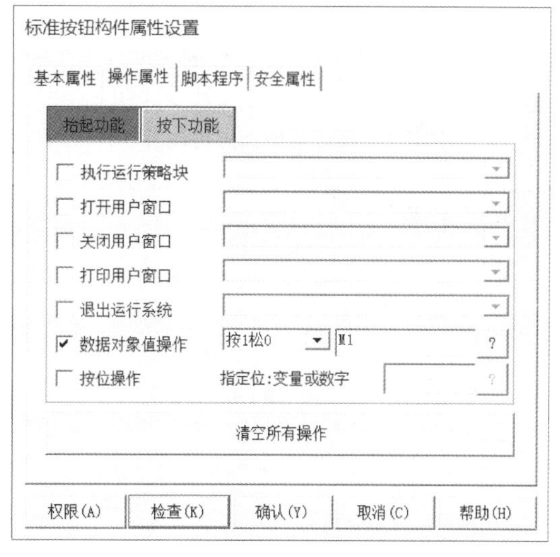

图 7-2-43 停止按钮的制作

b. 时间设定和时间显示的组态。

a）制作两个标签分别显示“时间设定值”“时间显示”，如图 7-2-46 所示。

b）如图 7-2-47 所示，在时间设定值右侧加入一个“输入框”，双击该输入框，弹出如图 7-2-48 所示“输入框构件属性设置”对话框，设置“操作属性”选项卡，完成后单击“确认”按钮。

c）在控制页时间显示标签右侧加入一个标签，双击该标签，弹出如图 7-2-49 所示的“标签动画组态属性设置”对话框，在“属性设置”选项卡的“输入输出连接”中勾选

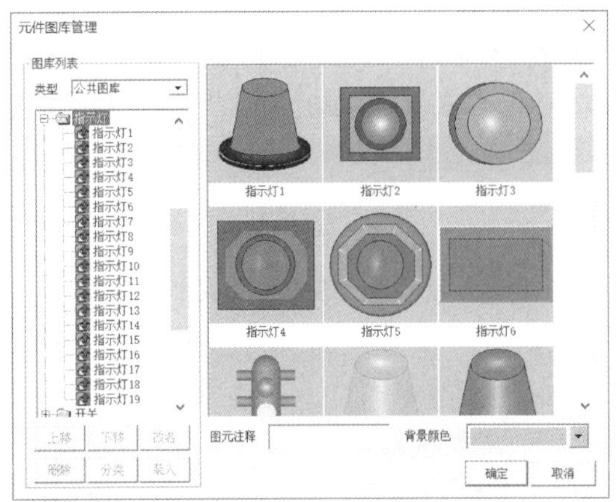

图 7-2-44 指示灯的元件制作

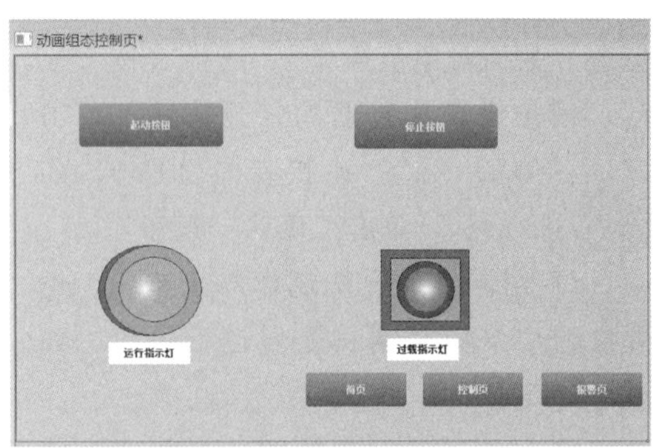

图 7-2-45 按钮与指示灯的组态

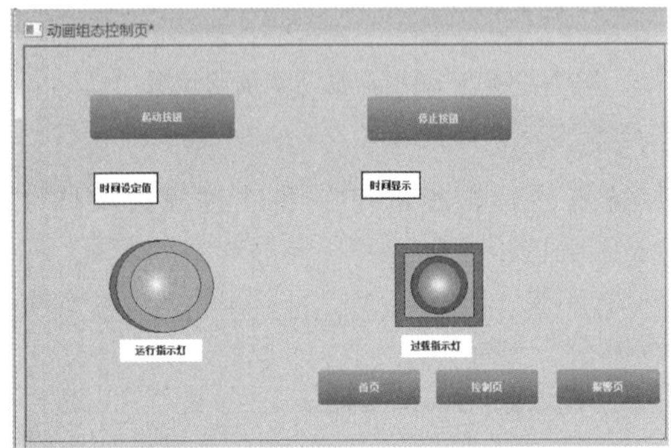

图 7-2-46 动画组态控制页

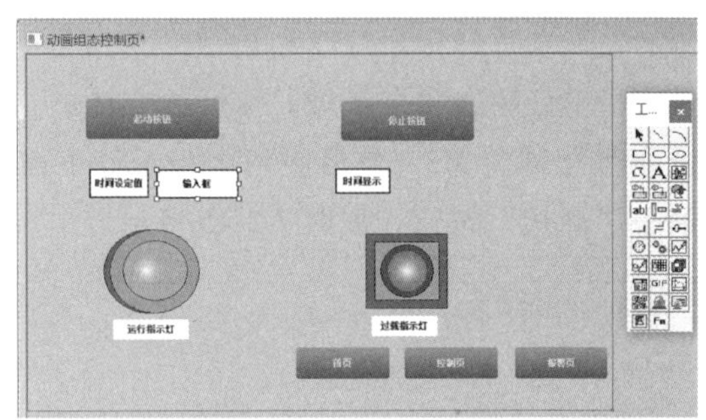

图 7-2-47 输入框的加入

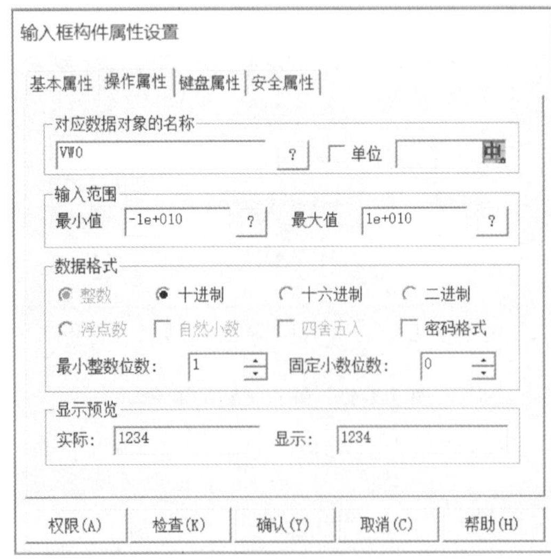

图 7-2-48 “输入框构件属性设置”对话框

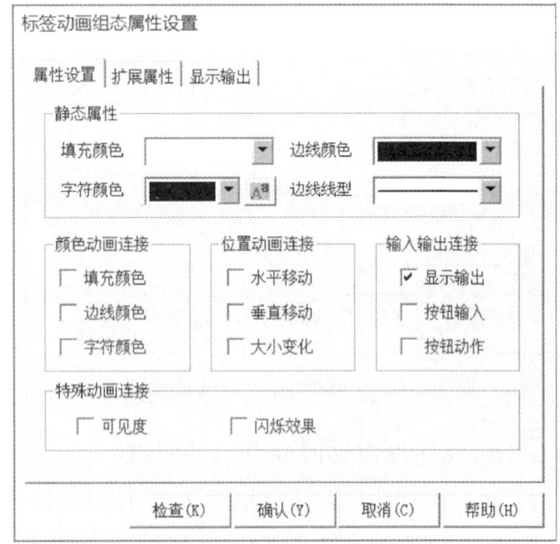

图 7-2-49 “标签动画组态属性设置”对话框

“显示输出”。在“扩展属性”选项卡的文本内容输入中，将“标签”字删除。

d）在图 7-2-49 所示对话框的“显示输出”选项卡中设置显示输出，如图 7-2-50 所示。

6）报警页的组态。

a. 在用户窗口中双击报警页，弹出如图 7-2-51 所示的动画组态报警页，使用工具中的“报警条”，在绘图区绘制报警滚动条。

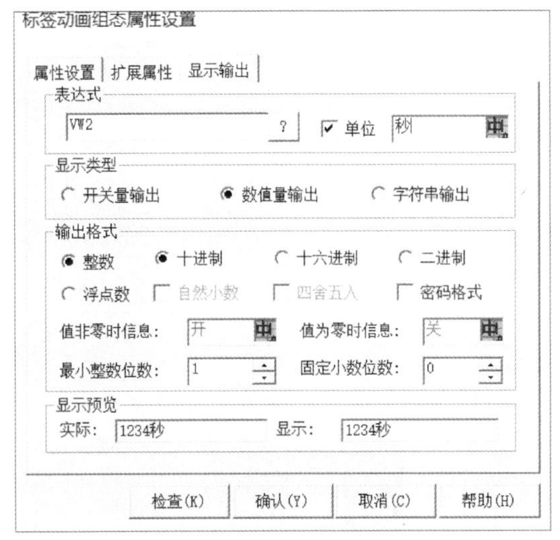

图 7-2-50　显示输出的设置

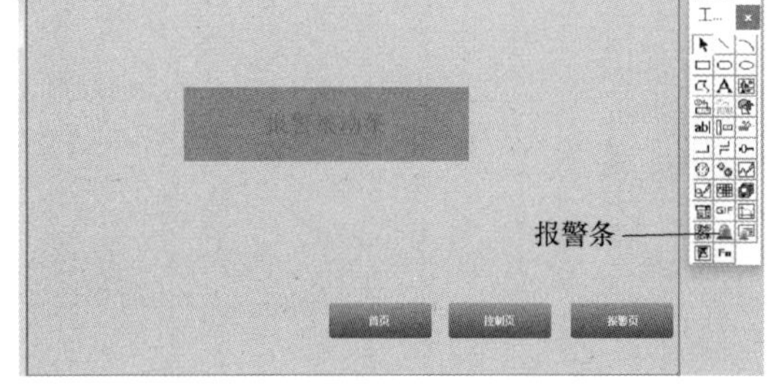

图 7-2-51　报警滚动条的绘制

b. 右击报警滚动条，在弹出的快捷菜单中将弹出如图 7-2-52 所示的“报警条属性设置”对话框，在“基本属性”选项卡中将报警对象连接“I2”，还可调整显示文字的大小、颜色等。

图 7-2-52　报警条的基本属性

c. 在“显示格式”选项卡中可设置报警的显示内容，如图 7-2-53 所示，单击“确认”按钮。

7）下载工程并调试。

a. 先用网线连接计算机与 PLC，打开组态软件，单击下载运行图标按钮，弹出“下载配置”对话框，“运行方式”选择“模拟”，单击“通信测试”按钮，再单击“工程下载”按钮，最后单击“启动运行”按钮，如图 7-2-54 所示。

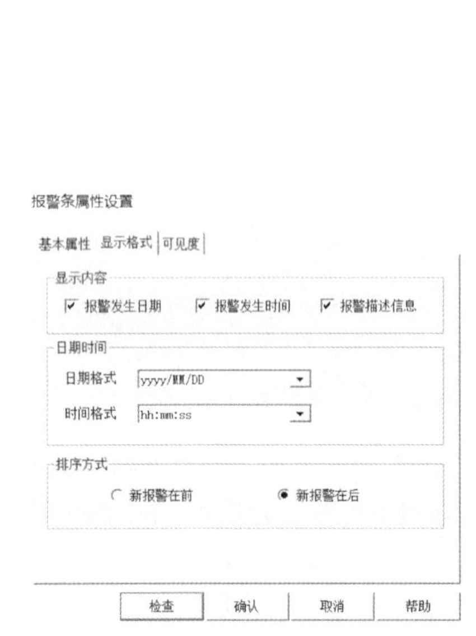

图 7-2-53 报警条的显示格式

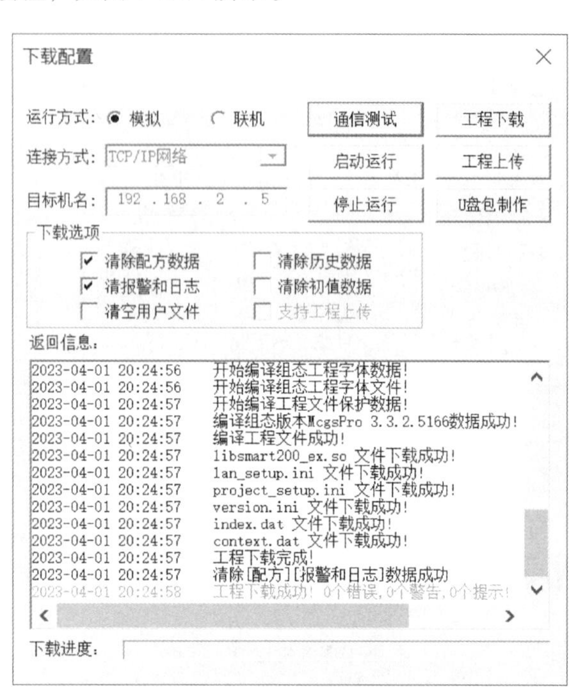

图 7-2-54 模拟运行

b. 用网线连接计算机与触摸屏，在“下载配置”对话框中，“运行方式”选择“联机”，“连接方式”选择“TCP/IP 网络”，“目标机名”设置为触摸屏的 IP 地址，依次单击“通信测试”“工程下载”“启动运行”按钮。

c. 用网线连接触摸屏与 PLC 进行测试，分别测试启动按钮、停止按钮、延时时间的设置等，看控制要求是否得到满足。

一、工程安全管理

MCGSPRO 组态软件系统的操作权限采用用户组和用户的概念进行操作权限的控制。在 MCGSPRO 组态软件中可以定义多个用户组，每个用户组可以包含多个用户，同一用户也可以隶属于多个用户组。操作权限的分配是以用户组为单位进行的，而某个用户能否对这个功能进行操作，取决于该用户所在的用户组是否具备对应的操作权限。

按照用户组来分配操作权限的机制，使用户能方便地建立多层次的安全机制。例如，实际应用中的安全机制一般要划分为操作员组、技术员组、负责人组。其中，操作员组的成员一般只能进行简单日常操作，技术员组负责工艺参数等功能的设置，负责人组能对重要的数据进行统计分析；各组的权限各自独立，但某个用户可能因工作需要而进行所有操作，则只需把该用户同时设为隶属于三个用户组即可。

二、定义用户和用户组

在 MCGSPRO 组态软件组态环境中，选择“工具”→“用户权限管理”命令，弹出图 7-2-55 所示的“用户管理器”对话框。

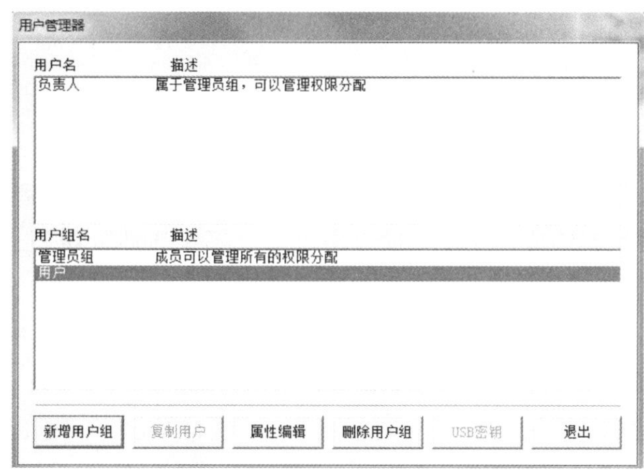

图 7-2-55 “用户管理器”对话框

在组态软件中，固定有一个名为“管理员组”的用户组和一个名为“负责人”的用户，它们的名称不能修改。管理员组中的用户有权在运行时管理所有的权限分配工作，管理员组的这些特性是由组态软件系统决定的，其他所有用户组都没有这些权限。

“用户管理器”对话框上半部分为已建用户的用户名列表，下半部分为已建用户组的列表。当用鼠标激活用户名列表时，对话框底部显示的按钮是“新增用户”“复制用户”“删除用户”等对用户操作的按钮；当用鼠标激活用户组名列表时，在对话框底部显示的按钮是“新增用户组”“删除用户组”等对用户组操作的按钮。单击“新增用户”按钮，弹出“用户属性设置”对话框，在该对话框中，用户对应的密码要输入两遍，用户所隶属的用户组在下面的列表框中选择。当在“用户管理器”对话框中单击“属性编辑”按钮时弹出同样的对话框，可以修改用户密码和所属的用户组，但不能修改用户名。

单击“新增用户”按钮可以添加新的用户名，当双击一个用户时，会弹出“用户属性设置”对话框，如图 7-2-56 所示。在该对话框中可以选择该用户隶属于哪个用户组。

单击“新增用户组”按钮可以添加新的用户组，当双击一个用户组时，会弹出“用户组属性设置”对话框，如图 7-2-57 所示。在该对话框中可以选择该用户组包括哪些用户。

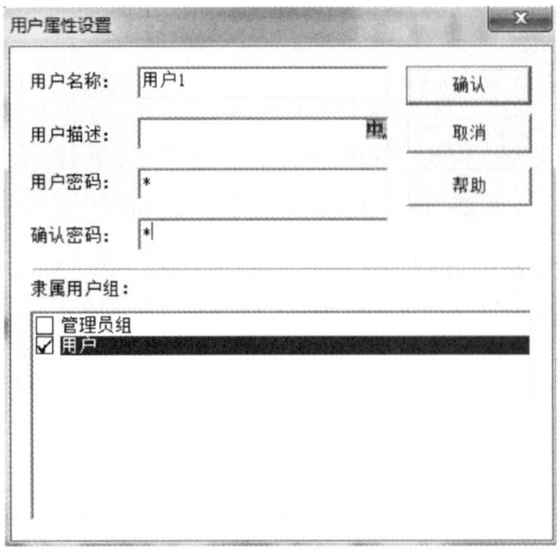

图 7-2-56 “用户属性设置”对话框

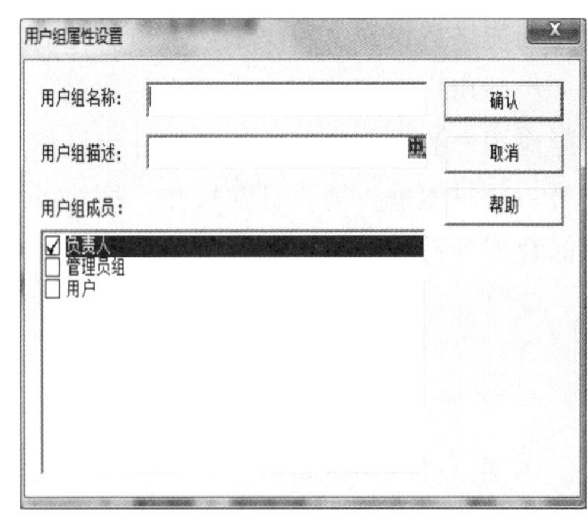

图 7-2-57 “用户组属性设置”对话框

三、系统权限设置

为了保证工程安全、稳定、可靠地工作，防止与工程系统无关的人员进入或退出工程系统，MCGSPRO 组态软件系统提供了对工程运行时进入和退出工程的权限管理。打开 MCGSPRO 组态软件组态环境，在主控窗口中单击“系统属性”按钮，进入“主控窗口”对话框，如图 7-2-58 所示。

单击“权限设置”按钮，设置工程系统的运行权限，同时设置系统进入和退出时是否需要用户登录，共有 4 种组合：“进入不登录，退出登录”“进入登录，退出不登录”“进入不登录，退出不登录”“进入登录，退出登录”。通常情况下，退出 MCGSPRO 组态软件系统时，系统会弹出确认对话框。

1. 操作权限设置

当 MCGSPRO 组态软件对应的动画功能可以设置操作权限时，在属性设置对话框中都有对应的“权限设置”按钮，单击该按钮后弹出图 7-2-59 所示的“用户权限设置”对话框。

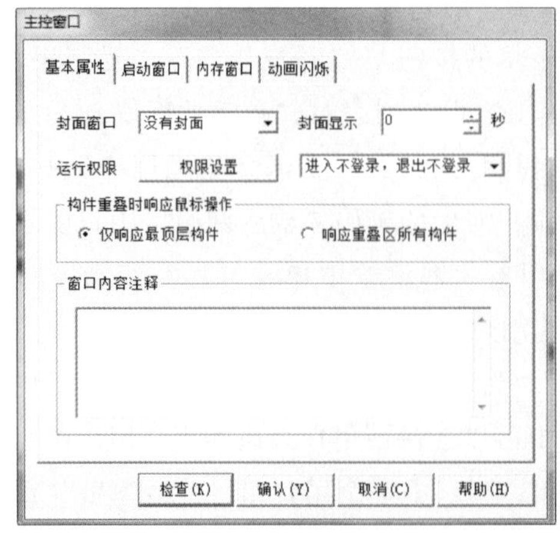

图 7-2-58 “主控窗口”对话框

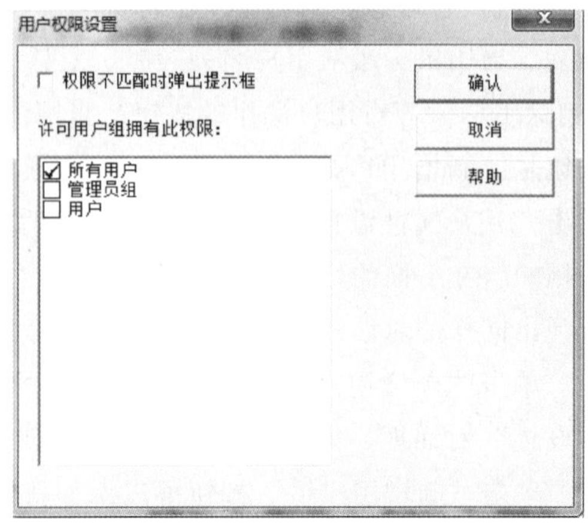

图 7-2-59 用户权限设置

作为默认设置，能对某项功能进行操作的是所有用户。如果不进行权限设置，则权限机制不起作用，所有用户都能对其进行操作。在“用户权限设置”对话框中，把对应的用户组选中，则该组内的所有用户都能对该项工作进行操作。注意：一个操作权限可以配置多个用户组。

2. 运行时改变操作权限设置

MCGSPRO 组态软件的用户操作权限在运行时才体现出来。某个用户在进行操作之前先要进行登录工作，登录成功后该用户才能进行所需的操作；完成操作后退出登录，使操作权限失效。用户登录、退出登录和运行时，修改用户密码和用户管理等功能都需要在组态环境中进行一定的组态工作。在脚本程序使用中，MCGSPRO 组态软件提供的 4 个内部函数可以完成上述工作。

1）进入登录函数“！Log On ( )”：在脚本程序中执行该函数，弹出组态软件“用户登录”对话框，如图 7-2-60 所示。从用户名下拉列表框中选取要登录的用户名，在密码输入框中输入用户对应的密码，然后按<Enter>键或单击“登录”按钮。如输入正确，则登录成功；否则，会出现对应的提示信息。单击“取消”按钮，则停止登录。

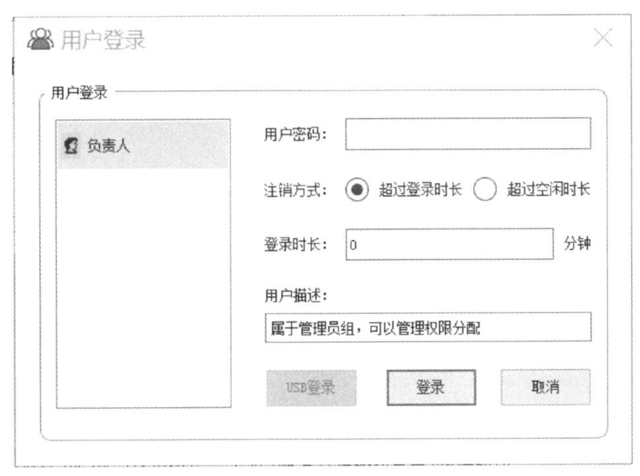

图 7-2-60 “用户登录”对话框

2）退出登录函数“！Log Off ( )”：在脚本程序中执行该函数，则弹出“用户注销”对话框，如图 7-2-61 所示，提示是否要退出登录，“是”为退出，“否”为不退出。

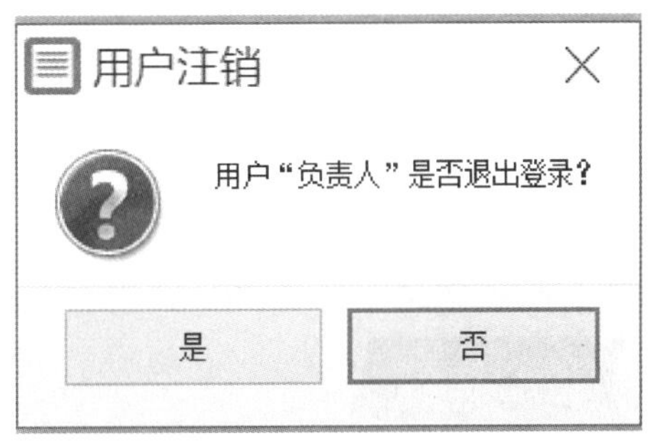

图 7-2-61 “用户注销”对话框

3）修改密码函数“！Change Password ( )”：在脚本程序中执行该函数，则弹出“改变密码”对话框，如图 7-2-62 所示，先输入旧密码再输入两遍新密码，单击“确定”按钮即可完成当前登录用户的密码修改工作。

4）用户管理函数“！Edit users ( )”：在脚本程序中执行该函数，则弹出“用户管理”对话框，如图 7-2-63 所示，允许在运行时增加、删除用户或修改用户的密码和所隶属的用户组。需要注意的是，只有在当前登录的用户属于管理员组时该功能才有效，运行时不能增加、删除或修改用户组的属性。

图 7-2-62 “改变密码”对话框

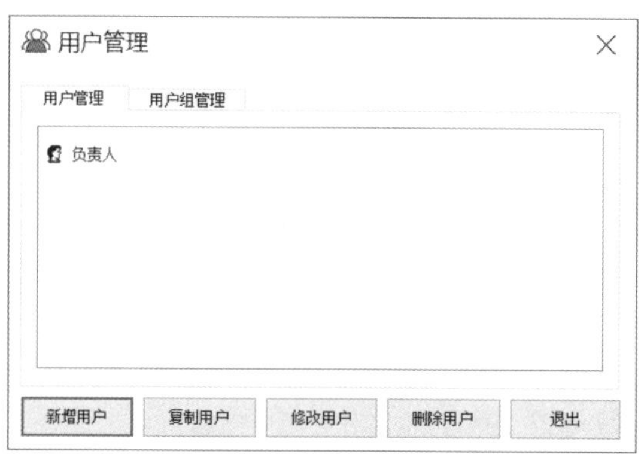

图 7-2-63 “用户管理”对话框

在实际工程中，当需要进行操作权限控制时，一般都在用户窗口中增加 4 个按钮：登录用户、退出登录、修改密码、用户管理。在每个按钮属性窗口的“脚本程序”编辑窗口中分别输入 4 个函数——“! Log On ( )”“! Log Off ( )”“! Change Password ( )”和“! Edit users ( )”，运行时就可以通过这些按钮进行登录等工作。

【任务评价】

请学生总结要点，填入表 7-2-2，进行自评、小组互评和教师评价，将各项得分及总计得分填入表 7-2-2 中（评分标准由相应评价者自行掌握）。

表 7-2-2 考核评价表

序号	评价内容	配分	要点总结	自评	小组互评	教师评价
1	电动机Y-△液压起动系统操作	50				
2	工程安全管理知识	20				
3	安全文明操作	30				
总计得分		100				

【课后思考】

1. MCGSPRO 组态软件显示日期与时间的变量分别是哪一个？
2. MCGSPRO 组态软件显示星期与系统运行时间的变量分别是哪一个？

匠心铸梦

锻造工业重器“创新大脑”的何琪功

“我要把创新驱动发展战略和制造强国战略落实到每一个工作项目中。”从北京回到兰州新区，珍藏起金色的奖章、换上朴实的工装，全国劳动模范、兰州兰石能源装备工程研究院的高级工程师何琪功快步走进自己的工作室。

何琪功非常忙碌，作为从事机电液一体化锻压装备设计研发30余年的专家，如今他正瞄准数字化设计与制造技术、带领团队在科技自立自强的道路上奋力奔跑。他说，“装备制造必须与互联网、大数据、人工智能深度融合，推动先进制造业集群发展、众创发展。”

2016年9月，历经5年的探索，随着“300MN多缸薄板成型液压机组”项目验收通过，何琪功带领的团队又在自主创新上向前迈出一大步。这一项目填补了国内薄板成型领域大型装备的空白，迈入国际领先行列，提升了中国装备制造业的国际竞争力。

这之后，何琪功又主持完成了高精密特钢锻造生产线EPC（总承包）项目，实现了我国在锻压设备领域的国产化和成套精密锻造装备的出口销售，1.6MN径锻机作为生产线的核心设备性能达到了同类国际先进水平，引领了行业技术进步，为提高中国锻压设备实力和提升行业国际竞争做出重大贡献。

参 考 文 献

[1] 崔金华. 电器及 PLC 控制技术与实训 [M]. 3 版. 北京：机械工业出版社，2021.

[2] 崔金华. 电器及 PLC 控制技术与实训：西门子 [M]. 北京：机械工业出版社，2017.

[3] 侍寿永，夏玉红. 西门子 S7-200-SMART PLC 编程及应用教程 [M]. 2 版. 北京：机械工业出版社，2021.

[4] 西门子（中国）有限公司. S7-200 系统手册 [Z]. 2023.

[5] 赵冰，李江，李明. PLC 与组态应用技术 [M]. 北京：电子工业出版社，2019.

[6] 李庆海. 触摸屏组态控制技术简要教程 [M]. 北京：电子工业出版社，2021.

[7] 范平平. PLC 应用技术 [M]. 北京：机械工业出版社，2020.

职业院校校企“双元”合作电气类专业立体化教材

电器及PLC控制技术与实训（西门子S7-200 SMART）

第2版

工　作　页

主　编　崔金华

副主编　韩卫军　刘　涛

参　编　宋春利　李燕莉　相长江

　　　　陈晓蕾　崔添泰

机　械　工　业　出　版　社

目　录

实训工作页一　低压电器的拆装

实训一　低压开关和熔断器的拆装

一、实训目的

1）熟悉常用低压开关及熔断器的外形及结构。

2）能正确拆卸、组装低压开关及熔断器，排除常见故障。

二、实训器材

1）工具：尖嘴钳、螺丝刀、活扳手、镊子等。

2）仪表：MF47 型万用表 1 块、5050 型绝缘电阻表 1 块。

3）器材：刀开关（HK1）1 个、转换开关（HZ10-25）1 个、低压断路器（DZ5-20）1 个、螺旋式熔断器（RL1-15/10）1 个。

三、实训步骤

1. 低压开关的识别

将低压开关的铭牌用胶布盖住并编号，根据低压开关实物写出其名称与型号，填入表 1-1-1 中。

表 1-1-1　低压开关的识别

序　　号	1	2	3
名　称			
型　号			

2. 低压断路器的拆装

将一只 DZ5-20 型低压断路器的外壳拆开，认真观察其结构，将主要部件的作用填入表 1-1-2 中。

表 1-1-2　低压断路器的结构

主要部件名称	作　　用
电磁脱扣器	
热脱扣器	
触点	
按钮	
储能弹簧	

3. 组合开关的拆装

将 HZ10-25 型组合开关原来三常开的 3 个触点改装为 2 常开 1 常闭状态，并整修触点。拆卸分解图如图 1-1-1 所示。

1）卸下手柄紧固螺钉，取下手柄。

2）卸下支架上的紧固螺母，取下盖板、转轴、弹簧和凸轮等操作机构。

3）抽出绝缘杆，取下绝缘垫板上盖。

4）拆卸三对动、静触点。

5）检查触点有无烧毛、损坏，视损坏程度进行修理或更换。

6）检查转轴和弹簧是否松脱、灭弧垫是否有严重磨损，根据实际情况确定是否更换。

7）将任意一相的动触点旋转 90°，然后按拆卸的逆序进行装配。

8）装配时，要注意动、静触点的相对位置是否符合改装要求，叠片连接是否紧密。

9）装配结束后，用万用表测量各对触点的通断情况。

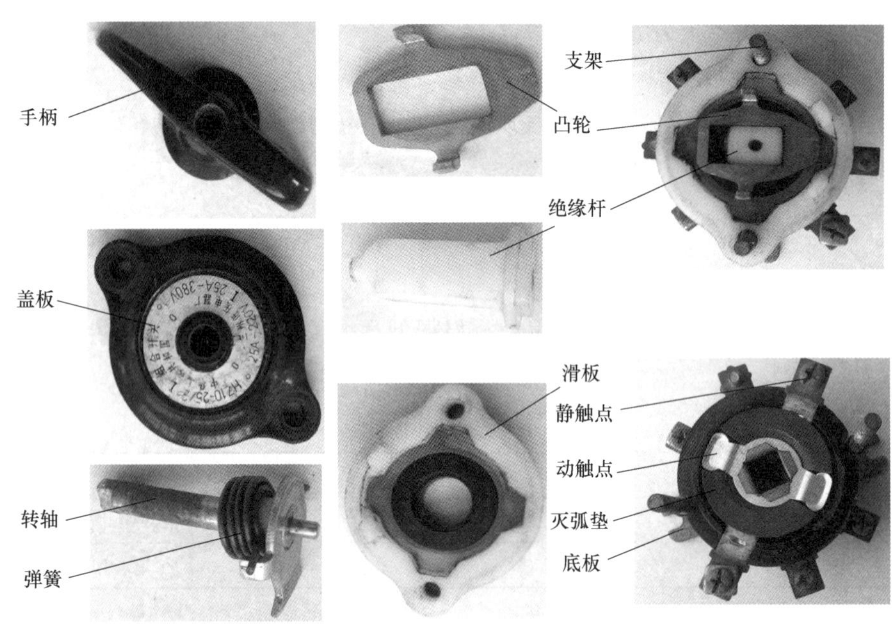

图 1-1-1　HZ10-25 型组合开关分解图

4. 螺旋式熔断器的拆卸

拆卸一只 RL1-15/10 型熔断器，认真观察其结构，如图 1-1-2 所示。拆卸步骤如下。

1）旋下瓷帽。

2）取出熔断管。

3）取下瓷套。

4）卸下上接线座紧固螺钉，取下上接线座。

5）卸下下接线座紧固螺钉，取下下接线座。

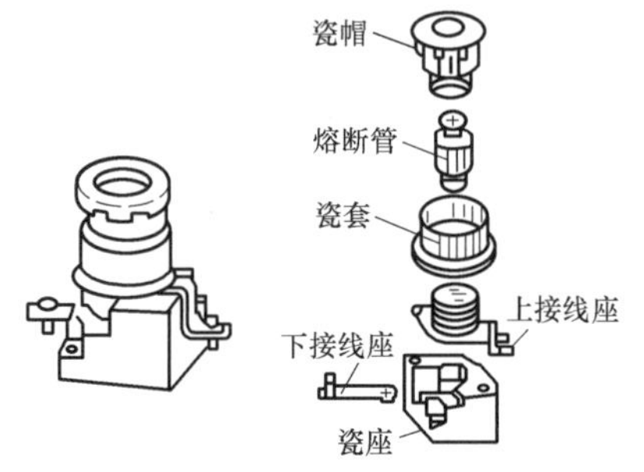

图 1-1-2　RL1-15/10 型熔断器

四、注意事项

1）拆卸时，应备有盛放零件的容器，以免丢失零件。

2）拆卸过程中，不允许硬撬，以免损坏电器。

3）装配转换开关过程中安装弹簧和转轴时，弹簧和凸轮的位置一定要配合好，否则弹簧将失去储能作用，开关将不能准确定位。

4）装配转换开关过程中插入绝缘杆时，一定要和手柄位置配合好，否则开关接通和断开时，其手柄位置会颠倒。

五、实训评价

实训评价反馈见表 1-1-3。

表 1-1-3　实训评价反馈表

实训名称			学生姓名	学号	班级	日期
项目内容	配分	评分标准	得分			
低压开关的识别	10	1. 正确认识低压开关各部分名称　5 分 2. 正确认识各部分作用　5 分				
低压断路器的拆装	20	1. 明确拆装的步骤　10 分 2. 熟悉各部分的位置及注意事项　10 分				
组合开关的拆装	20	1. 明确拆装的步骤　10 分 2. 熟悉各部分的位置及注意事项　10 分				
螺旋式熔断器的拆卸	20	1. 明确拆卸的步骤　10 分 2. 熟悉各部分的位置及注意事项　10 分				
文明生产、小组合作	30	严格遵守安全规程、文明生产、规范操作；小组协作、共同完成				
总评						

六、实训思考

1）试分析哪些低压开关可带负荷控制电气设备，哪些不能。为什么？

2）熔断器为什么主要用作短路保护，而一般不宜用作过载保护？

实训二　交流接触器的拆装

一、实训目的

1）熟悉交流接触器的外形、结构。

2）掌握交流接触器的拆卸与装配工艺。

二、实训器材

1）工具：尖嘴钳、螺丝刀、活扳手、电工刀、镊子等。

2）仪表：MF47型万用表1块、5050型绝缘电阻表1块。

3）器材：交流接触器（CJT1-10型、CJX1-16型）各1个。

三、实训步骤

1. 识别CJX1系列交流接触器的面板

1）如图1-2-1所示，检查接触器各部件的名称及位置，分析其作用，填入表1-2-1中。

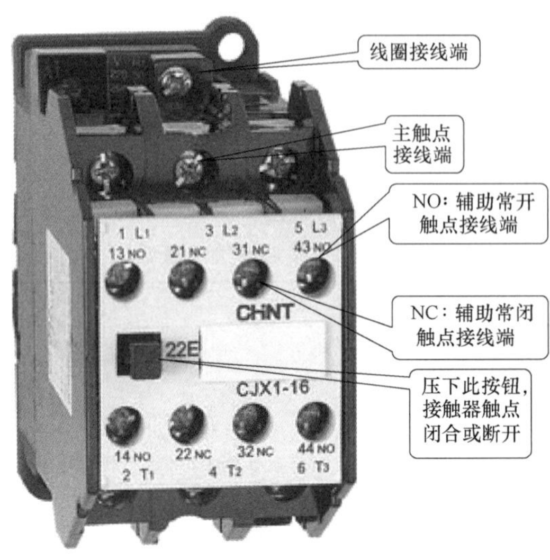

图1-2-1　CJX1-16型交流接触器

表1-2-1　交流接触器的认识

主要部件名称	作用	接线柱位置	备注

2）查询交流接触器的铭牌，分析并写出各数据的含义。

2. 拆装CJT1-10型交流接触器

1）松掉接触器底部的盖板螺钉，取下盖板。在松盖板螺钉时，要用手按住盖板，慢慢放松。

2）取下静铁心、静铁心支架及缓冲弹簧。

3）拔出线圈按接线端的弹簧夹片，取出线圈。

4）取出反作用弹簧。

5）卸下灭弧罩。

6）用镊子取出在动触桥上主触点的动触点片与压力弹簧片。

7）托起动触桥上辅助常开触点的静触点片，同时取出动触桥。

8）取出动触桥上辅助触点的动触点片。

9）松开螺钉，取下主触点的静触点片或辅助触点的静触点片。

10）拆卸完各部件如图 1-2-2 所示，观察各类零部件的结构特点，并做好记录。

11）装配还原步骤按拆卸的逆序进行。

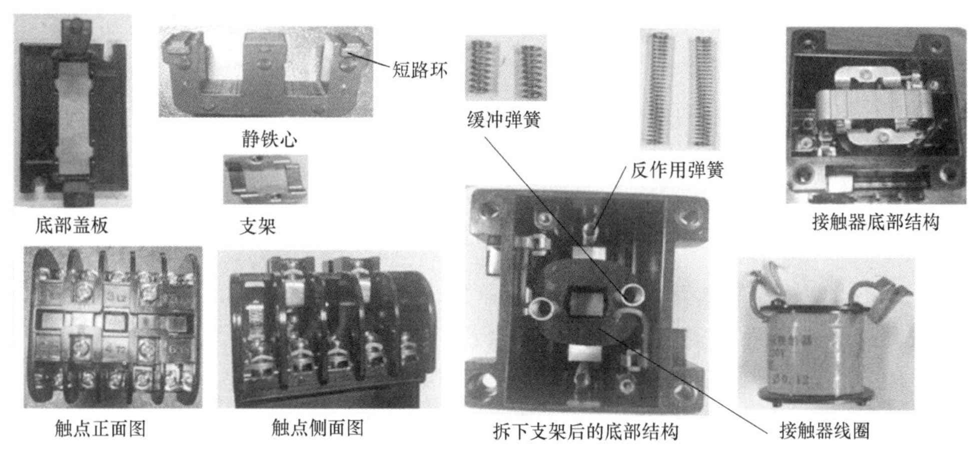

图 1-2-2　CJT1-10 交流接触器分解图

四、注意事项

1）拆卸时，应备有盛放零件的容器，以免丢失零件。

2）拆装过程中，不允许硬撬，以免损坏电器。

3）装配辅助常开触点时，要防止卡住动触点。

五、实训评价

实训评价反馈见表 1-2-2。

表 1-2-2　实训评价反馈表

实训名称			学生姓名	学号	班级	日期
项目内容	配分	评分标准				得分
识别 CJX1 系列交流接触器的面板	20	1. 正确认识接触器各标识含义　10 分 2. 正确认识各部件的作用　10 分				
拆装 CJT1-10 型交流接触器	20	1. 明确拆装的步骤　10 分 2. 熟悉各部分的位置及作用　10 分				
拆装 CJX1-16 型交流接触器	20	1. 明确拆装的步骤　10 分 2. 熟悉各部分的位置及作用　10 分				
注意事项	10	1. 明确拆卸和装配的顺序相反　5 分 2. 熟悉各部分的位置及注意事项　5 分				
文明生产、小组合作	30	严格遵守安全规程、文明生产、规范操作；小组协作、共同完成				
总评						

六、实训思考

如何用万用表电阻挡检查线圈及各触点是否良好？

实训三　常用继电器的识别与拆装

一、实训目的

1）熟悉热继电器的外形、结构及工作原理。
2）熟悉JS7-A系列时间继电器的结构、整修及改装。

二、实训器材

1）工具：尖嘴钳、螺丝刀、电工刀、镊子等。
2）仪表：MF47型万用表1块。
3）器材：热继电器（JR16-20型）1个、时间继电器（JS7-2A型）1个。

三、实训步骤

1. JR16-20型热继电器的结构认知

将热继电器的后绝缘盖板卸下，认真观察其结构，将主要部件的位置和作用填入表1-3-1中。

表1-3-1　热继电器的结构

主要部件名称	位置	作用
热元件		
双金属片		
触点		
动作机构		
电流整定装置		
复位按钮		

2. JRS2系列热继电器的面板认知

JRS2系列热继电器外形如图1-3-1所示。请根据实物或外形图正确填写表1-3-2。

表1-3-2　热继电器的面板认识

主要部件名称	位置	说明
主触点接线柱		
测试按钮		
常开触点		
常闭触点		
电流整定装置旋钮		
复位按钮		

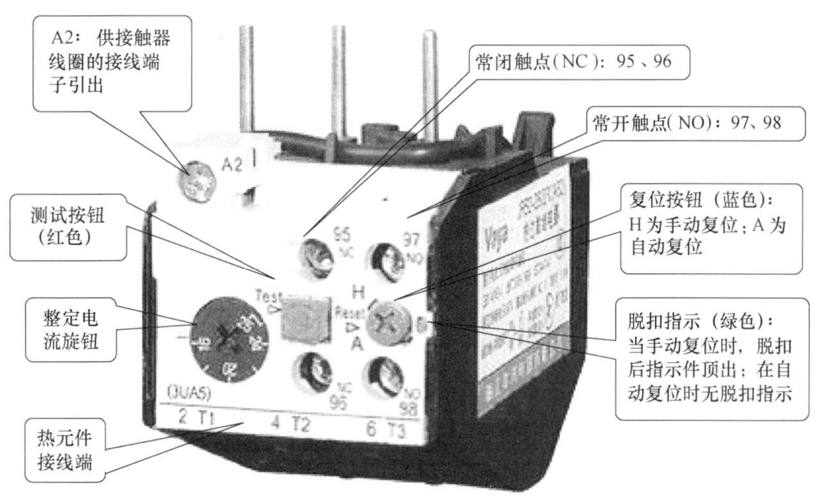

图 1-3-1　JRS2 系列热继电器的面板认知

3. 热继电器复位方式的调整

热继电器出厂时，一般都调在手动复位，如果需要自动复位，可将复位调节螺钉顺时针旋进。自动复位应在动作后 5min 内自动复位；手动复位时，在动作 2min 后，按下手动复位按钮，热继电器应复位。

4. 时间继电器触点的整修

1）卸下延时或瞬时微动开关的紧固螺钉，取下微动开关。

2）均匀用力慢慢撬开并取下微动开关盖板。

3）小心取下动触点及附件，要防止用力过猛弹失小弹簧和薄垫片。

4）整修触点。整修时，不允许用砂纸或其他研磨材料，而应使用锋利的刀刃或细锉修平，然后用净布擦净，不得用手指直接接触触点或用油类润滑，以免沾污触点。整修后的触点应做到接触良好，若无法修复，应调换新触点。

5）按拆卸的逆顺序进行装配，并手动检查微动开关的分合是否正常，触点接触是否良好。

5. 时间继电器的改装

1）松开电磁机构与基座之间的紧固螺钉，取下电磁系统部分。

2）将电磁机构沿水平方向旋转 180°后安装在基座上，重新旋上紧固螺钉。

3）观察延时和瞬时触点的动作情况，将其调整在最佳位置。

4）旋紧各安装螺钉，进行手动检查，若达不到紧固安装要求，须重新调整。

四、注意事项

1）拆卸时，应备有盛放零件的容器，以免丢失零件。

2）拆装过程中，不允许硬撬，以免损坏电器。

五、实训评价

实训评价反馈见表 1-3-3。

表 1-3-3　实训评价反馈表

<table>
<tr><td colspan="3">实训名称</td><td>学生姓名</td><td>学号</td><td>班级</td><td>日期</td></tr>
<tr><td colspan="3"></td><td></td><td></td><td></td><td></td></tr>
<tr><td>项目内容</td><td>配分</td><td colspan="4">评分标准</td><td>得分</td></tr>
<tr><td>JR16-20 型热继电器的结构认知</td><td>20</td><td colspan="4">1. 正确认识热继电器组成和作用　10 分
2. 正确填写表 1-3-1　10 分</td><td></td></tr>
<tr><td>JRS2 系列热继电器的面板认识及热继电器复位方式的调整</td><td>20</td><td colspan="4">1. 明确面板的各部分位置　10 分
2. 正确填写表 1-3-2　10 分</td><td></td></tr>
<tr><td>时间继电器触点的整修</td><td>10</td><td colspan="4">1. 明确操作的步骤　5 分
2. 熟悉拆装的要点　5 分</td><td></td></tr>
<tr><td>时间继电器的改装</td><td>20</td><td colspan="4">1. 明确操作的步骤　10 分
2. 熟悉改装后电器符号的区别　10 分</td><td></td></tr>
<tr><td>文明生产、小组合作</td><td>30</td><td colspan="4">严格遵守安全规程、文明生产、规范操作；小组协作、共同完成</td><td></td></tr>
<tr><td>总评</td><td colspan="5"></td><td></td></tr>
</table>

六、实训思考

试分析额定电压为 380V 的时间继电器线圈能否更换为额定电压为 220V 的线圈。

实训工作页二　基本控制电路的安装

实训一　三相异步电动机单向控制电路的安装

一、实训目的

1）熟悉三相异步电动机接触器自锁正转控制电路的安装步骤。

2）会正确安装三相异步电动机接触器自锁正转控制电路。

二、实训器材

1）工具：尖嘴钳、斜口钳、剥线钳、螺丝刀、电工刀、验电笔等。

2）仪表：MF47 型万用表 1 块、ZC25-3 型绝缘电阻表 1 块、MG3-1 型钳形电流表 1 块。

3）器材：Y112M-4 电动机 1 台、低压断路器（DZ5-20/330）1 个、螺旋式熔断器（RL1-60/25）3 个、螺旋式熔断器（RL1-15/2）2 个、交流接触器（CJT1）1 个、热继电器（JR36-20）1 个、按钮（LA10-3H）1 个、端子排（TD-1515）1 排、网孔板（控制板）1 块、主电路塑铜线（$1.5mm^2$）若干、控制电路塑铜线（$1mm^2$）若干、按钮塑铜线（$0.75mm^2$）若干、接地线若干和编码套管等。

三、实训步骤

1. 元器件检测

1）检查元器件的外观是否完整无损，附件、备件是否齐全。

2）用万用表、绝缘电阻表检测元器件及电动机的技术数据是否符合要求。

3）教师准备元器件，学生对照元器件型号填写表 2-1-1，并进行元器件检查。

表 2-1-1　元器件选用表

符号	名称	型号	规格	是否正常

2. 元器件安装

学生在图 2-1-1 所示接触器自锁正转控制电路的安装布置图框中绘制元器件的布置位置，并在实际的网孔板上布置和安装元器件。

图 2-1-1　安装布置图

3. 布线

进行布线时要注意以下几点。

1）正确选择粗、细导线，由于主电路电流较大，一般选择主电路的导线要比控制电路的粗。

2）编码套管水平方向或置于接线端子左右两侧时，编码套管的文字方向从左往右读数；编码套管垂直方向或置于接线端子上下两侧时，编码套管的文字方向从下到上读取。端子排或者用电设备大小不一、排列参差不齐时，编码套管应相互对齐，排列成行。导线在端子处单个独立接线时，编码套管应紧靠端子一侧。

3）电路接线时，要注意按照电路图进行接线。

4）导线的颜色要符合电气规范的要求，接线要紧固，不压绝缘层。

5）走线集中、减少架空和交叉，做到横平、竖直、转弯成直角。

6）每个接头最多只能接两根线。

7）平压式接线柱要求做线耳连接，方向为顺时针。

8）线头露铜部分小于 2mm。

4. 外接电源和负载

检查控制板布线无误后，连接电源和电动机等控制板外部的导线。

5. 自检

当电路接完后，用万用表对控制电路接线进行检查，对检查结果进行记录。

1）选择万用表的电阻挡，测量两个熔断器进线侧的电阻值。

2）按下起动按钮后电阻值为（　　），按住起动按钮，按下停止按钮时电阻值为（　　）。

3）按下交流接触器，测试端电阻值为（　　），同时按下热继电器，测试按钮电阻值为（　　）。

分析测试情况，判断接线有无错误。

6. 通电试车

1）接线和自检完毕，经检查无误后在教师监督下方可通电试车。

2）通电试车时，要注意自身安全和他人安全。

四、注意事项

1）各个元器件的安装位置要合适，安装要牢固，排列要整齐。

2）电动机和按钮等金属外壳必须可靠接地。

3）按钮使用规定：SB2 停止控制（红色）；SB1 起动控制（绿色）。

五、实训评价

实训评价反馈见表 2-1-2。

表 2-1-2　实训评价反馈表

实训名称			学生姓名	学号	班级	日期
项目内容	配分	评分标准	得分			
元器件检测	10	1. 表 2-1-1 内容填写正确　5 分 2. 检测结果正确　5 分				
安装元器件	20	1. 正确绘制安装布置图　10 分 2. 元器件安装位置合理、紧固　10 分				
布线、外接电源和负载	20	1. 接线规范　10 分 2. 接线正确　10 分				
自检、通电试车	20	1. 自检方法和结果正确　10 分 2. 试车结果正确　10 分				
文明生产、小组合作	30	严格遵守安全规程、文明生产、规范操作；小组协作、共同完成				
总评						

六、实训思考

在三相异步电动机接触器自锁正转控制电路中，若出现突然断电，恢复供电后电动机能否自行起动运转？

实训二　三相异步电动机正反转控制电路的安装

一、实训目的

1）熟悉三相异步电动机接触器联锁正反转控制电路的安装步骤。

2）会正确安装三相异步电动机接触器联锁正反转控制电路。

二、实训器材

1）工具：尖嘴钳、斜口钳、剥线钳、螺丝刀、电工刀、验电笔等。

2）仪表：MF47 型万用表 1 块、ZC25-3 型绝缘电阻表 1 块、MG3-1 型钳形电流表 1 块。

3）器材：Y112M-4 电动机 1 台、低压断路器（DZ5-20/330）1 个、螺旋式熔断器（RL1-15/25）3 个、螺旋式熔断器（RL1-15/2）2 个、交流接触器（CJT1）2 个、热继电器（JR36-20）1 个、按钮（LA10-3H）1 个、端子排（TD-1515）1 排、网孔板 1 块、主电路塑铜线（$1.5mm^2$）若干、控制电路塑铜线（$1mm^2$）若干、按钮塑铜线（$0.75mm^2$）若干、接地线若干和编码套管。

三、实训步骤

1. 元器件检测

1）检查元器件的外观是否完整无损，附件、备件是否齐全。

2）用万用表、绝缘电阻表检测元器件及电动机的技术数据是否符合要求。

3）教师准备元器件，学生对照元器件型号填写表 2-2-1，并进行元器件检查。

表 2-2-1　元器件选用表

符号	名称	型号	规格	是否正常

2. 元器件安装

学生在图2-2-1所示接触器联锁正反转控制电路的安装布置图框中绘制元器件的布置位置，并在实际的网孔板上布置和安装元器件。

图 2-2-1　安装布置图

3. 布线

进行布线时要注意以下几点。

1）正确选择粗、细导线，由于主电路电流较大，一般选择主电路的导线要比控制电路的粗。

2）编码套管水平方向或置于接线端子左右两侧时，编码套管的文字方向从左往右读数；编码套管垂直方向或置于接线端子上下两侧时，编码套管的文字方向从下到上读取。端子排或者用电设备大小不一、排列参差不齐时，编码套管应相互对齐，排列成行。导线在端子处单个独立接线时，编码套管应紧靠端子一侧。

3）电路接线时，要注意按照电路图进行接线。

4）导线的颜色要符合电气规范的要求，接线要紧固，不压绝缘层。

5）走线集中、减少架空和交叉，做到横平、竖直、转弯成直角。

6）每个接头最多只能接两根线。

7）平压式接线柱要求做线耳连接，方向为顺时针。

8）线头露铜部分小于2mm。

4. 外接电源和负载

检查控制板布线无误后，连接电源和电动机等控制板外部的导线。

5. 自检

当电路接完后，用万用表对控制电路接线进行检查，设计自检方案，对检查结果进行记录。

1）选择万用表的电阻挡，测量两个熔断器进线侧的电阻值。

2）________________________________

3）________________________________

4）______

6. 通电试车

1）接线和自检完毕，经检查无误后在教师监督下方可通电试车。

2）通电试车时，要注意自身安全和他人安全。

四、注意事项

1）各个元器件的安装位置要合适，安装要牢固，排列要整齐。

2）电动机和按钮等金属外壳必须可靠接地。

3）主电路必须换相（即 V 相不变，U 相与 W 相对换），以实现正反转控制。

4）接触器联锁触点接线必须正确，否则会造成主电路中两相电源短路故障。

5）按钮使用规定：SB3 停止控制（红色）；SB1 正转控制（绿色）；SB2：反转控制（黑色）。

五、实训评价

实训评价反馈见表 2-2-2。

表 2-2-2　实训评价反馈表

实训名称	学生姓名	学号	班级	日期

项目内容	配分	评分标准	得分
元器件检测	10	1. 表 2-2-1 内容填写正确　5 分 2. 检测结果正确　5 分	
安装元器件	20	1. 正确绘制安装布置图　10 分 2. 元器件安装位置合理、紧固　10 分	
布线、外接电源和负载	20	1. 接线规范　10 分 2. 接线正确　10 分	
自检、通电试车	20	1. 自检方法和结果正确　10 分 2. 试车结果正确　10 分	
文明生产、小组合作	30	严格遵守安全规程、文明生产、规范操作；小组协作、共同完成	
总评			

六、实训思考

试画出双重联锁正反转控制电路的接线图，并进行安装。

实训三　三相异步电动机顺序控制电路的安装

一、实训目的

1）熟悉两台电动机顺序起动同时停止控制电路的安装步骤。

2）会正确安装两台电动机顺序起动同时停止控制电路。

二、实训器材

1）工具：尖嘴钳、斜口钳、剥线钳、压线钳、螺丝刀、电工刀、验电笔等。

2）仪表：MF47 型万用表 1 块、ZC25-3 型绝缘电阻表 1 块、MG3-1 型钳形电流表 1 块。

3）器材：Y112M-4 电动机 1 台、Y90S-2 电动机 1 台、低压断路器（DZ5-20/330）1 个、螺旋式熔断器（RL1-60/25）3 个、螺旋式熔断器（RL1-15/2）2 个、交流接触器（CJT1）2 个、热继电器（JR36-20/3）2 个、按钮（LA10-3H）1 个、端子排（JD-1020）1 排、网孔板 1 块、主电路塑铜线（1.5mm^2）若干、控制电路塑铜线（1mm^2）若干、按钮塑铜线（0.75mm^2）若干、接地线若干、冷压接线端子（E1508、E1008、E7508、UT1-3）和编码套管、线槽等。

三、实训步骤

1. 元器件检测

1）检查元器件的外观是否完整无损，附件、备件是否齐全。

2）用万用表、绝缘电阻表检测元器件及电动机的技术数据是否符合要求。

3）教师准备元器件，学生对照元器件型号填写表 2-3-1，并进行元器件检查。

表 2-3-1　元器件选用表

符号	名称	型号	规格	是否正常

2. 元器件安装

学生在图 2-3-1 所示电动机顺序起动同时停止控制电路的安装布置图框中绘制元器件的布置位置，并在实际的网孔板上布置和安装元器件。

图 2-3-1　安装布置图

3. 布线

进行布线时要注意以下几点。

1）正确选择粗、细导线，由于主电路电流较大，一般选择主电路的导线要比控制电路的粗。

2）编码套管水平方向或置于接线端子左右两侧时，编码套管的文字方向从左往右读数；编码套管垂直方向或置于接线端子上下两侧时，编码套管文字方向从下到上读取。端子排或者用电设备大小不一、排列参差不齐时，编码套管应相互对齐，排列成行。导线在端子处单个独立接线时，编码套管应紧靠端子一侧。

3）电路接线时，要注意按照电路图进行接线。

4）导线的颜色要符合电气规范的要求，接线要紧固，不压绝缘层。

5）走线集中、减少架空和交叉，做到横平、竖直、转弯成直角。

6）每个接头最多只能接两根线。

7）平压式接线柱要求做线耳连接，方向为顺时针。

8）线头露铜部分小于 2mm。

4. 外接电源和负载

检查控制板布线无误后，连接电源和电动机等控制板外部的导线。

5. 自检

当电路接完后，用万用表对控制电路接线进行检查，设计自检方案，对检查结果进行记录。

1）选择万用表的电阻挡，测量两个熔断器进线侧的电阻值。

2）________________________________

3）________________________________

4）________________________________

6. 通电试车

1）接线和自检完毕，经检查无误后在教师监督下方可通电试车。

2）通电试车时，要注意自身安全和他人安全。

四、注意事项

1）各个元器件的安装位置要合适，安装要牢固，排列要整齐。

2）电动机和按钮等金属外壳必须可靠接地。

3）按钮使用规定：SB3 停止控制（红色）；SB1 控制电动机 M1 起动（绿色）；SB2 控制电动机 M2 起动（黑色）。

4）通电试车前，应熟悉电路的操作顺序。

5）通电试车过程中若出现异常，必须立即切断电源开关 QF，而不是按下停止按钮 SB3。

五、实训评价

实训评价反馈见表 2-3-2。

表 2-3-2 实训评价反馈表

实 训 名 称			学生姓名	学号	班级	日期
项目内容	配分	评分标准				得分
元器件检测	10	1. 表 2-3-1 内容填写正确 5分 2. 检测结果正确 5分				

（续）

项目内容	配分	评分标准	得分
安装元器件	20	1. 正确绘制安装布置图　10 分 2. 元器件安装位置合理、紧固　10 分	
布线、外接电源和负载	20	1. 接线规范　10 分 2. 接线正确　10 分	
自检、通电试车	20	1. 自检方法和结果正确　10 分 2. 试车结果正确　10 分	
文明生产、小组合作	30	严格遵守安全规程、文明生产、规范操作；小组协作、共同完成	
总评			

六、实训思考

试画出两台电动机顺序起动逆序停止的控制电路接线图，并进行安装。

实训四　三相异步电动机Y-△减压起动控制电路的安装

一、实训目的

1）熟悉时间继电器自动控制Y-△减压起动控制电路的安装步骤。

2）会正确安装时间继电器实现的Y-△减压起动控制电路。

二、实训器材

1）工具：尖嘴钳、斜口钳、剥线钳、压线钳、螺丝刀、电工刀、验电笔等。

2）仪表：MF47 型万用表 1 块、ZC25-3 型绝缘电阻表 1 块、MG3-1 型钳形电流表 1 块。

3）器材：Y132S-4 电动机 1 台、低压断路器（DZ5-20/330）1 个、螺旋式熔断器（RL1-60/25）3 个、螺旋式熔断器（RL1-15/2）2 个、交流接触器（CJT1）三只、时间继电器（JS7-2A）1 个、热继电器（JR36-20/3）1 个、按钮（LA10-3H）1 个、端子排（TD-1015）1 排、网孔板 1 块、主电路塑铜线（1.5mm^2）若干、控制电路塑铜线（1mm^2）若干、按钮塑铜线（0.75mm^2）若干、接地线若干、冷压接线端子（E1508、E1008、E7508、UT1-3）和编码套管、线槽等。

三、实训步骤

1. 元器件检测

1）检查元器件的外观是否完整无损，附件、备件是否齐全。

2）用万用表、绝缘电阻表检测元器件及电动机的技术数据是否符合要求。

3）教师准备元器件，学生对照元器件型号填写表 2-4-1，并进行元器件检查。

表 2-4-1　元器件选用表

符号	名称	型号	规格	是否正常

2. 元器件安装

学生在图 2-4-1 所示电动机Y-△减压起动控制电路的安装布置图框中绘制元器件的布置位置，并在实际的网孔板上布置和安装元器件。

图 2-4-1　安装布置图

3. 布线

进行布线时要注意以下几点。

1）正确选择粗、细导线，由于主电路电流较大，一般选择主电路的导线要比控制线路的粗。

2）编码套管水平方向或置于接线端子左右两侧时，编码套管的文字方向从左往右读数；编码套管垂直方向或置于接线端子上下两侧时，编码套管的文字方向从下到上读取。端子排或者用电设备大小不一、排列参差不齐时，编码套管应相互对齐，排列成行。导线在端子处单个独立接线时，编码套管应紧靠端子一侧。

3）电路接线时，要注意按照电路图进行接线。

4）导线的颜色要符合电气规范的要求，接线要紧固，不压绝缘层。

5）走线集中、减少架空和交叉，做到横平、竖直、转弯成直角。

6）每个接头最多只能接两根线。

7）平压式接线柱要求做线耳连接，方向为顺时针。

8）线头露铜部分小于 2mm。

4. 外接电源和负载

检查控制板布线无误后，连接电源和电动机等控制板外部的导线。

5. 自检

当电路接完后，用万用表对控制电路接线进行检查，设计自检方案，对检查结果进行记录。

1）选择万用表的电阻挡，测量两个熔断器进线侧的电阻值。

2）____

3）____

4）____

6. 通电试车

1）接线和自检完毕，经检查无误后在教师监督下方可通电试车。

2）通电试车时，要注意自身安全和他人安全。

四、注意事项

1）各个元器件的安装位置要合适，安装要牢固，排列要整齐。

2）电动机和按钮等金属外壳必须可靠接地。

3）按钮使用规定：SB2停止控制（红色）；SB1起动控制（绿色）。

4）电动机的定子绕组在△联结时的额定电压等于三相电源的线电压。

5）要保证电动机的定子绕组接线的正确性。

6）接触器KM丫的进线必须从三相定子绕组的末端引入。

五、实训评价

实训评价反馈见表2-4-2。

表2-4-2　实训评价反馈表

实训名称			学生姓名	学号	班级	日期
项目内容	配分	评分标准				得分
元器件检测	10	1. 表2-4-1内容填写正确　5分 2. 检测结果正确　5分				
安装元器件	20	1. 正确绘制安装布置图　10分 2. 元器件安装位置合理、紧固　10分				
布线、外接电源和负载	20	1. 接线规范　10分 2. 接线正确　10分				
自检、通电试车	20	1. 自检方法和结果正确　10分 2. 试车结果正确　10分				
文明生产、小组合作	30	严格遵守安全规程、文明生产、规范操作；小组协作、共同完成				
总评						

六、实训思考

试画出按钮、接触器控制丫-△减压起动控制电路的接线图，并进行安装。

实训五　三相异步电动机制动控制电路的安装

一、实训目的

1）熟悉单向起动反接制动控制电路的安装步骤。

2）会正确安装单向起动反接制动控制电路。

二、实训器材

1）工具：尖嘴钳、斜口钳、剥线钳、压线钳、螺丝刀、电工刀、验电笔等。

2）仪表：MF47 型万用表 1 块、ZC25-3 型绝缘电阻表 1 块、MG3-1 型钳形电流表 1 块。

3）器材：Y112M-4 电动机 1 台、低压断路器（DZ5-20/330）1 个、螺旋式熔断器（RL1-60/25）3 个、螺旋式熔断器（RL1-15/2）2 个、交流接触器（CJT1-20）2 个、速度继电器（JY1）1 个、热继电器（JR36-20/3）1 个、按钮（LA10-3H）1 个、制动电阻（0.5Ω）1 个、端子排（TD-1020）1 排、网孔板 1 块、主电路塑铜线（1.5mm^2）若干、控制电路塑铜线（1mm^2）若干、按钮塑铜线（0.75mm^2）若干、接地线若干、冷压接线端子（E1508、E1008、E7508、UT1-3）和编码套管、线槽等。

三、实训步骤

1. 元器件检测

1）检查元器件的外观是否完整无损，附件、备件是否齐全。

2）用万用表、绝缘电阻表检测元器件及电动机的技术数据是否符合要求。

3）教师准备元器件，学生对照元器件型号填写表 2-5-1，并进行元器件检查。

表 2-5-1　元器件选用表

符号	名称	型号	规格	是否正常

2. 元器件安装

学生在图 2-5-1 所示制动控制电路的安装布置图框中绘制元器件的布置位置，并在实际的网孔板上布置和安装元器件。

图 2-5-1　安装布置图

3. 布线

进行布线时要注意以下几点。

1）正确选择粗、细导线，由于主电路电流较大，一般选择主电路的导线要比控制电路的粗。

2）编码套管水平方向或置于接线端子左右两侧时，

编码套管的文字方向从左往右读数；编码套管垂直方向或置于接线端子上下两侧时，编码套管文字方向从下到上读取。端子排或者用电设备大小不一、排列参差不齐时，编码套管应相互对齐，排列成行。导线在端子处单个独立接线时，编码套管应紧靠端子一侧。

3）电路接线时，要注意按照电路图进行接线。

4）导线的颜色要符合电气规范的要求，接线要紧固，不压绝缘层。

5）走线集中、减少架空和交叉，做到横平、竖直、转弯成直角。

6）每个接头最多只能接两根线。

7）平压式接线柱要求做线耳连接，方向为顺时针。

8）线头露铜部分小于 2mm。

4. 外接电源和负载

检查控制板布线无误后，连接电源和电动机等控制板外部的导线。

5. 自检

当电路接完后，用万用表对控制电路接线进行检查，设计自检方案，对检查结果进行记录。

1）选择万用表的电阻挡，测量两个熔断器进线侧的电阻值。

2）______________________________

3）______________________________

4）______________________________

6. 通电试车

1）接线和自检完毕，经检查无误后在教师监督下方可通电试车。

2）通电试车时，要注意自身安全和他人安全。

四、注意事项

1）各个元器件的安装位置要合适，安装要牢固，排列要整齐。

2）电动机和按钮等金属外壳必须可靠接地。

3）按钮使用规定：制动停止控制（红色）；SB1 起动控制（绿色）。

4）实际操作时，制动电阻要安装在控制板的外面。

5）速度继电器要与电动机同轴安装。

五、实训评价

实训评价反馈见表 2-5-2。

表 2-5-2　实训评价反馈表

实 训 名 称			学生姓名	学号	班级	日期
项目内容	配分	评分标准	得分			
元器件检测	10	1. 表 2-5-1 内容填写正确　5 分 2. 检测结果正确　5 分				
安装元器件	20	1. 正确绘制安装布置图　10 分 2. 元器件安装位置合理、紧固　10 分				

（续）

项目内容	配分	评分标准	得分
布线、外接电源和负载	20	1. 接线规范　10分 2. 接线正确　10分	
自检、通电试车	20	1. 自检方法和结果正确　10分 2. 试车结果正确　10分	
文明生产、小组合作	30	严格遵守安全规程、文明生产、规范操作；小组协作、共同完成	
总评			

六、实训思考

在单向起动反接制动控制电路中，若停止按钮SB2没有按到底，会出现什么现象？

实训六　三相异步电动机调速控制电路的安装

一、实训目的

1）熟悉双速电动机控制电路的安装步骤。

2）会正确安装双速电动机控制电路。

二、实训器材

1）工具：尖嘴钳、斜口钳、剥线钳、压线钳、螺丝刀、电工刀、验电笔等。

2）仪表：MF47型万用表1块、ZC25-3型绝缘电阻表1块、MG3-1型钳形电流表1块。

3）器材：YD132M-4/2电动机1台、低压断路器（DZ5-20/330）1个、螺旋式熔断器（RL1-60/25）3个、螺旋式熔断器（RL1-15/2）2个、交流接触器（CJT1-20）3个、热继电器（JR36-20/3）1个、按钮（LA10-3H）1个、端子排（TD-1020）1排、网孔板1块、主电路塑铜线（$1.5mm^2$）若干、控制电路塑铜线（$1mm^2$）若干、按钮塑铜线（$0.75mm^2$）若干、接地线若干、冷压接线端子（E1508、E1008、E7508、UT1-3）和编码套管、线槽等。

三、实训步骤

1. 元器件检测

1）检查元器件的外观是否完整无损，附件、备件是否齐全。

2）用万用表、绝缘电阻表检测元器件及电动机的技术数据是否符合要求。

3）教师准备元器件，学生对照元器件型号填写表2-6-1，并进行元器件检查。

表2-6-1　元器件选用表

符号	名称	型号	规格	是否正常

（续）

符号	名称	型号	规格	是否正常

2. 元器件安装

学生在图2-6-1所示双速控制电路的安装布置图框中绘制元器件的布置位置，并在实际的网孔板上布置和安装元器件。

图2-6-1　安装布置图

3. 布线

进行布线时要注意以下几点。

1）正确选择粗、细导线，由于主电路电流较大，一般选择主电路的导线要比控制电路的粗。

2）编码套管水平方向或置于接线端子左右两侧时，编码套管的文字方向从左往右读数；编码套管垂直方向或置于接线端子上下两侧时，编码套管文字方向从下到上读取。端子排或者用电设备大小不一、排列参差不齐时，编码套管应相互对齐，排列成行。导线在端子处单个独立接线时，编码套管应紧靠端子一侧。

3）电路接线时，要注意按照电路图进行接线。

4）导线的颜色要符合电气规范的要求，接线要紧固，不压绝缘层。

5）走线集中、减少架空和交叉，做到横平、竖直、转弯成直角。

6）每个接头最多只能接两根线。

7）平压式接线柱要求做线耳连接，方向为顺时针。

8）线头露铜部分小于2mm。

4. 外接电源和负载

检查控制板布线无误后，连接电源和电动机等控制板外部的导线。

5. 自检

当电路接完后，用万用表对控制电路接线进行检查，设计自检方案，对检查结果进行记录。

1）选择万用表的电阻挡，测量两个熔断器进线侧的电阻值。

2）______________________________

3）______________________________

4）______________________________

6. 通电试车

1）接线和自检完毕，经检查无误后在教师监督下方可通电试车。

2）通电试车时，要注意自身安全和他人安全。

四、注意事项

1）各个元器件的安装位置要合适，安装要牢固、排列要整齐。

2）电动机和按钮等金属外壳必须可靠接地。

3）双速电动机定子绕组从一种联结方式改变为另一种联结方式时，必须把电源相序反接，以保证电动机的旋转方向不变。

4）按钮使用规定：SB3 制动停止控制（红色）；SB1（低速）、SB2（高速）起动控制（绿色）。

五、实训评价

实训评价反馈见表 2-6-2。

表 2-6-2　实训评价反馈表

<table>
<tr><td colspan="3">实 训 名 称</td><td>学生姓名</td><td>学号</td><td>班级</td><td>日期</td></tr>
<tr><td colspan="3"></td><td></td><td></td><td></td><td></td></tr>
<tr><td>项目内容</td><td>配分</td><td colspan="4">评分标准</td><td>得分</td></tr>
<tr><td>元器件检测</td><td>10</td><td colspan="4">1. 表 2-6-1 内容填写正确　5 分
2. 检测结果正确　5 分</td><td></td></tr>
<tr><td>安装元器件</td><td>20</td><td colspan="4">1. 正确绘制安装布置图　10 分
2. 元器件安装位置合理、紧固　10 分</td><td></td></tr>
<tr><td>布线、外接电源和负载</td><td>20</td><td colspan="4">1. 接线规范　10 分
2. 接线正确　10 分</td><td></td></tr>
<tr><td>自检、通电试车</td><td>20</td><td colspan="4">1. 自检方法和结果正确　10 分
2. 试车结果正确　10 分</td><td></td></tr>
<tr><td>文明生产、小组合作</td><td>30</td><td colspan="4">严格遵守安全规程、文明生产、规范操作；小组协作、共同完成</td><td></td></tr>
<tr><td>总评</td><td colspan="5"></td><td></td></tr>
</table>

六、实训思考

在双速电动机控制电路中，请说明 3 个按钮按动的顺序。

实训工作页三　S7-200 SMART 系列 PLC 的基本训练

实训一　S7-200 SMART 系列 PLC 的认知

一、实训目的

1）观察 S7-200 SMART 系列 PLC 主机的外部结构，了解各部分组成及作用。

2）观察 S7-200 SMART 系列 PLC 外部端子，了解 I/O 点的类别、编号。

3）学会给 S7-200 SMART 系列 PLC 供电、输入/输出接线及扩展模块与 PLC 的连接。

二、实训器材

1）工具：电工工具一套。

2）器材：S7-200 SMART 系列 PLC 主机 1 台，起动按钮 2 个，实训控制台 1 个，万用表 1 块，红外传感器、灯座、灯泡、蜂鸣器、交流接触器、熔断器各 1 个，连接导线若干。

三、实训内容与步骤

1. S7-200 SMART 系列 PLC 硬件认知

S7-200 SMART 系列 PLC（ST20）为小型整体式 PLC，ST20 型和 SR20 型 S7-200 SMART 系列 PLC 的外部结构分别如图 3-1-1 和图 3-1-2 所示。S7-200 的 CPU 分为晶体管（DC/DC/DC）和继电器（AC/DC/Relay）两种类型。

1）外部接线端子：PLC 电源端（L1、N、L+、M）、输入端子（I）、输出端子（Q）、公共端（M）等。另外，PLC 有 RS 485 通信接口一个、网口一个，可以实现 PLC 与触摸屏或计算机的通信连接。

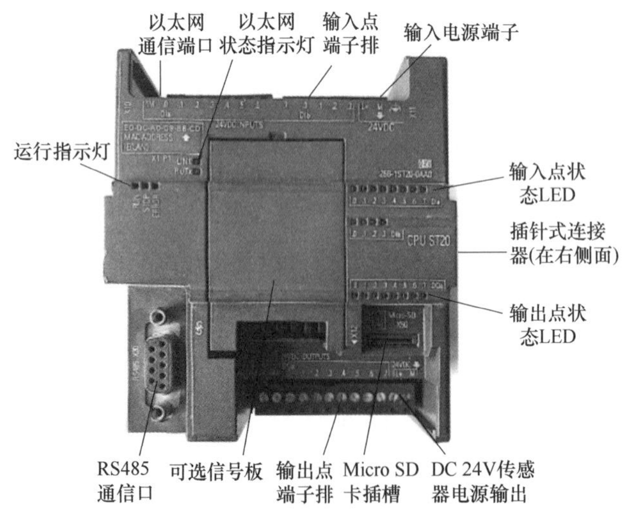

图 3-1-1　S7-200 SMART（ST20 型）外部结构

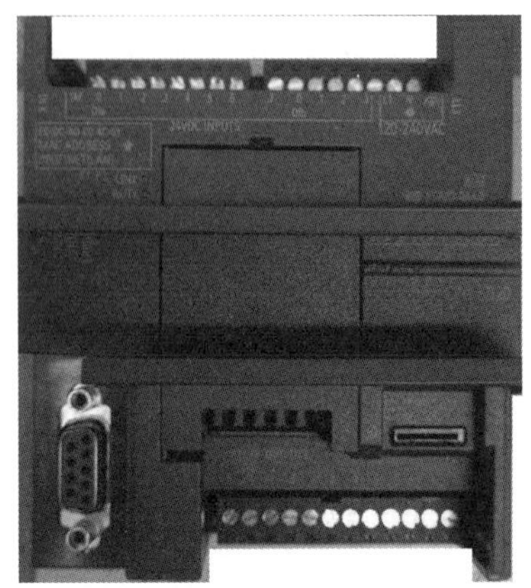

图 3-1-2　S7-200 SMART（SR20 型）外部结构

外部接线端子的作用是将外部设备与 PLC 进行连接，使 PLC 与现场构成系统，这样可以从现场通过输入设备（元件）得到信息（输入），或将经过处理后的控制命令通过输出设备（元件）送到现场（输出），达到实现自动控制的目的。

图 3-1-3、图 3-1-4 所示分别为 S7-200 SMART 的 CPU ST20 和 CPU SR20 接线端子。

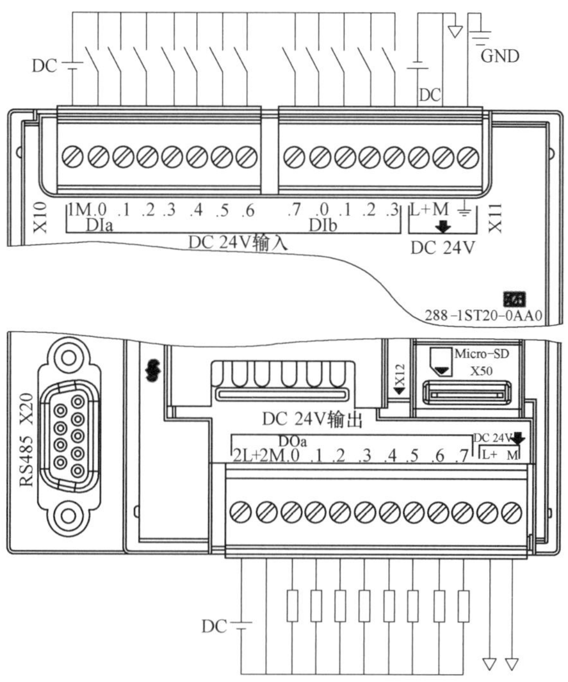

图 3-1-3　CPU ST20（DC/DC/DC）接线端子

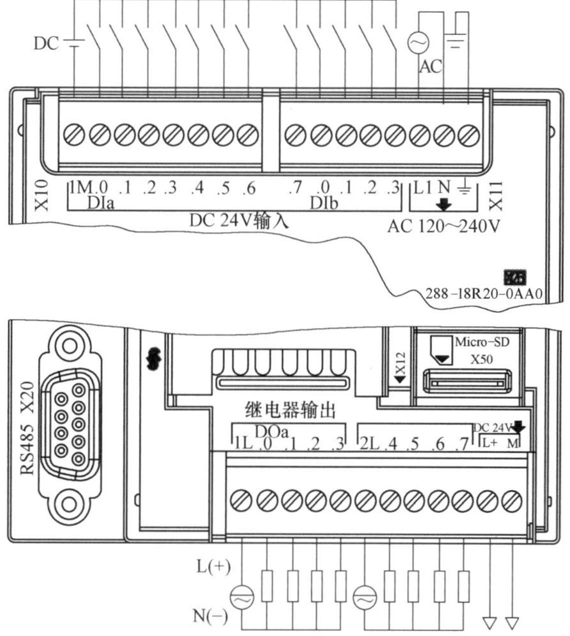

图 3-1-4　CPU SR20（AC/DC/Relay）接线端子

2）指示部分：各输入、输出点的状态指示。以太网状态指示灯有连接（LINK）指示和收发（RX/TX）指示，运行状态指示灯有运行（RUN）指示、停止（STOP）指示和故障（ERROR）指示，用于反映 I/O 点和机器的状态。

RUN：在 RUN 模式下，CPU 执行用户程序。

STOP：在 STOP 模式下，不能运行用户程序，可以向 CPU 装载用户程序或进行 CPU 设置。

3）接口部分：S7-200 SMART 系列 PLC 可选卡插槽有 Micro SD 卡插槽、可选信号板、插针式连接器等。

2. CPU SR20（AC/DC/Relay）I/O 接线

CPU SR20（AC/DC/Relay）I/O 接线如图 3-1-5 所示，输入端采用 PLC 内部电源，输出端的蜂鸣器、指示灯采用 24V 外接直流电源，接触器采用外接交流电源。

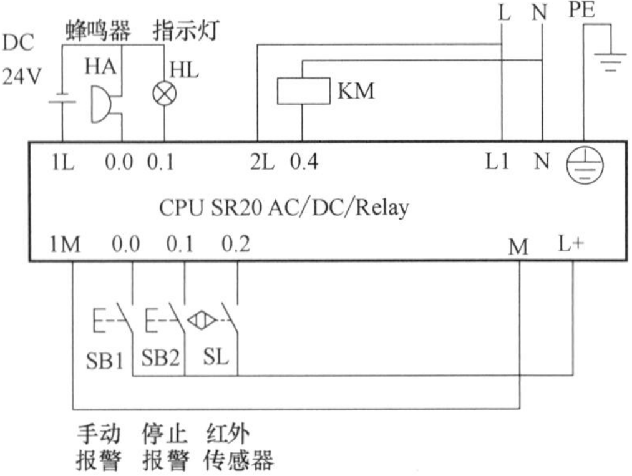

图 3-1-5　CPU SR20（AC/DC/Relay）I/O 接线

3. 实训步骤

1）按图 3-1-5 连接好各种输入设备。

2）接通 PLC 的电源，观察 PLC 的各种指示是否正常。

3）分别接通各个输入信号，观察 PLC 的输入指示灯是否亮。

4）仔细观察 PLC 输出端子的分组情况，明白同一组中的输出端子不能接入不同的电源。

5）仔细观察 PLC 的各个接口，明白各接口所接的设备。

四、注意事项

1）PLC 接线时，必须断开电源，以免造成短路。

2）认真核对 PLC 电源规格，交流电源要接于专用端子上，否则会烧坏 PLC。

3）接触器应选用额定电压为交流 220V 或以下电压等级的线圈。

4）PLC 不要与电动机或其他大负载用同一个公共接地。

五、实训评价

实训评价反馈见表 3-1-1。

表 3-1-1　实训评价反馈表

实 训 名 称			学生姓名	学号	班级	日期
项目内容	配分	评分标准				得分
PLC 硬件认知	20	1. 正确识别 PLC 的各种状态指示灯　10 分 2. 认识 RS485 接口和网口位置　10 分				
PLC 的电源接线	10	1. 会 ST20 直流电源的接线　5 分 2. 会 SR20 直流电源的接线　5 分				

（续）

项目内容	配分	评分标准	得分
PLC 的输入端接线	20	1. 输入端接线正确　10 分 2. 正确选择使用 PLC 内部 24V 电源　10 分	
PLC 的输出端接线	20	1. 输出端接线正确　10 分 2. 正确识别输出端子标志　10 分	
文明生产、小组合作	30	严格遵守安全规程、文明生产、规范操作；小组协作、共同完成	
总评			

六、实训思考

1）如果 PLC 所带负载为感性负载，应采取什么保护措施？

2）输入侧所接器件采用 PLC 内部电源，而输出侧的负载是否也可以采用 PLC 内部电源？

实训二　STEP 7-Micro/WIN SMART 软件的基本操作

一、实训目的

1）认识 S7-200 SMART 系列 PLC 与 PC 的通信。

2）练习使用 STEP 7-Micro/WIN SMART 软件。

3）学会程序的输入和编辑方法。

4）初步了解程序调试的方法。

二、实训器材

S7-200 SMART 系列 PLC1 台，计算机 1 台（安装有 STEP 7-Micro/WIN SMART 软件）、实训台、网线。

三、实训内容与步骤

1）认识软件：打开计算机上 STEP 7-Micro/WIN SMART 软件，根据 STEP 7-Micro/WIN SMART 软件操作界面，用鼠标操作菜单栏、工具栏、程序编辑区、指令树等各部分，观察各部分包含的内容，了解其作用。

2）硬件组态：根据 PLC 的型号在软件中先进行硬件组态，如图 3-2-1 所示。

3）新建项目：单击快速访问工具栏“新建”图标按钮或单击“文件”菜单功能区的“新建”图标按钮，新建一个项目，并命名保存为“电动机单向连续运转控制”。

4）程序输入。

① 根据 PLC 接线图在符号表中符号与地址对应处分别输入：起动按钮 SB1，I0.0；停止按钮 SB2，I0.1；KM，Q0.0。

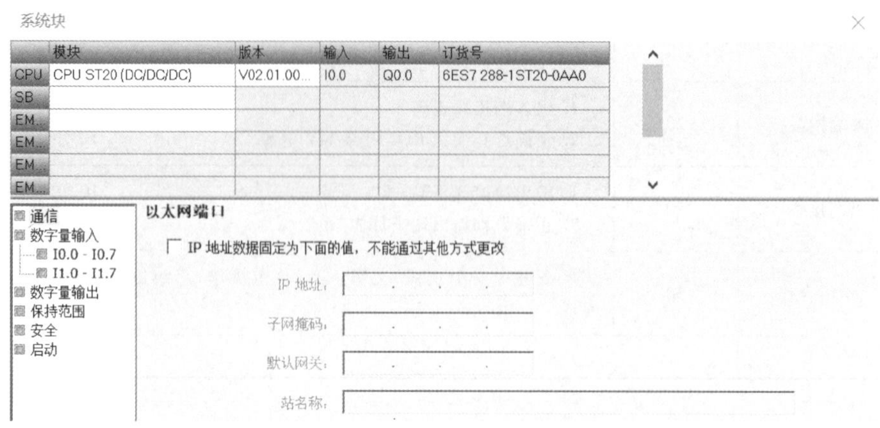

图 3-2-1　硬件组态

② 在程序编辑区输入如图3-2-2所示的程序。

5）程序编译。单击“PLC”菜单功能区的“编译”图标按钮，观察程序有无错误。如有错误加以改正。

6）通信设置。

① 计算机与PLC的硬件通信连接：将S7-200 SMART CPU模块上有以太网接口与计算机的网线接口相连，接通PLC供电电源。

② 通信设置：双击STEP 7-Micro/WIN SMART软件项目指令树中的“通信”指令，弹出“通信”对话框，如图3-2-3所示，与PLC进行连接通信。

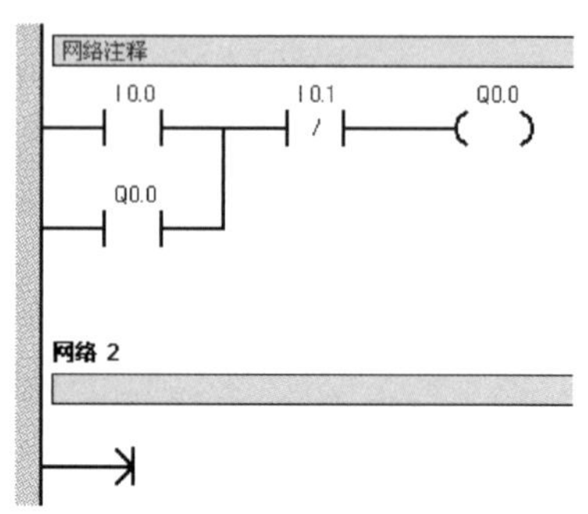

图 3-2-2　起保停程序

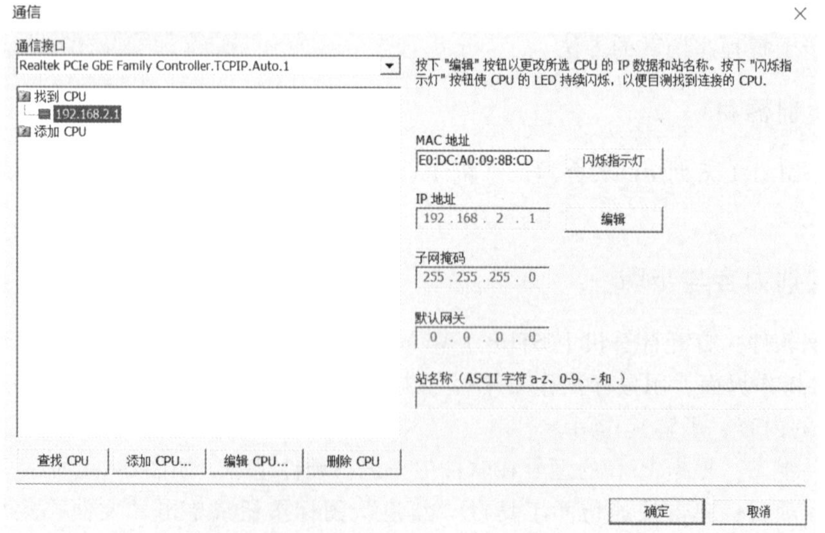

图 3-2-3　“通信”对话框

7）下载程序。单击“PLC”菜单功能区的“下载”图标按钮，在弹出的“下载”对话框中单击“下载”按钮即可将程序下载到PLC。

8）运行与调试程序。程序下载成功后，单击“PLC”菜单功能区的“运行”图标按钮，使 PLC 从 STOP 模式转换到 RUN 模式。

在 RUN 模式用接在端子 I0.0～I0.1 上的小开关模拟按钮发出起动信号、停止信号，将开关接通后马上断开，观察 Q0.0 对应的 LED 状态变化。

9）梯形图程序的状态监视。单击菜单“调试”→“程序状态”按钮，在梯形图程序编辑器查看以图形形式表示的当前程序运行状况。

四、注意事项

1）编程前，要将 PLC 方式选择开关置于 STOP 位置。

2）运行操作时，要注意观察各指示灯的状态，如果与电路要求不一致，应终止运行并对程序认真进行检查。

五、实训评价

实训评价反馈见表 3-2-1。

表 3-2-1　实训评价反馈表

实训名称			学生姓名	学号	班级	日期
项目内容	配分	评分标准				得分
编程软件的认知	20	1. 正确认识编程软件的各部分功能　10 分 2. 认识 RS485 接口和网口位置　10 分				
PLC 与计算机的网线连接	10	1. 会使用网线连接 PLC 与计算机并通信　5 分 2. 会使用 RS485 串口与计算机连接并通信　5 分				
PLC 程序输入与下载	20	1. 正确输入程序　10 分 2. 正确下载程序　10 分				
PLC 的程序调试	20	1. 正确在线调试程序　10 分 2. 正确使用程序状态进行调试　10 分				
文明生产、小组合作	30	严格遵守安全规程、文明生产、规范操作；小组协作、共同完成				
总评						

六、实训思考

1）向 PLC 传送程序时，需要先删除 PLC 原有的程序吗？为什么？

2）如何进行程序的上载、删除、插入、监控等操作？

实训工作页四　基本指令实训操作

实训一　基本逻辑指令的编程实训一

一、实训目的

1）掌握常用逻辑指令的使用方法。

2）会根据梯形图写语句表。

二、实训器材

1）工具：尖嘴钳、螺丝刀、镊子等。

2）器材：计算机（安装 STEP 7-Micro/WIN SMART 软件，并配网线）1 台、PLC 主机模块 1 个、导线若干、开关及按钮模块 1 个、指示灯模块 1 个。

三、实训内容与步骤

1. LD、LDN、=指令实训

1）写出并理解图 4-1-1 所示梯形图对应的语句表。

2）通过编程软件分别将梯形图和语句表输入到 PLC 中。

3）将 PLC 置于 RUN 模式。

4）分别将输入信号 I0.0、I0.1 置于 ON 或 OFF，观察 PLC 的输出结果，并做好记录。

5）整理实训操作结果，并分析原因。

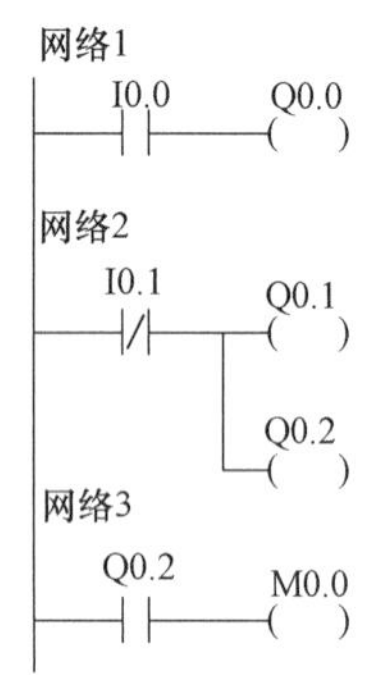

图 4-1-1　取指令与=指令

2. A、AN、O、ON 指令实训

1）写出图 4-1-2 所示梯形图对应的语句表。

2）通过编程软件分别将语句表和梯形图输入到 PLC 中，将 PLC 置于 RUN 模式。

3）分别将输入信号 I0.1、I0.2、I0.3 置于 ON 或 OFF，观察 PLC 的输出结果，并做好记录。

4）将输入信号 I0.4 置于 ON，然后再置于 OFF，最后将输入信号 I0.5 置于 ON，观察 PLC 的输出结果，并做好记录。

5）将输入信号 I0.6 置于 ON，然后再置于 OFF，观察 PLC 的输出结果，并做好记录。

6）将输入信号 I0.5、I0.6 置于 ON，然后再将输入信号 I0.6 置于 OFF，观察 PLC 的输出结果，并做好记录。

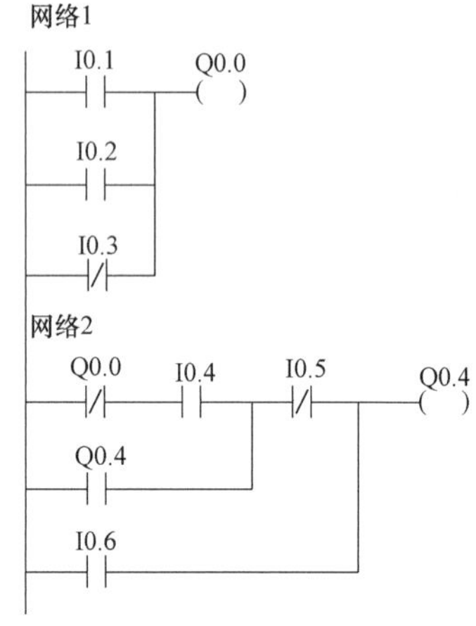

图 4-1-2　触点的串联与并联指令

7）整理实训结果，分析 Q0.4 在什么情况下连续得电，在什么情况下连续失电。

3. OLD、ALD、NOT 指令的实训

1）写出图 4-1-3 所示梯形图对应的语句表。

2）通过编程软件分别将语句表和梯形图输入到 PLC 中，将 PLC 置于 RUN 模式。

3）运行程序，任意确定 I0.0~I0.6 的接通或断开状态，观察并记录能使 Q0.0 状态为 ON 的各种情况。

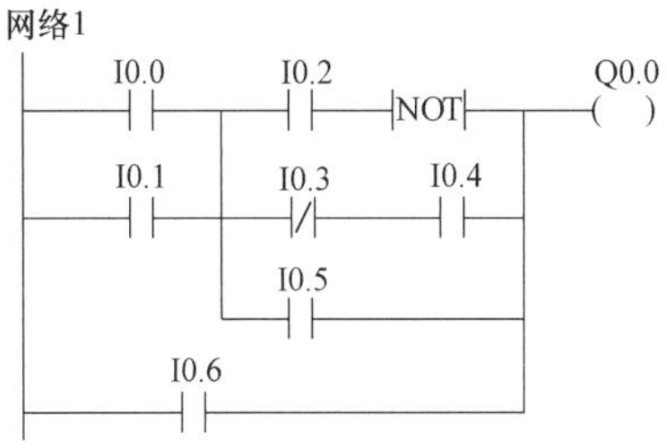

图 4-1-3　块连接与取反指令

四、注意事项

1）程序输入时，要注意 O 和 0 的区别。

2）在 PLC 程序写入时，PLC 必须工作于 STOP 状态，写入操作会使 PLC 原来的程序丢失。

五、实训评价

实训评价反馈见表 4-1-1。

表 4-1-1　实训评价反馈表

实 训 名 称	学生姓名	学号	班级	日期

项目内容	配分	评分标准	得分
编程软件的认知	10	1. 正确认识编程软件的各部分功能　5 分 2. 知道如何用网口对 PLC 和计算机进行通信　5 分	
LD、LDN、=指令实训	20	1. 会快速输入程序　10 分 2. 会分析程序功能　10 分	
A、AN、O、ON 指令实训	20	1. 会快速输入程序　10 分 2. 会分析程序功能　10 分	
OLD、ALD、NOT 指令实训	20	1. 会快速输入程序　10 分 2. 会分析程序功能　10 分	
文明生产、小组合作	30	严格遵守安全规程、文明生产、规范操作；小组协作、共同完成	
总评			

六、实训思考

编程软件中的网络是如何区分的？

实训二　基本逻辑指令的编程实训二

一、实训目的

1）掌握常用逻辑指令的使用方法。

2）会根据梯形图写语句表。

二、实训器材

1）工具：尖嘴钳、螺丝刀、镊子等。

2）器材：计算机（安装 STEP 7-Micro/WIN SMART 软件，并配网线）1 台、PLC 主机模块 1 个、导线若干、开关及按钮模块 1 个、指示灯模块 1 个。

三、实训内容与步骤

1. LPS、LRD、LPP 指令实训

1）写出并理解图 4-2-1 所示梯形图对应的语句表。

2）通过编程软件分别将语句表和梯形图输入到 PLC 中，将 PLC 置于 RUN 模式。

3）分别将 PLC 的输入信号置于 ON 或 OFF，观察 PLC 的输出结果，并做好记录。

4）整理实训操作结果，并分析原因。

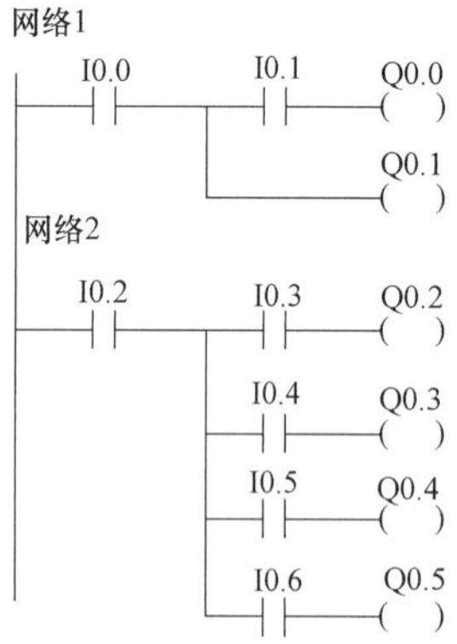

图 4-2-1　栈指令

2. S、R 指令实训

1）写出并理解图 4-2-2a 所示梯形图对应的语句表。

2）通过编程软件分别将语句表和梯形图输入到 PLC 中，将 PLC 置于 RUN 模式。

3）分别将 PLC 的输入信号置于 ON 或 OFF，观察 PLC 的输出结果，并做好记录。

4）观察输出结果是否与图 4-2-2b 所示时序图一致，整理实训操作结果，并分析原因。

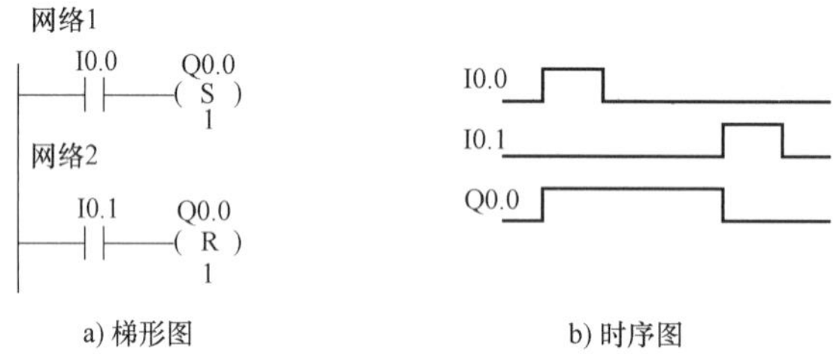

图 4-2-2　置位和复位指令

3. EU、ED 指令实训

1）写出图 4-2-3a 所示梯形图对应的语句表。

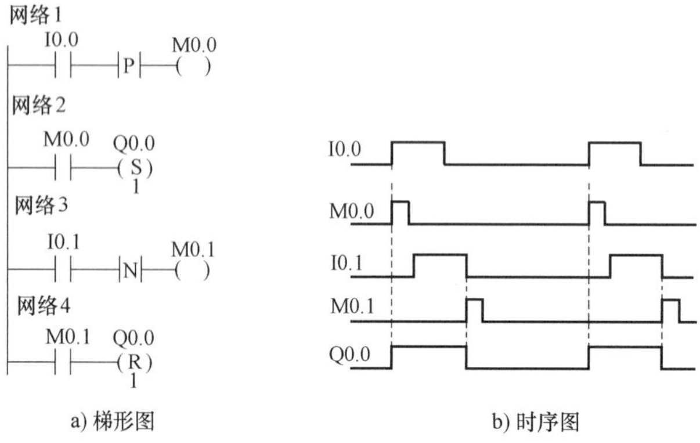

图 4-2-3　边沿脉冲指令

2）通过编程软件分别将语句表和梯形图输入到 PLC 中，将 PLC 置于 RUN 模式。

3）分别令 I0.0 接通和断开，观察并记录 Q0.0 的状态；再分别令 I0.1 接通和断开，观察并记录 Q0.0 的状态。

4）观察输出结果是否与图 4-2-3b 所示时序图一致。

四、注意事项

1）将图 4-2-1 对应的语句表中的 LPS、LRD、LPP 删除，再与图 4-2-1 的梯形图比较，有何区别？PLC 的输出结果有何不同？

2）如果一次置位两个位 Q0.0 和 Q0.1，置位指令语句该如何编程？

五、实训评价

实训评价反馈见表 4-2-1。

表 4-2-1　实训评价反馈表

实训名称			学生姓名	学号	班级	日期
项目内容	配分	评分标准				得分
编程软件的认知	10	1. 正确认识编程软件的各部分功能　5 分 2. 知道如何用网口对 PLC 和计算机进行通信　5 分				
LPS、LRD、LPP 指令实训	20	1. 会快速输入程序　10 分 2. 会分析程序功能　10 分				
S、R 指令实训	20	1. 会快速输入程序　10 分 2. 会分析程序功能　10 分				
EU、ED 指令实训	20	1. 会快速输入程序　10 分 2. 会分析程序功能　10 分				
文明生产、小组合作	30	严格遵守安全规程、文明生产、规范操作；小组协作、共同完成				
总评						

六、实训思考

1）置位复位指令与线圈驱动指令有何异同？

2）边沿脉冲指令能否用于输出继电器 Q 中？

实训三　基本逻辑指令的编程实训三

一、实训目的

1）掌握定时器和计数器的使用方法。

2）会根据梯形图写语句表。

二、实训器材

1）工具：尖嘴钳、螺丝刀、镊子等。

2）器材：计算机（安装 STEP 7-Micro/WIN SMART 软件，并配网线）1 台、PLC 主机模块 1 个、导线若干、开关及按钮模块 1 个、指示灯模块 1 个。

三、实训内容与步骤

1. 定时器指令实训

1）写出并理解图 4-3-1 所示梯形图对应的语句表。

2）通过编程软件分别将语句表和梯形图输入到 PLC 中，将 PLC 置于 RUN 模式。

3）分别令 I0.0 接通和断开，启动编程软件的监控功能，对 T37、T38 的当前值进行监控，观察 PLC 的输出结果，并做好记录。

4）整理实训操作结果，绘制相应的时序图。

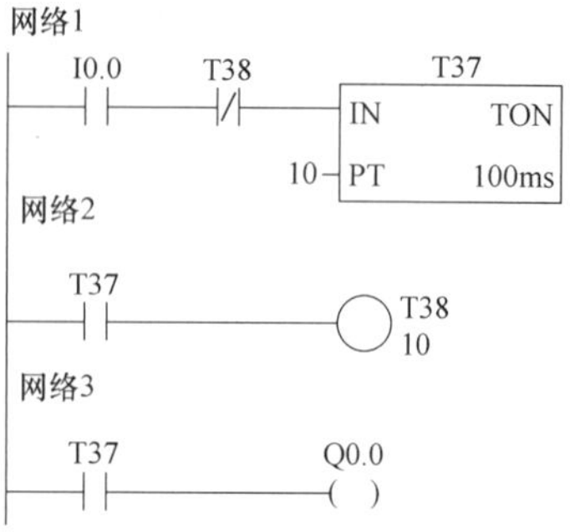

图 4-3-1　定时器

2. 计数器指令实训

1）写出图 4-3-2 所示梯形图对应的语句表。

2）通过编程软件分别将语句表和梯形图输入到 PLC 中，将 PLC 置于 RUN 模式。

3）令 I0.1 接通 1 次，使 C2 复位，并启动编程软件的监控功能，对 C2 的当前值进行监控。

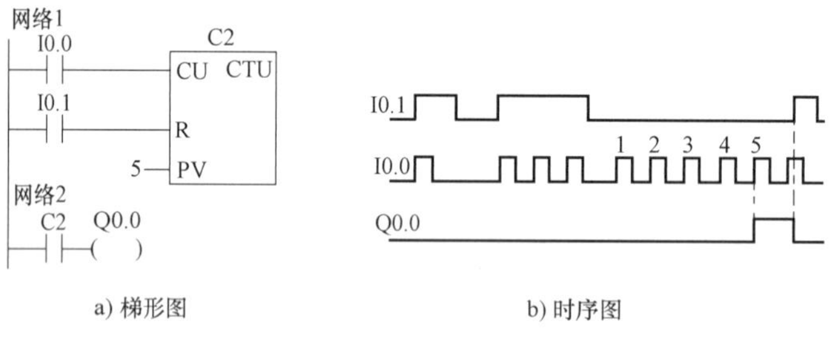

图 4-3-2　计数器

4）令 I0.0 接通 5 次，观察并记录 C2 和 Q0.0 的状态；再令 I0.0 接通 3 次，观察并记录 C2、Q0.0 的状态。

5）令 I0.0 接通 1 次，观察 C2 和 Q0.0 的状态，绘制相应的时序图。

3. 定时器和计数器指令的综合应用实训

1）写出图 4-3-3 所示梯形图对应的语句表。

2）通过编程软件分别将语句表和梯形图输入到 PLC 中，将 PLC 置于 RUN 模式。

3）令 I0.0 接通，启动编程软件的监控功能，对 T37、T38 和 C0 的当前值进行监控，观察并记录 T37、T38、C0、Q0.0、Q0.1 的状态。

4）令 I0.1 接通，观察 PLC 的输出结果，并记录 T37、T38、C0、Q0.0、Q0.1 的状态。

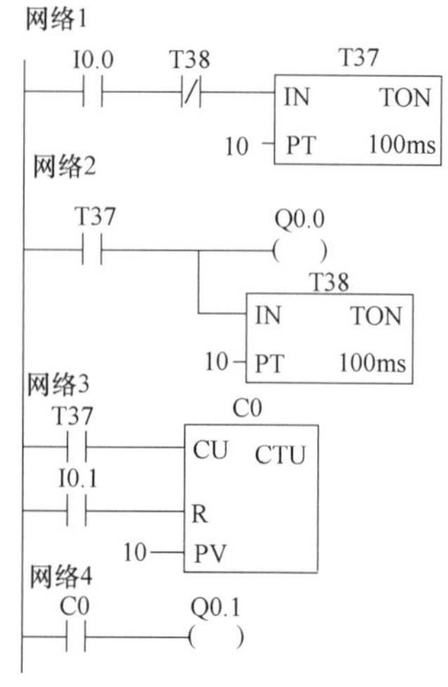

图 4-3-3　定时器和计数器指令的综合应用

四、注意事项

定时器和计数器的设定值最大为32767。

五、实训评价

实训评价反馈见表4-3-1。

表4-3-1　实训评价反馈表

实训名称			学生姓名	学号	班级	日期
项目内容	配分	评分标准				得分
编程软件的认知	10	1. 正确认识编程软件的各部分功能　5分 2. 知道如何用网口对PLC和计算机进行通信　5分				
定时器指令实训	20	1. 会快速输入程序　10分 2. 会分析程序功能　10分				
计数器指令实训	20	1. 会快速输入程序　10分 2. 会分析程序功能　10分				
定时器和计数器指令的综合应用实训	20	1. 会快速输入程序　10分 2. 会分析程序功能　10分				
文明生产、小组合作	30	严格遵守安全规程、文明生产、规范操作；小组协作、共同完成				
总评						

六、实训思考

定时器和计数器指令设置值有哪些方法？如何对定时器和计数器进行复位？

实训四　两地控制电动机的起保停

一、实训目的

1）掌握起保停电路的编程方法。

2）会根据实际控制要求画出PLC的外部电路。

3）会根据实际控制要求画出简单的梯形图。

二、实训器材

1）工具：电工常用工具1套。

2）器材：计算机（安装STEP 7-Micro/WIN SMART软件，并配网线）1台、PLC（SR20）主机模块1个、导线若干、开关及按钮模块1个、电动机1台、交流接触器1个。

三、实训任务

设计一个单台电动机两地控制的控制系统。控制要求：按下地点1的起动按钮SB1或地点 2 的起动按钮 SB2 均可起动电动机并保持电动机连续运行；按下地点 1 的停止按钮 SB3 或地点 2 的停止按钮 SB4 均可停止电动机运行。

四、实训内容与步骤

1. I/O 分配

根据控制要求，其 I/O 分配为 I0.0，SB1；I0.1，SB2；I0.2，SB3（常开）；I0.3，SB4（常开）；I0.4，FR（常开）；Q0.0，KM。

2. 梯形图方案设计

根据控制要求，该项目可采用两种设计方案，如图 4-4-1 所示。

3. 绘制系统接线图

根据系统控制要求，PLC 的外部电路如图 4-4-2 所示。

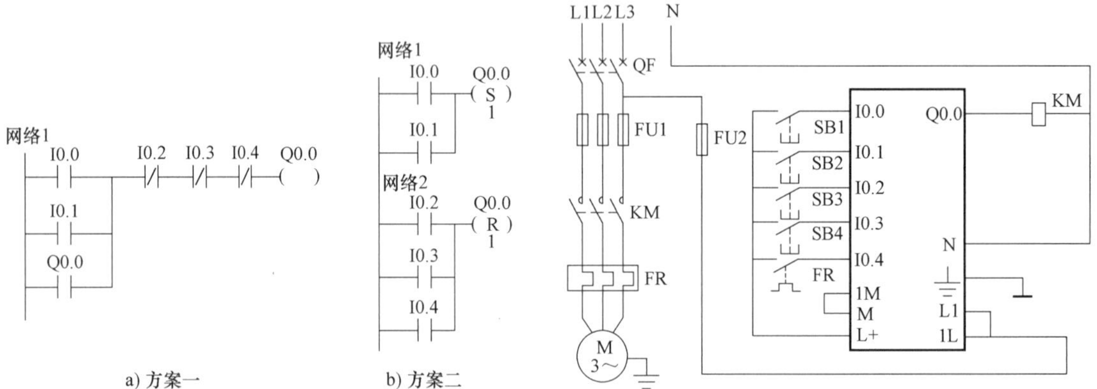

图 4-4-1　单台电动机两地控制梯形图

图 4-4-2　单台电动机两地控制系统接线图

4. 系统调试

1）输入程序。通过编程软件将图 4-4-1 所示的梯形图正确输入到 PLC 中。

2）静态调试。按图 4-4-2 所示的系统接线图正确连接好输入设备，进行 PLC 程序的模拟静态调试（按下起动按钮 SB1 或 SB2 后，Q0.0 亮；然后按下停止按钮 SB3 或 SB4，或按下热继电器的常开触点 FR，Q0.0 熄灭），观察 PLC 的输出指示灯是否按要求指示，若不符合要求，检查并修改程序，直至指示正确。

3）动态调试。按图 4-4-2 所示的系统接线图正确连接好输出设备，进行系统的空载调试，观察交流接触器能否按控制要求动作，若不符合要求，检查电路接线或修改程序，直至交流接触器能按控制要求动作；再连接好主电路及电动机，进行带负载动态调试。

五、注意事项

1）一般交流接触器的线圈电压为 380V，系统接线图中交流接触器应换为 220V 的线圈。

2）热继电器和停止按钮如接常闭触点，则梯形图的相应触点要取反处理。

六、实训评价

实训评价反馈见表 4-4-1。

表 4-4-1　实训评价反馈表

实训名称			学生姓名	学号	班级	日期
项目内容	配分	评分标准			得分	
编程软件的认知	20	1. 正确认识编程软件的各部分功能　10 分 2. 知道如何用网口对 PLC 和计算机进行通信　10 分				
程序输入	25	1. 会快速输入程序　15 分 2. 会分析程序功能　10 分				
系统调试	25	1. 会进行程序静态调试　15 分 2. 会进行程序动态调试　10 分				
文明生产、小组合作	30	严格遵守安全规程、文明生产、规范操作；小组协作、共同完成				
总评						

七、实训思考

如果输入点不够的话，可将热继电器的常开触点接到输出线圈侧，此时热继电器用手动复位型还是自动复位型？

实训五　两台电动机的顺序起动控制

一、实训目的

1）掌握两台电动机顺序起动的编程方法。

2）会根据实际控制要求画出 PLC 的外部电路。

3）会根据实际控制要求画出简单的梯形图。

二、实训器材

1）工具：电工常用工具 1 套。

2）器材：计算机（安装 STEP 7-Micro/WIN SMART 软件，并配网线）1 台、PLC（SR20）主机模块 1 个、导线若干、开关及按钮模块 1 个、电动机 2 台、交流接触器 2 个、热继电器 2 个。

三、实训任务

设计一个两台电动机顺序起动的控制系统。控制要求：按下起动按钮 SB1，电动机 M1 起动，5s 后，电动机 M2 起动；按下停止按钮 SB2，两台电动机停止运行。

四、实训内容与步骤

1. I/O 分配

根据控制要求，其 I/O 分配为 I0.0，SB1；I0.1，SB2（常开）；I0.2，FR1（常开）；I0.3，FR2（常开）；Q0.0，KM1；Q0.1，KM2。

2. 梯形图方案设计

根据控制要求，设计梯形图如图 4-5-1 所示。

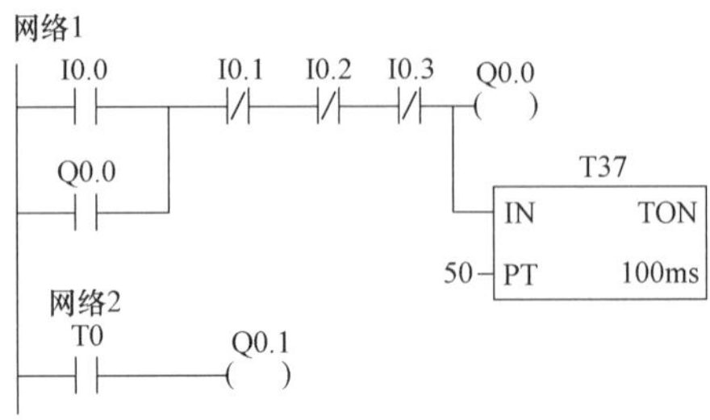

图 4-5-1　两台电动机顺序起动梯形图

3. 绘制系统接线图

根据系统控制要求，PLC 的外部电路如图 4-5-2 所示。

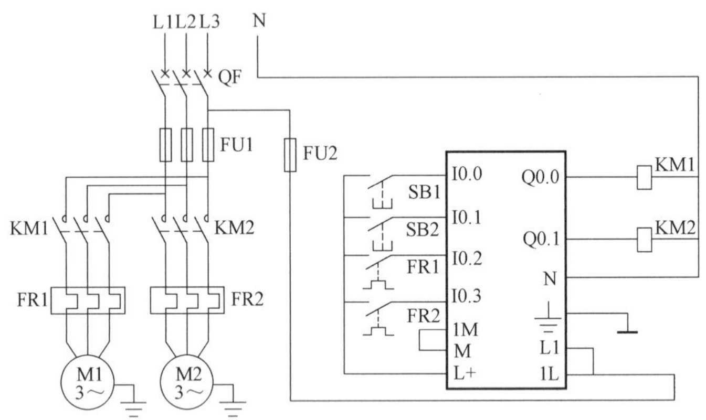

图 4-5-2　两台电动机顺序起动控制系统接线图

4. 系统调试

1）输入程序。通过编程软件将图 4-5-1 所示的梯形图正确输入到 PLC 中。

2）静态调试。按图 4-5-2 所示的系统接线图正确连接好输入设备，进行 PLC 程序的模拟静态调试（按下起动按钮 SB1 后，Q0. 0 亮，5s 后 Q0. 1 亮，然后按下停止按钮 SB2 或按下热继电器的常开触点 FR1 或 FR2，Q0. 0 和 Q0. 1 熄灭），观察 PLC 的输出指示灯是否按要求指示，若不符合要求，检查并修改程序，直至指示正确。

3）动态调试。按图 4-5-2 所示的系统接线图正确连接好输出设备，进行系统的空载调试，观察交流接触器能否按控制要求动作，若不符合要求，检查电路接线或修改程序，直至交流接触器能按控制要求动作；再连接好主电路及电动机，进行带负载动态调试。

五、注意事项

1）一般交流接触器的线圈电压为 380V，系统接线图中交流接触器应换为 220V 线圈。

2）由于两接触器并不联锁，因此在 PLC 输出线圈侧不要接联锁触点。

六、实训评价

实训评价反馈见表 4-5-1。

表 4-5-1　实训评价反馈表

<table>
<tr><td colspan="3">实 训 名 称</td><td>学生姓名</td><td>学号</td><td>班级</td><td>日期</td></tr>
<tr><td colspan="3"></td><td></td><td></td><td></td><td></td></tr>
<tr><td>项目内容</td><td>配分</td><td colspan="4">评分标准</td><td>得分</td></tr>
<tr><td>编程软件的认知</td><td>20</td><td colspan="4">1. 正确认识编程软件的各部分功能　10 分
2. 知道怎样用网口对 PLC 和计算机进行通信　10 分</td><td></td></tr>
<tr><td>程序输入</td><td>25</td><td colspan="4">1. 会快速输入程序　15 分
2. 会分析程序功能　10 分</td><td></td></tr>
<tr><td>系统调试</td><td>25</td><td colspan="4">1. 会进行程序静态调试　15 分
2. 会进行程序动态调试　10 分</td><td></td></tr>
<tr><td>文明生产、小组合作</td><td>30</td><td colspan="4">严格遵守安全规程、文明生产、规范操作；小组协作、共同完成</td><td></td></tr>
<tr><td>总评</td><td colspan="5"></td><td></td></tr>
</table>

七、实训思考

如果没有中性线，是否可以在 PLC 上接入 380V 电源？能否通过 380V/220V 的变压器代替中性线接入？

实训工作页五 PLC 的流程控制

实训一 STEP 7-Micro/WIN SMART 软件的顺序功能编程操作

一、实训目的

1）熟悉 STEP 7-Micro/WIN SMART 软件中步进指令的编程操作。

2）会用梯形图和语句表方式编制 SFC 程序。

3）掌握利用 PLC 编程软件进行编辑、调试等的基本操作。

二、实训器材

1）工具：尖嘴钳、螺丝刀、镊子等。

2）器材：计算机（安装 STEP 7-Micro/WIN SMART 软件，并配网线）1 台、PLC（SR20）主机模块 1 个、导线若干、开关及按钮模块 1 个、指示灯模块 1 个。

三、实训步骤

1. 单一顺序的步进控制

1）打开编程软件，选用梯形图方式编制程序。

2）步进梯形图的输入：通过编程软件将图 5-1-1b 所示步进梯形图程序输入到 PLC 中运行，并通电观察。

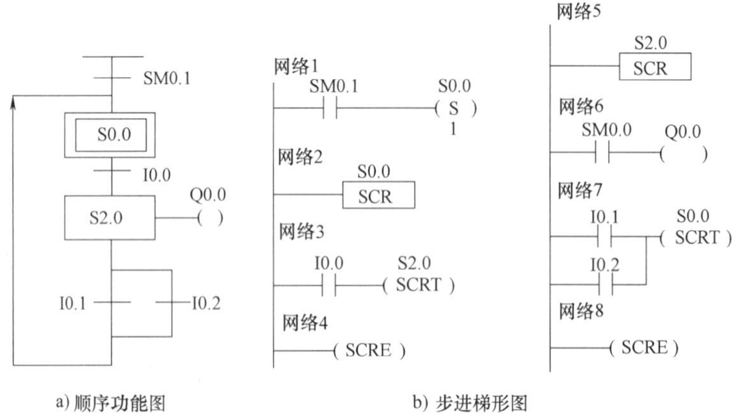

a) 顺序功能图　　b) 步进梯形图

图 5-1-1 单一顺序的功能图

3）语句表方式编制程序：写出图 5-1-1b 所示步进梯形图对应的语句表，通过编程软件输入到 PLC 中运行，并通电观察。

2. 选择顺序和并发顺序的编程输入

1）打开编程软件，选用梯形图方式编制程序。

2）梯形图方式编制程序：将图 5-1-2a 所示顺序功能图转换为步进梯形图，通过编程软件将程序输入到 PLC 中运行，并通电观察。

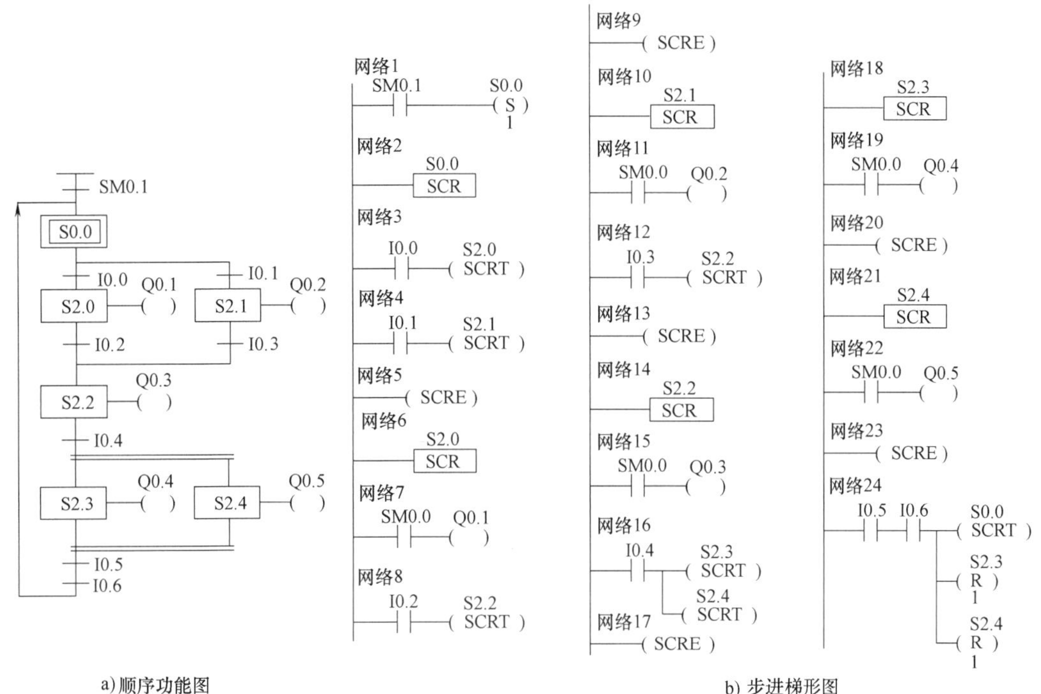

图 5-1-2 选择顺序和并发顺序

3）语句表方式编制程序：写出图 5-1-2b 所示步进梯形图对应的语句表，通过编程软件输入到 PLC 中运行，并通电观察。

四、注意事项

输入图 5-1-2b 所示梯形图时，要注意网络 24 结束并没有 SCRE。

五、实训评价

实训评价反馈见表 5-1-1。

表 5-1-1 实训评价反馈表

<table>
<tr><td colspan="3">实训名称</td><td>学生姓名</td><td>学号</td><td>班级</td><td>日期</td></tr>
<tr><td colspan="3"></td><td></td><td></td><td></td><td></td></tr>
<tr><td>项目内容</td><td>配分</td><td colspan="4">评分标准</td><td>得分</td></tr>
<tr><td>编程软件认知</td><td>20</td><td colspan="4">1. 正确认识编程软件的各部分功能 10 分
2. 知道如何用网口对 PLC 和计算机进行通信 10 分</td><td></td></tr>
<tr><td>单一顺序的步进控制实训</td><td>25</td><td colspan="4">1. 会快速输入程序 15 分
2. 会分析程序功能 10 分</td><td></td></tr>
</table>

（续）

项目内容	配分	评分标准	得分
选择顺序和并发顺序的编程输入实训	25	1. 会快速输入程序　15 分 2. 会分析程序功能　10 分	
文明生产、小组合作	30	严格遵守安全规程、文明生产、规范操作；小组协作、共同完成	
总评			

六、实训思考

输入顺序功能程序时，用步进梯形图方式、语句表方式编制程序，哪种更快更方便？

实训二　带式运输机的 PLC 控制

一、实训目的

1）掌握顺序控制指令的使用方法。

2）掌握带式运输机的程序编制方法和外部接线。

二、实训器材

1）工具：尖嘴钳、螺丝刀、镊子等。

2）器材：计算机（安装 STEP 7-Micro/WIN SMART 软件，并配网线）1 台、PLC（SR20）主机模块 1 个、导线若干、开关及按钮块 1 个、指示灯模块 1 个、带式运输机模拟显示模块 1 个（带指示灯、接线端口及按钮等）。

三、实训要求

如图 5-2-1 所示，原材料从料斗经过 PD1、PD2 两台带式运输机送出；由电磁阀 DT 控制从料斗向 PD1 供料；PD1、PD2 分别由电动机 M1 和 M2 控制。

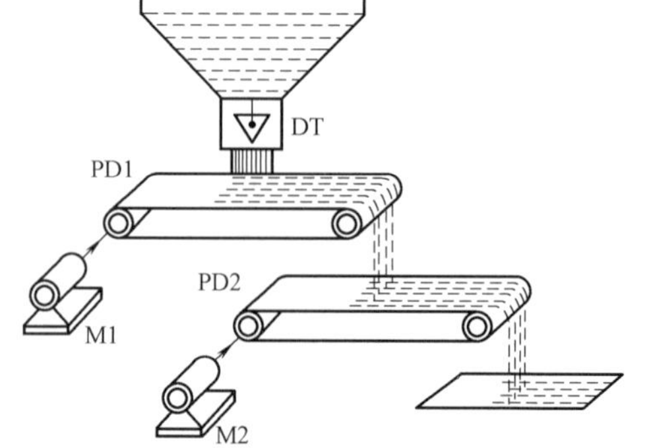

图 5-2-1　某原料带式运输机示意图

控制要求：

1）初始状态：料斗、传输带 PD1 和传输带 PD2 全部处于关闭状态。

2）起动操作：起动时，为了避免在前段传输带上造成物料堆积，要求逆送料方向按一定的时间间隔顺序起动。其操作步骤为：传输带 PD2→延时 5s→传输带 PD1→延时 5s→料斗。

3）停止操作：停止时，为了使传输带上不留剩余的物料，要求顺物料流动的方向按一定的时间间隔顺序停止。其停止的顺序为：料斗→延时 10s→传输带 PD1→延时 10s→传输带 PD2。

4）故障停车：在带式运输机的运行中，若传输带PD1过载，应把料斗和传输带PD1同时关闭，传输带PD2应在传输带PD1停止10s后停止。若传输带PD2过载，应把传输带PD1、传输带PD2和料斗都关闭。

四、实训内容与步骤

1. I/O地址分配（见表5-2-1）

表5-2-1　I/O地址分配表

输入			输出		
序号	输入元件	输入继电器	序号	输出元件	输出继电器
1	I0. 0	起动按钮	1	Q0. 0	DT料斗控制
2	I0. 1	停止按钮	2	Q0. 1	M1接触器
3	I0. 2	M1热继电器	3	Q0. 2	M2接触器
4	I0. 3	M2热继电器			

2. 程序编写

根据系统控制要求及PLC的I/O地址分配编写带式运输机的顺序功能图，如图5-2-2所示。

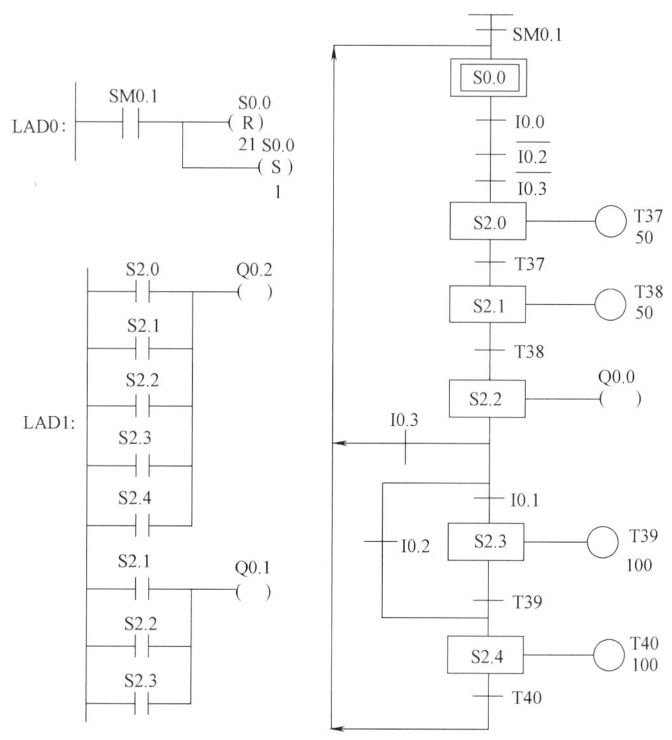

图5-2-2　带式运输机的PLC顺序功能图

3. 系统接线

根据带式运输机的控制要求，其系统接线如图5-2-3所示（PLC的输出负载都用指示灯代替）。

4. 系统调试

1）输入程序。将图5-2-2所示的顺序功能图转换为步进梯形图或语句表，选择合适的方式输入到PLC。

2）静态调试。按图5-2-3所示的系统接线图正确连接输入设备，进行PLC模拟静态调试，并通过计算机监视，观察其是否与控制要求一致，若不符合要求，检查并修改调试程序，直至指示正确。

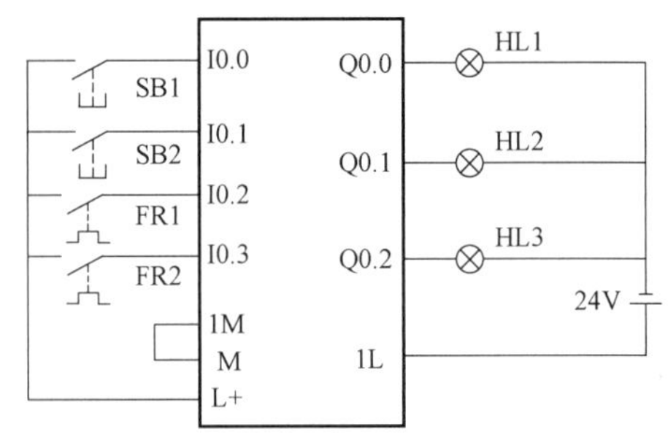

图5-2-3　带式运输机的PLC模拟系统接线图

3）动态调试。按图5-2-3所示的系统接线图正确连接输出设备，进行PLC的模拟动态调试，并通过计算机监视，观察其是否与控制要求一致，若不符合要求，检查并修改调试程序，直至指示灯能按控制要求指示正确。

五、注意事项

本实训中的PLC输出端所接指示灯的额定电压必须是DC 24V。

六、实训评价

实训评价反馈见表5-2-2。

表5-2-2　实训评价反馈表

实训名称			学生姓名	学号	班级	日期
项目内容	配分	评分标准				得分
编程软件的认知	20	1. 正确认识编程软件的各部分功能　10分 2. 知道如何用网口对PLC和计算机进行通信　10分				
PLC接线	25	1. 会PLC的外部接线　15分 2. 会分析程序功能　10分				
程序输入与系统调试	25	1. 会快速输入程序　15分 2. 会进行程序调试　10分				
文明生产、小组合作	30	严格遵守安全规程、文明生产、规范操作；小组协作、共同完成				
总评						

七、实训思考

在编写的顺序功能图中，为什么在初始步后面的转移条件为三个而不是仅有I0.0？

实训三　全自动洗衣机的流程控制

一、实训目的

1）掌握顺序控制指令的使用方法。

2）理解全自动洗衣机的控制流程及外部接线。

二、实训器材

1）工具：尖嘴钳、螺丝刀、镊子等。

2）器材：计算机（已安装 STEP 7-Micro/WIN SMART 编程软件，并配网线）1 台、PLC（SR20）主机模块 1 个、导线若干、开关及按钮模块 1 个、全自动洗衣机显示模块 1 个。

三、实训要求

全自动洗衣机的部分控制程序编写。一般全自动洗衣机的控制可分为手动控制洗衣、自动控制洗衣、预定时间洗衣的控制等。本实训中，自动洗衣过程的控制要求如下。

起动后，洗衣机进水，高水位开关动作时，开始洗涤。正转洗涤 30s，暂停 3s 后反转洗涤 30s，暂停 3s 再正向洗涤，如此循环 3 次，洗涤结束；然后排水，当水位下降到低水位时，进行脱水（同时排水），脱水时间是 10s，这样完成一个大循环，经过 3 次大循环后洗衣结束，并且报警，报警 5s 后全过程结束，自动停机。

四、实训内容与步骤

1. I/O 地址分配（见表 5-3-1）

表 5-3-1 I/O 地址分配表

输入			输出		
序号	输入元件	输入继电器	序号	输出元件	输出继电器
1	I0.0	起动按钮	1	Q0.0	进水阀
2	I0.1	高水位检测开关	2	Q0.1	正转接触器
3	I0.2	低水位检测开关	3	Q0.2	反转接触器
			4	Q0.3	排水阀
			5	Q0.4	脱水电动机
			6	Q0.5	报警

2. 程序编制

根据系统控制要求及 PLC 的 I/O 地址分配编写洗衣机自动控制顺序功能图，如图 5-3-1 所示。

3. 系统接线

根据洗衣机的控制要求，其系统接线图如图 5-3-2 所示（PLC 的输出负载都用指示灯代替）。

4. 系统调试

1）输入程序：将图 5-3-1 所示的顺序功能图转换为步进梯形图或语句表，选择合适的方式输入到 PLC。

2）静态调试：按图 5-3-2 所示的系统接线图正确连接好输入设备，进行 PLC 的模拟静态调试，并通过计算机监视，观察其是否与控制要求一致，若不符合要求，检查并修改调试

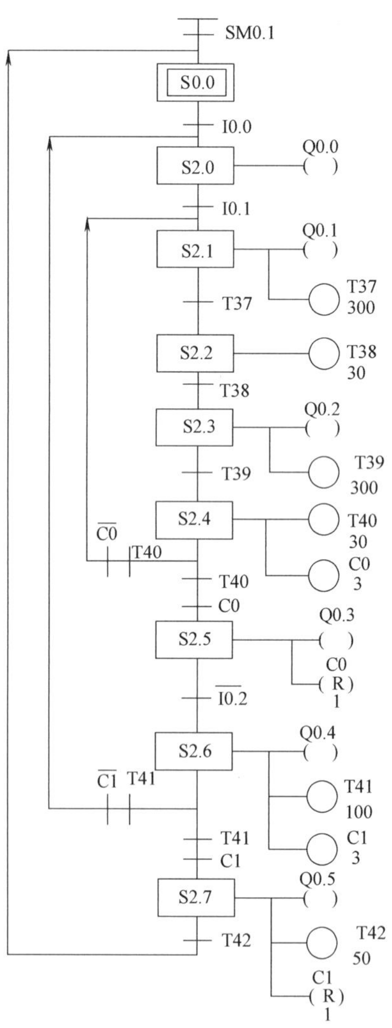

图 5-3-1　自动洗衣机的顺序控制顺序功能图

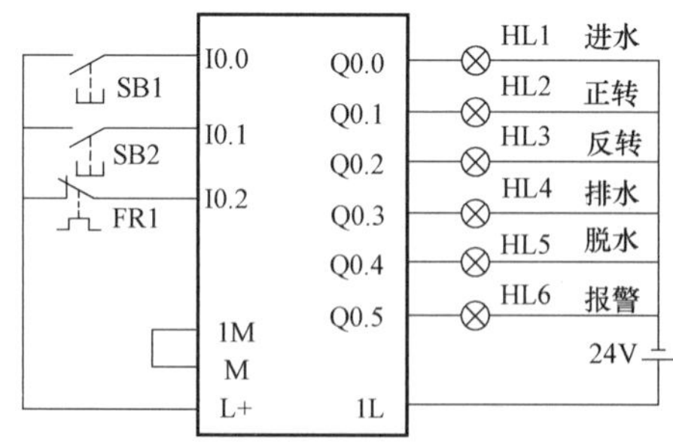

图 5-3-2　洗衣机的PLC模拟系统接线图

程序，直至指示正确。

3）动态调试：按图5-3-2所示的系统接线图正确连接好输出设备，进行PLC的模拟动态调试，并通过计算机监视，观察其是否与控制要求一致，若不符合要求，检查并修改调试程序，直至指示灯能按控制要求指示正确。

五、注意事项

1）洗衣机的低水位开关与高水位开关的状态相反，有水时常闭触点断开，无水时闭合。

2）编写顺序功能图时，要注意 C0 和 C1 的复位。

六、实训评价

实训评价反馈见表 5-3-2。

表 5-3-2　实训评价反馈表

实训名称			学生姓名	学号	班级	日期
项目内容	配分	评分标准				得分
编程软件的认知	20	1. 正确认识编程软件的各部分功能　10 分 2. 知道如何用网口对 PLC 和计算机进行通信　10 分				
PLC 接线	25	1. 会 PLC 的外部接线　15 分 2. 会分析程序功能　10 分				
程序输入与系统调试	25	1. 会快速输入程序　15 分 2. 会进行程序调试　10 分				
文明生产、小组合作	30	严格遵守安全规程、文明生产、规范操作；小组协作、共同完成				
总评						

七、实训思考

图 5-3-1 所示顺序功能图中有 C0 和 C1 两个计数器，在转换为步进梯形图时，由于其复位与符号本身不在一处，其符号中的 R 外接什么触点比较合适？

实训四　交通信号灯的流程控制

一、实训目的

1）掌握顺序控制指令的使用方法。

2）理解交通信号灯的控制流程及外部接线。

二、实训器材

1）工具：尖嘴钳、螺丝刀、镊子等。

2）器材：计算机（已安装 STEP 7-Micro/WIN SMART 软件，并配网线）1 台、PLC（SR20）主机模块 1 个、导线若干、开关及按钮模块 1 个、交通灯显示模块 1 个。

三、实训要求

如图 5-4-1 所示，本实训交通灯控制要求如下：

1）按下白天起动按钮 SB1（I0.0），系统开始工作，南北红灯（Q0.3）亮 20s，同时东西绿灯（Q0.2）亮 10s 后开始闪烁 5 次，每次闪烁先灭后亮，闪烁周期为 1s，然后东西黄灯（Q0.1）亮 5s 熄灭；再切换成东西红灯（Q0.0）亮 20s，同时南北绿灯（Q0.5）亮 10s 后开始闪烁 5 次，每次闪烁先灭后亮，闪烁周期为 1s，然后南北黄灯（Q0.4）亮 5s 熄灭，如此不断循环。

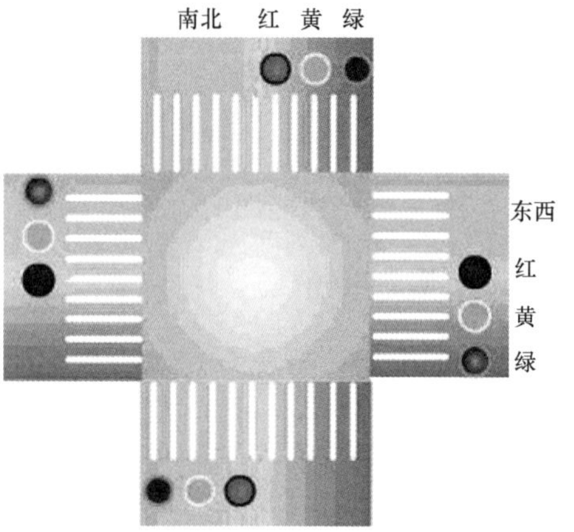

2）按下夜间起动按钮 SB2（I0.1），使东西黄灯与南北黄灯持续闪烁，灭亮各 0.5s。

3）SB1 和 SB2 分别是白天和夜间工作的起动按钮，同时又具备转换控制功能。

4）增加交通管制功能，按下 SB3 为东西绿灯与南北红灯持续亮；按下 SB4 为东西红灯与南北绿灯持续亮。

图 5-4-1　交通信号灯

请编写程序，并按要求接线。

四、实训内容与步骤

1. I/O 地址分配（见表 5-4-1）

表 5-4-1　I/O 地址分配表

输入			输出		
序号	输入元件	输入继电器	序号	输出元件	输出继电器
1	I0.0	白天起动按钮 SB1	1	Q0.0	东西红灯
2	I0.1	夜间起动按钮 SB2	2	Q0.1	东西黄灯
3	I0.2	东西通行按钮 SB3	3	Q0.2	东西绿灯
4	I0.3	南北通行按钮 SB4	4	Q0.3	南北红灯
			5	Q0.4	南北黄灯
			6	Q0.5	南北绿灯

2. 程序编制

根据系统控制要求及 PLC 的 I/O 地址分配编写交通灯的自动控制顺序功能图，如图 5-4-2 所示。

3. 系统接线

根据交通灯的控制要求，其系统接线如图 5-4-3 所示（PLC 的输出负载都用指示灯代替）。

4. 系统调试

1）输入程序：将图 5-4-2 所示的顺序功能图转换为步进梯形图或语句表，选择合适的方式输入到 PLC。

2）静态调试：按图 5-4-3 所示的系统接线图正确连接好输入设备，进行 PLC 的模拟静态调试，并通过计算机监视，观察其是否与控制要求一致，若不符合要求，检查并修改调试程序，直至指示正确。

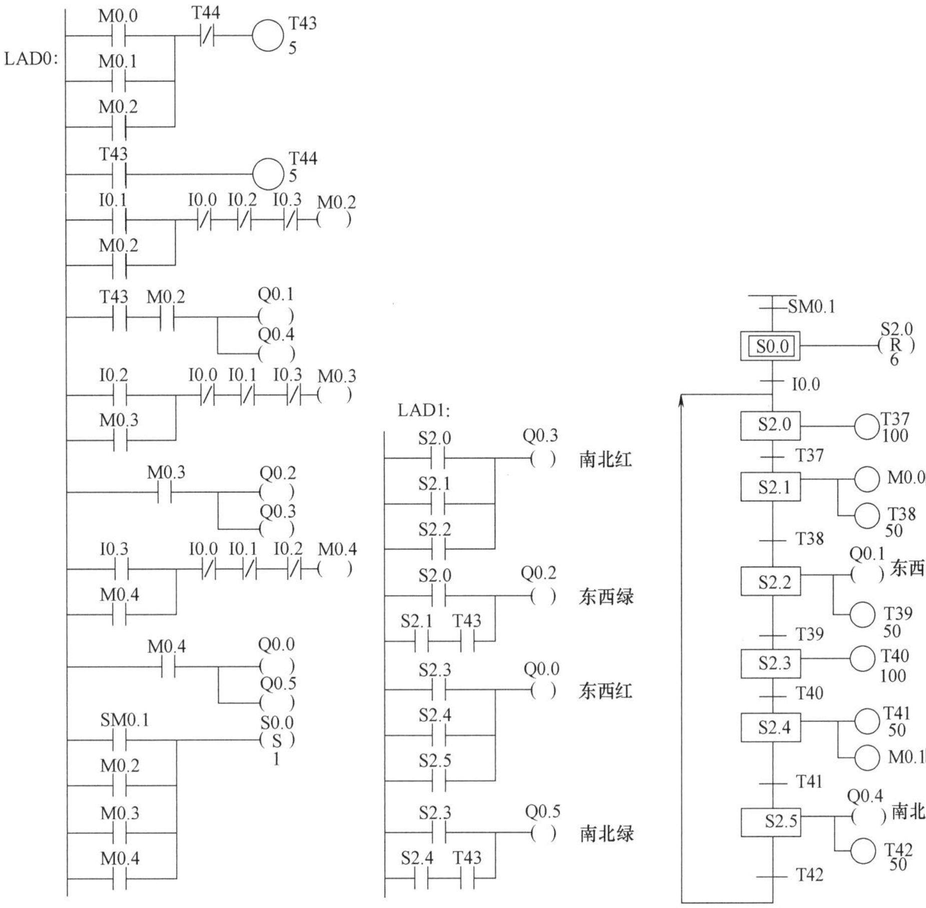

LAD0:
M0.0　T44　T43 5
M0.1
M0.2
T43　T44 5
I0.1　I0.0　I0.2　I0.3　M0.2
M0.2
T43　M0.2　Q0.1
Q0.4
I0.2　I0.0　I0.1　I0.3　M0.3
M0.3
M0.3　Q0.2
Q0.3
I0.3　I0.0　I0.1　I0.2　M0.4
M0.4
M0.4　Q0.0
Q0.5
SM0.1　S0.0 S 1
M0.2
M0.3
M0.4

LAD1:
S2.0　Q0.3　南北红
S2.1
S2.2
S2.0　Q0.2　东西绿
S2.1　T43
S2.3　Q0.0　东西红
S2.4
S2.5
S2.3　Q0.5　南北绿
S2.4　T43

SM0.1
S0.0　S2.0 R 6
I0.0
S2.0　T37 100
T37
S2.1　M0.0闪烁　T38 50
T38
S2.2　Q0.1 东西黄　T39 50
T39
S2.3　T40 100
T40
S2.4　T41 50　M0.1闪烁
T41
S2.5　Q0.4 南北黄　T42 50
T42

图 5-4-2　交通灯的自动控制顺序功能图

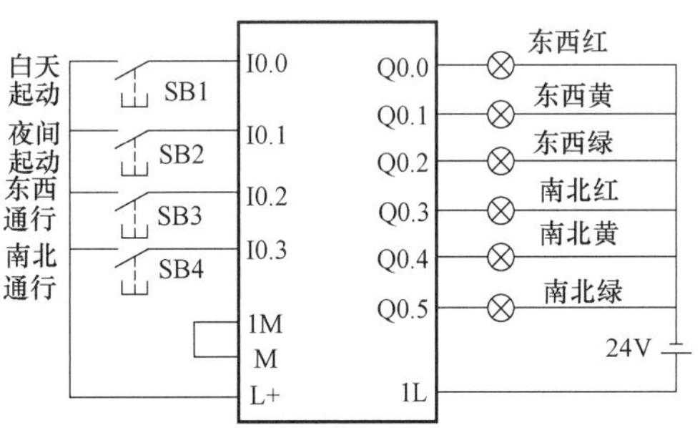

图 5-4-3　交通灯的 PLC 模拟系统接线图

3）动态调试：按图 5-4-3 所示的系统接线图正确连接好输出设备，进行 PLC 的模拟动态调试，并通过计算机监视，观察其是否与控制要求一致，若不符合要求，检查并修改调试程序，直至指示灯能按控制要求指示正确。

五、注意事项

本实训的交通灯如果采用发光二极管代替，要注意直流电源的极性接法与发光二极管一致。

六、实训评价

实训评价反馈见表 5-4-2。

表 5-4-2 实训评价反馈表

实 训 名 称	学生姓名	学号	班级	日期

项目内容	配分	评分标准	得分
编程软件的认知	20	1. 正确认识编程软件的各部分功能 10 分 2. 知道如何用网口对 PLC 和计算机进行通信 10 分	
PLC 接线	25	1. 会 PLC 的外部接线 15 分 2. 会分析程序功能 10 分	
程序输入与系统调试	25	1. 会快速输入程序 15 分 2. 会进行程序调试 10 分	
文明生产、小组合作	30	严格遵守安全规程、文明生产、规范操作；小组协作、共同完成	
总评			

七、实训思考

如果用并发顺序和选择顺序编制程序，如何实现实训要求？

实训工作页六　功能指令的应用

实训一　多挡位功率调节控制

一、实训目的

1）掌握 MOV、INC、DEC、比较指令的使用。

2）掌握功能指令编程的基本思路和方法。

3）正确连接 PLC 控制电路。

二、实训器材

S7-200 SMART 系列 PLC（CPU SR20）1 台，计算机 1 台（安装有 STEP 7-Micro/WIN SMART 软件）、实训台 1 个、RS485-PPI 电缆、按钮 3 个、接触器 3 个（线圈电压 220V），0. 5kW、1kW、2kW 电热丝各 1 根（可以用指示灯替代）。

三、实训内容

1. 实训要求

某多挡位加热器控制要求：有 7 个功率挡位，分别是 0. 5kW、1kW、1. 5kW、2kW、2. 5kW、3kW 和 3. 5kW。每按一次功率增大按钮 SB2，功率上升 1 挡；每按一次功率减小按钮 SB3，功率下降 1 挡；按下停止按钮 SB1，加热停止。

2. 控制电路

加热器多挡位功率控制电路如图 6-1-1 所示，I/O 地址分配见表 6-1-1。

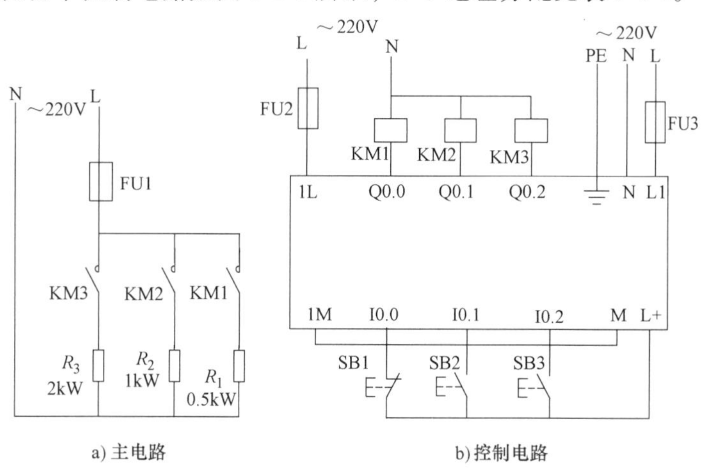

图 6-1-1　加热器多挡位功率控制电路

表 6-1-1　I/O 地址分配表

输入				输出		
序号	输入继电器	输入元件	作用	序号	输出继电器	控制对象
1	I0.0	停止按钮 SB1	停止加热	1	Q0.0	KM1、R_1/0.5kW
2	I0.1	功率增大按钮 SB2	功率增加 1 挡	2	Q0.1	KM2、R_2/1kW
3	I0.2	功能减小按钮 SB3	功率减小 1 挡	3	Q0.2	KM3、R_3/2kW

3. 控制程序

多挡位功率控制程序如图 6-1-2 所示。

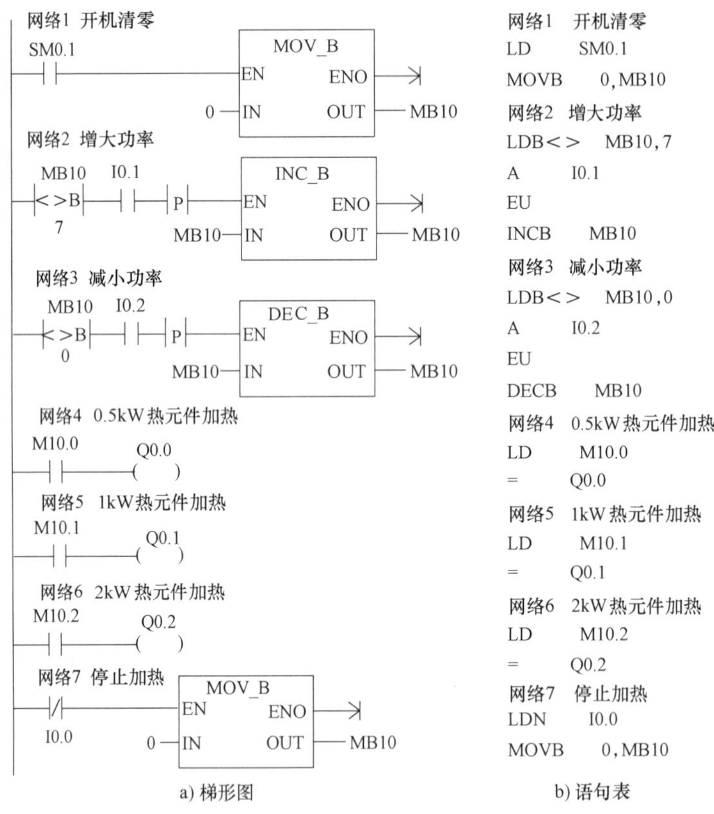

图 6-1-2　多挡位功率控制程序

四、实训步骤

1）按图 6-1-1 连接功率控制电路（实训中可以用指示灯代替电热丝加热元件）。

2）将图 6-1-2 所示的控制程序下载到 PLC。

3）增大功率。开机后，首次按下功率增大按钮 SB2 时，M10.0 状态为 1，Q0.0 通电，KM1 通电动作，加热功率为 0.5kW，以后每按一次按钮 SB2，KM1～KM3 按加 1 规律通电动作，直到 KM1～KM3 全部通电为止，最大加热功率为 3.5kW。

4）减小功率。每按一次按钮 SB3，KM1～KM3 按减 1 规律通电动作，直到 KM1～KM3 全部断电为止。

5）停止。按下停止按钮 SB1 时，KM1～KM3 同时断电。

五、注意事项

1）PLC 接线时，必须断开电源，以免造成短路。
2）接触器线圈额定电压要选择交流 220V。

六、实训评价

实训评价反馈见表 6-1-2。

表 6-1-2　实训评价反馈表

实 训 名 称			学生姓名	学号	班级	日期
项目内容	配分	评分标准				得分
编程软件的认知	20	1. 正确认识编程软件的各部分功能　10 分 2. 知道如何用网口对 PLC 和计算机进行通信　10 分				
PLC 接线	25	1. 会 PLC 的外部接线　15 分 2. 会分析程序功能　10 分				
程序输入与系统调试	25	1. 会快速输入程序　15 分 2. 会进行程序调试　10 分				
文明生产、小组合作	30	严格遵守安全规程、文明生产、规范操作；小组协作、共同完成				
总评						

七、实训思考

程序中采用 MB10，能否直接用 QB0？使用 MB10 有什么好处？

实训二　功能指令实现停车场空位数码显示

一、实训目的

1）掌握 MOV、DIV、INC、DEC、SEG、IBCD、比较指令的使用。
2）掌握功能指令编程的基本思路和方法。
3）能运用功能指令编制较复杂的控制程序。

二、实训器材

S7-200 SMART 系列 PLC（CPU SR20）1 台，计算机 1 台（安装有 STEP 7-Micro/WIN SMART 软件）、实训台 1 个、RS485-PPI 电缆、按钮 2 个、传感器 2 个、数码显示管 2 个、指示灯 2 个。

三、实训内容

1. 实训要求

用功能指令设计一个停车场空位数码显示程序，其控制要求如下。

停车场最多可停 50 辆车，用两位数码管显示空车位的数量。用出/入口传感器检测进出停车场的车辆数目，每进一辆车，停车场空车位的数量减 1，每出一辆车，空车位的数量增 1。空车位的数量大于 5 时，入口处绿灯亮，允许入场；等于或小于 5 时，绿灯闪烁，提醒待进场车辆将满场；等于 0 时，红灯亮，禁止车辆入场。

2. 控制电路

用 PLC 控制的停车场空位数码显示电路如图 6-2-1 所示，I/O 地址分配见表 6-2-1。

表 6-2-1　I/O 地址分配表

输入			输出	
输入继电器	输入元件	作用	输出继电器	控制对象
I0. 0	入口传感器	检测进场车辆	Q0. 6～Q0. 0	个位数码显示
	SB1	手动调整	Q0. 7	绿灯,允许信号
I0. 1	出口传感器	检测出场车辆	Q1. 6～Q1. 0	十位数码显示
	SB2	手动调整	Q1. 7	红灯,禁止信号

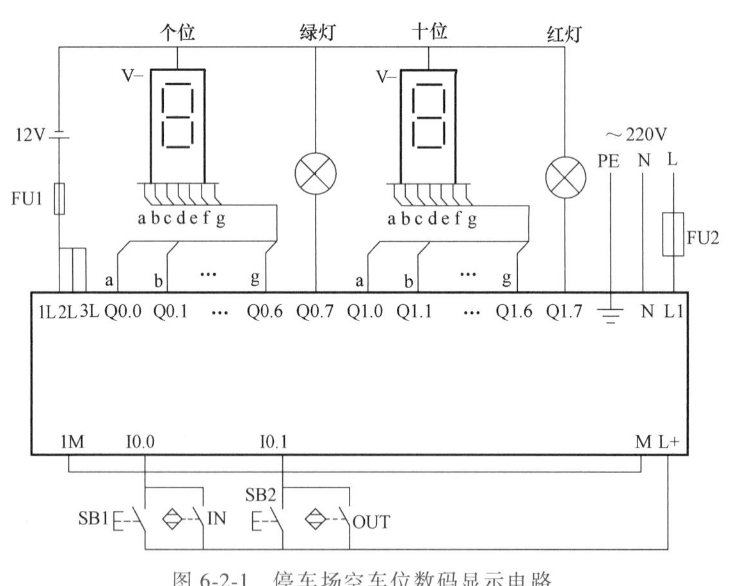

图 6-2-1　停车场空车位数码显示电路

3. 控制程序

梯形图如图 6-2-2 所示。

四、实训步骤

1）按图 6-2-1 连接停车场空位数码显示电路。

2）将图 6-2-2 所示程序下载到 PLC。

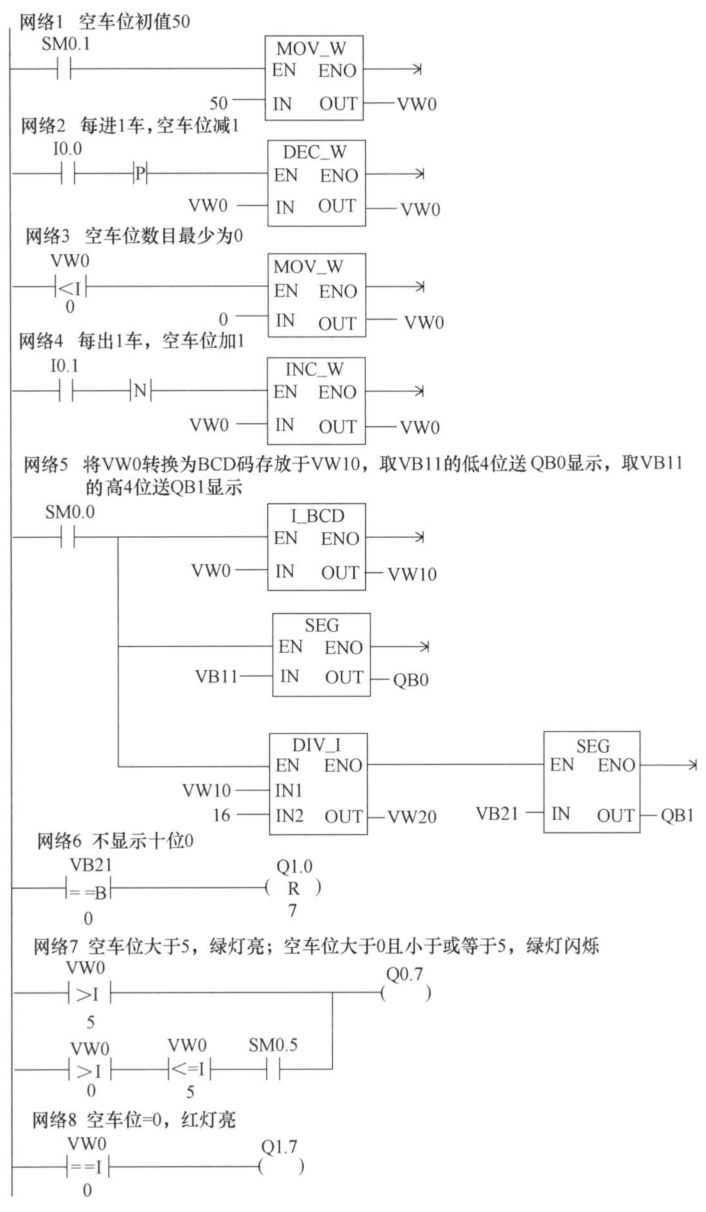

图 6-2-2　停车场 PLC 控制梯形图

3）开机。当 PLC 程序运转（RUN）时，数码管显示空车位数量 50，绿灯常亮。

4）模拟进车。按下按钮 SB1，空车位数量减 1。

5）模拟出车。按下按钮 SB2，空车位数量增 1。

6）当空车位数量小于或等于 5 时，绿灯由常亮变为闪烁。

7）当空车位数量等于 0 时，红灯亮。

五、注意事项

1）PLC 接线时，必须断开电源，以免造成短路。

2）认真核对 PLC 电源规格，交流电源、直流电源不能接错，直流电源极性不能接反。
3）接线时，要注意数码管共阴极、共阳极的特性。

六、实训评价

实训评价反馈见表 6-2-2。

表 6-2-2　实训评价反馈表

<table>
<tr><td colspan="3">实训名称</td><td>学生姓名</td><td>学号</td><td>班级</td><td>日期</td></tr>
<tr><td colspan="3"></td><td></td><td></td><td></td><td></td></tr>
<tr><td>项目内容</td><td>配分</td><td colspan="4">评分标准</td><td>得分</td></tr>
<tr><td>编程软件的认知</td><td>20</td><td colspan="4">1. 正确认识编程软件的各部分功能　10 分
2. 知道如何用网口对 PLC 和计算机进行通信　10 分</td><td></td></tr>
<tr><td>PLC 接线</td><td>25</td><td colspan="4">1. 会进行 PLC 的外部接线　15 分
2. 会分析程序功能　10 分</td><td></td></tr>
<tr><td>程序输入与系统调试</td><td>25</td><td colspan="4">1. 会快速输入程序　15 分
2. 会进行程序调试　10 分</td><td></td></tr>
<tr><td>文明生产、小组合作</td><td>30</td><td colspan="4">严格遵守安全规程、文明生产、规范操作；小组协作、共同完成</td><td></td></tr>
<tr><td>总评</td><td colspan="5"></td><td></td></tr>
</table>

七、实训思考

MOV_W 是什么指令？无论停车位数量为多少，是否都可以采用 MOV_W 指令？

实训工作页七　触摸屏及其应用

实训一　利用触摸屏与 PLC 的按钮指示灯系统综合控制

一、实训目的

1）了解 PLC、触摸屏综合控制的一般方法。

2）正确组态触摸屏界面。

3）熟悉触摸屏与 PLC 之间的连接。

二、实训器材

1）工具：电工工具一套

2）器材：S7-200 SMART 系列 PLC（CPU SR20）1 台；昆仑通态触摸屏 1 台；计算机 1 台（已安装 STEP 7-Micro/WIN SMART 软件、MCGSPRO 组态软件）；电动机（YS6324，180W）1 台；复合按钮 2 个；触摸屏 USB 下载线、触摸屏与 PLC 通信电缆或网线各 1 根，导线若干；实训控制台 1 台。

三、实训内容与步骤

用 PLC 设计一个电动机正反转电路，采用触摸屏控制。控制要求如下。

PLC 上电，触摸屏电源指示灯亮。按下触摸屏正转起动按钮，电动机正转运行，同时正转指示灯亮；按下触摸屏停止按钮，电动机停转；按下触摸屏反转起动按钮，电动机反转运行，同时反转指示灯亮，按下触摸屏停止按钮，电动机停转。

触摸屏制作两个界面，一个为正反转控制界面，一个为正反转控制起动界面，用户窗口如图 7-1-1 所示。

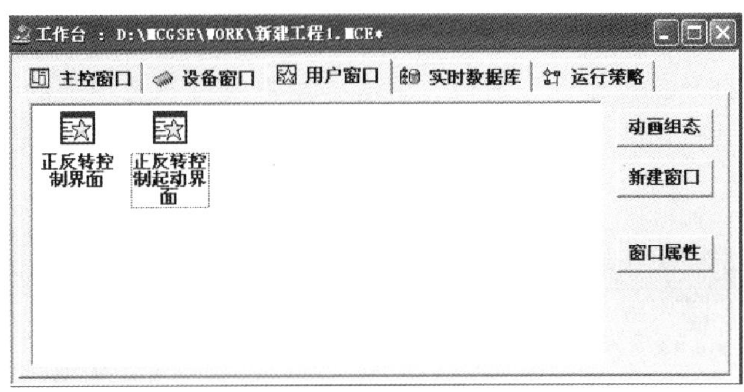

图 7-1-1　用户窗口

组态后的正反转起动界面与正反转控制起动界面如图 7-1-2、图 7-1-3 所示。

图 7-1-2 正反转起动界面

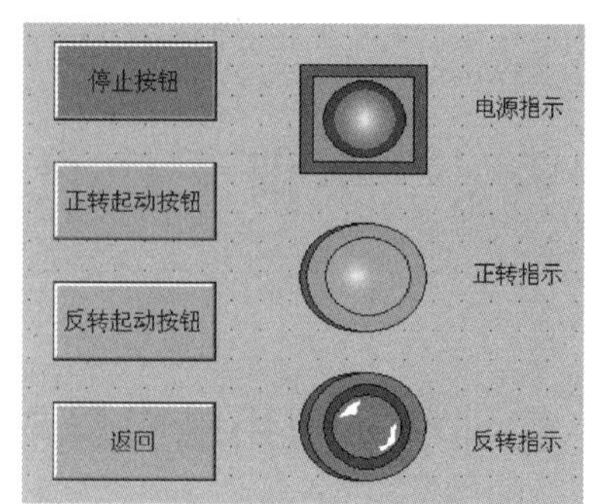

图 7-1-3 正反转控制起动界面

具体步骤如下：

1. 编写程序

根据要求编写PLC控制程序，如图7-1-4所示。

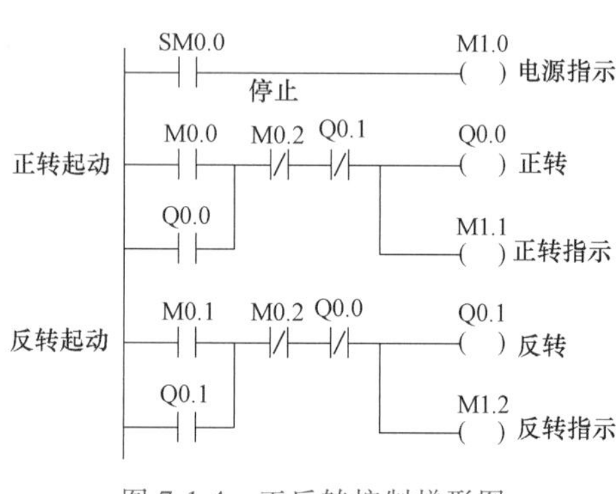

图 7-1-4 正反转控制梯形图

2. 触摸屏组态

1）创建新工程，命名为“正反转控制”。

2）建立实时数据库对象：添加“正转起动按钮”“反转起动按钮”“停止按钮”“电源指示”“正转指示”“反转指示”6个对象，“对象类型”选择为“整数”。

3）设备组态：在设备窗口添加“通用串口父设备”，并把“西门子_S7200PPI”添加到设备组态窗口的通用串口父设备下，如图7-1-5所示，双击“通用串口父设备0--[通用串口父设备]”，在弹出的“设备属性设置”对话框中根据所用设备的通信协议设置所用的串口端口号、通信波特率、数据位位数、数据校验方式和停止位位数。

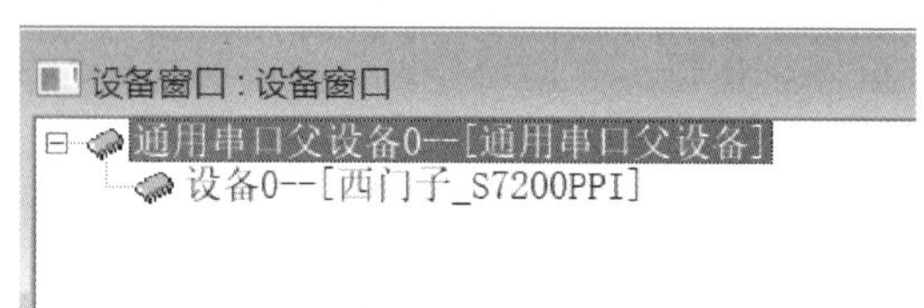

图 7-1-5 设备窗口

4）窗口组态：打开“工作台”窗口，单击“用户窗口”选项卡的“新建窗口”按钮，这样用户窗口下有“窗口0”和“窗口1”，将二者的名称更改为“起动界面”和“控制界面”，如图7-1-6所示。

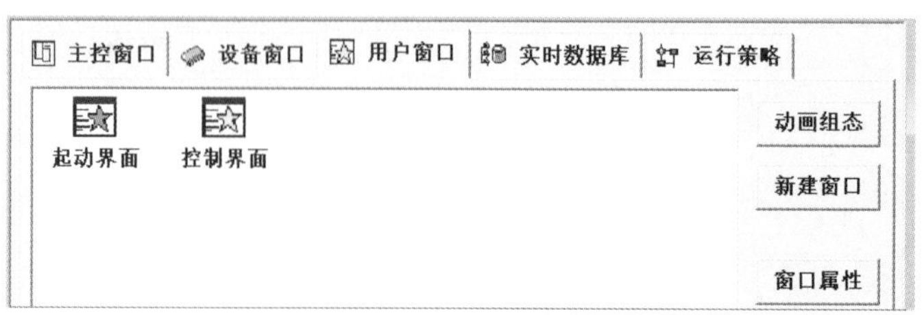

图 7-1-6 用户窗口名称更改

起动界面的组态如下：双击起动界面窗口，单击工具箱中的“标签”图标按钮A，在窗口中按住鼠标左键，拖放出一定大小的“标签”，双击该标签，弹出“标签动画组态属性设置”对话框，在“扩展属性”选项卡“文本内容输入”中输入“正反转控制”，在“属性设置”选项卡修改填充颜色、边线颜色、字体字号等，单击“确认”按钮保存。

单击工具箱中的“位图”图标按钮，在窗口中按住鼠标左键，拖放出一定大小的区域，右击该区域，在弹出的快捷菜单中选择“装载位图”命令，选择添加一张位图，并调整位图大小。

双击添加的位图，弹出“动画组态属性设置”对话框，根据需要进行属性设置，勾选输入/输出连接中的“按钮动作”，在“按钮动作”属性页勾选“打开用户窗口”，单击下拉按钮，选择“控制界面”选项，单击“确认”按钮，完成起动界面组态。工作中，将此位图链接到正反转控制界面。右击控制界面中的返回按钮，选择快捷菜单的“属性”命令，在“标准按钮构件属性设置”对话框的“操作属性”选项卡中勾选“打开用户窗口”，单击下拉按钮，选择“起动界面”选项，工作中单击此按钮，即可返回起动界面。

控制界面的组态方法与此相似，请学生自行完成，并写出要点和步骤。

____

____

____

____

____

5）变量连接：双击设备组态窗口中“通用串口父设备”下的 PLC 子设备“设备 0--西门子_[S7200PPI]”，弹出“设备编辑”对话框。“正转起动按钮”变量连接如下。

① 单击“增加设备通道”按钮，弹出“添加设备通道”对话框，参数设置如下。

“通道类型”选择“M 辅助寄存器”，“通道地址”为“0”，“数据类型”选择“通道的第 00 位”；通道个数：1；读写方式：读写。

② 单击“确认”按钮，完成基本属性设置。

③ 双击“读写 M0001”通道对应的链接变量，从变量选择对话框中选择“正转起动按钮”。

用同样的方法增加其他通道，链接变量，完成后单击“确认”按钮。

请学生将变量链接的步骤描述在下方。

____

____

____

____

____

3. 系统接线

根据控制要求，系统接线如图 7-1-7 所示。

4. 程序传输

把设计好的 PLC 程序写入 PLC，做好的触摸屏组态下载到触摸屏。

5. 程序调试

将 PLC 与触摸屏连接起来。单击触摸屏起动按钮，观察电动机的转动方向及触摸屏指示灯是否符合要求；单击停止按钮，再单击反转起动按钮，观察电动机转动方向及触摸屏指示灯是否符合要求。若不符合要求，修改直至符合要求。

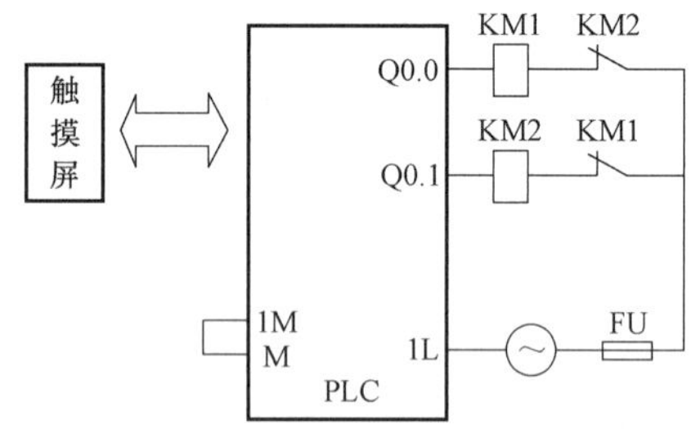

图 7-1-7　正反转控制系统接线图

四、注意事项

1）学生接好线以后，须经教师检查后才能通电。
2）触摸屏制作界面根据实际情况制作，图案、背景等并不一定与图 7-1-2 完全一样。

五、实训评价

实训评价反馈见表 7-1-1。

表 7-1-1　实训评价反馈表

实训名称			学生姓名	学号	班级	日期

项目内容	配分	评分标准	得分
编程软件的认知	20	1. 正确认识编程软件的各部分功能　10 分 2. 知道如何用网口对 PLC 和计算机进行通信　10 分	
触摸屏的组态	40	1. 会使用触摸屏进行组态　20 分 2. 会进行下载与调试　10 分 3. 会编写 PLC 的程序　10 分	
PLC 的接线	10	1. PLC 的外部接线　5 分 2. 会 PLC 和触摸屏的通信方式选择　5 分	
文明生产、小组合作	30	严格遵守安全规程、文明生产、规范操作；小组协作、共同完成	
总评			

六、实训思考

通过触摸屏进行控制，触摸屏与外部设备之间如何进行变量的链接？

实训二　利用触摸屏与 PLC 的灯光喷泉综合控制

一、实训目的

1）了解 PLC、触摸屏综合控制的一般方法。
2）正确组态触摸屏界面。
3）熟悉触摸屏与 PLC 之间的连接。

二、实训器材

1）工具：电工工具 1 套。

2）器材：S7-200 SMART 系列 PLC（CPU SR20）1 台；昆仑通态触摸屏 1 台；计算机 1 台（已安装 STEP 7-Micro/WIN SMART 软件、MCGSPRO 组态软件）；灯光模拟板；复合按钮 2 个；触摸屏 USB 下载线、RS485 通信线或网线各 1 根，导线若干；实训控制台 1 台。

三、实训内容与步骤

图 7-2-1 所示为灯光模拟板，用 PLC 设计程序，采用触摸屏按钮和实际按钮控制。控制要求如下。

按下起动按钮后，HL1、HL2、HL3、HL4 依次点亮 0.5s，接着 HL5 和 HL9、HL6 和 HL10、HL7 和 HL11、HL8 和 HL12 依次点亮 0.5s，然后再从 HL1 开始点亮，不断循环，直到按下停止按钮。

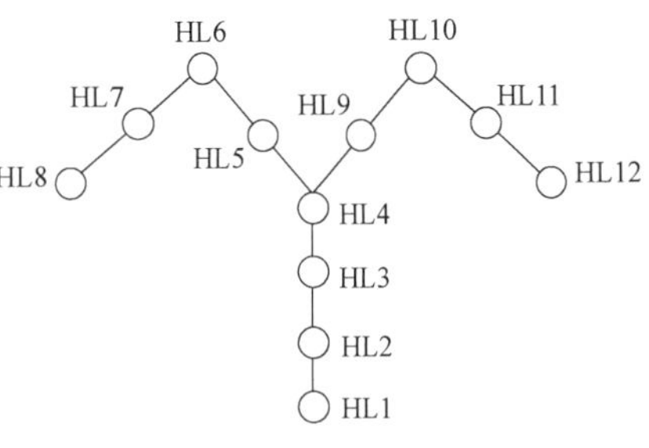

图 7-2-1　灯光模拟板

组态后的灯光喷泉控制界面如图 7-2-2 所示。

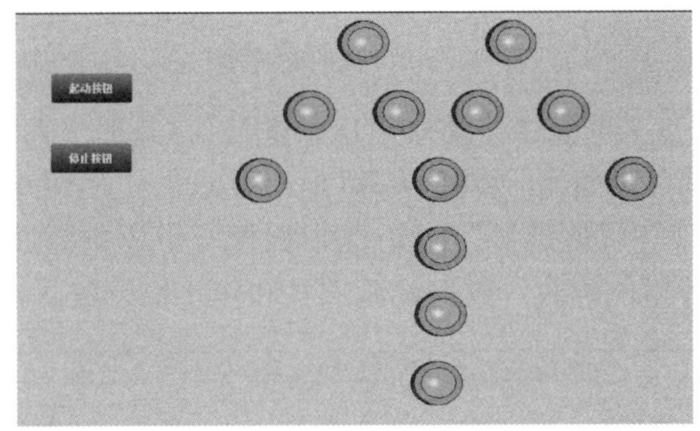

图 7-2-2　灯光喷泉组态界面

具体步骤如下：

1. 编写程序

根据要求编写 PLC 控制程序，如图 7-2-3 所示。

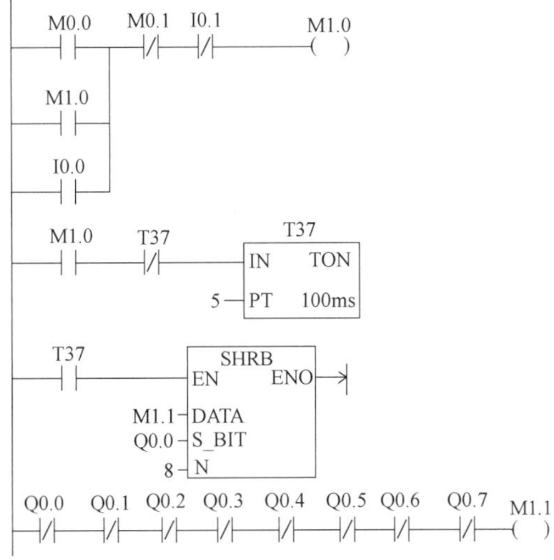

图 7-2-3　灯光喷泉控制梯形图

2. 触摸屏组态

1）创建新工程，命名为“灯光喷泉控制”。

2）建立实时数据库对象：添加“起动按钮”“停止按钮”“Q0”“Q1”“Q2”“Q3”“Q4”“Q5”“Q6”“Q7”10 个对象，“对象类型”选择为“整数”，如图 7-2-4 所示。

名称	类型	注释	报警属性
InputSTime	字符串	系统内...	
InputETime	字符串	系统内...	
InputUser1	字符串	系统内...	
InputUser2	字符串	系统内...	
起动按钮	整数		
停止按钮	整数		
Q0	整数		
Q1	整数		
Q2	整数		
Q3	整数		
Q4	整数		
Q5	整数		
Q6	整数		
Q7	整数		

图 7-2-4　实时数据库

3）设备组态：在设备窗口添加“通用串口父设备”，并把“西门子_S7200PPI”添加到设备组态窗口的通用串口父设备下，如图 7-2-5 所示，双击“通用串口父设备 0--[通用串口父设备]”，在弹出的“设备属性设置”对话框中根据所用设备的通信协议设置所用的串口端口号、通信波特率、数据位位数、数据校验方式和停止位位数。

图 7-2-5　设备窗口

4）窗口组态：单击“工作台”，在弹出的界面中选择“用户窗口”选项卡的“窗口 0”并双击。界面的组态如下。

① 打开工具箱，选择“标准按钮”图标按钮，在绘图区绘制一个按钮，如图 7-2-6 所示。

② 双击该按钮，对弹出的“标准按钮构件属性设置”对话框中的“基本属性”选项卡进行设置，设置完成单击“确认”按钮，如图 7-2-7 所示。

③ 对“标准按钮构件属性设置”对话

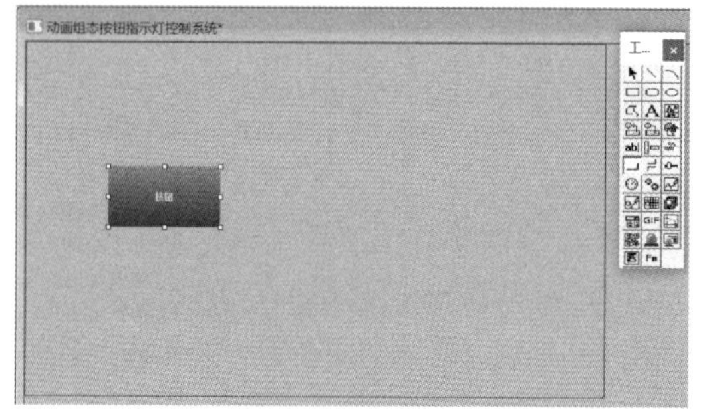

图 7-2-6　绘图区绘制按钮

框中的“操作属性”选项卡进行设置，选中“数据对象值操作”，选择“按 1 松 0”，使按钮变为普通的常开按钮，如图 7-2-8 所示，单击该行右边的“?”链接变量为起动按钮，单击“确认”按钮。

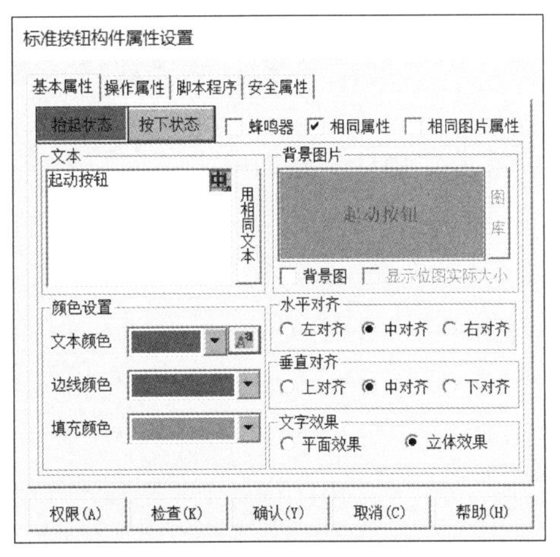

图 7-2-7　“基本属性”选项卡设置

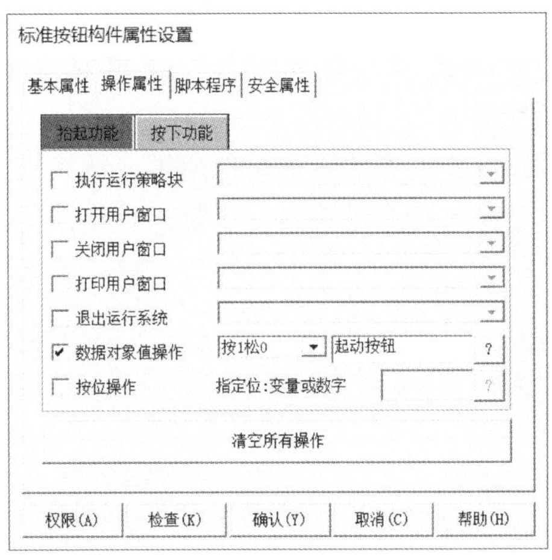

图 7-2-8　“操作属性”选项卡设置

④ 用同样的方法制作停止按钮，也可将起动按钮复制粘贴后进行更改。

⑤ 选择工具箱中的“插入元件”，弹出“元件图库管理”对话框，类型选“公共图库”，选择指示灯 3，调整大小和位置，右键单击“属性”变量链接“Q0”，单击“确认”按钮，如图 7-2-9 所示。

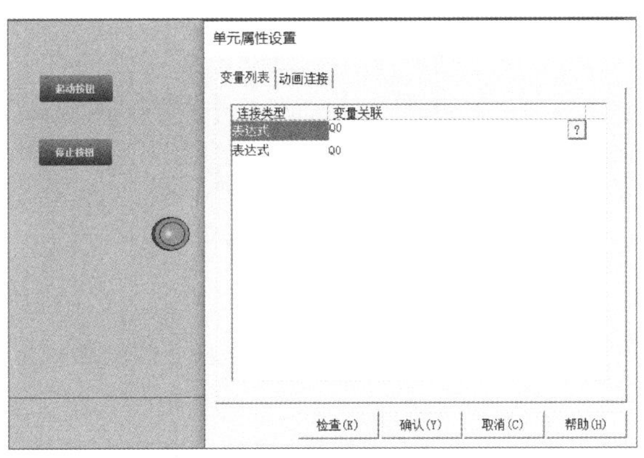

图 7-2-9　指示灯的元件制作

控制界面的组态方法与此相似，请学生自行完成，并写出要点和步骤。

5）变量连接：双击设备组态窗口中“通用串口父设备”下的 PLC 子设备“设备 0--西门子_[S7200PPI]”，弹出“设备编辑”对话框。“起动按钮”变量连接如下。

① 单击“增加设备通道”按钮，弹出“添加设备通道”对话框，参数设置如下。

通道类型：M 辅助寄存器；通道地址：0；数据类型：通道的第 00 位；通道个数：1；读写方式：读写。

② 单击“确认”按钮，完成基本属性设置。

③ 双击“读写 M0001”通道对应的链接变量，从变量选择对话框中选择“起动按钮”。

用同样的方法增加其他通道，链接变量，完成后单击“确认”按钮。

请学生对变量连接的步骤进行描述。

____

____

____

____

____

3. 系统接线

根据控制要求以及 I/O 地址分配，系统接线如图 7-2-10 所示。

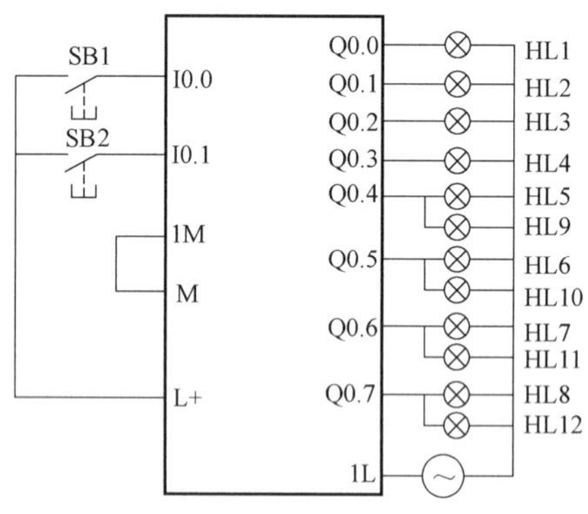

图 7-2-10　PLC 接线图

4. 程序传输

把设计好的 PLC 程序写入 PLC，做好的触摸屏组态下载到触摸屏。

5. 程序调试

将 PLC 与触摸屏连接起来，单击触摸屏起动按钮，观察各灯是否按控制要求依次亮灭并循环，单击停止按钮，是否停止循环。按下起动按钮 SB1，观察各灯是否按控制要求依次亮灭并循环，按下停止按钮 SB2，是否停止循环。若不符合要求，修改直至符合要求。

四、注意事项

1）学生接好线以后，须经教师检查后才能通电。

2）触摸屏制作界面根据自己的情况制作，图案、背景等并不一定与图 7-2-2 完全一样。

五、实训评价

实训评价反馈见表 7-2-1。

表 7-2-1　实训评价反馈表

实训名称			学生姓名	学号	班级	日期
项目内容	配分	评分标准	得分			
编程软件的认知	20	1. 正确认识编程软件的各部分功能　10 分 2. 知道如何用网口对 PLC 和计算机进行通信　10 分				
触摸屏的组态	40	1. 会使用触摸屏进行组态　20 分 2. 会进行下载与调试　10 分 3. 会编写 PLC 的程序　10 分				
PLC 的接线	10	1. PLC 的外部接线　5 分 2. 会进行 PLC 和触摸屏的通信方式选择　5 分				
文明生产、小组合作	30	严格遵守安全规程、文明生产、规范操作；小组协作、共同完成				
总评						

六、实训思考

如图 7-2-5 所示，此时触摸屏与 PLC 之间一般通过网线通信还是 RS485 数据线通信？